建筑工程设计·校对

黄镇梁　黄倩

中国建筑工业出版社

图书在版编目（CIP）数据

建筑工程设计·校对 / 黄镇梁，黄倩 . — 北京：中国建筑工业出版社，2017.11
ISBN 978-7-112-21300-9

Ⅰ.①建… Ⅱ.①黄… ②黄… Ⅲ .①建筑设计 Ⅳ.① TU2

中国版本图书馆 CIP 数据核字（2017）第 245118 号

责任编辑：苏浩然 王 磊 刘婷婷 付 娇
责任校对：芦欣甜

建筑工程设计·校对

黄镇梁 黄倩

*

中国建筑工业出版社出版、发行（北京海淀三里河路9号）
各地新华书店、建筑书店经销
北京科地亚盟排版公司制版
北京京华铭诚工贸有限公司印刷

*

开本：880×1230毫米 1/16 印张：25 字数：756千字
2018年11月第一版 2018年11月第一次印刷
定价：88.00元
ISBN 978-7-112-21300-9
(31019)

序　言

建筑工程项目从立项到竣工投产的过程中需要解决各种工程问题。建筑工程设计必须能预见性地提出解决工程问题的方法和一系列技术措施。设计是知性地处理问题，并且应该合理地创造性地解决问题。

建筑的空间形态特征决定了建筑工程设计问题的复杂性和矛盾性。建筑的空间特征如下：

一、建筑形式的多样性

在不同的时代、不同的地域、不同的民族文化（群体的共同生活习惯）的背景下，即使是兴建同样类型的建筑，其建筑形式也不尽相同，多样性的建筑成为社会的文化形态。建筑造型呈现个性化，有相似的建筑而没有相同的建筑。

二、建筑与环境资源相依存、相适应

人们总是尽量选择场地可靠、生活资源充足的地方兴修建筑，建筑的形式通常采取各种应变的技术以适应地域气候和环境的变化，满足人们生活和生产的需求。建筑通常与生存环境资源相互依存，建筑设计必须使人们的社会生活与环境资源的变化相适应。

三、建筑类型的区分

人们的不同行为方式需要不同类型的建筑。人们的行为需要留出活动的路径，占用相应的动态空间。人们行为活动的路径和与户外道路的连接会形成不同的交通动线（流线），这种动线（流线）能够把建筑类型区分开来。

四、建筑的定位

建筑在场地上有确定的坐标和高程，成为具有空间界面，定位准确而不可移动的物产。

也就是说，建筑是与生存资源相依存，受动线约束而不可移动的空间类的社会文化物产。简而言之，建筑是人们物化社会和环境资源的空间不动产。从而使建筑与其他空间类容器区别开来。建筑与生存资源相依存，所以理性适度开发的方式应该持续；建筑作为不可移动的空间类物产不同于机器，也区别于航空器、舟车等交通工具；建筑作为空间多维度的视觉形态，也完全有别于听觉形态的音响作品。建筑的物化形态体现了人的行为方式，反映了社会文化特征。

因此，建筑设计和校对首先应该重视建筑与生存资源的关系。如处理建设场地土体的稳定性；对地质灾害采取的防治措施；水源供水的可靠性；水体的净化；污水的处理；能源的供应保障；对日照、采光、通风、供暖技术的适应性措施等。

其次，必须采取防洪、排涝、抗寒、防冻、防火、防雷、抗台风、防雾霾等防灾减灾措施，保护大气环境，优化建筑声、光、热微环境，防止污染，关注人们对环境的适应性。

然后，按照不同的建筑类型，选择合理的建筑结构形式；采取适应地域气候的建筑技术；合理组织空间，安排交通动线，满足使用功能要求；优化竖向设计，完善道路及排水系统；有序安排综合管线。按照可持续发展，绿色建筑的设计要求提供节地、节水、节能、节材和环境保护的技术。

总之，建筑设计和校对应该解决建筑的安全、可靠、适用方面的问题，满足当地文化特征和适应环境的应变和防灾要求，避免永久性缺陷和隐患；设计的建筑不允许损害公共利益和公民权益；提交的设计文件务求质量好、效率高。

为了提高设计质量和设计效率，设计人员既要有创新思维，不仅设计技术要有突破，同时也要积累设计经验。“盖有非常之功，必待非常之人”从设计工作运行过程可以看出，设计质量问题较多的通常是一些常识性的认知失误；常见的工况条件被忽视；执行常用的规程出偏差；理解常规的技术措施有错误。所以，如果设计人员能够避免常识性的错误，减少常见的失误，熟悉常用的规程，掌握常规的技术措施，那就会减少大量的设计返工且提升设计质量档次，这样的人才也就是建筑工程设计大量需要的“非常之人”。

当然，个人能力的提升还有待于整体综合能力的强大。整体综合能力的强弱还取决于系统协调的时效性，即协调及时到位。设计校对、校核、校审中都需要各设计专业整体协调。为了消除设计中的短板，提高建筑工程的设计质量，一方面应该做好与建设单位在设计目标、设计条件、设计标准等相关事项的协调。另一方面必须搞好各设计单位，各专业之间的协调，在设计进度计划的关键节点及时协调设计。

设计校对必须按设计进度跟进。设计单位通常都根据建设项目批文和设计基础资料落实情况作出不同的进度安排。其中，立项批文包括：

环境影响评价书；计划主管部门行政许可的项目建议书、企业项目申请报告；国土局许可的建设用地许可证、国有土地使用证；规划主管部门批准的选址意见书、建设用地规划许可证、建设工程规划许可证；建设单位主管部门批准的设计任务书等。

设计基础资料包括：

1. 建设场地稳定性评估报告、地质灾害防治的安全措施、场地对建设项目的限制要求等。

2. 新建、扩建的民用建筑工程的场地土壤中氡浓度测定检测报告。

3. 工程地质、水文地质、海洋地质（潮汐、海啸等级资料）。

4. 气象、日照、通风、抗冻、防暑、防雷、暴雨强度、防洪标准（重现期：年）。

5. 建设项目规划要点，建设规模、规划控制线、综合间距、建筑退缩距离、道路等级、绿地率、场地保留原有建筑、道路、水系、树木等。

6. 城市市政管线进入建设场地的进户和出户位置、标高和坐标。

7. 建设场地三通一平后重新测量的地形图。

8. 水、电、燃气、通邮、通航等基础设施供求关系确认书。

如果项目批文落实，设计条件只是部分落实，建设单位要求列入设计进度计划时，可以按设计咨询提供检索资料或设计类型清单，或者对没有落实的设计条件按类似项目设定设计条件并由建设单位确认，才能列入计划，且预留设计变更须增加的工日。

对于项目批文和设计条件落实的项目，也需要考虑工程情况变化而安排不同的计划。即按正常设计工日安排计划外，还应制定最少赶工设计工日计划和特殊项目应急分阶段出图的计划。考虑实现计划的预案措施，如增加设计人员、各工种集中协调设计等。

设计和校对人员宜做工作记录。记录生产和非生产时间，设计协调内容，采用的技术措施，发现的问题，待解决的问题，已解决的问题，记录用工、用料数据与定额数量的差距等。

为了提高建筑工程设计质量，减少常见的设计失误，促进设计协调，设计部门都在积极探索，做了许多有益的工作。在此基础上编写的《建筑工程设计·校对》参照《建筑工程设计文件编制深度规定》和《建筑工程勘察文件编制深度规定》的谋篇布局，把全书分为：修建性详细规划校对，总图设计校对，投标设计文件校对，工程勘察校对，建筑设计校对，建筑初步设计协调，建筑工程施工图设计协调，建筑工程施工图设计校对，建筑项目的园林工程设计校对、建筑工程概预算校对和专项工程设计与校对，共十一章。

《建筑工程设计·校对》注意到：

1. 为了适应设计运行程序和设计文件制作的使用要求，书中系统地摘录了建筑和结构常识性的设计基础知识，常用的规范强制性条文，汇编了常见的设计问题，阐述了常规的技术措施和设计条件以及设计建议。

2．为了方便查阅和记忆常用的空间尺度数据，书中采取按递增数序归类排列的方法，列出了建筑设计常用的平面尺寸和竖向尺寸；列出了各专业设备常用的空间尺寸。

3．建筑工程设计文件要求完整、准确、配套。设计协调不容忽视，书中记述了各专业之间的设计协调方式和协调内容。

4．书中采用列表方式列出了各专业在不同设计阶段的校对、校核、校审的具体内容。实际使用时可对照列表事项，选用附录 B 中的表格作为设计工作抄告单，进行协调。

5．建筑信息模型（Building Information Modeling，简称 BIM）技术的发展，是工程建设发生的巨大变革。蓝图将变为白图，图纸由信息模型所取代，工程建设可以更安全、更可靠、更优化、更高效、更适应地实现项目目标。BIM 技术不同于电脑辅助设计用矢量图形构图的方法，通过全三维信息技术全过程反映建筑设计和建造的要素信息。即三维可视信息；生成校对协调数据；三维及多维建筑性能实现模拟；提升优化比选的效能等。建筑工程设计核对必须重视 BIM 技术的应用。

《建筑工程设计·校对》局限于整理归纳设计实践和技术交流中的有关资料，未能系统地探讨建筑工程设计的重点、难点和创新点问题。有关建筑工程设计审查要点应执行住建部的规定，详见中国城市出版社 2014 年 1 月出版的《建筑工程施工图设计文件技术审查要点》。

黄镇梁

记于广州珠江新城汇美大厦

2018 年 6 月 23 日

目　录

第一章　修建性详细规划设计校对

第一节　修建性详细规划和规划设计方案

一、修建性详细规划

修建性详细规划是总体规划的实施准则，作为城市规划编制程序的最后阶段，实施准则直接服务于建设项目和单体设计，成为建筑工程设计的依据。为了安全可靠，可持续地使用土地资源，如何拓展控制性规划对土地利用的广度和深度，有待探讨。

修建性详细规划是按照土地使用控制和管理要求，对拟修建的地段地块“进行总平面规划设计，以满足房屋建筑及各项工程编制扩初设计需要”[1]，因此，必须明确土地使用的内涵和相关要求。

（一）土地的概念

1. 农牧文化的土地概念是“土、地之吐生物者也，二象地之下地之中物出形也”[2]，“土”字是由土壤层和生长于其中的植物根苗二者所组合成的象形字。“地，元气初分，轻、清、阳为天；重、浊、阴为地。万物所陈烈也。”土地陈列万物的功能也被比喻为“舆”（车）。《易・说卦》讲“坤为地，为大舆”，指能像车辆一样承载物类，所以地形图称作舆图。土地是载物而不能再生的唯一性资源，各种不同的土地类型《周礼》中分为“山林、川泽、丘陵、坟衍、原隰，谓之五土”也就是说土地包括山林、川泽、丘陵、水边高地、低洼湿地等地形地貌。土地不仅承载了天物也承载着地面建筑物、构筑物等人工物态。

2. 工业革命兴起后对土地的概念发生了变化，土地不仅在地表承载万物，其内部更蕴藏着巨大的物资资源，十七世纪前田野牧歌式的英国农牧时代利用林地上的森林为能源，当第一次工业革命来临，工商业、制造业超速发展，以地表生长的木材为燃料的能源利用方式已发展不下去，城市的木材价格上涨6～10倍，促进英国的产业界关注地下煤炭的开采，也促进了地下空间的开发，相继出现的采掘坑道、工程隧道到19世纪出现的地下铁路、地下管道走廊等工程，逐渐走向世界，地铁深至地下100～200m[3]，而巴黎的地下排污管道走廊至今成为旅游的参观景点，显现出地下空间开发的成功。

工业革命以后土地利用的概念已经从地面拓展到山中、地里、水下。建筑项目从利用10m以内的地表层，发展到200m以内的地下层。现代物理试验设施已经深入岩层数百米，探索着物质以外的世界。

（二）建设用地的适用性评定

1. 用地相对高度，地形条件直接影响规划编制和安排建设项目。按自然地理概念大体上把地形分为山地、丘陵、平原三类。山地的相对高度在200～1000m以上；丘陵的相对高度在50～200m；平原的相对高度在20m以下的地形中。

2. 城市各项工程建设的适用坡度：一般适用的坡度参考表1-1，以垂直运输组织生产的台阶式布置的产业区，其适用坡度可参照垂直提升设备的坡升参数，不按表1-1选用：

城市建设用地适用坡度　　表1-1

项目	坡度	项目	坡度
工业产业	0.5%～2%	铁路站场	0～0.25%
居住建筑	0.3%～10%	对外公路	0.4%～3%
城市干道	0.3%～6%	机场用地	0.5%～1%
次干道	0.3%～8%	绿　地	适应地形

注：表中数据摘自同济大学吴志强、李德华主编《城市规划原理（第四版）》，2010年9月。

3．建设用地适宜性区划

按照建设部颁布的《城市规划编制办法实施细则》第七条的规定“新建城市和城市新发展地区应绘制城市用地工程地质评价图”，按现状图的比例应标明下列内容：

（1）不同工程地质条件和地面坡度的范围、界线、参数。

（2）潜在地质灾害（滑坡、崩塌、溶洞、泥石流、地下采空、水土流失、地面沉降及各种不良性特殊地基土等）的空间分布和强度划分。

（3）活动性地下断裂带位置，地震烈度及灾害异常区。

（4）按防洪标准频率绘制的洪水淹没线，涌浪区涌浪高度。

（5）地下矿藏，地下文物埋藏范围。

（6）城市土地质量的综合分析，确定适宜性区划（确定适宜修建，不适宜修建和采取工程措施才能修建地区的范围），明确规定用地的工程控制要求。

按《城乡用地评定标准》CJJ 132—2009 城乡用地评定区，应划分评定单元，其建设适宜性等级分为：Ⅰ类　适宜建设用地，不需要采取工程处理措施。

Ⅱ类　可建设用地，对用地采取简单的工程技术措施就能修建。

Ⅲ类　不宜建设用地，常规技术难于修建的用地，需要采取特殊工程措施才能建设的用地。

Ⅳ类　不可建设用地，工程技术无法处理的用地。

城乡用地评定区内地质灾害严重的地段，多发地区，必须取得地质灾害危险性评估报告。

一般平原地区的用地分类指标可参考表 1–2：

平原地区用地的分类　　表1–2

<table>
<tr><th colspan="2">用地类别</th><th rowspan="2">地基承载力（kg/cm^2）</th><th rowspan="2">地下水位深度（m）</th><th rowspan="2">坡度（%）</th><th rowspan="2">洪水浸淹程度</th><th rowspan="2">地貌现象</th></tr>
<tr><th>类</th><th>级</th></tr>
<tr><td rowspan="2">一</td><td>1</td><td>>11.5</td><td><2.0</td><td><10</td><td rowspan="3">在百年洪水位以上</td><td>无冲沟</td></tr>
<tr><td>2</td><td>>1.5</td><td>1.5～2.0</td><td>10～15</td><td>有停止冲刷的冲沟</td></tr>
<tr><td rowspan="2">二</td><td>1</td><td>1.0～1.5</td><td>1.0～1.5</td><td><</td><td>无冲沟</td></tr>
<tr><td>2</td><td>1.0～1.5</td><td><1.0</td><td>15～20</td><td rowspan="2">有些年份受淹没</td><td rowspan="2">有冲刷不大的冲沟</td></tr>
<tr><td rowspan="2">三</td><td>1</td><td><1.0</td><td><1.0</td><td>>20</td></tr>
<tr><td>2</td><td><1.0</td><td><1.0</td><td>>25</td><td>在洪水季节淹没</td><td>有冲刷活动性冲沟</td></tr>
</table>

注：本表摘自同济大学吴志强、李德华主编《城市规划原理（第四版）》，2010年9月。

山区或丘陵地区中地面坡度是择定用地质量区划的指标，有两种区划：

1）按坡度分为三类：一类用地＜10%，二类用地 10%～25%，三类用地＞25%。

2）按坡度分为四类：一类用地 0～8%，二类用地 8%～15%，三类用地 15%～25%；四类用地＞25%。

（三）修建性详细规划的标准和准则

建设部颁布的《城市规划编制办法实施细则》要求在修建性详细规划实施阶段增加收集控制性规划的基础资料，提出编制修建性详细规划说明书和图纸的深度标准以及分项要求。许多城市据此对修建性详细规划的编制准则进行了深化。

广州分别对公共设施用地、居住用地、工业用地、仓储用地、公共绿地、雕塑纪念碑用地的修建性详细规划的编制提出了规划标准、准则和配套指标。

1．明确应编制修建性详细规划的用地标准，即净建设用地面积在 5000m^2 以上的各类建设项目，应当编制修建性详细规划。

2．区分编制修建性详细规划的内容准则，即分为强制性编制内容和指导性编制内容。

3．制定了规划调整的准则。

上海提出编制修建性详细规划的内容包括：分析开发地段的建设条件、综合技术经济指标和环境状况；建筑、绿地布局、道路交通组织、市政设施的总平面图和规划控制指标；安排各专业工程管网的空间关系；复杂地形和地上、地下空间连接地段的竖向规划设计；重要地段和居住小区的民防设施和景观分析等。

二、规划设计方案

在工程建设中，通常把供规划报审和进行方案论证比较的修建性详细规划文本和图纸也称为规划设计。在技术实施阶段，实际上它是和专业规划设计、专项规划设计、环境整治规划设计、居住区规划设计、城市设计等在技术内容层次上有所区别。但是无论哪项规划设计都必须达到规定的技术经济指标，指标是否合理，设计运用是否得当，关系到建设项目的兴替成败。

（一）制定科学合理的规划指标，发掘土地资源价值，促进社会的科学发展，有待于分析世界经济发展趋势，协调区域经济规划布局，整体上统筹规划城乡发展的空间形态，安排建设用地，才能合理配置社会和市政基础设施，服务于社会。

有待于掌握当地基础的资讯实情，把握社会经济发展的速度和力度，适度地系统评价建设区位，实行分区、分级、分类的量化指标控制，既要培育前人树，又要疏通后人路，指引社会建设均衡发展和可持续发展。

有待于传承服务社会的文化理念，坚定长远目标，权衡近期建设项目，以平实的理念看待规划评估。诚然，设计得到金杯、银杯那是竞争机制的激励，固然，人们对设计成果的口碑是真诚的鼓励，最终规划设计指标实现的社会价值不给后人留下伤悲才是科学理性的指标系统。也就是说科学合理地制定规划指标，有待于在整体上统筹，适度地量化协调，以确保社会长远目标和居民的世代福祉。

（二）工程建设的实践是检验调整规划指标的依据，设计实践有助于规划指标的完善。

1．现行规划指标难于评价高度开发的土地空间形态的变量

规划技术经济指标体系是以面积单位为量化指标建立的平面控制系统，如用地面积，建筑面积，用地比率关系、密度、容积率，还有以面积折算的社会服务设施和市政配套的基础设施等。平面控制体系适合于距地面 10m 高程以内的用地开发，因为传统低度开发规模对原有生态环境影响小，随着城市不断长高、扩充，使本来防灾减灾就比较脆弱的生态系统生态价位更加低下。

为此，由地上、地面到地下竖向的空间规划指标须吸收其他学科的成果，对于地上建设项目尤其是高密度建成区，为净化空气需要构建合理的气流通道，控制流速、流量，行列式布置的街道，如何降低噪声，消除噪声走廊；不同方位体型的建筑热环境、光环境如何评判；如何界定地上景观相同郁闭度的绿地其不同的空间形态等。诸如此类的问题都有待于在大气空间的量度中探讨控制地上开发指标。

2．大气环境和工程规划

现行规划指标对于居住环境的日照和采光要求已经制定了明确的规定，希望对于风环境、声环境与规划设计的关系也进一步完善指标。

（1）大气风环境与规划设计的关系

大气均质层的对流层（Troposphere）在大气圈的最低层，其平均高度约 12km。对人类生存影响最大，所谓空气污染通常指对流层的气体。由于对流层的空气与地表的水圈和岩石圈接触，受太阳热辐射作用，

冷热空气产生垂直的对流，而不同纬度的地表温度又使大气出现水平方向的对流，形成风。风又把地表的水汽、尘土、微生物等带进空气，使对流层的空气成为混合气体。对流层的上面是有臭氧的平流层。

从地表到500～1000m高度的范围称作大气边界层。边界层下垫面，由于地面建筑物、构筑物的密度、高度不同，使风受到不同阻力，使得边界层中的风速沿高度方向逐渐加大，而不同地域的风向也有较大的差别。

（2）主导风和盛行风

自1941年德国schmauss提出按主导风向安排城市布局以来，一直成为各国规划设计的准则。近年来人们对不同气候区的风向差异性进行了探讨，注意到季风、静止风环境的风向特征与主导风准则的不相适用情况，我国学界人员也编制出中国风向区划用于规划设计，全国大致分为四个风向区：

1）季风区：东北至东南沿海，风向冬偏北，夏偏南，冬夏盛行风频率为20%～40%。

2）主导风向区（单一盛行风）：区内全年基本吹单一风向，风频在50%以上。风域有：

① 新疆北部、内蒙古、黑龙江西北部，常年吹偏西风。

② 广西、云南南部常年吹西南风。

③ 青藏高原冬季偏西风，风频约50%；夏季偏东风，风频约15%。

3）无盛行风、主导风区：陕西北、宁夏地区全年风向多变，风频低，差别不大，一般10%以下。

4）静风区：四川盆地、风速小于1.5m/s的频率大于50%的地区。

按照风向区划可以选择不同类型的规划设计[4]。除了考虑大气风向区划之外，在规划中设计人还必须注意局部地区性环流，局地风对规划设计的制约，如：山谷风、海陆风、过山风和下坡风等。

（3）建筑风环境

在城市空间内局地风的差异大，风向不规则，平均风速比市郊小，在平行于盛行风的行列式建筑区间，由于气流出现流体力学中的狭管效应，即出风口的流速会大于进风口的流速，在盛行风与街道建筑垂直的情况下，街道上的风速会降低，两排建筑之间的通道会产生涡旋和升降气流，建筑后面形成风影区。若盛行风与两排建筑成交角，则建筑角部会出现螺旋型涡旋，一部分气流在水平方向沿街道分流。

在高大建筑周围的气流往往会产生恶性的高楼强风，阻碍人员出行，增加风雨渗透强度，损坏门窗设施，使排气口、排烟口气流倒灌。规划设计需权衡通风与防风关系，即保障自然通风，又防止出现较大的强风区。相邻建筑间距不仅要留出最小消防间距还应该考量风口的大小，降低强风，单体建筑的角部避免形煞减弱风速，低层设裙房或挑棚挑台防风，相连建筑通道设风雨廊等，底层架空或板式建筑中间留出风洞都有利于防止建筑物强风。建筑物周围人行区风速低于5m/s，不影响人们室外活动和建筑通风。

通过合理的防风林木培植在季风区如南向种植夏遮荫冬落叶的阔叶林，背面种植常绿乔木，有序培植乔灌花（草），形成良好的风环境也为建筑节能提供了规划设计条件。

3. 规划控制大气污染

风向频率玫瑰图反映了一个地区常年主导风向（实线）和夏季主导风向（虚线）的频率，长期以来它是城市规划布局和建筑自然通风设计的基本依据。由于大气污染程度是随着风速而变化的，在1～2m/s的微风、小风环境中大气极易产生污染。对于大气环境而言是危险风速，而7m/s以上的风速对气体的稀释扩散十分有利，因此有些项目也以风速玫瑰图作为依据。

为了控制大气质量，减轻大气环境污染，制定规划指标应注意下面几点：

（1）选择合理的风象污染指标

风象是一个地区风向、风频和风速的综合[5]。按主导风向原则编制的规划设计，除了风向布局会有出入以外，也没有考量风速的影响，因此绘制风速、风向频率玫瑰图是可取的。由于大气污染不仅与污染源、风速有关，还与大气稳定性、降水强度、大气热力湍流等因素相关联，因此有些地方选择了确定污染概率的做法，即先确定一个地区不同方位的污染指数，污染指数表述了大气稳定度，降水量和风速、湍流混合层厚度几项相对值的比例关系，然后利用各风向的所有污染指数值计算出不同风向的污染概率，尽管该项根据只计算造成大气污染的风向、风频但是能反映出各个风向出现污染的可能性。

（2）安排建设用地，区分地形地物，预防造成大气污染

在山地安排建设项目，要考量迎风面气流对背风面产生的下旋涡流，山间的谷地要考量地形逆温和辐射逆温，不但产生“冷湖”现象，也容易形成静风压。平原和沿海地区需考虑主导风向以外，还应留意极端风速、地形风等气流。滨水地区要分析季风对规划设计的影响。

（3）重视林地和防护林带的功能，在静止风的时期，林地与旷地之间的温差能形成气压梯度，使林地中的冷空气以约 1m/s 的速度产生局部环流。

（4）因地制宜发展区域供热，集中采暖，从源头规划控制大气污染。

4. 规划营造声环境

除了高噪声设备外，交通噪声是市区的主要噪声源。噪声通过空气传递，只要通风的场所就会受到噪声干扰，封闭的空间可以隔离噪声，但是空气不流通不利于散热，不利于节能，空气质量也受影响。如果只依靠建筑措施来防止噪声，不但被动还增加建设成本，规划设计从整体上营造声环境才既经济又有效。

主动防治环境噪声就必须控制噪声源。控制设备噪声可以规划低洼坡地为设备作业场地，也可以划定路堑，堑堤隔离设备区发出的噪声，种植林带消耗声能降低噪声，设置声屏蔽反射噪声等。被动降低机动车通行产生的高频噪声有效的办法是开发地下空间建设地下交通干道或隧道，把地面留给行人，地上利用路堑加屏蔽板或种植乔灌木，建筑作退台布置底层为附属建筑，沿街设雨棚，墙体设吸声板扩大声影区。规划中采取综合防治措施等能够为建筑和绿化工作营造声环境设计条件。

5. 规划指标和道路交通容量的协调

建筑功能空间和其中相通达的线性路径构成建筑空间形态，土地利用规划不仅要分析建筑密度、容积率等开发强度指标，而且必然受交通容量变化的影响，忽视交通的影响，建筑的体量和建筑的交通流量不配套不协调，社会公众的生活、出行必然受到影响。

规划有期，增容无限，时空变换，城市扩容，道路扩容变化莫测，以动态规划相应对，相应指标要收集详细数据，建立动态分配模型预测分配交通发生量。各地规划行政主管部门在制定规划管理细则中，对于各类建筑都规定了配套建设停车场（库）的泊车位指标，公建按百平方米，住宅按户数，学校按百人为指标单位。这些指标的制定依据实地的调查研究采取类型分析法和类比的用地功能权重分析法。这些指标仅限于单位配建的泊位，没有包括社会停车，动态的车辆出行吸引量。只有地段的道路网的交通流量与停车设施和管理规模相适应，交通容量的规划才是协调的[6]。

由于车辆 90% 以上的时间是停泊或暂停的，单位配建的车位要预留车辆流量增加的余地，尤其要重视道路交叉口节点的交通渠化和建筑，道路进出口部的交通组织，留出缓冲用地。优化设置交通配件如交通信号灯、路灯、路牌、路标、路树、交通岛、交通亭、电话亭、路障等。换句话说一个地段的修建性详细规划必须符合该地区的交通容量规划，切实解决影响交通的各种因素。

按照《绿色建筑评价标准》GB/T 50378—2017 的规定硬质铺装地面中透水铺装面积的比例达到 50%，在节地与室外环境的评分项中，可以得 3 分。

6. 规划理念和市政管线综合设施

规划有期，城市发展不断，市政管线综合设施的增容是难以预测的。以至于发展不止，扒路不止，这也是城市交通阻塞中长期困扰人们的问题之一。

《广州市城市规划管理技术标准与准则》要求：26m 及以上宽度的新建、扩建、改建的道路、新建的轨道交通、人防工程应当做管线综合规划并考虑现状管线的利用和迁改，用地面积超过 2 万 m^2 的小区修建性详细规划应当做管线综合规划。

市政管线综合设施应满足防火、防爆、防雷、防洪和抗震等安全设防的要求，防洪排涝不能低于所在地城市设防的相应等级，不应设置在坍塌、滑坡、泥石流、采空等不良地质灾害区，洪水淹没，内涝区以及危及管道安全的地区。

为了确保市政管线的长期稳定高效地运行，应重视在下述情况下采用地下管道共同沟集中敷设：

（1）交通容量大，管线设施较高，管线交口节点多的主干道、地铁、立交桥等地段。

（2）不宜开挖路面的地段。

（3）广场或主要道路的交叉处。

（4）道路与铁路或河流的交叉处。

（5）道路宽度不能满足直埋敷设各种管线的路段。

地下共同沟的断面设计集约布置管线的顺序可安排如下：

（1）缆线（电力、通信、有线电视、道路照明等电缆）。

（2）压力流管道（给水、中水、杂用水、热力、通风等管道）。

（3）城市垃圾分类输送管。

（4）压力输送必须采用具有防火设施的管道（燃气、输油管道）。

（5）重力流管道（污水、雨水管道）。

在有发展远景的地区应推广长期持续性开发地下管道走廊，也可以与地下交通线路相配套，建设综合性的利于迁移和改建的综合管道廊[7]。

总而言之，规划设计在落实规划指标和规划准则要点时需从实际出发，全面分析，认真斟酌关注民生，避免以近期收益损害社会长远利益，以局部利益损害整体利益的情况发生。

第二节　规划设计说明校对表

规划设计说明校对表　　表1–3

工程名称		设计编号：	勘误数量：			
项目	校核内容	说明	自检	校对	审核	审定
一、设计依据、设计要求及主要技术经济指标	1. 列出与项目工程设计有关的依据性文件的名称和文号，如选址及环境评价报告、地形图、项目的可行性研究报告、政府有关主管部门对立项报告的批文、设计任务书或协议书等。 2. 设计所采用的主要法规和标准。 3. 设计基础资料，如气象、地形地貌、水文地质、工程地质、地质灾害防治、地震、区域位置等。 ★4. 简述建设方和政府有关主管部门对项目设计的要求，如对总平面布置、建筑立面造型等。当城市规划对建筑高度有限制时，应说明建筑、构筑物的控制高度（包括最高和最低高度的限制） 5. 委托设计的内容和范围，包括功能项目和设备设施的配套情况。 6. 工程规模（如总建筑面积、总投资、容纳人数等）和设计标准（包括工程等级、结构的设计使用年限、耐火等级、装修标准等）。					

续表

工程名称		设计编号：	勘误数量：			
项目	校核内容	说明	自检	校对	审核	审定
一、设计依据、设计要求及主要技术经济指标	★7. 主要经济技术指标，如总用地面积、总建筑面积及各分项建筑面积（还要分别列出地上和地下部分的建筑面积）、建筑基地总面积、容积率、建筑密度、绿地率、停车泊位数（分室内、外和地上、地下）以及主要技术经济指标，如住宅的套型、套数、居住人口数及每套的建筑面积、使用面积，旅馆建筑中的客房和床位数，医院建筑中的门诊人次和病床数等指标。当工程项目（如城市居住规划）另有相应的设计规范或标准时，技术经济指标还应按其规定执行					
二、总平面设计说明	1. 概述场地现状特点和周边环境情况，详尽阐述总体方案的构思意图和布局特点，以及在竖向设计、交通组织、消防系统、日照分析、景观绿化、环境保护等方面所采取的具体措施。 2. 关于统一规划、分期建设以及原有建筑和古树名木保留、利用、改造（改建）方面的总体设想					
三、建筑设计说明	1. 建筑的平面和竖向构成，包括建筑群体和单体的空间处理、立面造型和环境营造、环境分析（如日照、通风、采光）等。 ★2. 建筑的功能布局和各种出入口、垂直交通运输设施（包括楼梯、电梯、自动扶梯）的布局。 ★3. 建筑内部交通组织、防火设计和安全疏散设计。 4. 关于无障碍设计方面的简要说明。 5. 关于节能设计的简要说明。 6. 关于智能化设计方面的简要说明。 7. 在建筑声学、热工、建筑防护、电磁波屏蔽以及人防地下室等方面有特殊要求时，应作相应说明					
四、结构设计说明	1. 设计依据 （1）本工程结构设计所采用的主要法规和标准。 （2）建设方提出的符合有关法规、标准与结构有关的书面要求。 （3）主要阐述建筑物所在地域结构专业设计有关的自然条件，包括风荷载、雪荷载、地震情况及概述工程地质简况等。 2. 结构设计 （1）建筑结构的安全等级、设计使用年限和建筑抗震设防类别。 ★（2）上部结构选型概述和新结构、新技术的应用情况。 ★（3）采用的主要结构材料及特殊材料。 ★（4）条件许可下阐述基础选型。 （5）地下室的结构做法及防水等级，当有人防地下室时说明人防抗力等级。 （6）需特别说明的其他问题					
五、建筑电气设计说明	★1. 设计范围（拟设置的电气系统）。 2. 变、配电系统。 （1）确定负荷级别：1、2、3 级负荷的主要内容。 （2）负荷计算。					

续表

工程名称		设计编号：	勘误数量：			
项目	校核内容	说明	自检	校对	审核	审定
五、建筑电气设计说明	★（3）电源：根据负荷性质和负荷量，要求外供电源的回路数、容量、电压等级。 （4）变、配电所：位置、数量、容量。 3．应急电源系统：确定备用电源和应急电源形式。 4．照明、防雷、接地、智能建筑设计的相关系统内容					
六、给排水设计说明	1．给水设计 （1）水源情况简述（包括自备水源及市政给水管网）。 ★（2）用水量及耗热量估算：总用水量（最高日、最大时）。 （3）给水系统：简述系统供水方式。 （4）消防系统：简述消防系统种类、供水方式。 （5）热水系统：简述热源、供电范围及供应方式。 （6）中水系统：简述设计依据、处理办法。 （7）循环冷却水、重复用水及采取的其他节水节能措施。 （8）饮用净水系统：简述设计依据，处理办法。 2．排水设计 （1）排水体制，污水、废水的处理办法。 ★（2）估算污水、废水排水量，雨水量及重现期参数等。 （3）排水系统说明及综合利用。 （4）污、废水的处理办法。 3．需要说明的其他问题					
七、采暖通风和空气调节设计说明	1．供暖通风与空气调节设计说明。 ★2．供暖、空气调节的室内设计参数及设计标准。 ★3．冷、热负荷的估算数据。 4．采暖热源的选择及其数据。 ★5．空气调节的冷源、热源选择及其参数。 6．供暖、空气调节的系统形式，简述控制方式。 7．通风系统简述。 8．防烟、排烟系统简述。 9．方案设计新技术采用情况，节能环保措施和需要说明的其他问题					
八、热能动力设计说明	1．供热 （1）热源概况。 ★（2）供热范围。 （3）供热量估算。 （4）供热方式。 （5）锅炉房及场区面积、换热站面积、位置及房高等要求。 （6）热力管道布置方式及敷设原则。 （7）水源、水质、水压要求。 （8）节能、环保、消防及安全措施。 2．燃料供应					

续表

工程名称		设计编号：	勘误数量：			
项目	校核内容	说明	自检	校对	审核	审定
八、热能动力设计说明	（1）燃料来源、种类及性能数据。 （2）燃料供应范围。 （3）燃料消耗量。 （4）燃料供应方式。 （5）灰渣储存及运输方式。 （6）消防及安全措施。 3．其他动力站房 （1）动力站房内容、性质。 （2）主要设备技术参数。 （3）系统形式。 （4）站房面积，位置及其他要求。 （5）节能、环保、消防及安全措施					
九、投资估算表	1．单项工程为编制单元，由土建、给水排水、电气、消防、燃气、空调、暖通及动力等单位工程的投资估算。 2．室外土石方、道路、广场、围墙、大门、管线、环境等的投资估算。 3．若建设单位提供有工程建设其他费用并且要求计入总投资内时，可将工程建设其他费用和按适当费率取定的预备费列入投资估算表中，汇总成建设项目的总投资					
十、图纸出图前的校审和签名	1．二审制 （1）图纸出图前3～5d（工程类型复杂或种类多的项目酌情增加）交总经办第一轮审核； （2）第一轮修改； （3）图纸出图前1～2d（工程类型复杂或种类多的项目酌情增加）交总经办第二轮审核； （4）第二轮修改 2．出图图纸由设计总监或总经理或其他指定人确认签名					

注：1．文件或图纸不齐全时应在备注栏中说明原因。
2．自检栏中填写：√表示通过、○表示无要求。校对、审核、审定各自在相应栏目中填写错漏的数量，具体问题在校审卡中列出。核查数由审核、审定人员填写，表示发现前面校审未发现的问题。
3．自检由设计人员和专业负责人完成。
4．加★者为重点校对内容。

第三节　规划设计总平面图校对表

规划设计总平面图校对表　　**表1-4**

工程名称		设计编号：	勘误数量：			
项目	校核内容	说明	自检	校对	审核	审定
一、场地区域位置	标齐场地的区位图和现状图					

续表

工程名称		设计编号：	勘误数量：			
项目	校核内容	说明	自检	校对	审核	审定
二、场地的范围	★1．标注用地各角点的坐标或定位尺寸。 2．标注建筑物各角点的坐标或定位尺寸。 3．正确标注征地红线。 4．正确标注用地红线。 5．正确标注道路红线。 6．正确标注建筑红线。 7．正确标注其他性质的控制线					
三、场地四邻环境	★1．表达清楚四邻原有及规划的城市道路和建筑物等。 2．表达场地内需保留的建筑物、古树名木、历史文化遗存等。 3．表达现有地形、地貌、地物与标高、水体、不良地质情况等					
四、地形图	1．在经核准的（规划局签字审批、盖章确认的）1/500 实测现状地形图上，正确进行总图布置（地形底纹及园林景观等淡化、弱化，建筑外轮廓线为粗线）。 2．在实测地形图上正确表达拟建道路、停车场、库（地上、地下）、广场、绿地、水面及建筑物等的布置。 ★3．主要建筑物与用地界线（或道路红线、建筑红线）及相邻建筑之间的距离应符合有关规定					
五、出入口、建筑单体及公建配套设施	1．标注拟建主要建筑物的名称（文字简述所有功能）。 ★2．正确设置及标示清楚出入口位置（人行出入口、车行出入口、地库出入口、住宅出入口）。 3．正确标注建筑层数。 4．正确标注建筑型号。 5．正确标注栋号。 6．正确标注主要道路、广场的控制标高。 7．正确标注小区内人行路、车行路、消防车道。 8．按规范规定，设置如下公建配套设置，并正确表达商业、会所、变电站、煤气站、垃圾站、幼儿园、中小学、居委会、农贸市场、卫生站、邮电所、储蓄所、物业管理处、公厕、消防站、公交站、派出所、养老院。					
六、规划制图规范标准要求	1．正确标注指北针。 2．正确标注风玫瑰。 3．正确标注图纸比例。 4．符合制图规范、标准（含图题、图名、图幅、图框、图签、图界、图线、图号、图例等图纸要素）的要求。 5．正确标注设计、出图、批准日期。 6．正确标注清楚公司 logo。 7．正确标注清楚中文 QC-box。 8．其他图纸表达应符合规范规定要求。					

续表

工程名称		设计编号：	勘误数量：			
项目	校核内容	说明	自检	校对	审核	审定
七、平衡表、指标表	正确列出用地平衡表、综合技术经济指标系列一览表及建筑明细表（或户型表）等经济技术指标（含栋数 / 户型比 / 车位比 / 及平均每户面积等），并按规范规定要求完整、准确表达。					
八、图例、说明	完整、正确表达清楚图例、说明（含标高系统、高程系统、换算公式等）。					
九、方案特性表达	1．功能分区图。 2．空间组合及景观分析。 3．交通分析图。 4．人流及车流组织分析图。 5．停车场（库）的布置。 6．地形分析图。 7．绿地布置图并符合绿地率指标要求。 8．日照分析图并符合日照标准要求。 9．消防分析图并符合消防规范要求。 10．分期建设图符合建设方要求。 11．管线综合图。 12．场地排水图。					

注：1．文件或图纸不齐全时应在备注栏中说明原因。

2．自检栏中填写：√表示通过、○表示无要求。校对、审核、审定各自在相应栏目中填写错漏的数量，具体问题在校审卡中列出。核查数由审核、审定人员填写，表示发现前面校审未发现的问题。

3．自检由设计人员和专业负责人完成。

4．加★者为重点校对内容。

第二章　总图设计校对

建筑总图设计的同义词或近义词有场地设计，总体设计，总图与运输，总平面设计，室内外工程，小市政设计，场地景观环境等。

第一节　总图设计的定位

在城市规划区范围内兴建的建设项目必须依据建设法规，规划设计要求和批准的规划总平面图进行建筑总图（场地）设计，总图设计依据详勘后的方案设计和批准的初步设计，依据主管部门批准的道路和管线连接要求，在初级平整的场地图上进行场地生态体系设计，满足绿色建筑的设计要求[8]必须详尽了解场地的自然环境、地质现状和现存地形地物。

总图设计包括复核场地的设计条件和基础资料、总体布局、内外交通组织、竖向布置、管线综合、绿化景观布置和技术经济分析等场地设计的内容。有的总图设计只作环境景观中建筑、道路、水体、小品的结构设计，而把铺装、装饰、植物配置交园林景观专业承担。

在城市规划区范围之外的场地兴建的产业基地，新开发的居住新城镇缺少修建性详细规划依据时，设计部门应协助建设单位选址踏勘，详细掌握设计基础资料和设计依据，分析场地的设计条件，明确项目的区域位置和交通运输条件，明确场地周边和现场环境，建设条件和市政设施状况，如道路等级，断面尺寸，进出管线连接处的适当标高、坐标；市政供水接入点的管径、坐标、标高、管材、供水压力、供水量和供水条件；自备水源的水质和防洪净化能力；电力、电信线路接入点的坐标和容量；供热条件，供热管道接入点的坐标、标高、管径、管压和温度等，依据场地条件确定场地的基准标高和控制性标高。

第二节　总图设计阶段

总图设计的设计文件包括设计说明、设计图纸和双方约定的效果图及模型。

一、方案设计阶段

（一）设计说明

1．叙述场地的区域位置，地形特点，总图设计的立意构思，交通组织，竖向设计，安全防灾，环境保护，景观绿化，生态修复等方面的措施。

2．项目分期和分区建设的计划和场地地物改造、保护、利用的统筹安排。

（二）设计图纸

1．兴建项目的区域地理位置图。

2．总平面布置图

标明场地范围，用地规模，建（构）筑物的角点坐标，定位尺寸，与规划控制线的间距；四周规划道路，原有保留的建（构）筑物，文化遗存，古树，基准标高和控制标高；水系和地质灾害防治措施；场地内兴修建（构）筑物的名称，出入口，层数，设计标高，道路线型，道路宽度，停车场，广场，绿化布置；指北针或风玫瑰，图纸比例等。

3．分期分区规划平面图。

4．专项分析图表

（1）建筑功能分区图。
（2）空间组合，绿化景观，声・光・热・风环境分析。
（3）空间组织、人流、车流、物流流线分析。
（4）场地坡度、坡长、坡向、朝向、日照分析。
（5）场地排水、防洪排涝设计分析。
（6）综合管线系统图。
（7）建（构）筑物、道路竖向设计。
（8）各区土（石）方平衡调配图（估算）。
（9）消防救援路和登高扑救场地布置图。
（10）技术经济指标汇总表。
（11）工程投资估算表。

二、初步设计

（一）设计说明书

1. 叙述设计条件、设计依据、基础资料和主管部门批文的有关内容

包括道路红线、建筑控制线、用地界线、用地面积、用地性质和其他有关规划控制线；建（构）筑物限高；容积率、建筑密度、建筑系数、利用系数、绿地率、泊车位等控制要求，说明地形图采用的坐标和高程系统，确定场地基准标高和控制性标高。

2. 说明场地的地形、地物

包括项目名称、区域地理位置、人文特点、四周建（构）筑物、规划道路、市政基础设施和公共配套设施，保留利用和拆建项目等。

地形地物如平地、山丘，水系的流向、水深，最高和最低标高、最大坡度和坡向、不同坡面等，相关的地质灾害防治措施，如抗震、防洪、崩塌、滑坡、采空、岩溶、水土流失等地质灾害隐患的处理办法。

3. 说明总图设计构思

根据场地的地质、地形、日照、通风等基础资料，按主管部门规划、防火、交通、卫生、环保等方面的要求，因地制宜，统筹兼顾，合理优化总图布局，设计的技术经济指标应该切实可行。阐述功能分区原则，分期分区，设计布局和内外空间环境关系，留有发展余地。

4. 竖向设计

叙述城市道路，管道控制点标高、地形坡度、排水坡向、洪水位标高、土石方工程量等设计条件；竖向布置方式（平坡或台地）；地表排水方式（明沟或暗管沟），明沟排放点的高程、坡降等。

5. 交通系统

说明道路技术条件，主干道、次干道宽度，路面类型，最大最小纵坡等；分析人流、车流的疏通方式，出入口，停车泊位规模、位置；消防车道和扑救场地的安排。

6. 技术经济指标

±0.00 以下地下建筑、骑楼、过街楼底层不列入计算容积率；明确需审批的指标和设计标准。

（二）设计图纸

1. 区域地理位置图

2. 总平面布置图

（1）四邻建（构）筑物、道路的坐标定位、建筑类别、层数、与规划控制线的间距，项目设计不可以只安排红线内的建（构）筑物，必须标注四至的地形地物。

（2）规划控制线内建（构）筑物坐标、名称、幢号、层数、地下隐蔽工程用虚线表示。

（3）道路交通流线图，注明控制标高，区别疏散救援道路，布置入户路出口处临时停车位和泊车位。

（4）绿化、水体、小品布置图。

（5）标示指北针，风向玫瑰图。

3．竖向设计图（一般与总平面图合并，地形复杂时另列）

（1）标示用地定位角点的坐标，相应尺寸，场地道路，控制节点坐标（起止点、变坡点、转折点）。

（2）建（构）筑物定位坐标、名称、编号、室内外设计标高，与绝对高程的数值关系。

（3）地面排水坡向，防洪设施，挡土墙位置和管线综合布置。

（4）注明图例、比例、指北针、尺寸单位等。

（5）初评土石方工程量汇总列表。

三、总图施工图设计文件

（一）总图目录

总图目录通常按设计说明，新绘制图纸（平面、大样节点）的次序编排，随后列出选用的标准图、图名、图号；选用的重复利用图图名、图号，注明图纸版次，及时替换修改过的图纸，避免用错不同版号的图纸。

（二）总图说明

总图说明应该详细叙述初步设计批文后修改的内容和概述，简单的项目也可以不单独成篇而分述于相关的图纸上。

（三）总平面图

总平面图必须采用统一的坐标和高程系统。

1．明确场地的用地界线，标注用地界线角点的测量坐标（如为不同建筑坐标系，则需要换算）；标示各类规划控制线，如规划红线，用地界线与建（构）筑物的定位间距，四周道路；建（构）筑物的控制标高、位置、建筑类别、名称、层数；设计标高与所采用高程系统之间的数值关系。

2．标示拟建项目的名称，编号，列出编号表，定位坐标，尺寸，图例等。

3．标示道路，广场控制点坐标，排水沟尺寸，挡土墙，护坡位置。

4．绘制指北针或风向玫瑰图，比例，尺寸单位。

（四）竖向布置图

竖向设计的表示方法：一般平缓场地采用设计等高线法。

坡地采用设计标高法（高程箭头法和局部剖面法）。

竖向布置的特点是标齐场地的各项控制点的标高和坐标，包括：

1．场地四周的建（构）筑物、道路、坡地、谷地、水面、沟底等项标高。

2．场地内的建（构）筑物的标高，层数，名称编号，室内外标高，室外标高靠近台阶起步级和坡道起坡处应标注，以便确定室内外高差；场地内道路、广场、停车场等场地的设计标高，标注道路起止点，变坡点，转折点和路面中点的设计标高、控制点坐标、纵坡长、纵坡度；道路双面坡或单面坡要注明平曲线半径，曲线长，坡长，坡度，在半径小于 250m 的弯道上，圆曲线内侧应加宽，各级道路纵坡变更处应设置竖曲线；标注挡土墙，护坡顶部和底部的设计标高、坡度等。

3．场地排水和防洪：用坡向箭头表示地面坡向，采用合理的坡度排除场地雨水，可采用渗水路面、块石路面铺装，使雨水渗入地下或利用管网收集雨水进集水池；场地设计标高应高于城市防洪，防涝标高；滨水地区场地设计标高应高于设计洪水位标高 0.5～1.0m，或采用防涌浪堤防；场地设计标高应高于多年平均地下水位和周边道路设计标高，至少高于最低路段高程 0.2m 以上。

4．标示指北针或风向玫瑰图、图例、比例、尺寸单位等。

（五）土方图

1．标注场地四周的坐标，用细虚线标注建（构）筑物位置。

2．采用 20m×20m 方格网定位场地，在各方格上编顺序号，标地面标高，设计标高，填挖高差，土方零线位置，各方格土方量和总土方量，列出土方平衡表。

3．标指北针或风向玫瑰图、图例、比例、尺寸单位、施工要求等。

（六）管道综合图

1．标出用地界线和规划控制线，管线与红线的间距，场地施工坐标或尺寸。

2．各类管线在总平面上的定位尺寸，标明各类管线与建（构）筑物的距离和管线间距。

3．场外管线引入点的坐标和标高。

4．管线集中地段需画出局部剖面图，标明管线与建（构）筑物、与绿化之间以及管线之间的间距，并标注管线交叉点上下管线的标高和间距。

5．标指北针或风向玫瑰图，图例、比例、尺寸单位、施工要求等。

（七）大样详图

绘制道路横断面图，路面结构图；挡土墙，护坡，截洪沟，排水沟，水池壁，停车场，集散广场，各类活动场地的相关大样详图。

（八）建议

一般平地项目竖向布置图与总平面图合并；道路类别较多时可单独绘出道路平面图；土方和管线综合，根据项目情况与总平面图合并或单独成图，绿化可标示控制性坐标由景观专业完成园林图；各项计算书应经复核后存档。

第三节　总图设计要求

这里重点讨论总图设计校对时容易忽视或不够熟悉的一些工程概念，主要涉及竖向设计中的道路、土（石）方场地排雨水和防排洪，管线综合要求等有关内容。

一、总图的平面定位方法[9]

（一）坐标定位法

通常坐标计算以地形图的测量坐标系统为依据，当场地面积比较大，建设项目比较多的情况下，也可以建立只供本项目使用的建筑坐标系（假设坐标系统），但需确立建筑坐标系与测量坐标系的数值关系，便于相互转换。

（二）相对距离法

当建（构）筑物，道路控制点用坐标法定位以后，场地其他地物可用间距尺寸关系定位，如确定道路中心线至建筑的边线，道路中心线至围墙的轴线等。

（三）方格网定位法

对于水体和绿地等边界曲率变化，呈现不规则的曲线时，采用方格网定位较合适，但是应根据已知坐标点确定方格网起止点的坐标。

二、道路设计要求

（一）城市道路网布局

在市区建筑容积率大于 4 的地区，支路网的密度应比容积率低的地段大于规定值的一倍，即大中城市的支路规划指标为 6～8km/km^2，小城市人口大于 5 万人时支路规划指标为 6～10km/km^2，小城市 1～5

万人时为10～12km/km^2，小于1万人时按12～16km/km^2。

在市中心区建筑容积率达到8的地段支路网密度宜为12～16km/km^2，一般商业集中地区的支路网密度宜为10～12km/km^2[10]。

次干路和支路宜划成1∶2～1∶4的长方格，沿交通主流方向应加大交叉口的间距，相交道路宜为4条，不得超过5条，交角不得小于45°。

主干路两侧不宜设置公共建筑出入口并应该留足室外集散场地。

道路网布局应结合城市防灾布置安全区，如疏散广场、绿地等。

地震设防城市干道两侧的高层建筑应由道路红线后退10～15m；新规划的压力主干管不宜设在快速路和主干路的车行道下面，地面宜采用柔性路面；道路立体交叉口宜采用下穿式；道路网中宜设置小广场和空地，结合绿化安排避难集散用地。

滨水地区应设通向高地的防灾疏散道路，并适当增加疏散方向的路网密度，为增加土壤的保水渗水性，宜采用生态渗水路面，如砾石路面、块石结构路面等。

河网地区的道路网，道路宜平行或垂直于河道。跨越通航河道的桥梁，应满足桥下通航净空要求，见表2-1。

桥下通航净空限界表 **表2-1**

航道等级		一	二	三	四	五	六
通航船只等级（t）		3000	2000	1000	500	300	100～50
净跨（m）	天然或渠化河流	70	70	60	44	32～38.5（40）	20（28～30）
	人工运河	50	50	40	28～30	25（28）	13（25）
净高（m）		12.5	11	10	7～8	4.5～5.5	3.5～4.5

注：（ ）内数值系通船又通航木排的水道上采用的标准。

桥梁下通航净空限界主要取决航道等级[11]。

（二）场地道路等级

场地道路的设计车速通常取15～25km/h，主干道宽度按城市规划要求，居住区道路不小于20m（红线宽度）；次干道一般为双车道宽度不小于7m；支路为单车道不应小于4m；引道或入户路、有机动车进入的引道宽度不应小于3.5m，只通行非机动车的入户路不应小于2.5m，人行道宽度不应小于2.0m，维修通道不小于1.0m，道路纵坡0.2%～8%，横向坡度1.5%～2.5%；消防车扑救场地坡度宜小于2%，道路交叉口出口处，车道在3道以上（含三道）时，路口可不展宽。

（三）道路设计

横截面对称的道路按路中心线即脊线或中线定位；截面不对称道路按脊线标出两侧不同宽度进行定位。

1. 道路圆曲线及转弯半径

（1）道路的平面线型中心线是由直线和圆曲线组成，车辆在弯道行驶时，车身占用车道的宽度比直线段行驶要大，因此需要加宽弯道的路面，一般对于小半径的弯道，其半径小于250m时，需在车道圆曲线内侧加宽，当车速小于15km/h，可以不加宽。加宽的方法，一是适当加大路面内边线的半径；二是加宽缓和段，从直线段宽度逐渐加大到曲线加宽段，加宽缓和段即直线段逐渐变宽的长度，一般应大于15～20m。

1）圆曲线和缓和曲线都是转向曲线，二者总称平曲线，道路圆曲线的最小半径应符合下表城市道路的有关规定，一般情况下应采用大于或等于不设超高时的最小半径，受地形限制时可采用设超高的一般值，地形特别困难时采用设超高最小半径的极限值[12]。

圆曲线最小半径 表2-2

设计速度（km/h）		100	80	60	50	40	30	20
不设超高最小半径（m）		1600	1000	600	400	300	150	70
设超高最小半径（m）	一般值	650	400	300	200	150	85	40
	极限值	400	250	150	100	70	40	20

地形条件受到限制时采用极限值。

平曲线与圆曲线最小长度 表2-3

设计速度（km/h）		100	80	60	50	40	30	20
平曲线最小长度（m）	一般值	260	210	150	130	110	80	60
	极限值	170	140	100	85	70	50	40
圆曲线最小长度（m）		85	70	50	40	35	25	20

直线与圆曲线，不同半径圆曲线之间应设缓和曲线，缓和曲线采用回旋线。当设计速度小于40km/h时，可用直线替代缓和曲线，缓和曲线最小长度见表2-4。

缓和曲线最小长度 表2-4

设计速度（km/h）	100	80	60	50	40	30	20
缓和曲线最小长度（m）	85	70	50	45	35	25	20

当圆曲线半径大于表2-5的数值时，可不设缓和曲线，圆曲线与直线可以直接相连。

不设缓和曲线的最小圆曲线半径 表2-5

设计速度（km/h）	100	80	60	50	40
不设缓和曲线的最小圆曲线半径（m）	3000	2000	1000	700	500

2）《厂矿道路设计规范》GBJ 22—1987（2012年版）对厂区外道路提出技术指标见表2-6。

厂外道路技术指标 表2-6

厂外道路等级	一		二		三		四		辅助道路
地形	平原微丘	山岭重丘	平原微丘	山岭重丘	平原微丘	山岭重丘	平原微丘	山岭重丘	
计算行车速度（km/h）	100	60	80	40	60	30	40	20	15
路面宽度（m）	2×7.5	2×7	9（7）	7	7	6	3.5（6.0）		3.5（3.0）
路基宽度（m）	23	19	12（10）	8.5	8.5	7.5	6.5（7.0）		45
极限最小圆曲线半径（m）	400	125	250	60	125	30	60	15	15
一般最小圆曲线半径（m）	700	200	400	100	200	65	100	30	—

续表

厂外道路等级	一		二		三		四		辅助道路
地形	平原微丘	山岭重丘	平原微丘	山岭重丘	平原微丘	山岭重丘	平原微丘	山岭重丘	
不设超高最小圆曲线半径（m）	4000	1000	2000	600	1500	350	600	150	—
停车视距（m）	160	75	110	40	75	30	40	20	15
会车视距（m）	—	—	220	80	150	60	80	40	—
最大纵坡（%）	4	6	5	7	6	8	6	9	9

3）城市之间各级公路的平曲线应按公路工程技术标准[13]，该标准 3.0.14 规定公路最小圆曲线半径，见表 2–7。

公路圆曲线最小半径 **表2–7**

设计速度 km/h		120	100	80	60	40	30	20
一般值（m）		1000	700	400	200	100	65	30
极限值（m）		650	400	250	125	60	30	15
不设超高最小半径（m）	路拱≤ 2%	5500	4000	2500	1500	600	350	150
	路拱＞ 2%	7500	5250	3350	1900	800	450	200

确定圆曲线最小半径的关键参数是横向力系数和超高横坡，车辆在弯道上行驶必要的安全稳定条件是横向力系数不能超过路面与轮胎的横向摩阻系数。样本路面的极限摩阻系数都在 0.3 以上，设计用的横向力系数取 0.10～0.17，比摩阻系数小，保留适当安全度。

（2）道路转弯半径

道路转弯半径必须与不同类型的车辆转弯时的回转轨迹（车辆类的回转半径，汽车转弯半径）相适应。所谓汽车的转弯半径（回转轨迹）是指汽车前轮外侧沿圆曲线行驶轨迹的半径。道路转弯半径是指道路内缘的半径。

道路转弯半径是低速行驶，一般 15～25km/h 时车辆需要的圆曲线半径在数值上小于汽车的转弯半径，两者之间的关系式如下：

$$r=\sqrt{r_1^2-l^2}-\frac{b+h}{2}-y=\sqrt{r_1^2-l^2}-\frac{b+h}{2}-0.25 \tag{2-1}$$

式中：r——道路转弯半径（m）；

r_1——汽车最小转弯半径（m）；

l——汽车前后轮轴线距离（m）；

b——汽车外形宽度（m）；

h——汽车前轮的轴间距离（m）；

y——汽车环行轨迹最内点至环道边缘的安全距离（m），一般取≥ 0.25m。

上述也可以简化为r= 汽车转弯半径 – 车宽 – 安全距离。

一般城市或场地的主干道、次干道和支路的道路转弯半径为：

主干道：20～30m；次干道：15～20m；支路：10～20m。

普通消防救援车道为 9.0m；消防登高车为 12.0m；特种车辆为 16～20m。

尽端式消防车道应该设回车场，长宽不小于 12m × 12m，高层建筑不宜小于 15m × 15m，重型消防车回车场不宜小于 18m × 18m。

居住区尽端式道路不宜超过 120m，并在尽端设不小于 12m × 12m 回车场。

当自行车车速为 10～16km/h 时，自行车道的最小转弯半径应大于 4m。

2. 转弯路面的超高与超高缓和曲线

当道路采用的圆曲线半径小于表 2-2 中不设超高的最小半径时，应使道路外侧抬高，使道路横坡向内倾斜，称为超高。设计速度 80～100km/h 时最大超高横坡度为 6%；设计车速为 50～60km/h 时最大超高横坡度为 4%；设计车速为 20～40km/h 时最大超高横坡度为 2%。

超高缓和曲线是由直线路段上的双坡横断面过渡到超高的车坡横断面的缓和段，一般超高缓和曲线的长度应大于 15～20m，场地道路、支路车速在 20km/h 以下一般不设超高。

3. 道路纵坡和坡长要求

（1）公路最大纵坡

公路最大纵坡　　表2-8

设计速度（km/h）	120	100	80	60	40	30	20
最大纵坡（%）	3	4	5	6	7	8	9

1）受地形限制，经技术经济论证，120～80km/h 车速路段和原有路段改建的 20～40km/h 路段最大纵坡只可增加 1%。

2）连续上坡（下坡）越岭路段，相对高差为 200～500m 时，平均纵坡不应大于 5.5%；相对高差大于 500m 时，平均纵坡不应大于 5%，任何连续 3km 路段的平均纵坡不应大于 5.5%

（2）公路坡长

1）最小坡长见表 2-9。

公路最小坡长　　表2-9

设计速度（km/h）	120	100	80	60	40	30	20
最小坡长（m）	300	250	200	150	120	100	60

2）不同纵坡最大坡长见表 2-10。

公路不同纵坡最大坡长　　表2-10

最大坡长（m）／设计速度（km/h）／纵坡度（%）	120	100	80	60	40	30	20
3	900	1000	1100	1200			
4	700	800	900	1000	1100	1100	1200
5		600	700	800	900	900	1000
6			500	600	700	700	800
7					500	500	600
8					300	300	400

续表

纵坡度（%）＼最大坡长（m）＼设计速度（km/h）	120	100	80	60	40	30	20
9						200	300
10							200

注：连续上、下坡应在上表规定的坡长内设坡度≤3%的缓和坡段。

（3）城市道路最大纵坡与公路有差别，按《城市道路工程设计规范》CJJ37–2016 见表 2–11。

城市道路最大纵坡度 **表2–11**

计算行车速度（km/h）	100	80	60	50	40	30	20	说明
最大纵坡度一般值（%）	3	4	5	5.5	6	7	8	道路最小纵坡不应小于 0.3%，条件困难小于 0.3%，应设锯齿形边沟等排水措施
最大纵坡度极限值（%）	4	5	6		7	8		

注：1. 新建道路应取不大于一般值，改建或受条件限制可采用极限值，除快速路外其他路经过技术经济论证可增加1%。
2. 积雪寒冷地区最大纵坡度不得超过6%，其快速路最大纵坡不应大于3.5%。

（4）城市道路坡长

城市纵坡最大坡长 **表2–12**

计算行车速度（km/h）	100	80	60			50			40		
纵坡度（%）	4	5	6	6.5	7	6	6.5	7	6.5	7	8
纵坡最大坡长（m）	700	600	400	350	300	350	300	250	300	250	200

城市道路纵坡段最小长度 **表2–13**

计算行车速度（km/h）	100	80	60	50	40	30	20
纵坡最小长度（m）	250	200	150	130	110	85	60

注：当道路纵坡度大于一般值时，纵坡最大坡长应符合表2–12规定要求，连续上、下坡时，应在规定长度内设不大于3%的纵坡缓和段，其长度应符合表2–13的规定。

（5）城市非机动车道

城市非机动车纵坡宜小于 2.5%，当大于或等于 2.5% 时，纵坡坡长应符合表 2–14 要求。

非机动车道最大坡长 **表2–14**

纵坡（%）		3.5	3.0	2.5
最大坡长（m）	自行车	150	200	300
	三轮车		100	150

（6）居住区内道路纵坡控制指标见《城市居住区规划设计规范》GB 50180—93（2016 年版）。

居住区内道路纵坡控制指标　　表2-15

道路类别 \ 纵坡	最小纵坡	最大纵坡	多雪严寒地区最大纵坡
机动车道	≥0.2%	≤8%　L≤200m	≤5%　L≤600m
非机动车道		≤3%　L≤50m	≤2%　L≤100m
步行道		≤8%	≤4%

（7）道路合成坡度

在设有超高的平曲线上，超高横坡度与道路纵坡度的合成坡度应该不大于表2-16中的规定值。

合成坡度　　表2-16

设计速度（km/h）	100、80	60、50	40、30	20
合成坡度（%）	7	6.5	7	8

注：积雪冰冻地区的合成坡度应不大于6%。

值得注意的是《厂矿道路设计规范》GBJ 22—1987（2012年版）规定厂外道路设超高的道路合成坡度最大值在丘陵山区不超过11%，其纵坡的限制坡长见表2-17。

厂外道路纵坡限制坡长　　表2-17

道路纵坡（%）	5～6	6～7	7～8	8～9	9～10	10～11
限制坡长（m）	800	500	300	200	150	100

当坡度连续大于5%时应在上述限长内设3%以下缓和坡，坡长不小于100m。受条件限制，厂外三、四级和辅助路缓和坡长分别不小于80m和50m。

《民用建筑设计通则》GB 50352—2017中5.3.1规定：基地机动车道的纵坡不应小于0.3%，亦不应大于8%，其坡长不应大于200m，在多雪严寒地区不应大于5%，其坡长不应大于600m，横坡应为1.5%～2.5%。

4．停车视距

（1）《公路工程技术标准》JTG B01—2014第4.0.15条规定停车视距见表2-18和表2-19。

高速公路和一级公路停车视距　　表2-18

设计速度（km/h）	120	100	80	60
停车视距（m）	210	160	110	75

二、三、四级公路视距　　表2-19

设计速度（km/h）	80	60	40	30	20
停车视距（m）	110	75	40	30	20
会车视距（m）	220	150	80	60	40
超车视距（m）	550	350	200	150	100

（2）城市道路的视距应不小于表2-20的规定值，积雪冰冻地区的停车视距应适当增加。在货运车辆

较多的道路，应验算货车的停车视距，对设置平、纵曲线可能影响视距的路段应进行视距验算。

城市道路视距要求值　　表2-20

设计速度（km/h）	100	80	60	50	40	30	20
停车视距（m）	160	110	70	60	40	30	20
会车视距（m）	320	220	140	120	80	60	40

验算时目高在凸曲线时为 1.2m，在凹曲线时取 1.9m。凸曲线停车视距计算公式：

$$S_T = \sqrt{2dR_{min}} = \sqrt{2.4R_{min}} \tag{2-2}$$

式中：S_T——停车视距（m）；

d——驾驶员视线高度（m）；

R_{min}——凸曲线最小半径（m）。

（3）厂矿外道路，停车视距最小 15m，会车视距 30m，交叉口停车视距 200m。场地设计中交叉口的最小停车视距为 20m。

5．竖曲线

（1）各级道路纵坡变化处应设竖曲线，宜采用圆曲线，城市道路竖曲线最小半径和最小长度见表 2-21。

城市道路竖曲线最小半径和最小长度　　表2-21

设计速度（km/h）		100	80	60	50	40	30	20
凸曲线最小半径（m）	一般值	10000	4500	1800	1350	600	400	150
	极限值	6500	3000	1200	900	400	250	100
凹曲线最小半径（m）	一般值	4500	2700	1500	1050	700	400	150
	极限值	3000	1800	1000	700	450	250	100
竖曲线最小长度（m）	一般值	210	170	120	100	90	60	50
	极限值	85	70	50	40	35	25	20

（2）厂矿地区厂外道路一至四级道路纵坡变更处应设竖曲线，辅助道路在两相邻坡度代数差大于 2% 时应设竖曲线，其最小半径和限制长度见表 2-22。

厂矿外道路竖曲线最小半径和限制最小长度　　表2-22

道路系数 类别		一		二		三		四		辅道
地形		平原微丘	山岭重丘	平原微丘	山岭重丘	平原微丘	山岭重丘	平原微丘	山岭重丘	
凸曲线最小半径（m）	极限值	6500	1400	3000	450	1400	250	450	100	100
	一般值	10000	2000	4500	700	2000	400	700	200	
凹曲线最小半径（m）	极限值	3000	1000	2000	450	1000	250	450	100	100
	一般值	4500	1500	3000	700	1500	400	700	200	
竖曲线最小长度（m）		85	50	70	32	50	25	35	30	15

（3）公路纵坡变更处应设竖曲线，竖曲线最小半径和最小长度见表 2-23。

公路竖曲线最小半径和最小长度　　表2-23

分类 \ 设计速度（km/h）		120	100	80	60	40	30	20
凸竖曲线最小半径（m）	极限值	11000	6500	3000	1400	450	250	100
	一般值	17000	10000	4500	2000	700	400	200
凹竖曲线最小半径（m）	极限值	4000	3000	2000	1000	450	250	100
	一般值	6000	4500	3000	1500	700	400	200
竖曲线最小长度（m）		100	85	70	50	35	25	20

6．道路横截面图

一般把垂直于道路中心线所取得的横剖面称为横截面（横断面）图，道路剖面设计宽度为路幅，场地总图设计中指建筑控制线之间的距离。在居住区设计中的居住区道路指道路红线的宽度，包括车行道、人行道、绿地带、管线敷设带，而小区路和组团路只包括混行路面，城市型横截面道路以突起 10～20cm 的路缘石区别路面，采用暗管排水。市郊路、风景区路采用公路型道路剖面，道路缘石平路面，采用明沟排水，一般采用双坡路拱。城市道路对路拱设计坡度规定，道路横坡应按路面宽度、类型、纵坡大小、气候条件确定，宜采用 1.0%～2.0%；快速路及降水量大的地区宜采用 1.5%～2.0%；严寒积雪地区，透水路面宜采用 1.0%～1.5%；保护性路肩横坡可比路面横坡加大 1.0%，人行道宜采用单向横坡。

路拱不对称的横截面路，其平面图应沿路脊线分段标出左右不相等的道路宽度和横坡。

厂矿道路路拱横坡见下表。

厂矿道路路拱坡度　　表2-24

路面面层类型	路拱横坡（%）	路面面层类型	路拱横坡（%）
水泥混凝土路面	1.0～2.0	半整齐、不整齐石块路面	2.0～3.0
沥青混凝土路面	1.0～2.0	粒料路面	2.5～3.5
其他沥青路面	1.5～2.5	改善土路面	3.0～4.0
整齐石块路面	1.5～2.5		

注：　经常有汽车拖挂运输道路取下限，年降雨量大的道路宜用上限，年降雨量小或有冰冻积雪的道路宜采用下限。

公路路拱设计横坡规定与厂矿道路相同，只是要求土路肩横坡度一般应比路面横向坡度大 1%～2%。

7．道路交叉口

城市道路的新建平面交叉口不得出现超过 4 叉的多路交叉口，错位交叉口，畸形交叉口以及交角小于 70°（多条件限制 45°）的斜交交叉口。

信号交叉口平面设计应与信号控制方案协调一致，渠化设计不应该压缩行人和非机动车的通行空间。

平面交叉口范围内的道路排水应通畅，交叉口进口道纵坡不宜大于 2.5%，困难情况下不宜大于 3%；交叉口最小停车视距三角范围内，必须消除 1.2～2.0m 高度范围内妨碍驾驶视线的障碍物。

人行横道间距宜为 250～300m；当人行横道宽度大于 16m 时，应在道路中心线两侧设行人过街安全岛，宽度不应小于 2.0m（极限值 1.5m）。主干道人行横道宽度不宜小于 5m；其他路的人行横道宽度不宜小于 3m，宜以 1m 为增减单位设横道线。

三、土石方工程量计算

兴建工程必须改造地形，在场地进行挖方或填方施工。所谓土石方工程量即挖填过程中搬移的土壤（岩石）的体积，土（石）方工程包括场地平整产生的土（石）方，即七通一平（或三通一平）中的场地平整，七通指市政道路，管线到达场地即通给水、通排水、通电力、通电讯、通路、通燃气、通热力（北方采暖），三通是指通路、通水、通电，无论三通还是七通都离不开场地平整。此外土（石）方工程量还包括建（构）筑物基础、道路、管线工程基槽、基坑余土（石）的工程量。

（一）场地平整土（石）方工程量

1. 计算场地平整土（石）方工程量常采用方格网法。即把场地平面分成网络，按每个方格分别计算土方体积，再把每个方格的计算结果汇总相加，得出场地的平衡土方量，根据自然地面与设计地面的高差，可以分别计算出挖方和填方的工程量，这种方法通常用于平缓的场地。

2. 计算步骤：

（1）先在 1/500～1/1000 的平面图上布置方格网，方案和初步设计可采用 100m × 100m 或 40m × 40m 的方格网，施工图一般采用 20m × 20m 方格网。

（2）在方格交叉点的四个象限中进行标注，左下方填方格网交叉点的顺序号，右下方填该点的自然地面标高，右上方标注设计地面标高，设计地面标高减去自然地面标高的高差为土方施工高差，标注在交叉点的左上方。

（3）确定零点和零线位置。当设计地面标高与自然地面标高数值相等时，场地施工既不挖方也不填方，因此把施工高度为零的地点称为零点，把方格网上相邻两个交叉点施工高差正负相反的数值按比例标在网线上，作两点的连线就找出了方格线上的零点，把各方格上的零点连成线段，就是零线，也就是场地平整中填方与挖方的分界线。

（4）没有零线的方格，填方或挖方按梯形截面计算土方体积，有零线的方格要根据不同的土体形状按有关公式计算土体积，如果场地四周边坡施工高度大于 1m 还要计算边坡的土体积。

（5）把各方格网的体积求出后，按填方、挖方分别累计，有边坡土方时计入边坡土方，累计即为场地平整的土（石）方工程量。

（二）余土工程量

赵晓光主编的《民用建筑场地设计》中对建（构）筑物基础、道路和地下管线基槽，基坑等的余土工程量给出了估算公式。

1. 建（构）筑物和设备基础的余方量估算

$$V_1 = K_1 \cdot A_1 \qquad (2\text{–}3)$$

式中：V_1——基槽土（石）余方量（m^3）；

K_1——建（构）筑物占地面积（m^2）；

A_1——基础余方量参数（m^3/m^2），见表 2–25。

建筑基础余方量参数K_1 表2–25

名称		K_1（m^3/m^2）	名称	K_1（m^3/m^2）
车间	重型（有大型设备）	0.3～0.5	居住建筑	0.2～0.3
	轻型	0.2～0.3	公共建筑	0.2～0.3
仓库		0.2～0.3		

注：场地为软弱地基时，基础余方量参数应乘1.1～1.2倍；本表引自《场地设计》姚宏韬主编，辽宁科学技术出版社，2000年4月。

2．地下室的土方量估算

$$V_2 = K_2 \cdot n_1 \cdot V_1 \quad (2\text{-}4)$$

式中：V_2——地下室挖方工程量（m^3）；

K_2——地下室挖方参数（包括垫层、放坡、室内外高差）；

一般取 1.5～2.5；地下室位于填方量多的地段取下限；

地下室填方少或位于挖方地段取上限；

n_1——地下室面积与建筑物占地面积之比；

V_1——基槽余方量（m^3）。

3．道路路槽（指平整场地后再施工的路槽）余方量估算

$$V_3 = K_3 \cdot F \cdot h \quad (2\text{-}5)$$

式中：V_3——道路路槽挖方量（m^3）；

K_3——道路余方量系数见表 2-26；

F——建筑场地总面积（m^2）；

h——拟设计路面结构层厚度（m）。

道路的余方量系数K_3　　**表2-26**

地形 / 系数	平地	$i_自$（%）		
		5～10	10～15	15～20
K_3	0.08～0.12	0.15～0.20	0.20～0.25	>0.25

注：i自为自然坡度，本表摘引出处同表2-25。

4．管线地沟的余方量估算

$$V_4 = K_4 \cdot V_3 \quad (2\text{-}6)$$

式中：V_4——管线地沟的余方量（m^3）；

K_4——管线地沟系数见表 2-27；

V_3——道路路槽挖方量（m^3）。

管线地沟的余方量系数K_4　　**表2-27**

地形 / 项目		平地	$i_自$（%）		
			5～10	10～15	15～20
管线地沟系数（K_4）	无地沟	0.15～0.12	0.12～0.10	0.10～0.05	≤0.05
	有地沟	0.40～0.30	0.30～0.20	0.20～0.08	≤0.08

注：$i_自$为自然坡度，本表摘引出处同表2-25。

5．土（石）方损益

（1）松散系数

岩土在没有开挖前是处于密实状态，平整场地或开挖基槽、基坑挖出的原土，变得松散后，孔隙增大体积也比原土大，因此把挖方后的土（石）体积，称为虚方，虚方与挖方原土体积的比称为松散系数，用于挖方余土外运时的松散系数称为最初松散系数，用于场地内土方调配填方时称为最后松散系数。

土（石）方松散系数　表2–28

等级	类别	土（石）类名称	松散系数 K_1 最初	松散系数 K_2 最后
Ⅰ	松土	砂、亚黏土、泥炭	1.08～1.17	1.01～1.03
		植物性土壤	1.20～1.30	1.03～1.04
		轻型的及黄土质砂黏土；潮湿及松散的黄土；软质重、轻盐土；15mm以下中、小圆砾石；密实的含草根的种植土；含直径小于30mm的树根的泥炭及种植土；夹有砂、卵石及碎石片的砂及种植土；混有碎石、卵石及工程废料的杂填土等	1.14～1.28	1.02～1.05
Ⅱ	普通土	轻腴的黏土，重砂黏土，粒径15～40mm的大圆砾石；干燥黄土；含圆砾或卵石的天然含水量的黄土；含直径不小于30mm的树根的泥炭及种植土等	1.24～1.30	1.04～1.07
Ⅲ	硬土	除泥灰石，软石灰石以外的各种硬土	1.26～1.32	1.06～1.09
		泥灰石、软石灰石	1.33～1.37	1.11～1.15
Ⅳ	软石	泥岩、泥质砾岩、泥质页岩、泥质砂岩、云母片岩、煤、千枚岩等	1.30～1.45	1.10～1.20
Ⅴ	次坚石	砂岩、白云岩、石灰岩、片岩、片麻岩、花岗岩、软玄武岩等	1.45～1.50	1.20～1.30
Ⅵ	坚石	硬玄武岩、大理石、石英岩、闪长岩、细粒花岗岩、正长岩等	1.45～1.50	1.20～1.30

注：Ⅰ至Ⅳ级土壤，挖方变为虚方时乘以最初松散系数K_1；挖方变为填方时乘以最后松散系数K_2；表2–28转摘自《钢铁企业总图运输设计规范》GB 50605—2010。

（2）压实系数

有些项目还采用压实系数 K_y，即土方压实后体积与压实前体积之比。压实系数可以由下式得出：

$$K_y = \frac{V_3}{V_2} = \frac{K_2}{K_1} < 1 \quad (2\text{–}7)$$

式中：K_y——压实系数（<1）；

V_2——土体开挖后的松散体积（虚方）（m^3）；

V_3——土体压实回填的体积（m^3）；

K_1——最初松散系数（普通土取1.2～1.3）；

K_2——最后松散系数（普通土取1.03～1.04）。

（3）土方平衡要求

$$V_s = V_1 \cdot K_1 - Q_t + M_t \quad (2\text{–}8)$$

式中：V_s——场地内可用的松散状态的土方体积总量（m^3）；

V_1——天然密实状态下场地开挖的土方体积（m^3）；

K_1——最初松散系数；

Q_t——场地拟外运弃土体积（虚方）（m^3）；

M_t——场内存有的填土体积（虚方）（m^3）。

换算成压实后的土方体积 V_s'

$$V_s' = V_s \cdot \frac{K_2}{K_1} = v_s \cdot K_y \quad (2\text{–}9)$$

土方平衡的条件是：

$$V_t = V_s' \quad (2\text{–}10)$$

式中：V_t——场内计算得出的需填方的体积（m^3）；

V_s'——压实后的土方体积（m^3）。

即

$$V_t=(V_1\cdot K_1-Q_t+M_t)\cdot\frac{K_2}{K_1}=V_1\cdot K_1\cdot K_y+(M_t-Q_t)K_y \tag{2-11}$$

当填方或挖方工程量大于10万m^3时，填挖方之差不应超过5%；当填方或挖方工程量小于10万m^3时，填挖方之差不应超过10%；当土方量之差超过上述要求，即土方不平衡时需调整全场地的设计标高，调整的高度按下式计算：

$$h=(V_{挖}-V_{填})/F \tag{2-12}$$

式中：h——拟调整的高差（m），正值为提高标高，负值为降低标高；

$V_{挖}$——场地挖方总量（m^3）；

$V_{填}$——场地填方总量（m^2）；

F——场地平整总面积（m^3）。

局部土方量不平衡时可以局部调整，不同地形的通常土方量可按下表分析比对。

不同地形的正常土方工程量 表2-29

项目 \ 地形	平地	$i_{自}$（%）			说明
		5～10	10～15	15～20	
单位用地土方量（m^3/hm^2）	2000～4000	4000～6000	6000～8000	8000～10000	单位用地的土方量（m^3/hm^2）是指一次土方量和二次土方量之和
单位面积建筑占地土方量（m^3/hm^2）	2～4	3～4	4～8	8～10	

注：本表引自《场地设计》姚宏韬主编，辽宁科学技术出版社，2000年4月。

四、场地排水防洪

（一）场地排雨水

场地排雨水采取人工排水系统，第一种方式是自然排水，只需利用好自然或人工改造的地形坡度，以及土体地质特征和气象条件排除雨水，一般适用于雨量较小，场地面积不大的地域。第二种方式是采用地下雨水管道，进行暗管排水，一般适用于场地较大，建筑密度大，环境卫生条件较好，建筑排水需纳入城市雨水管道系统时的场所。第三种方式是采用明沟排水，适用于建筑物布局分散，施工或投资条件受限制的地段。

1. 场地排水坡度

（1）自然土壤地面排水适用坡度按《建筑设计资料集5〈第二版〉》列出的要求为：黏土大于0.3%，小于5%；砂土不大于3%；轻度冲刷细砂不大于1%；湿陷性黄土在建筑物四周6m以内2.6m以外通用坡度不小于0.5%；膨胀土在建筑物四周2.5m范围内不宜小于2%。

（2）人工场地的排水坡度见表2-30。

人工场地的排水坡度 表2-30

名称	适用坡度（%）	最大坡度 i（%）	说明
密实性地面或广场	0.3～3.0	3.0	平坦地区广场最大坡度应≤1%，最小坡度 >0.3%

续表

名称		适用坡度（%）	最大坡度 i（%）	说明
停车场		0.25～0.5	1.0～2.0	一般坡度为 0.5%
室外场地	儿童游戏场	0.3～2.5		
	运动场	0.2～0.5		
	车用场地	0.3～3.0		
	一般场地	0.2		
绿地		0.5～5.0	10.0	适合人活动和草皮种植
湿陷性黄土地面		0.7～7.0	8.0	

注：摘自《建筑专业技术措施》，北京市建筑设计研究院编，中国建筑工业出版社，2006年7月。

2．排水场地

（1）道路排水

一般雨水经建筑散水场地排到道路上，在道路谷线低位处设雨水口，汇集到排水管道，所以道路中心线标高通常低于建筑物室外地坪标高 0.25～0.30m 以上。

道路排水是城市排水一部分，包括道路地面水和渗入的道路结构层的地下水，地面雨水径流量应按照设计暴雨强度计算，暴雨强度的重现期应按《城市道路工程设计规范》CJJ 37—2016 的规定。

1）市快速路、主干道、立交桥区和短期积水会引起严重后果的道路，重现期宜采用 3～5 年，其他道路宜采用 0.5～3 年，根据气候特征，地形条件，路段特性酌情增减。

2）当道路排水服务于周边地块时，重现期的取值还应符合地块的规划要求。

3）不应使雨水流入路口范围内，不应让雨水横向流过车行道，不应由路面流入桥面和隧道。

4）隧道内结构渗漏水，地面冲洗废水和消防废水排至洞外时应设排水设施，洞口上方应设截水沟排水。

5）边坡底部应设置边沟、路堑边坡顶部应考虑设截水沟排水。

6）排水设计按《室外排水系统设计规范》GB 50014 的规定。

（2）广场和停车场

广场竖向设计的场地坡度宜为 0.3%～3.0%，地势不平地段可建成台阶式地面，与广场相连接的道路纵坡宜为 0.5%～2.0%，高差大时纵坡不应大于 7.0%，积雪寒冷地区不应大于 5.0%。

广场出入口处应设置缓坡段，其纵坡应小于等于 2.0%。

广场与道路连接的出入口设计，其行车视距应符合通视要求。

停车场的排水坡度与广场相同，宜为 0.3%～3.0%，每组停车位之间应留出 6m 宽的防火通道，停车场出入口净距宜大于 30m，满足双向行车要求，每组停车不应超过 50 辆。

非机动车停车场坡度宜为 0.3%～4.0%，每组场地长度宜为 15～20m。

当广场、停车场单向尺度大于等于 150m 或地面纵坡大于等于 2% 时应划分排水分区。

（3）运动场地

1）运动场地为草坪时，场地倾斜度为 0.4%～0.5%，土质场地时其倾斜度为 2%～3%。常用的坡向方式有两种，一种是中间轴线高，四边低的四阿注式；一种是轴线高两边低的双坡式。

2）400m 标准跑道在弯道处向内的横坡应为 2%，直线跑道应内倾 1%，跑道纵向坡度应小于等于 0.1%。

3）田径运动场一般划分为三个排水区，环绕运动场地设椭圆形排水暗沟，沟深 0.3m，底宽 0.24m，上沿宽 0.40m，沟内纵坡为 0.5%，直线跑道与看台之间为第一区，区内地表水径流排入水沟。第二排水区指田径跑道和南北两端的半圈形田径赛场地，煤渣跑道可用排渗结合的排水方式，塑胶场地地面径流排入跑道内侧道牙石外的环形排水暗沟，沟内应便于清扫。第三排水区指足球场，田径场及缓冲地段，一般也是采取排渗结合的排水方式。

4）球类场地为矩形平面，通常采取分脊线双坡或单向排水，排球场地的排水坡度为0.5%；羽毛球草地坡度应≥2%；混凝土或沥青地面坡度应≥0.83%；篮球场地混凝土沥青地面坡度应≥0.83%；网球场地非透水地面应≥0.83%；透水地面为0.3%～0.4%；场地完工后坡度不应>2.5%。

（4）排水口

场地排雨水口应设置在地面低洼积水处，每个排水口的汇水面积多雨地区按 $2500m^2$，少雨地区按 $5000m^2$，排水口顶面标高应低于积水地面3cm以上。雨水口的间距应符合表2-31的要求。

雨水口分布间距　　**表2-31**

道路纵坡（%）	≤0.3	0.3～0.4	0.4～0.5	0.5～0.6	0.6～2
雨水口分布间距（m）	20～30	30～40	40～50	50～60	60～70

（二）防洪工程

在受洪水浸渍的场地，应按当地水文部门提供的水文资料，了解洪水频率的洪水水位，淹没范围，当地的洪水痕迹和洪水发生时间，调查原有的防洪设施，了解当地的防洪标准，流向场地的径流面积和流域的土质、植被、坡度等，从而确定防洪工程设计标准。

1. 按《城市防洪工程设计规范》GB/T 50805—2012规定确定工程等级见表2-32和设计标准见表2-33。

城市防洪工程等别　　**表2-32**

城市防洪工程等别	分等指标	
	防洪保护对象的重要程度	防洪保护区人口（万人）
Ⅰ	特别重要	≥150
Ⅱ	重要	≥50且<150
Ⅲ	比较重要	>20且<50
Ⅳ	一般重要	≤20

注：防洪保护区人口指城市防洪工程保护区内的常住人口。

城市防洪工程设计标准　　**表2-33**

城市防洪工程等别	设计标准（年）			
	洪水	涝水	海潮	山洪
Ⅰ	≥200	≥20	≥200	≥50
Ⅱ	≥100且<200	≥10且<20	≥100且<200	≥30且<50
Ⅲ	≥50且<100	≥10且<20	≥50且<100	≥20且<30
Ⅳ	≥20且<50	≥5且<10	≥20且<50	≥10且<20

注：城市防洪工程设计标准是指洪水、暴雨、山洪和海潮高潮位的重现期。

防洪标准中的洪水重现期是指某地区发生同样大小（量级）洪水在长时期内平均多少年出现一次。在洪水流量多次出现中，某一数值重复出现的时间间隔的平均数，即平均重现间隔期，不是固定周期。

不同城市不同场地和不同建筑物的防洪标准，应按照国家《防洪标准》GB 50201—2014 的规定执行。

2．防洪建筑物分为四级见表 2-34。

防洪建筑物级别 表2-34

城市防洪工程等别	永久性建筑物级别		临时性建筑物级别
	主要建筑物	次要建筑物	
Ⅰ	1	3	3
Ⅱ	2	3	4
Ⅲ	3	4	5
Ⅳ	4	5	5

注：1．主要建筑物系指失事后使城市遭受严重灾害并造成重大经济损失的堤防、防洪闸等建筑物。
2．次要建筑物系指失事后不致造成城市灾害或经济损失不大的丁坝、护坡、谷坊等建筑物。
3．临时性建筑物系指防洪工程施工期间使用的施工围堰等建筑物。

3．防洪堤防工程的安全加高值按《堤防工程设计规范》GB 50286—2013 的规定先确定堤防工程的等级见表 2-35。

堤防工程的等级 表2-35

防洪标准［重现期（年）］	≥100	＜100 且≥50	＜50 且≥30	＜30 且≥20	＜20 且≥10
堤防工程的级别	1	2	3	4	5

按照堤防工程的等级可以按表 2-36 选择堤防工程的安全加高值。1 级堤防工程的重要堤段的安全加高值经过论证可以适当加大但不得大于 1.5m，山区河流洪水历时较短时，可以适当降低安全加高值。

堤防工程的安全加高值 表2-36

堤防工程的级别		1	2	3	4	5
安全加高值（m）	不允许越浪的堤防	1.0	0.8	0.7	0.6	0.5
	允许越浪的堤防	0.5	0.4	0.4	0.3	0.3

五、管线综合

管线综合图是总图设计的最后成果图，它是以总平面布置图，道路竖向设计图，场地排水防洪图为设计基础，集中体现总图设计的综合水平和设计质量，直接影响建设项目所达到的设计能力，运行安全和维护的效能。

（一）底图各管线专业的协调

1．总平面图和竖向设计图需向管线设计各专业提供设计条件，包括：

（1）有设计批文明确的项目场地与城市道路和市政管线的连接位置，接驳点的标高、坐标、管径等。

（2）场地范围的道路红线，建筑控制线，规划红线等控制线的位置。

（3）用地范围内的道路，建（构）筑物的定位和名称，不同用地的划分范围。

（4）建（构）筑物的定位坐标，间距尺寸，室外内设计地面标高。

（5）道路竖向布置，道路中心线或脊线的交叉点的坐标和标高，道路横断面，路宽，道路坡向坡度，变坡点标高，坡长等。

（6）场地雨水排水方向，管沟位置，截面大小。

（7）地形高差，护坡坡向，挡土墙的位置。

（8）其他影响管线施工的物障。

2. 各管线专业提供的专业路由图（各管线的走向，起止点，管径，埋置深度，附属设施）。

施工技术要求：

（1）给水排水专业须提供给排水管道，管沟的走向平面位置图，管沟截面图，检查井（窨井），水井，化粪池，室外消防栓，池罐等水专业附属设施的平面定位尺寸、标高，水处理建（构）筑物的平面位置、尺寸、标高等。

（2）电气专业须提供变配电房设置方式（独立或邻接），电房位置，外形尺寸，室外电缆敷设方式、走向、断面及间距尺寸，管线转弯弧度，管线埋深或架线位置施工要求等。

（二）管线综合设计要求

1. 场地内各类管线需与城市市政各类管线的接口标高、规格参数相匹配。

2. 管线走向宜与建筑、道路及相邻管线平行，地下管线应从建筑往道路方向由浅至深敷设。

3. 管线敷设的最佳线路务求使管线转弯点最少，交叉点最少，交叉角不应小于45°。

4. 管线布置不得占用道路行道树的用地，不应穿越公共绿地和其他绿地。

5. 各种管线在埋置深度内的布线顺序由浅至深排列如下：通信电缆，热力管，电力电缆，燃气管，给水管，雨水管和污水管。

6. 除综合管沟外，各类管线不宜敷设在车行道下面，横穿车行道的管线其最小覆土厚度，燃气管不小于0.8m，其他管线不小于0.7m。

7. 各种管线的管沟盖，检查井应避免布置在景观绿化的显眼位置和人流频繁经过场所。

8. 管线密集地段的布置应使压力管让重力自流管，易弯管让难弯管，浅埋管线让深埋管线，后施工管线让先施工管线，易检修的管线让难检修的管线，新建的让原有的管线，支管让主管。

（三）管线间的距离

《城市居住区规划设计规范》（2016年版）GB 50180—93的管线综合中规定了管线间距，决定了管线在道路断面下的平面综合布局和交叉口竖向综合，确定排水管管底标高。

1. 各种地下管线之间的最小水平间距

地下管线间的最小水平间距（m）　　**表2-37**

管线名称		给水管	排水管	燃气管			热力管	电力电缆	电信电缆	电信管道
				低压	中压	高压				
排水管		1.5	1.5							
燃气管	低压	0.5	1.0							
	中压	1.0	1.5							
	高压	1.5	2.0							
热力管		1.5	1.5	1.0	1.5	2.0				
电力电缆		0.5	0.5	0.5	1.0	1.5	2.0			
电信电缆		1.0	1.0	0.5	1.0	1.5	1.0	0.5		
电信管道		1.0	1.0	1.0	1.0	2.0	1.0	1.2	0.2	

注：1. 表中给水管与排水管之间的净距适用于管径≤200mm；当管径＞200mm时其净距应≥3.0m；

2. ≥10kV的电力电缆与其他任何电力电缆的净距应≥0.25m，如加套管，净距可减至0.1m；＜10kV电力电缆间净距应≥0.1m；

3. 低压燃气管的压力≤0.005MPa，中压为0.005～0.3MPa，高压为0.3～0.8MPa。

2. 各种地下管线之间最小垂直净距

地下管线间最小垂直净距（m）　　表2-38

管线名称	给水管	排水管	燃气管	热力管	电力电缆	电信电缆	电信管道
给水管	0.15						
排水管	0.40	0.15					
燃气管	0.15	0.15	0.15				
热力管	0.15	0.15	0.15	0.15			
电力电缆	0.15	0.50	0.50	0.50	0.50		
电信电缆	0.20	0.50	0.50	0.15	0.50	0.25	0.25
电信管道	0.10	0.15	0.15	0.15	0.50	0.25	0.25
明沟沟底	0.50	0.50	0.50	0.50	0.50	0.50	0.50
涵洞基底	0.15	0.15	0.15	0.15	0.50	0.20	0.25
铁路轨底	1.00	1.20	1.00	1.20	1.00	1.00	1.00

3. 各种管线的敷设应不影响建筑物安全，同时应确保管线不受腐蚀、震害和重压造成沉陷损坏，建（构）筑物与各种管线之间应保持最小的水平间距见表2-39。

管线与建（构）筑物之间的最小水平间距（m）　　表2-39

<table>
<tr><th colspan="2" rowspan="2">管线名称</th><th rowspan="2">建筑物基础</th><th colspan="3">通信、照明地上杆柱（中心）</th><th rowspan="2">铁路（中心）</th><th rowspan="2">城市道路侧石边缘</th><th rowspan="2">公路边缘</th></tr>
<tr><th>< 10kV</th><th>≤ 35kV</th><th>> 35kV</th></tr>
<tr><td colspan="2">给水管</td><td>3.00</td><td>0.50</td><td colspan="2">3.00</td><td rowspan="2">5.00</td><td rowspan="2">1.50</td><td rowspan="10">1.00</td></tr>
<tr><td colspan="2">排水管</td><td>2.50</td><td>0.50</td><td colspan="2">1.50</td></tr>
<tr><td rowspan="3">燃气管</td><td>低压</td><td>1.50</td><td rowspan="3">1.00</td><td rowspan="3">1.00</td><td rowspan="3">5.00</td><td rowspan="2">3.75</td><td rowspan="2">1.50</td></tr>
<tr><td>中压</td><td>2.00</td></tr>
<tr><td>高压</td><td>4.00</td><td>5.00</td><td>2.50</td></tr>
<tr><td colspan="2" rowspan="2">热力管</td><td>直埋 2.5</td><td rowspan="2">1.00</td><td rowspan="2">2.00</td><td rowspan="2">3.00</td><td rowspan="5">3.75</td><td rowspan="5">1.50</td></tr>
<tr><td>地沟 0.5</td></tr>
<tr><td colspan="2">电力电缆</td><td>0.60</td><td colspan="3">0.60</td></tr>
<tr><td colspan="2">电信电缆</td><td>0.60</td><td>0.50</td><td colspan="2">0.60</td></tr>
<tr><td colspan="2">电信管道</td><td>1.50</td><td colspan="3">1.00</td></tr>
</table>

注：1. 给水管与城市道路侧石边缘的最小水平间距，适用于管径>200mm时，当管径≤200mm，水平间距取1.00m；管径>200mm给水管与围墙或篱笆的间距应≥2.50m，管径≤200mm时，给水管与围墙等的间距为1.50m。

2. 排水管与建筑基础的水平间距，当埋深浅于建筑基础时应≥2.50m。

3. 直埋闭式热力管道，管径≤250mm时，其与建筑基础的最小水平间距为2.50m；管径≥300mm时，其与建筑基础的最小水平间距为3.00m；其与建筑基础的最小水平间距应为5.00m。

4. 地下管线及设施与植物间的最小水平净距见表2-40。

管线及设施至树木中心最小水平净距（m）　　表2-40

管线名称	至树木中心最小水平净距		管线名称	至树木中心最小水平净距	
	乔木	灌木		乔木	灌木
给水管、闸井、污水管、雨水管、探井	1.5		热力管	1.5	
燃气管、探井	1.2		地上杆柱（中心）	2.0	
电力电缆、电信电缆	1.0		道路侧石边缘	0.5	
电信管道	1.5	1.0	消防龙头（栓）	1.5	1.2

六、总图设计的图层管理

原始地形图和场地平整后的实测地形图是整个工程项目的最基础的设计资料必须严格管理，妥为保存，不得删改。需要清理的地形图必须复制另存后，再清理删除不需要的图层、图块，加载专用测量图块软件，绘制粗细分类等高线并单独分层，建（构）筑物各类管线、边坡、挡土墙、坐标、标高数字须归类分层。

在总图方案阶段常采用粗等高线绘制建（构）筑物、道路、边坡及挡土墙的竖向和平面设计。

在施工图阶段：

（一）场地粗平土图设计（不同于建筑基础开挖图）常使用粗、细分类等高线按场地标高计算土石方工程量。

（二）建（构）筑物总平面定位图常按地形图的场地标高，边坡、沟谷确定设计地面的标高和兴建范围，同时确定建筑物标高和坐标。

（三）场地排水图需打开边坡、冲沟图层分析确定排水最佳路径。

（四）管线综合时需打开地形图中市政工程的管线图层确定场地管线与市政现有管网的连接位置和运通要求。

第四节　总图初步设计校对表

总图初步设计校对表　　表2-41

工程名称		设计编号：	勘误数量：			
项目	校对内容	说明	自检	校对	审核	审定
一、设计说明书	1. 设计依据和基础资料 （1）记述方案设计的依据、基础资料和方案设计批文对总图调整，变更的内容。 （2）主管部门批示的规划要求和工程技术条件，包括用地性质、用地红线、道路红线、城市绿线、建筑控制线、建筑控制高度、建筑退让距离等各类控制线的间距要求。容积率、建筑密度、绿地率、日照标准、高压走廊、场地出入口位置、停车泊位等。对总图布局、周围环境、空间关系、交通组织、环境保护、文物保护、分期建设等的要求。 （3）本工程地形图编制单位、编制日期、采用的坐标系统、高程系统					

续表

<table>
<tr><td>工程名称</td><td></td><td>设计编号：</td><td colspan="4">勘误数量：</td></tr>
<tr><td>项目</td><td>校对内容</td><td>说明</td><td>自检</td><td>校对</td><td>审核</td><td>审定</td></tr>
<tr><td>一、设计说明书</td><td>2. 场地概述
（1）项目在城市中的位置，项目所在地
简述场地周围自然和人文环境、道路、市政基础设施、社会服务配套设施的系统性，周围原有保留的建筑、古迹、名木和拟拆建筑以及拟建的建（构）筑物。
（2）场地的地形地貌
场地类型高度、坡度、最大坡长、总坡向、最高最低坡度、水域范围、流向、水深。
（3）场地的稳定性
场地的稳定性评估和地质灾害的防治，如断裂带、滑坡、岩溶、湿陷土、胀缩土、水土保持、泥石流、地震、海啸等自然灾害的治理措施
3. 交通组织
说明路网结构、人流、车流的线型、道路等级、出入口位置、停车场（库）的面积规模、泊车位数量
4. 民用建筑主要技术经济指标
（1）总用地面积 hm^2。（2）总建筑面积 m^2。
（3）建筑基底总面积 hm^2。（4）道路广场总面积 hm^2。
（5）绿地总面积 hm^2。（6）容积率。（7）建筑密度 %。
（8）绿地率 %。（9）室内外机动车泊位数（辆）自行车停放数量（辆）。（10）其他规定的规划设计指标</td><td>·地上、地下不同功能的建筑面积分别列出
·广场包括停车场面积
·公共绿地另列
·容积率 =（2）/（1）
·建筑密度 =（3）/（1）
·绿地率 =（5）/（1）</td><td></td><td></td><td></td><td></td></tr>
<tr><td>二、设计图</td><td>1. 区域位置图
行政辖区；地理坐标；距周边城市水、陆、空交通枢纽的距离；地域特征
2. 总平面图
（1）选用场地平整后最近测量的地形图，明确测量坐标网、坐标值、场地测量坐标或定位尺寸、道路红线、建筑控制线、用地界线等规划控制线。
（2）标注场地保留的地形、地物；原有及规划的道路、绿地的坐标或定位尺寸；主要建（构）筑物的名称、层数、位置、间距。
（3）建（构）筑物的空间关系与各类控制线的距离，地下人防、车库、库房、油库、贮水池等隐蔽工程用虚线表示；建（构）筑物按制图要求标注坐标、定位尺寸、总尺寸；建（构）筑物与相邻建筑间的距离。
（4）道路广场坐标、定位尺寸；停车场、停车位、消防车道、高层建筑消防登高面、扑救场地尺寸位置；交通流线示意图
（5）风向玫瑰图、指北针、比例尺、主要技术经济指标。地形图测绘单位、日期、指标和高程系统名称，建筑指标与测量指标换算关系，图例说明等</td><td></td><td></td><td></td><td></td><td></td></tr>
</table>

续表

工程名称		设计编号：	勘误数量：			
项目	校对内容	说明	自检	校对	审核	审定
二、设计图	3. 竖向布置图 （1）场地内的测量坐标值、定位尺寸，保留地形地物坐标、定位尺寸、建筑类型。 （2）场地周围的地面、道路、水面的基准标高，道路出入口、管线接驳口控制性标高等。 （3）建（构）筑物的位置、名称、编号、室内外设计标高、层数、限高建（构）筑物高度。 （4）采用箭头法或等高线法标示地面坡向、护坡、挡土墙、水闸、路堑等室外设施。 （5）绘制土方图，计算初平土方工程量。 （6）标注比例尺、尺寸单位、图例、指北针					

第五节 总图施工图校对表

总图施工图核对的设计文件包括说明、图纸和计算书。

总图施工图核对表 表2-42

工程名称		设计编号：	勘误数量：			
项目	校核内容	说明	自检	校对	审核	审定
一、图纸目录	1. 工程项目名称、编号、出图时间。 2. 现状地形图（可选择）。 3. 项目区位图（可选择）。 4. 项目绘制的图纸（总平面、竖向布置、土石方、管道综合、绿化小品、详图）。 5. 选用标准图。 6. 版本说明					
二、设计说明	1. 工程概况。 2. 现状地形、地质特征、场地稳定性和安全性评价。 3. 坐标高程系统。 ★4. 初步设计批准文件。 5. 设计依据。 ★6. 基础资料					
三、总平面图	1. 现状地形图中保留地形地物。 2. 适用建设场地和非适用建设场地范围示意。 3. 测量坐标网、坐标值。 4. 项目场地范围四角（多角）测量坐标或定位尺寸。 5. 用地红线					

续表

工程名称		设计编号：	勘误数量：			
项目	校核内容	说明	自检	校对	审核	审定
三、总平面图	6．道路红线。 7．建筑控制线。 8．河涌、池塘规划控制线的位置。 9．场地绿地控制绿线的位置。 10．地下文物管理控制黄线位置或城市基础设施用地控制黄线。 11．轨道交通管理控制橙线位置或重大危险设施重点防护控制橙线。 12．规定给排水、电力、电信、燃气等市政管网黑线控制位置，电力走廊控制黑线。 13．规定历史文化街区的控制紫线位置。 ★14．A．场地四邻原有及规划道路、绿化带主要坐标或定位尺寸。 B．建筑物、构筑物及地下建筑物的位置，标其三个坐标与坐标轴平行时可标注对角线二角坐标。 C．建（构）筑物名称。 D．建（构）筑物层数。 ★15．设计建筑物、构筑物（人防、地下车库、油库、储水池等隐蔽工程用虚线）。 A．建筑物、构筑物位置标其三个角坐标与坐标轴平行时可注对角线二个角坐标或相关尺寸。 B．设计建（构）筑物名称或编号须列出名称编号表。 C．设计建（构）筑物层数。 16．室外构配件的定位坐标或关系尺寸，包括： A．广场、停车场、运动场地。 B．道路。 C．无障碍设施。 D．围墙。 E．散水、排水沟（盲沟虚线）。 F．挡土墙、护坡。 G．消防救援车道和扑救场地标示。 ★17．绘制指北针或风向玫瑰图。 18．表明尺寸单位、比例、坐标及高程系统、场地坐标网与测量坐标换算关系、图例等					
四、竖向布置图	1．指北针或风向玫瑰图。 2．注明尺寸单位、图纸比例、图例、图名、图号等。 3．场地测量坐标网、坐标值。 ★4．场地四邻道路交叉点、对应建筑出入口节点地面、水面的标高。 ★5．建筑或构筑物名称或编号（附名称编号表）；室内外地面设计标高；地下建筑的顶板面高度和覆土高度、标高。 6．广场、停车场、运动场地的设计标高；水景、地景、台地、院落的控制性标高					

续表

工程名称		设计编号：	勘误数量：			
项目	校核内容	说明	自检	校对	审核	审定
四、竖向布置图	★ 7. 道路、坡道、排水沟的起坡点、变坡点、转折点、交叉点、止坡点和终点的设计标高（路面中心和排水沟沟顶和沟底标高）、纵坡坡度、纵坡距、节点坐标。 ★ 8. 标示道路横向坡度、双面坡及单面坡、立道牙或平道牙。标示平曲线半径，道路受地形、地物限制时设置道路超高，超高横坡度、直线缓和段、平曲线加宽段、平面缓和曲线和安全行车视距。 9. 挡土墙、护坡或土地顶部和底部的设计标高，护坡坡度。 10. 用坡向箭头标示地面坡向，地势变化复杂时宜附场地剖切面图					
五、管线综合图	1. 标示指北针。 2. 注明尺寸单位、比例、图例、注意事项、施工要求。 3. 总平面建筑物、构筑物位置图。 4. 设计场地范围的测量坐标、定位尺寸、用地红线、道路红线、建筑控制线和其他规划控制线的位置。 ★ 5. 保留和拟建的各类管线（管沟）、检查井、化粪池、储罐等平面位置，保留各类管线、化粪池、储罐等与建筑物、构造物的间距和管线之间的间距。 ★ 6. 区外大市政接入点的位置。 ★ 7. 管线交叉密集地段加绘断面图，标注管线与建筑物、构筑物、绿化及管线之间的间距；标注交叉点上下管线的标高或相互间距离。 8. 检查井大样或选用编号表					
六、计算书	1. 计算依据：规范、标准、软件名称、版次等。 2. 计算方案是否合理。 3. 计算结果是否准确					

注：1. 文件或图纸不齐全时应在备注栏中说明原因。

2. 自检栏中填写√表示通过、○表示无要求。校对、审核、审定各自在相应栏目中填写错漏的数量，具体问题在校审卡中列出。核查数由审核、审定人员填写，表示发现前面校审未发现的问题。

3. 自检由设计人员和专业负责人完成。

4. 加★者为重点校对内容。

第三章　投标设计文件校对

第一节　方案设计（概念性）投标

一、方案设计投标的编制要求

方案设计投标文件的编制要求符合合同法要约的两条基本要求，编制投标文件必须符合《招标投标法》第二十七条的规定。

1. 必须按照招标文件的要求编制投标文件。招标文件通常包括以下内容：编制方案设计投标书的说明；投标人的资格条件；投标人应提交的资料；招标项目的技术要求；招标、投标的价格；投标人提交投标设计文件的方式，送达地点，截标的日期和明确的截标时间点；招标单位对投标人投标的担保要求；评标标准；投标联系人联系方式和联系地址、邮编、电邮等。

2. 投标文件必须明确回应招标书提出的实质要求和招标条件。如：招标项目规定的技术要求、标准、投标报价、保修服务条件、评标标准、完成时限等，对于实质性的招标要求，不能存有遗漏回复或与招标实质要求相违背或出现偏差的情况发生。

二、方案设计投标文件编制的相关事项

（一）投标文件应明确以下内容

1. 拟承担设计项目负责人和主要技术人员的简历、姓名、文化程度、职务、职称、已承担过的工程项目等。

2. 业绩报告：已获奖项目、项目名称、建设地点、建设规模、建筑特征、结构类型、质量达标情况、开工竣工日期、专用技术特点等。

3. 采用的设计标准、设计软件版本。

4. 设计分析和方案比选结论。

5. 投标人应现场踏勘，对照标书提供的设计条件，如发现问题应及时书面提出。

（二）投标文件的更改

投标文件的更改必须符合法定要求。

1. 在投标文件截止时间以前投标人可以补充、修改或撤换、撤回招标文件。

2. 所有更改行为必须书面通知招标人。

3. 补充、修改的内容是投标文件的组成部分，与投标文件具有同等法律效力。

（三）递交投标文件

投标文件交邮寄、邮戳日期必须符合招标时限，直接送达应按标书规定的时间、地点，由招标人和投标人共同签收书面证明，证明列出签收时间、地点、签收人、文件数量、密封情况和送达人姓名等。

第二节　招标方案设计（概念性）校核表

招标方案设计（概念性）校核表　　表3-1

工程名称		设计编号：	勘误数量：			
项目	校核内容	说明	自检	校对	审核	审定
一、设计说明	1．总体概况 （1）设计依据 ·招标书名称、编号、单位 ·设计依据的法规规范 ·项目批准文件、设计任务书 ·规划条件和设计要点 ·设计基础资料 （2）总体构思 ·设计理念，区位优势和劣势，机遇和挑战，经济可行性 ·方案构思的创新点，设计特征 ·功能分区 ·交通组织 ·建筑场地与周边环境关系 ·环境保护措施 ·竖向设计要点 ·建筑节能、节材、节水、节地措施 ·主体建筑材料 2．设计说明 （1）单体建筑使用功能、交通布局、环境景观特征 （2）单体、群体的空间构成、环境分析 （3）建筑防火设计、总体消防、单体的防火分区，安全疏散 （4）无障碍设计 （5）建筑物性能及人防地下室要求 （6）绿色建筑要求的建筑设计目标、定位和主要策略 （7）装配式建筑要求的设计目标、定位和主要技术措施 （8）节能设计：设计依据、气候分区和建筑分类 （9）结构、水电、暖通等专业设计说明 （10）主要经济技术指标 1）总用地面积　m^2 2）总建筑面积　m^2（地上、地下） 3）建筑基地总面积　m^2 4）道路广场面积　m^2 5）绿地面积　m^2 6）容积率　2）/1） 7）建筑密度　%　3）/1） 8）绿地率　%　5）/1） 9）汽车停车位　辆（地上、地下） 10）自行车停车位　辆（地上、地下） 11）其他按当地规划要点要求					

续表

工程名称		设计编号：	勘误数量：			
项目	校核内容	说明	自检	校对	审核	审定
一、设计说明	3. 造价估算 （1）造价估算应控制在项目批文规定的投资总额范围内，可调整范围在允许比率以内。 （2）按《绿色建筑评价标准》要求建筑装饰性构件造价要控制在规定比例以内。 （3）依据方案图纸、造价文件、市场信息和类似工程指标以单位指标形式编制。 （4）编制说明 编制依据、编制方法、编制范围（项目和费用）、技术经济指标，其他注意事项。 （5）估价表 列出单项工程的土建、设备安装的单位估价及总价，室外公共设施的单位估价及总价，环境工程的单位估价及总价					
二、方案图	1. 总平面图 （1）标注项目区位地址 （2）设计项目用地范围及周边环境、地形、建筑关系 （3）标风向玫瑰图 （4）标比例 （5）标单体建筑名称或楼号 2. 设计分析图纸 （1）项目可靠性分析 ·区域场地稳定 ·投资环境的优势和挑战 ·风险预测和防患 （2）功能设施分析 ·合理布局、尺度得体 ·联系和分隔适宜 （3）交通组织分析 ·交通流线分类准确无误 ·交通线型顺畅 ·道路等级与交通流量匹配 （4）环境景观分析 ·区别不同建筑类型 ·日照分析 ·通风和采光 ·视线分析 ·噪声控制措施 ·景观配植方式 （5）绿化生态技术措施 （6）设计组合关系分析					

续表

工程名称		设计编号：	勘误数量：			
项目	校核内容	说明	自检	校对	审核	审定
二、方案图	3．方案设计图 （1）单体首层平面，标准层平面，屋面 （2）单体正立面 体现构图特征、表达墙体材料。 （3）单体剖面 表达重要部位空间特征。 4．建筑效果图 注意正确反映建筑体量和环境关系，避免夸张的视点透视。 5．其他招标文件要求的图面表达内容					
	概念性招标方案设计校审、审定					
审核	校审方案有无安全隐患和永久性缺陷以及影响公众利益的问题； 校对是否符合规范法规要求					
审定	确认审核内容和方案设计符合招标文件规定					

注：1．文件或图纸不齐全时应在备注栏中说明原因。

2．自检栏中填写：√表示通过、○表示无要求。校对、审核、审定各自在相应栏目中填写错漏的数量，具体问题在校审卡中列出。核查数由审核、审定人员填写，表示发现前面校审未发现的问题。

3．自检由设计人员和专业负责人完成。

4．加★者为重点校对内容。

第三节　方案设计（实施性）投标

一、实施性投标方案的设计条件

（一）确认招标人提供的项目批准文件

在实施性投标方案设计之前，应确认招标人提供的项目批准文件的名称和文号是否与实施项目指代一致，批准的时间是否有效，批准文件是否齐备。

（二）通读项目招标书

在实施性投标方案设计之前应仔细通读招标书，了解项目的基本要求，理解项目的重点、难点、分析关键技术、准确判断标书拟达到的效益目标。

通常对投标文件中错读技术规范、书写和计算上的错误容许修改合同，但是漏看、漏读招标书产生的错误判断不能修改合同，也不能要求额外款项。因此必须认真完整地通读项目全部的标书内容。

（三）分析项目设计基础资料

1．采用的地形图应明确能准确反映当下的地形，即项目立项后或场地平整后重新测量的地形图。

2．提供的气象、水文资料必须在有效期内，可以作为设计依据的技术参数。

3．按照《地质灾害防治条例》国务院令第394号规定，在地质灾害易发区内进行工程建设应当在可行性研究阶段进行地质灾害危险性评估。所谓地质灾害指自然因素或者人为活动引发的危害人民生命和财产安全的山体崩塌、滑坡、泥石流、地裂缝、地面沉降等与地质作用有关的灾害。对于地质灾害的危险性评估应按照《地质灾害危险性评估规范》DZ/T0286-2015根据地质环境条件复杂程度与建设项目重要性进行分级治理。

地质灾害危险性评估分级表　　表3-2

评估分级　复杂程度 项目重要性	复杂	中等	简单
重要	一级	一级	二级
较重要	一级	二级	三级
一般	二级	三级	三级

地质环境条件复杂程度分类表　　表3-3

条件	类别		
	复杂	中等	简单
区域地质背景	区域地质构造条件复杂，建设场地有全新世活动断裂，地震基本烈度大于Ⅷ度，地震动峰值加速度大于0.20g	区域地质构造条件较复杂，建设场地附近有全新世活动断裂，地震基本烈度Ⅶ度至Ⅷ度，地震动峰值加速度0.10g～0.20g	区域地质构造条件简单，建设场地附近无全新世活动断裂，地震基本烈度小于或等于Ⅵ度，地震动峰值加速度小于0.10g
地形地貌	地形复杂，相对高差大于200m，地面坡度以大于25°为主，地貌类型多样	地形较简单，相对高差50m～200m，地面坡度以8°～25°为主，地貌类型较单一	地形简单，相对高差小于50m，地面坡度小于8°，地貌类型单一
地层岩性和岩土工程地质性质	岩性岩相复杂多样，岩土体结构复杂，工程地质性质差	岩性岩相变化较大，岩土体结构较复杂，工程地质性质较差	岩性岩相变化小，岩土体结构较简单，工程地质性质良好
地质构造	地址构造复杂，褶皱断裂发育，岩体破碎	地质构造较复杂，有褶皱断裂分布，岩体较破碎	地质构造较简单，无褶皱、断裂、裂隙发育
水文地质条件	具多层含水层，水位年际变化大于20m，水文地质条件不良	有二至三层含水层，水位年际变化5m～20m，水文地质条件较差	单层含水层，水位年际变化小于5m，水文地质条件良好
地质灾害及不良地质现象	发育强烈，危害较大	发育中等，危害中等	发育弱或不发育，危害小
人类活动对地质环境的影响	人类活动强烈，对地质环境的影响、破坏严重	人类活动较强烈，对地质环境的影响、破坏较严重	人类活动一般，对地质环境的影响、破坏小

注：每类条件中，地质环境条件复杂程度按“就高不就低”的原则，有一条符合条件者即为该类复杂类型。

建设项目重要性分类表　　表3-4

项目分类	建设类别
重要建设项目	城市和村镇规划区、放射性设施、军事和防空设施、核电、二级及二级以上公路、铁路、机场、大型水利工程、电力工程、港口码头、矿山、集中供水水源地、工业建筑（跨度>30m）、民用建筑（高度>50m）、垃圾处理场、水处理厂、油（气）管道和储油（气）库、学校、医院、剧场、体育场馆等
较重要建设项目	新建村庄、三级及三级以下公路、中型水利工程、电力工程、港口码头、矿山、集中供水水源地、工业建筑（跨度24m～30m）、民用建筑（高度24m～50m）、垃圾处理场、水处理厂等
一般建设项目	小型水利工程、电力工程、港口码头、矿山、集中供水水源地、工业建筑（跨度≤24m）、民用建筑（高度≤24m）、垃圾处理场、水处理厂等

在进行设计时，必须分析不同项目对地基承载力和场地稳定性的要求，工程项目不应位于地下矿体上面，不应安排在有冲沟、崩塌、滑坡、断层、岩溶和地震区等不良地质地段。

（1）冲沟：它是由土地面层松软的岩层被地面水冲刷成的凹沟，发育的冲沟会分割建设用地，引发水土流失，损坏建（构）筑物。防治措施：1）生物措施，封山育林。2）工程措施，如在斜坡上作鱼鳞坑、梯田、开排水渠或修筑沟底工程等。

（2）崩塌：它是指陡岩上的岩山，因地质构造变动，在自重作用下，突然塌落下来的情况，对于将来可能塌落的岩石（危岩）应仔细勘察，采取防治措施。

（3）滑坡：斜坡上的岩土受动力作用，稳定失去平衡而沿着一定的滑动面滑动，这种现象为滑坡。大型滑坡应避让，小滑坡应防治。

（4）断层：岩层强度受力破坏，失去整体性，产生断裂和位移，形成断层，项目用地应避开大断层和新生断层地带，对于在断距较小的断层上兴建项目也应有可靠的工程措施。

（5）岩溶（喀斯特地貌）应查明其范围及发育情况，应避开溶洞、暗河位置兴建工程项目。

（6）地震预防：选择稳定的岩体或坚实均匀土层和平坦、缓坡地段利于抗震场地兴建项目，避开软弱土层（如饱和松沙、淤泥质土、冲填土）和复杂地形（如条状突出的山脊、高危的山丘、非岩质陡坡）等对建筑抗震不利的地段。

4．工程地质勘察报告应包括工程地点的地质构造、断裂及区域放射性背景资料。

《民用建筑工程室内环境污染控制规范》GB 50325—2010（2014年版）规定新建、扩建的民用建筑工程设计前，必须进行建筑场地土壤中氡浓度的测定，并提供相应的检测报告。

5．水源基础资料

（1）地表水水源：了解清楚河面、湖面的最高和最低水位，以及平均水位的高程。掌握水的化学、物理指标和细菌分析情况。

（2）地下水水源：掌握地下水位标高、地下水流向、水温、水质特征。

（3）城市给水管网供水：明确与城市管网连结点的管径、坐标、标高、坡度、管道材料和最低管道压力。

6．排水资料

（1）排入江湖时，应明确排入点的坐标、标高。

（2）排入城市排水管网，应明确与排水管网连接点的管径、坐标、标高、管道材料和允许排入量。

（3）明确对排出污水的清洁度要求。应禁止未经净化处理的污水、废水排入江湖。

7．防洪措施

（1）明确项目所在地的防洪标准，历史最高洪水位，洪水的重现期（年）标准。

（2）相应的防洪要求和采取的防洪措施。

8．道路交通状况

（1）确认相连接的车行道等级、路面宽度和结构形式。

（2）明确道路连接中心线交叉点的坐标、标高和场地道路与连接道路中心交叉点的距离。

（3）确认场地道路出口与公交车站、地铁的距离、位置。

9．供电情况

（1）确认电源位置、供电接入点的位置、离高压线的距离。

（2）明确供电线路的敷设方式、进户线的坐标、标高等。

10．通信线路

（1）明确通信线路的类型、拉线位置。

（2）市政线路的敷设方式，与项目场地的距离。

11．人文资料

（1）场地环境、近邻关系、建筑类别、景观特征等。

（2）历史文化遗存、风土民俗等。

（3）政府、企事业单位、居民的要求。

（4）当地建设项目的造价、消费水平等。

二、实施性投标方案的设计常识

实施性投标方案的设计必须严格遵守法律、法规和技术规范的要求，设计方案必须经过认真比选，可靠、先进、适用的设计应该满足招标书的合理要求。在设计理念上对工程负责应体现在对设计文件负责。金杯银杯，一时的口碑也许成过眼烟云。设计实施后能够使后人受益，不使后人伤悲，是检验设计价值的客观尺度。

（一）系统的整体的设计构思

实施性方案设计应从大处着眼，不仅使投资项目在设计使用年限内取得预期的综合效益，而且使投资项目能有助于当地社会的可持续发展，有助于生态环境的保护和修复。

1. 设计方案必须符合公众利益，不能出现侵害和违背公众利益的设计行为。

2. 设计方案不能破坏场地地基基础的稳定，结构必须安全可靠。

3. 设计方案符合工程建设强制性标准和相应强制性条文。

4. 设计方案是整体协调，经过系统的论证和分析比选符合招标优化要求。

（二）设计方案的常识问题

在方案设计时忽视一些常识性的问题，会造成设计返工，甚至造成失误，必须重视完善设计校对管理制度，防止出现常识性错误。

1. 实施性方案设计应使用准确的地形图

如果建设单位从规划部门取得的地形图是早期的大比例地形图，有可能出现因年代久远，场地现状已发生变化，或者图纸的精确度不够等问题，或者因混淆不同的版本地图而出现失误等。这些问题在设计时应填重对待，建议采用场地平整后地形图作为设计依据较为可行。

2. 了解场地的防震、抗震要求

设计构思时应按照《城市抗震防灾规划标准》GB 50413—2007 的要求明确用地的抗震适宜性评价。依据《建筑工程抗震设防分类标准》GB 50223—2008 的规定确定设计项目的抗震设防类别，并按照《建筑抗震设计规范》GB 50011—2010 的规定确定建设项目的场地类别，抗震设防标准和抗震设计烈度。

3. 注意天然地基的均匀性

根据《建筑工程勘察文件编制深度》和《岩土工程勘察规范》GB 50021—2001（2009 版）的要求，工程勘察报告应有评价地基均匀性的内容，当土层不均匀时应增加取土数量或原位测试工程量。采取单一的触探评价地基均匀性的办法不合适，宜采用多种勘探方法，对勘探结果进行比照分析，才能合理评价，因此，建议钻探孔应占勘探点总数的 1/5～1/3 以上，对于天然地基勘探点的间距不应大于 2～4m。

4. 确定地基基础的稳定性

受水平荷载作用的高层建筑、高耸结构、挡土墙等建（构）筑物和建在斜坡或边坡附近的建（构）筑物应验算地基稳定性，采用圆弧滑动面方法进行验算时，要求抗滑力矩与滑动力矩之比应大于等于 1.2。

在设计高层建筑和高耸构筑物基础时，必须满足基础埋深要求。天然地基或复合地基埋深不小于 H/18（H 为建筑高度），选用岩石地基不受此限。

边坡的稳定系统数值大于等于规定数值时，边坡是安全稳定的，否则应采取防止边坡失稳的措施。

5. 留意山地建筑的稳定性评价

山地建筑的场地勘察应有边坡稳定性评价和符合抗震设防的防治方案，并应达到国家标准《建筑边坡工程技术规范》GB 50330—2013 的要求。在验算其稳定性时，有关摩擦角的取值应按抗震设防烈度的高低作适当的修正。

边坡附近的建筑基础应作抗震稳定性设计。建筑基础与边坡边缘应按设防烈度的高低留出足够的间距，并避免地基基础在地震时被破坏。

6. 注意风向玫瑰图的方位

通常建筑平面布图的方位是按上北下南的方向构图的，有时收到的基础资料图不是按上北下南的方位布图而是随形以指北针指示方位的，在设计选用时应调整好方位，避免产生方向性设计错误。

7. 防止超出规划控制线

曾经发生因建筑总长标注方式不同，忽视墙体厚度而使建筑外边线超出规划红线的案例。按建筑制图要求，建筑总尺寸可以标注两端轴线尺寸，也可以标注两端外墙的外包尺寸。如果是标轴线总尺寸，在标注建筑与规划红线的退缩间距时应留意标注墙体的一半厚度，防止因标注疏漏超出规划红线。因此在总平面设计时，建议建筑总长按外包尺寸标注更恰当一些。

8. 采取统一的测量坐标和高程系统

综合性建设项目，往往涉及不同行业如建筑、市政、公路、水利等相关行业时总平面设计应注意不同行业定位系统的统一协调，采取统一的测量坐标和高程系统，使综合管线的连接准确到位。

9. 建筑透视效果图应真实表达设计成果、建筑层数、比例尺度、体量关系、门窗位置、构件样式应与平、立、剖面图一致。明暗应有较清晰的反差，不宜采用朦胧画风格表达投标项目，色调运用宜简约明快。

10. 设计项目的空间形态应与周边环境相协调，权衡相互的日照、采光、通风、防灾等功能要求，使开发强度与环境容量相兼容。

11. 汇总项目技术经济指标应计算准确，最忌讳仓促罗列规划要点的指标值。设计概算总价与单价之和应该相同，大写与小写应该一致。避免发生突破控制指标的情况。

第四节　投标方案设计（实施性）校核表

投标方案设计（实施性）校核表　　表3-5

工程名称		设计编号：	勘误数量：			
	校核内容	说明	自校	校对	审核	审定
一、 设计总 说明	1. 设计概况 （1）招标文件的名称和文号 （项目建议书、可行性报告批文、项目确认书、规划要点） （2）招标方提供的基础资料 · 区域位置、项目地址 · 地形图 · 气象资料 · 水文地质 · 地质灾害评估报告 · 场地稳定性分析 · 地震设防要求 · 近海项目海洋地质潮汐、海啸资料 · 供水、电、燃气、供热 · 环保 · 通信 · 市政道路和交通地下障碍物分布位置 （3）招标项目的设计要求 · 总平面布局 · 建筑控制高度					

续表

工程名称		设计编号：	勘误数量：			
	校核内容	说明	自校	校对	审核	审定
一、设计总说明	·建筑选型 ·建筑材料 ·环境控制项目（保留建筑、水体、地形、遗址、树木） （4）采用的法规和设计标准 2. 设计说明 （1）总平面 1）环境概述和场地现状介绍 2）项目拟分期和分区的安排 3）环境绿化设计分析 4）道路和广场交通分析、停车场地、无障碍设施 5）场地内原有建筑使用情况、保留树木植被 6）竖向设计控制点 （2）建筑方案 1）平面布局、功能和交通流线分析 2）剖面设计、空间构成 3）立面选型设计 4）采用主要建筑技术和选用建筑材料 5）新技术、新材料的适用性、先进性、可靠性、经济性、国内外规范标准的批准文号 6）拟采用建筑声学、热工、建筑防护、空气洁净、人防地下室等相关技术要求； （3）深化方案设计技术经济指标 1）总用地面积：　　　m^2 2）总建筑面积：　　　m^2（地上、地下） 3）建筑基地总面积：　m^2 4）道路广场面积：　　m^2 5）绿地面积：　　　　m^2 6）容积率　　　　　　2）/1） 7）建筑密度　%　　　3）/1） 8）绿地率　　%　　　5）/1） 9）汽车停车位　　　　辆（地上、地下） 10）不同类型建筑单列指标 ·公共建筑：功能区分层面积 ·旅馆建筑：客房构成 ·医疗建筑：门诊人次和床位数 ·图书馆：建筑藏书册数 ·观赏建筑：观众座位数 ·住宅小区：户型比和不同套型面积表 （4）关键建筑技术要求 （5）建筑结构要求 1）结构设计采用的规范和标准、风压、雪荷载取值、抗震设防和工程地质条件等					

续表

工程名称		设计编号：	勘误数量：			
	校核内容	说明	自校	校对	审核	审定
一、设计总说明	2）结构安全等级、设计使用年限、抗震设防类别 3）主体结构体系、基础、屋盖、人防设计做法 4）采用结构计算软件的名称 （6）电气方案设计 分别介绍供电电源、变压器及变电室、照明、动力电源、防雷与接地的设计措施。 （7）采暖通风设计 分别叙述通风、防排烟、空调、高新技术、高性能设备、供暖要求。 （8）给排水方案设计 分别说明给水、排水、雨水、污水、中水、节水技术措施。 （9）消防安全设计 明确火灾自动报警和消防控制室的设计要求，叙述灭火器系统（喷淋或气体灭火）、防火分区、排烟系统、安全疏散设计等内容。 （10）建筑节能设计 介绍采用规范和标准、详述节能技术措施。 （11）环境保护 进行建筑环境影响分析，提出采用的环保措施。 （12）智能化设计 介绍计算机网络系统、综合布线系统、电话通信系统、视频会议系统（同声传译）卫星与有线电视系统、广播、楼宇自动化管理技术要求。 （13）安全防护设计 说明门禁、电视监控、安防通讯、安防供电、取证记录等措施。 （14）医疗卫生、餐饮建筑应阐明卫生防疫、防射线、防磁、防毒等卫生安全措施。 3. 工程估算 工程估算是技术经济评估依据、准确度应在允许范围内。 （1）依据 1）当地造价管理部门的文件 2）项目批文、方案图纸 3）市场价格、类似工程技术经济指标 （2）编制说明 1）编制依据、方法、范围 2）主要经济指标 3）是否限额设计 （3）估算表 以单项工程为编制单位 1）土建、给排水、电气、暖通、空调、动力等项目单位指标的估算 2）土石方、道路、室外管线、绿化等室外工程单位指标估算					

续表

工程名称		设计编号：	勘误数量：			
	校核内容	说明	自校	校对	审核	审定
一、设计总说明	3）其他费用和预留费用也列入总投资以内 4）新技术、新材料、专项评估列入估算					
二、设计图	1. 总平面图 （1）区域位置图：注明离中心区、中心城市距离 （2）场地现状地形图 （3）总平面图 1）标明用地范围、规划控制线、退缩界线、建筑布局位置、周边道路、原有建筑、构筑物、绿化环境、用地内道路等级 x（宽度） 2）标注建筑物名称、编号、层数、出入口位置、建筑物间距、相对标高、用地内道路广场标高 3）标风玫瑰图 4）标比例和图例 2. 设计分析图 （1）功能分区和空间组合分析 1）功能定位标准、用地价值 2）配套资源设置、优化组合 3）分区环境适应性技术措施 4）空间形态和竖向设计 5）空间类别和生态价值 （2）总平面交通分析 1）道路线型和级配 2）道路控制宽度、坡度、标高 3）人行道系统 4）车行道系统 5）消防救援车道 6）停车场地（含临时停车位） 7）无障碍停车位 8）回车场地型式 9）道路剖面和场地构筑物 10）交通出入口宽度、位置 ①人流出入口 ②货物出入口 ③垃圾收集出入口 ④地下车库出入口 ⑤自行车库出入口 （3）环境影响分析 1）环境景观设计理念与规划要求的关系 2）招标文件的景观要求 3）景观特征、视线、形态、色彩等 4）生态价位					

续表

工程名称		设计编号：	勘误数量：			
	校核内容	说明	自校	校对	审核	审定
二、设计图	（4）日照分析 1）按不同建筑的日照标准绘制日照分析图 2）分析日照对环境绿化配植和建筑居住质量的影响 （5）根据文件规定的其他分析图 如：分期建设、交通运行、声学、视线、采光通风等 3. 建筑设计图 （1）各层平面 （2）主立面 （3）剖面 4. 建筑效果图 （1）反映建筑环境关系 （2）表达建筑空间形态和选型特征 （3）主要公共建筑的夜晚灯光效果 （4）效果图应与建筑形体一致 5. 其他 招标要求制作的建筑模型、比例应得当，准确反映建筑和整体环境的实际状况					

注：1. 文件或图纸不齐全时应在备注栏中说明原因。

2. 自检栏中填写√表示通过、○表示无要求。校对、审核、审定各自在相应栏目中填写错漏的数量，具体问题在校审卡中列出。核查数由审核、审定人员填写，表示发现前面校审未发现的问题。

3. 自检由设计人员和专业负责人完成。

第四章　工程勘察校对

工程勘察的成果是建设项目兴建的安全指引，也是工程设计的重要基础资料。

第一节　工程勘察施工图设计校对

一、工程勘察施工图设计校对要求

（一）高层建筑岩土工程勘察报告主要图件和附件应包括工程勘察任务书，如业主、设计单位、甲方设有提供任务书，则应有书面合同约定勘察任务内容。

（二）《岩土工程勘察规范》GB 50021—2001（2009 版）规定，详细勘探应“收集附有坐标和地形的建筑总平面图，场区的地面整平标高。建筑物的性质、规模、荷载、结构特点、基础形式、埋置深度、地基允许变形等资料。”作为详细勘探的基础资料，必须要求建设方、设计单位提供，补充齐备。

（三）勘察报告应阐述工程勘察依据的技术标准及相应的规范。

（四）《建筑地基基础设计规范》GB 5007—2011 把地基基础设计分为三个等级。

地基基础设计等级　　表4–1

项目 设计等级	建筑和地基类型
甲级	1. 重要的工业与民用建筑； 2. 30 层以上的高层建筑； 3. 体形复杂、层数相差超过 10 层的高低层连成一体的建筑物； 4. 大面积的多层地下建筑（如地下车库、地下商场、运动场等）； 5. 对地基变形控制有特殊要求的建筑物； 6. 复杂地质条件下的坡上建筑物（包括高边坡）； 7. 对原有建筑物影响较大的新建建筑物； 8. 场地和地基条件复杂的一般建筑物； 9. 位于复杂地形条件及软土地区的二层及二层以上地下室的基坑工程； 10. 开挖深度大于 15m 的基坑工程； 11. 周边环境条件复杂环境保护要求高的基坑工程
乙级	除甲、丙级以外的工业与民用建筑，除甲级、丙级以外的基坑工程
丙级	场地和地基条件简单，荷载分布均匀的七层及七层以下民用建筑及一般工业建筑，次要的轻型建筑物； 非软土地基且场地地质条件简单，基坑周边环境条件简单，环境保护要求不高且开挖深度小于 5.0 m 的基坑工程

注：1. 这里应强调的是确定的丙级等级的前提是场地地基条件，荷载分布的均匀性，而不是建筑层数。丙级建筑可以不作变形验算。但只要有下面情况之一时，仍应作变形验算。

（1）地基承载力特征值小于130kPa且体形复杂的建筑；

（2）在基础上及其附近有地面堆载或相邻基础荷载差异较大，可能引起地基产生较大的不均匀沉降时；

（3）软弱地基上的建筑物，存在偏心荷载时；

（4）软弱地基上的相邻建筑物距离过近，可能发生倾斜时；

（5）地基内有厚度较大或厚薄不均匀的填土，其自重固结未完成时。

2. 设计等级定为甲级、乙级的建筑物应进行地基变形计算。

3. 经常受水平荷载作用的高层建筑、高耸结构和挡土墙等，以及建造在斜坡上或边坡附近的建（构）筑物应当验算稳定性。

4. 基坑工程应进行稳定性验算。

5. 地下室或地下构筑物有上浮情况时，应进行抗浮验算。

二、勘察报告应该对场地稳定性和适宜性提出结论性评价。

第二节　天然地基

一、低层、多层、中高层建筑采用天然地基时，均应评价地基的均匀性。《高层建筑岩土工程勘察标准》JGJ/T72—2014 中，提出判别不均匀地基有三项标准。对不均匀地基应该进行沉降、差异沉降、倾斜等特征分析，并提出相应建议。高层建筑均匀性评价勘探点不应少于 4 个。

判别不均匀地基的三项标准为：

（一）地基持力层跨越不同地貌单元或工程地质单元，工程特性差异显著。

（二）地基持力层虽属于同一地貌单元或工程地质单元，但有下述情况之一也应该判定为不均匀地基。

1．中、高压缩性地基，持力层底面或相邻基底标高的坡度大于 10%；

2．中、高压缩性地基，持力层及其下卧层在基础宽度方向上的厚度差值大于 0.05b（b 为基础宽度）。

（三）同一高度建筑虽处于同一地貌单元或同一工程地质单位，但各处地基上的压缩性有较大差异时，可在计算各钻孔地基变形计算深度范围内当量模量的基础上，根据当量模量最大值和当量模量最小值的比值判定地基均匀性。当比值大于地基不均匀系数界限值 k 时，可按不均匀地基计算。

地基不均匀系数界限值k　　表4-2

同一建筑物下各钻孔压缩模量当量值的平均值（MPa）	≤ 4	7.5	15	＞ 20
不均匀系数界限值 k	1.3	1.5	1.8	2.5

注：在地基变形计算深度范围内，某一个铝孔的压缩模量当量值应该根据平均附加应力系数在各层土的层位深度内的积分值和各土层压缩模量计算。

二、采用天然地基时，多层建筑群的勘察重点为查明暗圹、暗沟和填土层厚度，勘探点的布置应在建筑物周边线范围内布孔，勘探点间距不大于 2～4m，一般天然地基的初勘的勘探线、勘探点间距按地基复杂程度等级选取。

三、天然地基，如果工程需要提供抗剪强度指标，其试样数量必须满足统计分析的要求，即不少于 6 件，才能提供抗剪强度标准值。当地基变异系数偏高，说明土质不均匀，这时应增加试样数量，不然就不符合强制性条文规定。当场地较小时可利用邻近 50m 内同一地质单元的资料，并在勘探点平面图上标示所用资料位置。

四、每一场地，每一主要土层的原状土样测试数或厚度测试数据不应少于 6 件（组）。

（一）即主要土层原状土试件数与原位测试数其中必须有一次达到 6 件（组）的要求。

（二）土质不均匀或结构松散难于对原状土采集试样的（如沙砾石层、卵砾石层等）可采用原位测试，数量不小于 6 件（组）。

（三）厚度小于 0.5m 的夹层或透镜体，应按实际情况确定应采土样或原位测试的数量。

五、地基评价宜采用多种勘探方法，控制性钻探孔数宜占勘探点的总数 1/5～1/3 及以上。

六、主要受力层指条形基础底面以下深度为 3b（b 为基础底面宽度）的土层，独立基础为基础底面以下 1.5b（b 为基础宽度）。两种基础底面以下土层厚度均不小于 5m。（二层以下的一般民用建筑除外）。

七、有些浅部为中、粗沙，静探孔深度不足 5m 时，均不能作为勘探点的布点间距计算，对于控制性钻孔应满足变形计算和地震效应评价的要求。

八、当岩土试验成果和原位测试成果不一致时，应根据《岩土工程勘察规范》GB 50021—2001（2009 年版）的规定，结合当地同一地质单位已有资料，按工程特点和地质条件，从下述几个方面评价地基试验成果的可靠性和适用性。

（一）分析取样方法和其他因素对试验结果的影响。

（二）确认采用的试验方法和取值标准。

（三）对不同测试方法所得结果进行分析比较。

（四）分析测试结果离散程度。

（五）确认测试方法和计算模型的一致性。

九、勘探点移位：

一般勘探点应按建筑物周边或角点布置，当遇到布点有障碍物时，允许勘探点适当移位。地质条件复杂的场地，移位不宜大于 3m，地质条件简单的场地一般不大于 5m。

十、加密钻孔的控制标准

（一）一般天然地基两勘探点之间主要受力层地质不稳定或土层坡度大于 10% 时，钻孔应予加密。

（二）独立基础钻孔距离最小可以柱网间距控制。

（三）条形基础钻孔最小间距不大于 10m。

（四）桩基础：预制桩两勘探点间持力层高差大于 1m 时应加密，钻孔桩两勘探点间持力层高差大于 2m 时应加密，钻孔加密的最小间距可按柱网间距控制。

（五）为查明暗沟、暗塘、暗涌等的地下范围，勘探点间距不应大于 2～4m。

十一、建筑综合体的勘探点深度

一般情况下设计应考虑相邻基础的影响。主楼、裙房的宽度可分别考虑。但往往选择相同的桩基持力层（桩径取值不同），因此裙房的勘探孔深度宜满足长桩要求。全地下室部分常布置抗拔桩，应符合抗浮要求。

十二、填土堆积年代表述

填土堆积年代的龄期应以“年”计算，不应采用“近期”、“现代”等模糊表述方法。

第三节　桩基勘察

一、桩基勘探孔的深度

按照《岩土工程勘探规范》GB 50021—2001（2009 版）的规定勘探孔的深度应达到下列要求：

（一）一般性勘探孔深度应达到预制桩以下 3～5d（d 为桩径），且不得小于 3m，对大直径桩不得小于 5m。

（二）控制性勘探孔深度应满足下卧层验算要求。需要做沉降验算的桩基，勘探孔深度应超过地基变形计算深度。

（三）钻孔达到预计钻探深度。遇到软弱层时，应加深钻孔；遇稳定坚实岩土时，深度可适当减少。

（四）对于嵌岩桩，应钻至预计嵌岩面以下 3～5d（d 为桩径），并穿过溶洞，破碎带钻到稳定底层为止。

（五）有多种桩长方案时，钻孔深度应按最长桩确定。

（六）摩擦桩以可压缩性地层为桩端持力层时，一般性勘探孔深度必须达到桩端标高以下 3～5m 深，而且勘探点的间距应为 15～35m 之间，还应设有 1/5～1/3（高层建筑应取 1/3）的控制性孔，深度应满足下卧层验算要求，需要验算沉降的桩基，应超过地基变形计算深度。

（七）预应力开口管桩应注意土塞效应。类似于钢管桩，沉管过程中桩端土一部分进入管内形成“土塞”，一部分被挤向桩周，直接影响桩的端阻发挥与破坏性状以及承载力，这种情况称为土塞效应。管桩竖向承载力特征值由静力触探及标准贯入试验确定。桩底端横截面积，当桩尖为开口型时，按封口型桩尖水平投影面积计算，目前桩基设计其端阻仍按闭口桩计算。

二、地下水对桩基的设计和施工的影响

当地下水量较大时，不宜采用人工挖孔桩；有水头压差的粉细砂，有基岩裂隙水时不利于钻孔灌注桩的成型；采用预制桩等挤土桩时，要考虑超孔隙水的压力，设袋装砂井或排水板消除孔压，减少挤土效应。

第四节　地下水

一、对建筑项目有直接影响的含水地层的地下水水位要分别量测《岩土工程勘察规范》（GB 50021—2001）（2009 版）规定：

（一）遇地下水时应量测水位。

（二）稳定水位应在初见水位后，隔段时间再量测。

（三）量测多层含水层的水位，应采取止水措施，使所测含水层隔开。

二、应按工程要求确定历史最高地下水位或近期 3～5 年内最高水位及变化幅度；抗浮基础应确定抗浮设计水位，合理安排地下水位观测孔确定有关水位。

三、应在量测第一层孔隙潜水水位时，采用干钻法，以确定准确的初见水位和稳定水位，钻孔不应钻到第二含水层，不能以混合水位作为第一含水层。可以专门打浅孔量测第一层潜水水位；对深基础和挖孔桩等应确定承压水水位（水头高度）。

四、《建筑工程地质勘探与取样技术规程》JGJ/T87—2012 规定，应量测地下水初见水位与静止水位（稳定水位），单体建筑或居住小区同一水文地质单元测量地下水位的钻孔不应少于 3 个。小区每栋建筑每一水文地质单元，量测地下水位的钻孔不应少于 1 个。

五、按《建筑工程地质勘探与取样技术规程》JGJ/T87—2012 规定的钻探要求，一定要测初见水位，钻进时遇地下水应停钻量测初见水位，为测到准确的静止水位，对砂土和碎石土不得少于 0.5h，对粉土和黏性土不得少于 8h，并在勘察结束后统一量测稳定水位。一般从钻具带上的土样中看，土样由湿到很湿带水时的标高，即是初见水位。水位量测读数精度不得低于 ±20mm。

六、地下水包括潜水和承压水。潜水是指离地基最近的那一层重力水，由高向低流，对基础影响大。潜水位是指潜水面上任一点的海拔高程。埋在两个隔水层之间承受一定压力的地下水为承压水，又叫自流水。勘察报告应说明量测水位方法，确认潜水水位。

七、确定抗浮水位，应注意上层滞水的浮托作用，抗浮设计应取上层滞水历年高水位。

八、当建筑竖向设计改变了原来的场地地形时，应按如下要求确定抗浮水位：

（一）挖方后地面标高仍高于地下水多年的平均高水位时，可仍然按原地下水多年平均高水位作为抗浮设计水位。挖方后地面标高低于原地下水多年平均高水位，抗浮水位自地面标高算起。

（二）如填方高度低于或等于场地地表水或地下水多年平均高水位，则抗浮水位应从场地地面标高算起。

（三）填方高度高于场地地表水或地下水多年平均高水位，应根据填方后的地形，地下水与地表水补给的变化、排泄和渗流条件等综合评定或专项论证确定抗浮设计水位。

九、一级安全等级的深基坑勘探，由于场地地下水情况复杂应进行抽水试验。一般基坑工程如有施工和降水经验，可通过室内试验确定土层的渗透系数，对需要进行降水和截水设计的项目，对主要含水层渗透系数试验的数量不应少于6组试件。

第五节 水、土腐蚀性评价

一、水、土腐蚀性评价要求：

（一）所有工程都应进行水、土腐蚀性评价，其分析报告应附在勘察报告中。

（二）当地规范有明确规定，有经专业主管部门权威机构鉴定的研究资料为依据，且场地及周围地区无污染源时，可不取样作腐蚀性试验。

（三）水和土的取样每个场地不应少于各二件，建筑群不应少于各三件，地下水位较高地区，一般不取样评价土的腐蚀性。

（四）设计等级为甲级的工程都应取水样，土样试验，评价对建筑材料的腐蚀性。

二、当地下水位较高（基础埋深小于1.5m）应对地下水腐蚀性作评价，可不再取土样。当地下水位较深（基础埋深大于1.5m），浅基础埋置深度在地下水水位以上时，必须取土样评价土的腐蚀性，有多层土时应分层取样。

三、按照《岩土工程勘察规范》GB 50021—2001附录G的规定根据气候类型，土的透水性和含水量三项指标确定环境类型。

四、评价水腐蚀性的试验项目有九项：pH、Ca^{2+}、Mg^{2+}、Cl、SO_4^{2-}、HCO_3^-、CO_3^{2-}、侵蚀性CO_2和游离CO_2，当地下水质被严重污染时还应增加3项：NH_4^+、OH^-和总矿化度。

五、评价土腐蚀性试验项目有七项：pH、Ca^{2+}、Mg^{2+}、Cl^-、SO_4^{2-}、HCO_3^-、CO_3^{2-}，其中pH为原位测试（锥形电极法）。测试土对钢结构的腐蚀时应增加3项原位测试，即氧化还原电位，极化电流密度、电阻率，另外1项为室内扰土试验，用于判定质量损失。土中离子含量的计量单位是mg/kg。

第六节 场地地震效应

依据《岩土工程勘察规范》GB 50021—2001（2009版）的强制性条文要求：

一、在抗震设防烈度等于或大于6度的地区进行勘察时，应确定场地类别。

二、地震液化的进一步判别应在地面以下15m的范围内进行；对于桩基和基础埋深大于5m的天然地基，判别深度应加深至20m。为判别液化面布置的勘探点不应少于3个，勘探孔深度应大于液化判别深度。

三、凡判别为液化的土层，应按现行国家标准《建筑抗震设计规范》GB 50011—2010（2016年版）规定确定土层的液化指数和液化等级。勘察报告应阐明可液化的土层，各孔的液化指数，并应根据各孔的液化指数综合确定场地液化等级。

四、当建设场地位于地震地段时应符合《建筑抗震设计规范》GB 50011—2010（2016年版）的规定。

（一）当需要在条状突出的山、高耸孤立的山丘、非岩石和强风化岩石的陡坡、河岸和边坡边缘等不利地段建造丙类以上建筑时，除保证其在地震作用下的稳定性外，尚应估计不利地段对设计地震动参数可能产生的放大作用，其水平地震影响系数最大值应乘以增大系数，增大系数应根据不利地段的具体情况确定，在1.1～1.6的范围内采用。

（二）场地岩土工程勘察，应根据实际需要划分的对建筑有利、一般、不利和危险的地段提供建筑的场地类别和岩土地震稳定性（含滑坡、崩塌、液化和震陷特性）评价，对需要采用时程分析法补充计算的建筑，尚应根据设计要求提供土层剖面、场地覆盖层厚度和有关的动力系数。

五、建筑场地的类别划分，应以土层等效剪切波速和场地覆盖层厚度为准。

（一）土层剪切波速的测量，应符合下列要求：

1. 在场地初步勘察阶段，对于大面积的同一地质单元，测试土层剪切波速的钻孔数量不宜少于3个。

2. 在场地详细勘察阶段，对单栋建筑测试土层剪切波速的钻孔数量不宜少于2个，测试数据变化较大时，可适量增加，小区中同一地质单元内钻孔数可适当减少，但每栋高层建筑和大跨度空间结构的钻孔数量均不得少于1个。

3. 丁类建筑及丙类建筑中层数不超过10层、高度不超过24m的建筑，当无实测剪切波速时可按岩土名称和性状确定土层类型，在当地的经验剪切波速范围内估算土层的剪切波速。

（二）建筑场地覆盖层厚度的确定，应符合《建筑抗震设计规范》GB 50011—2010（2016年版）的要求：

1. 通常应按地面至剪切波速大于500m/s且其下卧各层岩土的剪切波速均不小于500m/s的土层顶面的距离确定。

2. 当地面5m以下存在剪切波速大于其上部各土层剪切波速2.5倍的土层，且该土层及其下卧各层岩土的剪切波速均不小于400m/s时，可按地面至该土层顶面的距离确定。

3. 剪切波速大于500m/s的孤石、透镜体，应视同周围的土层。

4. 土层中的火山岩硬夹层，应视为刚体，其厚度应从覆盖土层中扣除。

六、土层剪切波速的数据变化较大，通常指以下两种情况。

（一）场地内为不同地质单元，实测剪切波速分属两类场地类别时，剪切波速的类别及变化较大，每一地质单元应增加测量钻孔数量。

（二）同一地质单元的场地，按两钻孔实测剪切波速计算的土层等效剪切波速，可使场地分为不同的建筑场地类别时，可认为变化较大宜增加测量钻孔数量。

七、单栋建筑场地地基中分布着成因、岩性、状态明显不均匀的土层，可作为抗震不利地段。当场地平坦，土质有差异，但无软土或可液化土分布时，可作为建设的一般性场地。

本节相关内容摘编自淡小华主编《建设工程施工图设计审查技术问答》第六节相关内容[14]。

第七节　工程勘察文件的校对

工程勘察文件指岩土工程勘察报告和作为附件的专题报告，这里按详细勘察阶段的编制深度要求所应达到的基本内容进行列表校对。

工程勘察文件的校对　　表4–3

工程名称		设计编号：	勘察项目：			
项目	校对内容	说明	自检	校核	审核	审定
拟建项目工程概况	1. 说明拟建项目的工程名称、委托单位、勘察阶段。 2. 说明拟建项目的位置、建筑物层数（地上和地下）、建筑高度。 3. 拟建项目采用的结构类型、基础型式和基础埋置深度。 4. 说明地坪高程、荷载条件、地基基础方案及沉降变形缝设置、大面积地面荷载沉降及差异沉降的限制、振动荷载及振幅的限制等					
勘察依据	列出勘察任务书或勘察合同，说明依据的技术标准					

续表

工程名称		设计编号：	勘察项目：			
项目	校对内容	说明	自检	校核	审核	审定
勘探方法	叙述勘察方法应包括如下内容： 1．工程地质的测绘或调查的范围、面积、比例尺以及测绘调查的方法。 2．勘探点的布置原则、勘探方法和完成工作量。 3．原位测试的种类、数量、方法。 4．采用的取土器和取土方法、取样（土样、岩样和水样）数量。 5．岩土室内试验和水（土）质分析的完成情况。 6．测量系统及引测依据					
勘探布点	详勘的勘探点布置方案应符合规范的要求： 1．单栋高层建筑勘探点的布置，应达到能对地基均匀性评价的要求，且不应小于 4 个。 2．密集的高层建筑群，每栋建筑物至少应有 1 个控制性勘探点					
勘探深度	勘探深度自基础底面算起，勘探深度应符合下列规定： 1．勘探孔深度应能控制地基主要受力层。 当基础底面宽度不大于 5m 时，勘探孔的深度对条形基础不应小于 3 倍的基础宽度，对独立柱基不应小于柱基的 1.5 倍且不应小于 5m。 2．高层建筑和需要作变形验算的地基，控制性勘探孔的深度应超过地基变形计算深度，高层建筑的一般性勘探孔深应达到基础底面下 0.5～1.0 倍的宽度数值，并深入稳定分布的地层。 3．单一地下室或裙房，当不能满足抗浮设计要求，需要设置抗浮桩或锚杆时，勘探孔深应满足抗拔承载力的要求。 4．当地面有大面积堆积荷载或基础下为软弱下卧层时，应分析判别适当加深控制性勘探孔的深度。 5．在上述勘探深度中遇到基岩或厚层碎石土等稳定地基时，勘探孔深度应据实调整。 6．桩基的一般性勘探孔的深度应超过桩长以下 3～5d（d 为桩径），且不小于 3m；大直径桩不得小于 5m；控制性勘探孔深度应满足下卧层验算要求；需要验算变形的桩基深度应超出地基变形计算深度					
采取土试样和原位测试	1．应根据地层结构，地基土的均匀性和设计要求确定采取土试样和原位测试的勘探点的数量，通常不应少于勘探点总数的 1/3。 2．地基基础设计等级为甲级的建筑物，每栋不应少于 3 个。每个场地每一主要土层的原状土试样或原位测试数据不应少于 6 件（组）。 3．地基主要受力层内，对厚度大于 0.5m 的夹层或透镜体，应采取土试样或做原位测试。 4．土层不均匀时，应增加采取土数量或原位测试工作量。 5．室内试验和原位测试，均应按有关标准做记录，进行计算，绘制曲线，并及时分析处理。计算机采集和处理数据应有打印文件					
场地状况	1．叙述场区地面高程、坡度、倾斜方向。 2．描述场地地貌单元、微地貌形态、切割及自然边坡稳定情况。 3．说明不良地质作用及地质灾害的种类、分布、发育阶段、发展趋势及对工程的影响。 4．阐述基岩面的起伏变化、出露基岩的产状、断层的性质、证据、类型等					

续表

工程名称		设计编号：	勘察项目：			
项目	校对内容	说明	自检	校核	审核	审定
场地 地下水	1. 说明地下水的类型，勘探时的地下水位标高。 2. 明确历史最高水位，近3～5年最高地下水位。说明地下水的补给、径流和排泄条件，地表水与地下水的补排关系，确认地下水和地表水的污染源和污染程度。 3. 重大工程和高层建筑宜作专门的水文地质勘察，明确水文条件对地基评价、基础抗浮和工程降水等的影响程度					
岩土分层	在检查，整理钻孔（探井）记录后，结合工程地质测绘与调查资料、室内试验和原位测试结果确定岩土分层。按规范要求说明岩土名称、成因年代、物理力学特征、层理和结构特征					
地震区的 场地判别	1. 在抗震设防烈度≥6度的地区的场地评价应明确勘察场地的抗震设防烈度，设计基本地震加速度和设计地震分组，确定场地类别，按工程要求划分对抗震有利、不利或危险的地段。对抗震条件复杂的场地应作专项分析评价。 2. 有饱和砂土及饱和粉土的场地，当场地抗震设防烈度≥7度时应作液化判别。抗震设防烈度≤6度可以不计液化的影响，6度时对沉降敏感的乙类建筑可按7度作液化判别。 3. 场地地震液化的进一步判别应在地面以下15m的范围内进行，对于桩基和基础埋深＞5m的天然地基，判别深度应加深至20m。为判别液化而布置的勘探点应合理且不应少于3个，勘探孔的深度应大于液化判别深度。 4. 场地地震液化应按判别依据先初步评判，认为有可液化场地时应阐明可液化的土层。各孔的液化指数，综合确定场地液化等级，并提出处理意见。 5. 承担地震反应分析和提供加速度专项研究时，应提交研究报告					
地质灾害	1. 岩溶区的勘察报告应阐述的内容如下： （1）岩溶发育的地质背景和形成条件。 （2）岩溶洞隙的分布、形态、充填情况和发育规律。 （3）岩面的起伏形态和覆盖层厚度。 （4）地下水赋存条件、水位变化和变化规律。 （5）岩溶发育与地貌、构造、岩性、地下水的关系。 （6）土洞和塌陷的成因、分布、形态、发育规律及发展趋势。 （7）岩溶稳定性分析。 （8）对施工勘察、岩溶治理、监测的建议。 2. 滑坡区的勘察报告应说明的内容如下。 （1）滑坡区的地质背景和形成条件。 （2）滑坡的形态要素、性质和演化过程、标出滑坡周围边界。 （3）地表水、地下水、泉水和湿地等的分布情况。 （4）绘制滑坡的平面图、剖面图、提供岩土工程特征指标。 （5）滑坡的稳定性分析。 （6）滑坡防治和监测的建议。					

续表

工程名称		设计编号：	勘察项目：			
项目	校对内容	说明	自检	校核	审核	审定
地质灾害	3. 泥石流勘察报告内容如下： （1）地形地貌特征。 （2）历次泥石流的发生时间、规模、颗粒成分、爆发的频度和强度。 （3）泥石流形成区的地质背景、形成条件、水源类型、水景和汇水条件。 （4）泥石流形成区、流通区、堆积区的分布位置和特征，绘出专门工程地质图。 （5）划分泥石流类型，确认其对工程项目的影响。 （6）说明泥石流防治和监测的建议。 4. 采空区勘察报告应说明的内容如下。 （1）采空区的范围、层数、深度、开采时间、开采方式、开采厚度、上覆岩层的岩性、构造等。 （2）采空区的塌落、空隙、填充和积水情况，填充物的性状、充实程度等。 （3）地表变形特征及发展情况。 （4）采空区附近的排水和抽水情况及其对采空区场地稳定的影响。 （5）判别旧采空区上覆岩层的稳定性，预测现采空区和未来采空区的地表移动、变形特征和规律性。 （6）判别工程场地的适宜性，提出防治和监测采空区隐患的措施					
特殊场地 湿陷性土	湿陷性土场地勘察报告应说明的内容如下： 1. 地层的断代和地质成因。 2. 湿陷性土层的厚度。 3. 湿陷系数和自动湿陷系数随深度的变化。 4. 场地湿陷类型和地基湿陷系数及其平面分布。 5. 适时提供湿陷起始压力随深度的变化规律。 6. 地下水位升降变化的趋势。 7. 地基处理的建议措施					
特殊场地 软　土	软土场地勘察报告应说明的内容如下： 1. 软土的成因、分布、土性、均匀性和层理特性。 2. 硬壳层的分布与厚度、下伏硬土层或基岩的埋深和起伏状况。 3. 按要求说明固结历史、应力水平和土体结构扰动对强度和变形的影响。 4. 微地貌形态和暗埋的塘、浜、沟、坑、穴的分布、埋深及填土情况。 5. 施工时开挖、回填、支护、工程降水、打桩、沉井等作业方法对环境的影响。 6. 当工程位于池塘、河岸、边坡时，分析地基产生失稳和不均匀变形的可能性。 7. 对软土地基的处理和监测措施					
特殊场地 填　土	填土场地勘察报告应说明的内容如下： 1. 填土的类型、成分、分布、厚度和堆积年代，地基的均匀性、压缩性、密实度和湿陷性。 2. 以填土为持力层时应确定其地基承载力。 3. 当填土底面的天然坡度＞20%，应依据场地地基条件评估其稳定性。 4. 对填土地基的处理措施和基础设计方案的建议					

续表

工程名称		设计编号：	勘察项目：			
项目	校对内容	说明	自检	校核	审核	审定
特殊场地 膨胀岩土	膨胀岩土场地的勘察报告应说明的内容如下： 1. 膨胀岩土的地质年代、岩性、矿物成分、成因、产状以及颜色、裂隙等特征。 2. 划分地貌单元和场地类型。 3. 浅层滑坡、地裂、冲沟和植被情况。 4. 地表水的排泄和积聚情况，地下水的类型、水位及其变化特征。 5. 当地降水、干湿季节、干旱持续时间等气象资料，大气影响深度。 6. 自由膨胀率，一定量压力下的膨胀率、收缩系数、膨胀力等指标。 7. 地基的膨胀变形量、收缩变形量、胀缩变形量、胀缩等级。 8. 对边坡及边坡上的工程作稳定性评估。 9. 膨胀土地基与基础的处理措施					
特殊场地 盐渍岩土	盐渍岩土的勘察报告应说明的内容如下： 1. 盐渍岩土的成因、分布和特点。 2. 含盐类型、含盐量及其在岩土中的分布以及对岩土工程特征的影响。 3. 溶蚀洞穴发育程度和分布状态。 4. 地下水的类型、埋藏条件、水质、水位及其季节变化。 5. 岩土的溶陷性、盐胀性、腐蚀性和项目建设的场地适宜性。岩土地基的防治技术措施					
特殊场地 风化岩和 残积土	风化岩和残积土场地的勘察报告应说明的内容如下： 1. 母岩的地质年代和岩石名称。 2. 风化带的划分及其分布、埋深和厚度。 3. 岩土的均匀性、破碎带和软弱夹层的分布。 4. 对花岗岩残积土，测定其中细粒土的天然含水量 w_f、塑限 w_p、液限 w_l。 5. 建立在软硬不均或风化程度不同的地基上的工程，应分析不均匀沉降对工程的影响，提出技术措施。 6. 评估岩脉、球状风化石（孤石）的分布对地基基础（包括桩基的影响，并提出处理的措施）					
边坡	一级建筑边坡工程应进行专项的岩土工程勘察。二、三级建筑边坡工程可与主体建筑勘察一并进行。边坡工程勘察报告应包括如下的内容如下： 1. 地形地貌形态、覆盖层厚度、基岩面的形态和坡度、不良地质作用等。 2. 岩土的类型、成因、工程特征、岩石风化和完整程度。 3. 岩体主要结构面（特别是软弱结构面）的类型，产状、延展情况、闭合程度、充填状况、充水状况、力学属性和组合关系、主要结构面和临空面的关系，注意有无外倾结构面。 4. 地下水的类型、水位、水压、水量、补给和动态变化、岩土的透水性和地下水的出露情况。 5. 当地气象条件（雨期、暴雨强度等）、汇水面积、坡地植被、地表水对坡面和坡脚的冲刷情况。 6. 岩土的物理力学性质、软弱结构面的抗剪强度等稳定性验算参数					

续表

工程名称		设计编号：	勘察项目：			
项目	校对内容	说明	自检	校核	审核	审定
边坡	7．分析边坡和建在坡顶、坡上建（构）筑物的稳定性，以及对坡下环境和工程项目的影响。 8．确定最优坡形和坡度角。 9．不稳定边坡的整治措施和监测方案					
勘察报告岩土要求	1．勘察报告应根据工程结构特点和场地地基条件，提出地基基础比选方案，对施工中的岩土工程问题，注意事项提出建议。 2．勘察报告应按岩土层提供各项试验指标的最大值、最小值、平均值、标准差、变异系数和统计数量					
岩土工程评价	岩土工程评价包括岩土指标参数的选取与统计、天然地基、桩基础、地基处理、基坑工程评价等项目。 1．岩土指标参数的统计分析 （1）岩土的天然密度，天然含水量。 （2）粉土、黏性土的孔隙比。 （3）黏性土的液限、塑限、液性指数和塑性指数。 （4）土的压缩性、抗剪强度等力学特征指标。 （5）岩石的吸水率、单轴抗压强度等指标。 （6）特殊性岩土的各种特征指标。 （7）静力触探的比贯入阻力、锥尖阻力、侧壁摩擦力、标准贯入试验和圆锥动力触探试验的锤击数以及其他原位测试指标。 2．天然地基的分析评价 天然地基的分析应阐明的内容如下： （1）场地和地基的稳定性。 （2）地基土的均匀性。 （3）基础持力层及地基承载力的建议。 （4）适时对设计单位初定的基础埋置深度提出建议。 3．桩基工程的分析评价 桩基工程分析应包括的内容如下： （1）采用桩基的适宜性。 （2）可选择的桩基类型，确定桩端的持力层建议。 （3）明确桩基设计及施工所需的岩土参数。 （4）评估桩形成的可能性、挤土桩的挤土效应，论证位于倾斜基岩面上桩端的稳定性，并提出相应防护措施。 （5）评估桩基施工中的环境影响程度（污染，噪音等）提出环境保护措施。 （6）当采用静力荷载试验或其他方法验证或确定单桩承受力时，应明确相应试验验证要求。 4．地基处理的分析评价 地基处理的岩土工程评价应阐述的内容如下： （1）地基处理的必要性； （2）提出地基处理的方法； （3）根据拟采用的地基处理方案，提出地基处理设计和施工所需的岩土特性参数					

续表

工程名称		设计编号：	勘察项目：			
项目	校对内容	说明	自检	校核	审核	审定
岩土工程评价	（4）提出地基处理的注意事项，预测地基处理对环境的潜在影响。 （5）地基处理的专项实验研究，应提交专项实验研究报告。 5. 基坑工程的分析评价 （1）岩土的重度和抗剪强度指标的标准值等参数，并说明抗剪强度的实验方法。 （2）基坑开挖与支护的方案要求。 （3）提出地下水的计算参数和控制方法。 （4）场地水文地质条件复杂，在基坑开挖中必须对地下水进行处理。（降水位或隔渗漏）时，应进行专项的水文地质勘探。 （5）对施工中可能出现的问题提出防治措施。 （6）提出施工时的环境保护和检测技术措施。 （7）按要求对软土的物理力学特性，软岩失水崩解，膨胀土的胀缩性和裂隙性，非饱和土的增湿软化等岩土的特殊性质对基坑工程项目产生的影响作出评价					

工程勘察图表校对　　表4-4

工程名称		设计编号：	勘察项目：			
项目	校对内容	说明	自检	校核	审核	审定
勘察图表	1. 勘察报告的图纸应在图中或在单页中列出图纸的图例。 2. 勘察报告的图表应有工程名称、设计编号、图表名称、并应有完成人检查校对和审核人员的签名					
勘探点平面图	各类平面图都应有方位方向的标识，拟建项目位置图或示意图可作为附图。 1. 当图幅较小时，可作为文字报告插图或附在建筑勘探点平面图的角部位置。 2. 当建筑的平面图已明确项目所在位置时可不用附图。 3. 拟建工程位置应以醒目的图例标示。 4. 城市中的工程应标出与工程项目相邻的街道和有特征的地物名。 5. 非城市内的工程项目应标出相邻村镇、山地、水体和其他的地物名称。 6. 重大的工程应标出经纬度或大地坐标。 7. 建筑物与勘探点平面位置应标出拟建建（构）筑物的轮廓线与规划红线和原有建（构）筑物的层数、高度及其名称、编号，拟定的场地平整高度。 8. 已有建筑的轮廓线、层数、高度及其名称。 9. 勘探点及原位测试点位置、类型、编号、高度和地下水位。 10. 剖切线的位置和编号。 11. 方位方向标志、比例尺、文字说明。 12. 明确标示高程引测点的高程和位置。 13. 占地面积大，地面高差变化多的工程，建筑物与勘探点的平面位置图应以比例相同的地形图为底图。 14. 勘探点与原位测试点宜标出坐标，坐标数据可列为勘探数据一览表或列表放在图中					

续表

工程名称		设计编号：	勘察项目：			
项目	校对内容	说明	自检	校核	审核	审定
工程地质剖面图	工程地质剖面图应标示以下内容： 1. 勘探孔（井）在平面上的位置、编号、地面高程、勘探深度、勘探孔（井）的间距、剖面方向（基岩场地）。 2. 岩土图例符号（颜色），岩土分层编号，分层界线。 3. 岩土分层、断层不整合的位置和产状。 4. 溶洞、土洞、塌陷、滑坡、地裂缝、古河道、暗湖滨、古井、防空洞、孤石及其他埋藏物。 5. 地下稳定水位高程（埋深）。 6. 取样位置、土样的类型（原状，扰动）或等级。 7. 当无单独静力触探成果图表时，绘出静力触探曲线。 8. 圆锥动力触探曲线或深度变化的试验值。 9. 标准贯入等原位测试的位置及测试成果。 10. 标比例尺，标尺。 11. 按项目情况，表明拟建工程位置和场地平整高程					
钻孔（探井）柱状图	钻孔探井柱状图应标明以下内容： 1. 钻孔（探井）编号、孔（井）口高程、钻孔（探井）直径、钻孔（探井）深度、勘探日期等。 2. 地层编号、年代和成因、层底深度、层底高程、层厚、柱状图取样及原位测试位置、岩土描述、地下水位、测试成果、岩芯采取率或者 RQD（对于岩土）岩土质量指标					
原位测试图表	1. 荷载试验成果表应标明以下内容： （1）试验编号、地面高程、岩土名称、岩土性质指标、地下水位深度、试验深度、压板尺寸、加荷方式、稳定标准、观测仪器、试验开始完成日期。 （2）试验点平面及剖面示意图、压力与沉降关系曲线、沉降与时间关系曲线。 （3）累计沉降、沉降增量、比例界限压力、变形模量、承载力特征、极限荷载压力。 2. 静力触探成果图应标明以下内容： （1）孔号、地面高程、仪器型号、探头尺寸、率定系数、记录方式、试验日期。 （2）深度与贯入阻力关系曲线，对于单桥静力触探，横坐标为比贯入阻力。对于双桥静力触探，横坐标为锥尖阻力，测摩阻力和摩阻比。 3. 动力触探成果图表应标明以下内容： （1）孔号、地面高程、动力触探型号、记录方式、试验日期。 （2）深度与锤击数关系曲线（连续进行动力触探试验时）。 4. 十字板剪切试验成果图应阐述以下内容： （1）孔号、地面高程、实验深度、土名及特征、地下水位、板头尺寸、板头常数、率定系数、仪器型号、量测方式，试验日期。 （2）测试数据、原状土十字板抗剪强度、重塑土十字板抗剪强度和深度关系曲线、灵敏度等。					

续表

工程名称		设计编号：	勘察项目：			
项目	校对内容	说明	自检	校核	审核	审定
原位测试图表	5．旁压试验成果图表应标明以下内容： （1）孔号、地面高程。试验深度、土名及特征、地下水位、仪器型号及类型（自钻式或预钻式）、试验日期。 （2）旁压试验曲线图、测试数据（各级压力与对应的体积或半径增量）以及由其确定的初始压力、临塑压力、极限压力、旁压模量等。 6．波速测试成果应标明以下内容： （1）试验孔号、地面高程、地层、地下水位、测试方法（单孔法或跨孔法）、测试仪器型号、试验日期。 （2）测试数据（距离、走时、波速）。 （3）走时波速与深度关系曲线。 7．抽水试验成果图表应标明以下内容： （1）试验编号、地面高程、试验日期、稳定水位、抽水孔结构及地层剖面、水位降深、涌水量、水位恢复曲线、渗透参数、渗透系数计算方式。 （2）涌水量与时间。水位降与时间关系曲线、涌水量与水位降关系曲线（≥3次水位降时）、单位涌水量与水位关系曲线（≥3次水位降时）等。 （3）多孔抽水试验成果图表还应包括多孔抽水孔平面示意图，带有抽降水位线的剖面图，观测孔的水位降深等内容					
单桩静力荷载试验	应根据有关规范编制专项试桩报告，包括文字和图表。单桩静力荷载试验成果图表应标明以下内容： 1．试验编号、试验安装示意图、试桩及锚桩配筋图、地面高程、桩的类型、受力方式（竖向或水平等）、混凝土强度等级、桩深尺寸、桩身长度及入土深度、加荷方式、混凝土浇筑或打（压）桩日期、试验日期。 2．桩周及桩端岩土性质指标。 3．加荷程序、分级荷载、本级沉降、累计沉降、本级历时、累计历时、直线段荷载、极限荷载。 4．荷载和沉降（水平位移）关系曲线、沉降与时间关系曲线、单桩水平静力荷载还应绘出荷载与位移增量关系曲线					
室内试验图表	1．室内土工试验成果汇总表应阐述以下内容： （1）孔（井）及土样编号、取样深度、土的名称、颗粒级配百分数、天然含水量、天然密度、比重、饱和度、天然孔隙比、液限、塑限、塑性指数、液性指数、压缩系数、压缩模量、粘聚力、内摩擦角、有机质含量等。 （2）必要时可增加最小孔隙比、最大孔隙比、相对密实度、不均匀系数、曲率系数。当进行高压固结试验、渗透试验、固结系数试验、无侧限抗压强度试验、湿陷性试验、膨胀性试验等特殊试验时，应在表中增加相关特性指标。					

续表

工程名称		设计编号：	勘察项目：			
项目	校对内容	说明	自检	校核	审核	审定
室内试验图表	（3）各栏目上的指标均标明名称、符号、计量单位。界限含水量应注明测定方法；压缩系数及压缩模量应注明压力段范围；抗剪强度指标应注明三轴或直剪，注明不排水剪、固结不排水剪或排水剪。 2．固结试验成果图表应阐述以下内容： （1）不同压力下的孔隙比值。 （2）e–p 曲线图。 （3）不同压力段的压缩系数和压缩模量。 （4）文字说明或把试验结果汇总到土工试验表中应提供不同压力下的孔隙比值或提供不同压力下的压缩模量、考虑回弹变形时应列出相关系数。 （5）按土的应力历史进行沉降计算时，试验成果应按 e–lg p 曲线整理内容包括文字说明。不同压力下的孔隙比值，e–lg p 曲线图、先期固结压力、压缩指数和回弹指数。 3．剪切试验图表应说明以下内容： （1）试验方法（三轴或直剪）、固结条件、排水条件、抗剪强度指标值等。 （2）绘制直剪试验的抗剪强度与垂直压力关系曲线图表或提出不同垂直压力下的抗剪强度值。 （3）三轴试验应绘制主应力差和轴向应变关系曲线、摩尔圆和强度包络线图、按要求提供主应力比与轴向应变关系曲线、孔隙水压力或体积应变与轴向应变关系曲线、应力路径曲线等，并应列表说明相应的数值。 4．室内岩石试验图表应说明以下内容： （1）试件编号、岩石名称、取样地点、试件尺寸、岩石密度、含水率、吸水率等。 （2）抗压试验和三轴试验应达到下列要求。 1）岩石单轴抗压试验应列出单轴抗压强度值，按要求列出软化系数，应列出岩石的弹性模量和泊松比。 2）岩石三轴压缩试验应说明不同围压下的主应力差与轴向应变关系、摩尔圆和抗剪强度包络线、强度参数 C、φ 值。 5．水和土的腐蚀性分析成果应阐述以下内容： （1）水和土腐蚀性分析试验项目应达到《岩土工程勘察规范》（GB 50021）的要求； （2）水和土的腐蚀性分析成果应采用表格形式。其内容包括钻孔（探井）编号、水（土）样编号、取样时间、取样深度、土的名称、试验时间、各项试验结果。 （3）在文字报告中明确表述水和土对建筑材料有无腐蚀性、评估腐蚀等级					
勘察报告其他图表	勘察报告可以根据工程需要附设如下图表： 1．区域地质图。 2．综合工程地质图。 3．工程地质分区图。					

续表

工程名称		设计编号：	勘察项目：			
项目	校对内容	说明	自检	校核	审核	审定
勘察报告其他图表	4. 地下水等水位线图。 5. 基岩面（或其他层面）等值线图。 6. 设定高程岩性分布切面图。 7. 综合柱状图。 8. 钻孔（探井）柱状图、未纳入工程地质剖面图的孔井必须附柱状图。 9. 探井（探槽）展示图。 10. 勘探点主要数据一览表。 11. 岩土利用、整治、改造方案的有关图表。 12. 岩土工程计算简图及计算成果图表。 13. 其他约定绘制的图表					
勘察报告其他附件	勘察报告可以根据工程需要列出如下附件： 1. 区域稳定性调查与评价专题报告。 2. 工程地质测绘专题报告。 3. 遥感解译报告。 4. 工程物探专题报告。 5. 专项水文地质勘察报告。 6. 专项试验或专题研究报告。 7. 审查报告或审查鉴定会纪要。 8. 勘察委托书、合同和勘察纲要。 9. 勘察机具、仪器的型号、性能说明。 10. 各方来往公文、函电等					
勘察报告版面要求	1. 勘察报告应按有关规范、标准，采用计算机辅助编制。 2. 勘察报告应有完成单位公章、法人行政章、资料专用章、法人代表或其授权人、项目主要负责人签章。图表应有完成人、检查或审核人签字。室内试验和原位测试成果应有试验人、检查或审核人签字。委托其他单位完成的项目，其成果应有被委托单位公章、单位负责人签章。 3. 勘察报告装帧次序为：（1）封面、扉页：勘察报告名称、工程编号、勘察阶段、编制单位、提交日期、主要负责人等。（2）目录。（3）文字说明。（4）图表。（5）其他附件					

注：1. 本表格依据住房和城乡建设部2016年11月实施的《建筑工程勘察文件编制深度规定》内容摘要编排。

2. 除另行确定的附图（表）、附件外、校对时文字或图表不齐全时，应在勘误表中说明原因。

第五章　建筑设计校对

建筑设计校对包括建筑设计方案和初步设计的校对以及建筑与结构、给水排水、电气、通信、热能等专业之间设计条件的互对以确认各专业共用建筑技术参数的一致性和准确性。

第一节　建筑方案设计

一、大处着眼，细处着手

单体的建筑设计方案构思必须着眼于建筑项目的全局，与建设的整体目标相一致。严格按照规划要点和总图提出的设计条件和技术要求，细致地进行多方案比选，认真分析探讨可靠、适用、不留工程隐患有利于项目实施的合理的设计方案。也就是说从大处着眼。

从细处着手就是要按建筑不同类型的空间构成特征推敲建筑形体。建筑的空间位置总是和道路相联系，道路的走向固定了建筑的方位。因此，首先必须分析建筑与道路的匹配关系和内外交通流线的线形，然后从建筑的界面，建筑的尽端，建筑空间的转折部位琢磨建筑的形体变化，使建筑选型的空间组合尺度得当，空间关系得体，内外流线合理。从而满足城市防灾，场地和结构安全，节约环保和城市景观的要求。

二、建筑设计方案的生成

建筑设计方案的生成通常有两种方法：

1. 形式服从功能的方法。由内向外的方案生成方法（先功能后形式的方法）：根据功能要求，建筑空间布局向外自由发展，包括功能分区布局的研究（泡泡图），房间的合理安排，按结构布置调整房间的大小、体型与平面的协调关系。

2. 功能适应形式的方法。由外而内的方案生成方法（先形式后功能的方法）：根据平面和体量的特征要求，刻意运用建筑模数，在网格中划分空间。对网格运用加法或减法改变网格位置，适应功能空间的变化[15]。

三、建筑方案设计的整体协调和完整的表达

设计项目不违规：比如用地范围控制在规划红线以内；建筑面积控制在批准的规模以内；场地的设计布置没有地质安全隐患；建筑设计布局不留下永久性缺陷；建筑在日常使用过程中不影响公共利益；建筑设计符合节地、节能、节水、节材和环境保护的相关规定和要求等。

深化完成后的建筑设计方案，其总平面图、立面图、剖面图所表达的内容应该完整无漏项，空间位置和空间尺度数据无出入。

第二节　建筑设计数据系列

空间尺度：建筑设计从细部着手，要求熟悉常用的平面尺寸和竖向尺寸，才能有效把握建筑的空间尺度。本节按数字序列把常用建筑的设计尺寸进行归纳、分类，其中的粗体字为相应规范的强制性条文。

期望数字序列的组合方式能够有助于设计人员通过联想记忆，提高设计时效。

一、平面尺度（单位：m）

［1.00］系列

0.01——

≥ 0.01

建筑外墙采用内保温系统时应采用不燃材料做防护层。采用燃烧性能为 B 级的保温材料时，防护层的厚度不应小于 0.01m（10mm）。

0.10——

< 0.10

不能达到消防通道要求，给水管经 *DN* < 100mm（0.1）的历史文化街区和地段应设置水池、水缸、沙地、灭火器及消火栓等消防设施及装备。

≤ 0.10

（1）无障碍通道的墙柱上的突出物，距地面的高度低于 2.0m 时，突出部的宽度不应大于 0.10m，若大于 0.10m，则其距地面的高度应小于 0.60m。

（2）多层砌体房屋和底部框架砌体房屋有下列情况之一时宜设抗震缝，缝两侧均应设置墙体，缝宽应按烈度和建筑高度确定，可采用 0.07～0.10m。

1）房屋立面高差在 6m 以上。

2）房屋有错层且楼板高差大于层高的 1/4。

3）各部分结构刚度、质量截然不同。

（3）档案馆的档案库每开间的窗洞面积与外墙面积之比不应大于 1/10。

≥ 0.10

（1）无障碍设计扶手末端应向内拐到墙面或向下延伸不小于 0.10m。

（2）宿舍建筑中居室的两张床头之间的距离不应小于 0.10m。

（3）厨房的通风开口有效面积不应小于其地板面积的 1/10，且不得小于 0.60m^2。

（4）车站、码头、机场的集散广场，集中成片绿地不应小于广场总面积的 1/10。

（5）钢筋混凝土房屋需要设置防震缝。框架结构（包括设置少量抗震墙的框架）房屋的防震缝宽度，当高度不超过 15m 时不应小于 0.10m。当高度超过 15m 时，抗震烈度为 6 度、7 度、8 度、9 度时，分别每增加高度 5m、4m、3m、2m 则防震缝宜加宽 0.02m。

（6）装配式单层工业厂房体型复杂或有贴建的建筑时，宜设防震缝。在厂房纵横交接处、大柱网厂房或不设柱间支撑的厂房，防震缝宽可采用 0.15～0.10m，其他情况的厂房防震缝宽可采用 0.09～0.05m。

（7）装配式钢筋混凝土楼板或屋面板当圈梁未设在板的同一标高时，板端伸进内墙的长度不应小于 0.10m 或采用硬架支模连接。

（8）室内消防竖管的直径不应小于 *DN*100。

（9）当温度大于 100℃时采暖管道与可燃物之间的间距不应小于 100mm（0.10m）或采用不燃材料隔热。

1.00——

≤ 1.00

（1）公共建筑，高层厂房（仓库）及甲、乙、丙类厂房应沿疏散走道设置灯光疏散指示标志，在走道转角区不应大于 1.00m。

（2）剧场建筑的视点设计，因条件限制往大幕投影线或表演区边缘延伸不应大于 1.00m。

≥ 1.00

（1）轮椅坡道的净宽度不应小于 1.00m。

（2）无障碍设计的自动门开启后通行净宽度不应小于 1.00m。

（3）无障碍设计的斜向升降平台深度不应小于 1.00m。

（4）锅炉房、变配电室布置在建筑物首层或地下一层的外墙开口部位上方，应设置宽度不小于 1.00m 的不燃烧体的防火挑檐（或高度不小于 1.2m 的窗槛墙）。

（5）不超过六层的住宅，一边设有栏杆的梯段净宽不应小于 1.00m。

（6）住宅中通往卧室、起居室（厅）的过道净宽不应小于 1.00m。

（7）住宅中的户（套）门，其门洞宽度不应小于 1.00m。

（8）老年人居住建筑设计中，户门的有洞口宽度不应该小于 1.00m。养老设施建筑主要出入口上部应该设雨篷，其深度应超过台阶外缘 1.00m 以上，雨篷应该做有组织排水；过道净宽不应小于 1.00m。

（9）高层建筑内走道净宽和首层疏散外门的总宽度应按人数最多的一层每百人不小于 1.00m 计算。

（10）办公建筑，防空地下室战时人员出入口、医疗救护、防空专业工程门洞净宽不得小于 1.00m。

（11）人防地下室人员掩蔽工程、配套工程战时出入口的楼梯净宽不应小于 1.00m。

（12）人防地下室备用出入口可采用竖井式，并宜与通风竖井合并设置，竖井的平面净尺寸不宜小于 1.00m × 1.00m。

（13）医院建筑监护病床的床间净距不应小于 1.00m，观察室床沿与墙面的净距不应小于 1.00m。

（14）剧场建筑的走道宽度，采用短排法时纵走道净宽不应小于 1.00m；横走道除排距尺寸外，通行净宽度不应小于 1.00m；当座席长排法的排距为硬椅时应不小于 1.00m；池座首排座位与乐池栏杆的净距应不小于 1.00m。

（15）丙等剧场的面光桥除灯具占用空间外，通行宽度不应小于 1.00m。

（16）甲级影院建筑座位排距不小于 1.00m；短排法座位的中间纵向走道净宽不应小于 1.00m；横向走道除排距尺寸外，通行净宽不应小于 1.00m。

（17）电影放映室放映机轴线与左侧墙面（非操作侧）或其他设备的距离不宜小于 1.00m。

（18）档案馆的档案库主通道的净宽不应小于 1.00m。

（19）各类管线与公路边缘最小水平距离不应小于 1.00m。

（20）电力、电缆线与乔木、灌木中心的水平净距不应小于 1.00m。

（21）排水盲沟、挡土墙，2m 以下围墙离乔木中心距离不应小于 1.00m。

（22）低压燃气管与排水管、热力管、电信管道之间的最小水平净距不应小于 1.00m。

（23）中压燃气管与电力、电信电缆之间最小水平距离不应小于 1.00m。

（24）中压燃气管与给水管之间的最小距离不应小于 1.00m。

（25）给排水管、热力管与电信电缆、电信管道之间的最小水平距离不应小于 1.00m。

（26）电信管道与通信、照明地上杆柱（中心）的水平间距不小于 1.00m。

（27）燃气管与不大于 35kV 的通信、照明地上杆 柱（中心）的水平距离不小于 1.00m。

（28）生土房屋、石结构房屋无构造柱的纵横墙交接处沿墙高每隔 0.50m 设置的拉结条、拉结筋、拉结网片每边每片伸入墙内或至门窗洞边不应小于 1.00m。

（29）机械排烟系统设在顶棚上的排烟口距可燃物的距离不应小于 1.00m。

（30）多层砌体房屋抗震设防烈度 6 度、7 度时承重窗间墙宽、外墙尽端至门窗洞边的距离、内墙阳角至门窗洞边的距离不应小于 1.00m。

（31）多层砌体房屋抗震设防烈度 8 度、9 度时，非承重外墙尽端至门窗洞边的距离不应小于 1.00m。

（32）电影院银幕宽度≤ 10m 时，平面银幕至其后墙距离不宜小于 1.00m。

（33）中小学各教室前端侧窗的窗端墙的长度不应小于 1.00m。

（34）盲学校化学实验室的实验台与墙面的距离不应小于 1.00m。

（35）特殊教育学校专用教室、辅助用房的门宽度不应小于 1.00m。

（36）特殊教育学校语言教室课桌左右纵向通道教室宽度不应小于 1.00m。

（37）丙等剧场的面光桥除灯具占用空间外，通行宽度不应小于 1.00m。

（38）丙等剧场的耳光室射光口净宽不应小于 1.00m。

> 1.00

侧窗采光口上部有效宽度超过 1.00m 以上的外廊、阳台等外挑遮挡物，其有效采光面积可按采光口面积的 70% 计算。

≥ 1.00

厨房有明火的加工区（间）上层有餐厅或其他用房时，其外墙开口上方应设宽度不小于 1.0m，长度不小于开口宽度的防火挑檐

= 1.00

（1）医院建筑的照相机室专用候诊处地面积，应使候诊者之间保持 1.00m 的距离。

（2）每条自行车道的宽度宜为 1.00m。

（3）盲校中的定向行走训练场地，其维护扶手栏杆内侧 1.00m 处的地面应有场地边界的触感标志。

（4）院落式组团绿地面积计算边界应该距宅间路、组团路和小区路路边为 1.00m。

10.00——

≤ 10.00

（1）公共建筑，高层厂房（仓库）及甲、乙、丙类厂房应沿疏散走道设置灯光疏散指示标志，应设在走道及转角处距地面高度 1.00m 以下的墙面上，对于袋形走道，灯光疏散指示标志间距不应大于 10m。

（2）展览建筑当工艺不确定时，应该每隔 10m 各设置一个给水、排水预留接口。

（3）抗震设防烈度 6 度、7 度的多层石砌体房屋，当采用现浇或装配整体式钢筋混凝土楼盖、屋盖时，房屋抗震横墙的间距不应大于 10.00m。

（4）高层公共建筑的疏散楼梯，当分散设置确有困难且从任一疏散门至最近疏散楼梯入口的距离≤ 10m 时，可采用剪刀楼梯间，但应符合下列规定：①楼梯间应为防烟楼梯间；②楼段之间应该设置耐火极限不低于 1.00h 的防火隔墙；③楼梯间的前室或共用前室不宜与消防电梯的前室合用；④楼梯间的共用前室与消防电梯的前室合用时，合用前室的使用面积不宜小于 10.00m^2，且短边不应小于 2.40m。

（5）四级耐火等级的托儿所、幼儿园和老年照料设施位于袋形走道两侧或尽端，直通疏散走道的房间疏散门至最近安全出口的直线距离不应大于 10.00m。四级耐火等级的单层、多层医疗和教学建筑位于袋形走道两侧或尽端，直通疏散走道的房间疏散门至最近安全出口的直线距离不应大于 10.00m；

注：1. 建筑内开向敞开式外廊的房间疏散门至最近安全出口的直线距离可增加 5m，即为 15m。

2. 建筑内全部设置自动喷水灭火系统时。其安全疏散距离可增加 25%，即为 12.50m。

（6）木结构的托儿所、幼儿园和老年人照料设施，位于袋形走道两侧或尽端的房间直通疏散走道的疏散门至最近安全出口的直线距离不应大于 10.00m。

≥ 10.00

（1）人防地下室室外进风口宜设置在排风口和排烟口的上风侧进风口与排风口之间的水平距离不宜

小于 10.00m。

（2）城市居住区无供热管线的小区路，其建筑控制线之间的宽度不宜小于 10.00m。

（3）城市居住区需设供热管线的组团路，建筑控制线之间的宽度不宜小于 10.00m。

（4）耐火等级为三级和四级的两类不同等级的建筑之间和两木结构建筑之间的防火间距不应小于 10.00m。

（5）建筑基地机动车出入口距公共交通站台边缘不应小于 10.00m。

（6）汽车库出入口办理车辆出入手续时的候车道长度不应小于 10.00m。

（7）两个汽车疏散出口之间的间距不应该小于 10.00m，两个汽车坡道毗邻设置时应采用防火墙隔开。

（8）商业步行街的道路宽度可采用 10～15m。

（9）抗震设防城市干道两侧的高层建筑应由道路红线后退 10～15m。

（10）一、二级耐火等级的民用建筑、单层、多层、裙房与一、二级耐火等级的丙类、丁类、戊类厂房的防火间距不应该小于 10.00m。

（11）甲类仓库有厂内主要道路路边线的防火间距不应小于 10.00m。

（12）储罐防火堤外侧基脚线至相邻建筑的距离不应该小于 10.00m。

（13）三、四级耐火等级的民用建筑的防火间距不应该小于 10.00m。

（14）木结构建筑之间的防火间距不应该小于 10.00m。外墙上的门、窗、洞口不正对且开口面积之和不大于外墙面积的 10% 时，防火间距可减少 25%。即为 7.50m，外墙无任何门窗、洞口时防火间距可为 4m。

（15）一、二级耐火等级的汽车库、修车库之间；汽车库、修车库与耐火等级一、二级的除甲类物品以外的厂（库）房、民用建筑的防火间距不应该小于 10.00m。

（16）停车场与四级耐火等级的汽车库、修车库和除甲类物品以外的厂房、库房、民用建筑之间的防火间距不应小于 10.00m。

（17）处理有爆炸危险粉尘的干式除尘器和过滤器宜布置在厂房外的独立建筑中，该建筑与所属厂房的防火间距不应小于 10.00m。

（18）高层建筑采用瓶装液化石油气作燃料时，油料总储量超过 1.00m^3、而不超过 4.00m^3 的瓶装液化气瓶组间，应设置独立的瓶组间，且与其他民用建筑和裙房的防火间距不应小于 10.00m。

（19）中型铁路旅客站台的宽度不宜小于 10.00m。

＞ 10.00

（1）采用架空隔热层的屋面，当宽度大于 10m 时架空隔热层中部应设通风屋脊。

（2）埋地生活饮用水贮水池周围 10m 以内，不得有化粪池、污水处理建筑物、渗水井、垃圾堆放点等污染源；周围 2 米以内不得有活水管和污染物。

（3）十层及十层以上且不超过十八层的住宅，当住宅单元任一层的建筑面积大于 650m^2，或任一套房的户门至安全出口的距离大于 10.00m 时该住宅单元每层的安全出口不应少于 2 个。

（4）住宅建筑高度大于 27m 而不大于 54m 的建筑，当每个单元任一层的建筑面积大于 650m^2，或任一户门至最近安全出口的距离大于 10m 时，每个单元每层的安全出口不应少于 2 个。

＝ 10.00

（1）四级耐火等级的托儿所、幼儿园和老年人照料设施的房间内任一点至疏散门的最大直线距离为 10m。

（2）四级耐火等级的单层、多层医疗建筑的房间内任一点到疏散门的最大直线距离为 10m。

（3）四级耐火等级的单层、多层教学建筑的房间内任一点至疏散门的最大直线距离为 10m。

100——

≤ 100.00

（1）公交车站的设置，路段上异向换乘距离不应大于100.00m。

（2）商业步行区进出口距公共交通停靠站的距离和停车场、停车库的距离不宜大于100.00m。

（3）商业步行区附近应有相应规模的机动车和非机动车停车场或停车库，其距步行区进出口的距离不宜大于100.00m。

（4）自行车公共停车场的服务半径宜为50～100m。

（5）为老年人提供的绿地及休闲活动场地半径100.00m内应有便于老年人使用的公共厕所。

（6）隧道内应设置A、B、C类灭火器，灭火器设置点的间距不应大于100m。

（7）城市绿地内应设置废物箱分类收集垃圾，在主路上每100m应设1个以上，游人集中处适当增加。

（8）一层木结构建筑防火墙间的最大允许建筑长度不应大于100m。防火墙之间的每层最大允许建筑面积1800m^2。安装自动喷水灭火系统的木结构建筑的最大允许长度和每层最大允许建筑面积可增加1.0倍。对于丁、戊类地面上厂房，防火墙之间的每层最大允许建筑面积不限。

≥ 100.00

（1）防空地下室距有害液体、重毒气体的贮罐的距离不应小于100m。

（2）隧道入口外100～150m处应设置火灾时禁止车辆入内的报警信号装置。

（3）隧道入口以及隧道内每隔100～150m处，应设报警电话和报警按钮。

（4）隧道应放置火灾应急广播或每隔100~150m处，设置发光报警装置。

（5）场地内有地震断裂时，按规定应避开主断裂带，建筑抗震设防类别为丙级、烈度8度时，发震断裂的最小避让距离不应小于100m。

1000——

≤ 1000.00

（1）城镇初级中学的服务半径宜为1000m。

（2）通行机动车的双孔非水底隧道应放置车行横通道或车行疏散通道，车行横通道和隧道通向车行疏散通道入口的间隔不应大于1000m。

≥ 1000.00

（1）避震疏散场所距易燃易爆工厂仓库、供气厂、储气站等重大次生火灾或爆炸危险源距离应不小于1000m。

（2）通行机动车的双孔水底隧道应设置车行横通道或车行疏散通道，车行横通道和隧道通向车行疏散通道入口的间隔宜为1000～1500m。

> 1000.00

隧道封闭段长度超过1000.00m时应设置消防控制中心。

[1.05] 系列

1.05——

=1.05

中小学校建筑的安全出口、疏散走道、疏散楼梯和房间疏散门等处的百人净宽度规定：耐火等级一、二级，地上四、五层的百人净宽度为1.05m。耐火等级三级，地上三层的百人净宽度为1.05m。

［1.10］系列

0.11——

≤ 0.11

（1）商店、宿舍、住宅的阳台、楼梯等防护栏杆、托儿所、幼儿园、中小学、特殊教育学校及少年儿童专用活动场所的栏杆和楼梯栏杆，栏杆为垂直杆件时，杆件间的净距不应大于 0.11m。

（2）中小学校、住宅的楼梯井净宽不得大于 0.11m。

1.10——

≥ 1.10

（1）无障碍设计中每个轮椅席位的占地面积不应小于 1.10m × 0.80m。

（2）建筑的疏散走道、疏散楼梯和住宅建筑的首层疏散外门的净宽度不应小于 1.10m。

（3）卫生间设备间距：单侧厕所隔间至对面墙面的净距，采用内开门时，不应小于 1.10m。双侧厕所隔间之间的净距，采用内开门时，不应小于 1.10m。单侧厕所隔间至对面小便器或小便槽外沿的净距，当采用内开门时，不应小于 1.10m。

（4）医院建筑的病人厕所隔间平面尺寸不应小于 1.10m × 1.40m。

（5）单排病床通道净宽不应小于 1.10m。

（6）病房门净宽不得小于 1.10m，门扇应设观察窗。

（7）单排病床通道不宜超过 5 床，其净距不得小于 1.10m。

（8）诊室门和通向清洁走道的门净宽，不应小于 1.10m。

（9）民用建筑的疏散走道和疏散楼梯的净宽度不应小于 1.10m。

（10）体育馆建筑看台的安全出口宽度不应小于 1.10m；看台主要纵横走道（走道两边有观众席）的宽度，不应小于 1.10m。

（11）高层居住建筑每个外门的净宽和疏散楼梯的净宽不应小于 1.10m。

（12）住宅建筑、厂房的楼梯梯段净宽不应小于 1.10m。

（13）汽车库、修车库疏散楼梯的宽度不应小于 1.10m。

（14）厂房内的疏散楼梯最小净宽不宜小于 1.10m。

（15）十二层及十二层以上的住宅由二个及二个以上的住宅单元组成，且其中有一个或一个以上住宅单元未设置可容纳担架的电梯时，应从第十二层起设置与可容纳担架的电梯联通的联系廊，联系廊可隔层设置，上下联系廊之间的间隔不应超过五层，联系廊的净宽不应小于 1.10m。

（16）中小学教室最后排座位之后，应设横向疏散走道自最后排课桌后沿算起，其净距不应小于 1.10m。

（17）特殊教育学校盲生图书室纵向走道宽度不应小于 1.10m。

（18）电影院室外疏散楼梯的净宽不应小于 1.10m。

（19）餐饮建筑的餐厅售饭窗口之间的间距不应小于 1.10m。

11.0——

≤ 11.0

（1）中小学科学教室、实验室内实验桌的布置，最后排实验桌的后沿与前方黑板之间的水平距离不宜大于 11.0m。

（2）抗震设防烈度 8 度的多层砌体房屋，当采用现浇或装配整体式钢筋混凝土楼盖、屋盖时，房屋抗震横墙的间距不应大于 11.0m。

（3）抗震设防烈度 6 度、7 度的多层砌体房屋，当采用装配式钢筋混凝土楼盖、屋盖时，房屋抗震横墙的间距不应大于 11.0m。

（4）抗震设防烈度 8 度的底部框架—抗震墙砌体房屋，底层或底部两层的房屋抗震横墙的间距不应大于 11.0m。

≥ 11.0

（1）耐火等级为四级的民用建筑，与木结构建筑之间的防火间距不应该小于 11.0m。外墙上的门、窗、洞口不正对且开口面积之和不大于外墙面积的 10% 时，防火间距可减少 25%，即为 6.25m。

（2）三级耐火等级的住宅与高层民用建筑的防火间距不应该小于 11.0m。

[1.20] 系列

0.12——

≥ 0.12

（1）多层砖砌体房屋的现浇钢筋混凝土楼板或屋面板伸进纵、横墙内的长度均不应小于 0.12m。

（2）装配式钢筋混凝土楼板或屋面板当圈梁未设在板的同一标高时，板端伸入外墙的长度不应小于 0.12m 或采用硬架支模连接。

（3）木楼、屋盖构件，对接木龙骨、木檩条用木夹板与螺栓连接，在墙上的支承长度不应小于 0.12m。

（4）剧场建筑靠后墙设置座位时，楼座、池座最后一排座位的排距应至少增加 0.12m。

1.20——

≤ 1.20

（1）中小学各教室，窗间墙的宽度不应大于 1.20m。

（2）特殊教育学校教室、实验室的窗间墙的宽度不应大于 1.20m。

≥ 1.20

（1）无障碍出入口的轮椅坡道净宽度不应小于 1.20m。

（2）观众厅内通往轮椅席位的通道宽度不应小于 1.20m。

（3）无障碍通道室内走道的宽度不应小于 1.20m。

（4）无障碍垂直升降平台的深度不应小于 1.20m。

（5）无障碍客房的床间距离不应小于 1.20m。

（6）公园绿地出入口检票口的无障碍通道宽度不应小于 1.20m。

（7）无障碍游览路线上的桥面宽度不应小于 1.20m。

（8）三面坡缘石坡道的正门坡道宽度不应小于 1.20m。

（9）人防地下室医疗救护工程、防空专业队工程战时人员出入口楼梯净宽不应小于 1.20m。

（10）外开门的厕所隔间和淋浴隔间平面尺寸不应小于 1.20m × 0.90（1.00）m。（深度 × 宽度）。

（11）福利及特殊服务建筑的居室内走道，老年人居住建筑仅供一辆轮椅通过的走廊、公用楼梯间、户内过道的有效宽度不应小于 1.20m；老年人居住建筑出入口洞口宽度不应小于 1.20m。

（12）宿舍建筑中居室的两排床或床与墙之间的走道宽度不应小于 1.20m。

（13）宿舍建筑中楼梯梯段的净宽不应小于 1.20m，平台宽度不应小于梯段的净宽。

（14）宿舍建筑宜设阳台，阳台的进深不宜小于 1.20m。

（15）住宅建筑走廊和套内入口过道净宽不宜小于 1.20m，供轮椅通行的走道和通道净宽不应小于 1.20m。

（16）住宅建筑的共用外门的门洞宽度不应小于 1.20m。

（17）中小学实验室最后排座位之后，应设横向疏散走道自最后排课桌后沿起，其净距不应小于 1.20m。

（18）中小学书法教室的书法条案宜平行于黑板，条案排距不应小于 1.20m。

（19）托儿所、幼儿园建筑的活动室、寝室、音体室应设双扇平开门净宽不应小于 1.20m。疏散走道不应采用弹簧门、转门、推拉门。

（20）特殊教育学校室内坡道水平投影长度超过 15.00m 时应设休息平台，平台宽度不应小于 1.20m。

（21）特殊教育学校医疗保健室入口净宽不应小于 1.20m。

（22）特殊教育学校语言教室前后排课桌间的距离不应小于 1.20m。

（23）特殊教育学校地理教室，沿侧墙设置的厨柜距课桌侧缘不应小于 1.20m。

（24）文化馆建筑专业工作部分，单面布房时，走道净宽不应小于 1.20m；美术书法教室单桌排列书法桌排距不宜小于 1.20m。

（25）高层建筑内的展厅疏散外门的净宽不应小于 1.20m。

（26）高层建筑内首层疏散每个外门的净宽不应小于 1.20m。

（27）高层居住建筑当单面布置房间时，走道净宽不应小于 1.20m。

（28）高层建筑（除医院病房楼、居住建筑外）疏散楼梯的净宽不应小于 1.20m。

（29）饮食建筑工作间的工作台边之间（设备之间）的净距应符合食品安全操作规范和防火疏散宽度要求，单边操作有人通过时，或双边操作无人通过时不应小于 1.20m。

（30）体育建筑观众席采用扶手软椅时，其排距宽不应小于 1.20m。

（31）体育建筑的疏散楼梯宽度和直跑楼梯的中间平台深度不应小于 1.20m，转折楼梯平台深度不应小于楼梯宽度。

（32）医院建筑的观察室平行排列的观察床之间的净距不应小于 1.20m。

（33）医院建筑的磁共振扫描室的门净宽，不应小于 1.20m；磁共振扫描室观察窗净宽不应小于 1.2m。

（34）医院建筑的放射设备机房门，CT 室的门净宽不应小于 1.20m。

（35）医院建筑的检验科实验工作台间通道宽度不应小于 1.20m。

（36）医院建筑的门诊、急诊药房服务窗口的中距不应小于 1.20m。

（37）福利及特殊服务建筑的居室内走道净宽不应小于 1.20m。

（38）电影院观众厅长排法时，边走道净宽不宜小于 1.4m，不应小于 1.20m。横走道净宽不应小于 1.20m。

（39）电影院宽银幕的弧面中点至幕后墙面的距离不宜小于 1.20m。

（40）电影院放映室放映机后部距墙面不宜小于 1.20m。

（41）电影院放映室设有数字放映机时，数字放映机应置于观众厅中轴线上，左右两侧为胶片放映机，三台放映机的轴线间距不宜小于 1.40m，不应小于 1.20m。

（42）电影院疏散楼梯的净宽不应小于 1.20m。楼梯平台的净宽不应小于 1.20m。

（43）电影院售票口之间的间距不应小于 1.20m。

（44）甲等剧场的面光桥除灯具占用空间外，通行宽度不应小于 1.20m。

（45）甲、乙等剧场耳光室射光口净宽不应小于 1.20m。

（46）剧场后台服装室的门净宽度不应小于 1.20m。

（47）剧场建筑的候场室应靠近出场口，其门宽不应小于 1.20m。

（48）剧场建筑的灯控室、声控室均应设在观众厅后部，通过监视窗口应能看到全部舞台表演区，面积不应小于 $12.0m^2$，窗口宽度不应小于 1.20m。

（49）剧场建筑的疏散楼梯采用扇形楼梯时，休息平台的窄端宽度不应小于 1.20m。

（50）剧场建筑的乐池应设通往主台和台仓的通道净宽不应小于 1.20m。

（51）商业建筑的专用疏散楼梯梯段最小宽度不应小于 1.20m。

（52）有顶棚的多层步行街，每层面向步行街的商铺均应设置防止火灾竖向延烧的措施，设置回廊或挑檐时，其出挑宽度不应小于 1.20m。

（53）汽车库内平行停车时小型汽车之间的纵向净距不应小于 1.20m。

（54）无障碍机动车停车位一侧，应设宽度不小于 1.20m 的通道。

（55）厂房首层外门的净宽不应小于 1.20m。

（56）电力电缆与电信管道之间的净距不宜小于 1.20m。

（57）燃气管、探井与绿化乔木中心之间的最小净距不宜小于 1.20m。

（58）燃气管、探井与绿化灌木中心之间的最小净距不宜小于 1.20m。

（59）消防龙头与绿化灌木中心之间的最小净距不宜小于 1.20m。

（60）双孔隧道人行横通道或人行疏散通道的净宽度不应小于 1.20m，净高度不应小于 2.10m。

（61）文化馆档案室储藏柜架等装具排列的主通道净宽不应小于 1.2m。

＝ 1.20

（1）中小学学生卫生间洁具男生至少每 40 人、女生至少每 13 人应设一个大便器或 1.20m 长大便槽。

（2）盲校中的厕所大便间的隔间宽度为 1.20m。

（3）图书馆采用框架结构柱网时，宜为 1.20m 或 1.25m 的整数倍模数。

（4）铁路客运站、港口客运站、汽车客运站靠墙的售票窗口中心距墙边宜为 1.2m。

12.0——

＝ 12.0

（1）设置厂房屋架，柱距为 12m 时可采用预应力混凝土托架（梁）。当采用钢屋架时，亦可采用钢托架（梁）。

（2）一、二级高层医疗建筑的病房部分房间内任一点到疏散门的最大直线距离为 12m。

≤ 12.0

（1）单层钢筋混凝土柱厂房的屋架跨中竖向支撑，在跨度方向的间距，9 度时不大于 12m，当仅在跨中设一道时，应设在跨中屋脊处，当设二道时应在跨度方向均匀布置。

（2）高层医院建筑病房部分位于袋形走道两侧或尽端的房间门至最近的外部出口或楼梯间的距离不应大于 12.0m。

注：1．建筑内开向敞开式外廊的房间疏散门至最近安全出口的直线距离可增加 5m，即为 17m。

2．建筑内全部设置自动喷水灭火系统时，其安全疏散距离可增加 25%，即为 15m。

（3）木结构的医院和疗养院建筑、教学建筑位于袋形走道两侧和尽端的房间直通疏散走道的疏散门至最近安全出口的直线距离不应大于 12m。

≥ 12.0

（1）单层钢筋混凝土柱厂房的屋盖支撑，当柱距不小于 12m 且屋架间距 6m 的厂房，托架（梁）区段及其相邻开间应设下弦纵向水平支撑。

（2）电影院基地前城镇道路的宽度不应小于安全出口的总宽度，中型电影院前的道路不应小于 12.0m。

（3）剧场建筑基地应至少一边临接城镇道路或直接通向城市道路的空地，城镇道路的宽度不应小于安全出口的总宽度，801～1200 座的剧场，临接城镇道路的宽度不应小于 12.0m。

（4）剧场建筑的木工间宽度不应小于 12.0m，长度不应小于 18.0m。

（5）医院建筑病房前后的间距应满足日照要求，且不宜小于 12.0m。

（6）四级耐火等级的民用建筑的防火间距不应小于 12.0m。

（7）一类高层建筑裙房与三、四级耐火等级的丁类、戊类厂（库）房的防火间距不应小于 12.0m。

（8）一、二级耐火等级的汽车库、修车库与三级耐火等级的车库和除甲类物品以外的厂房、库房、民用建筑之间的防火间距不应小于 12.0m。

（9）三级耐火等级的汽车库、修车库与一、二级耐火等级的车库和除甲类物品以外的厂房、库房、民用建筑之间的防火间距不应小于 12.0m。

（10）耐火等级一、二级的汽车库、修车库、停车场与总容量不大于 10t 的 1、2、5、6 项甲类物品库房的防火间距不应该小于 12.0m。

（11）甲类厂房与甲类厂房、一、二级耐火等级单层、多层丙、丁、戊类厂房（仓库）的防火间距不应该小于 12.0m。

（12）室外变配电站总油量大于 5t 不大于 10t 时与高层厂房（仓库），一、二级耐火等级单层，多层丙、丁、戊类厂房（仓库）的防火间距不应该小于 12.0m。

（13）环形消防车道至少应有两处与其他车道连通。尽头式消防车道应设置回车道或回车场，面积不应小于 12.0m ×12.0m。

（14）登高消防车的转弯半径不应小于 12m。

（15）花样游泳比赛池的比赛区的最小尺寸 12.0m×25.0m。

（16）汽车客运站发车位和停车区前的出车通道净宽不应小于 12.0m。

（17）大型铁路站场的基本站台宽度不宜小于 12.0m。

＞12.0

单层空旷房屋大厅屋盖的承重结构，在 7 度（0.10g）时，大厅跨度大于 12m 或柱顶高度大于 6m 的情况下不应采用砖柱。

120.0——

≤120.0

（1）居住区内尽端式道路的长度不宜大于 120m。

（2）室外消火栓的间距不应大于 120m。

＞120.0

（1）工艺装置区内的消火栓应设置在工艺装置的周围，当工艺装置区宽度大于 120m 时宜在该装置区内的道路边设置消火栓。

（2）采用非常用型以及跨度大于 120.0m 的大跨度钢结构屋面建筑的抗震设计应进行专门研究和论证，并采取有效的加强措施。

[1.25] 系列

1.25——

≥1.25

卫生设备单侧并列洗脸盆或盥洗槽外沿至对面墙的净距不应小于 1.25m。

[1.30] 系列

1.30——

≥1.30

（1）卫生间设备间距：单侧厕所隔间至对面墙面的净距，采用外开门时，不应小于 1.30m。双侧厕所隔间之间的净距，采用外开门时，不应小于 1.30m。单侧厕所隔间至对面小便器或小便槽外沿的净距，当采用外开门时，不应小于 1.30m。

（2）老年人居住建筑，室内门扇向走廊开启时宜设置宽度大于 1.30m，深度大于 0.90m 的凹廊，门扇可启端的墙垛净宽度不应小于 0.40m。

（3）中小学科学教室、实验室内实验桌的布置，四人双侧操作时两实验桌长边之间的净距不应小于 1.30m。

（4）托儿所、幼儿园建筑服务供应用房单面布房或为外廊时的走道净宽不应小于 1.30m。

（5）办公建筑当走道长度不大于 40m 时，单面布置房间的走道净宽不应小于 1.30m。

（6）医院建筑血液透析室的通道净宽度不得小于 1.30m。

（7）高层建筑医院病房楼疏散楼梯的最小净宽度不应小于 1.30m。

（8）高层医院建筑首层疏散外门的净宽不应小于 1.30m。

（9）高层居住建筑双面布置房间时走道的净宽不应小于 1.30m。

（10）高层建筑单面布置房间时走道的净宽不应小于 1.30m。

（11）人防地下室带简易洗消的防毒通道，其人行道的净宽不应小于 1.30m。

＝ 1.30

中小学校建筑的安全出口、疏散走道、疏散楼梯和房间疏散门等处的百人净宽度规定：耐火等级三级，地上四、五层的百人净宽度为 1.30m。

13.0——

≥ 13.0

（1）高层厂房与甲类厂房，单层、多层乙类厂房（仓库）的防火间距不应该小于 13.0m。

（2）高层厂房与一、二级耐火等级的丙、丁、戊类单层、多层厂房（仓库）的防火间距不应该小于 13.0m。

（3）高层厂房与高层厂房（仓库）的防火间距不应该小于 13m。

（4）高层厂房与一、二级耐火等级的民用建筑的防火间距不应小于 13.0m。

（5）高层厂房与甲、乙、丙类液体储罐，可燃、助燃气体储罐，液化石油气储罐，开燃材料堆场（煤和焦炭场除外）的防火间距不应小于 13.0m。

（6）一、二级耐火等级的高层仓库之间的防火间距不应小于 13.0m。

（7）一、二级耐火等级的高层仓库与一、二级耐火等级的单层、多层乙、丙、丁、戊类仓库之间的防火间距不应小于 13.0m。

（8）高层建筑之间的防火间距不应小于 13.0m。

（9）二类高层建筑的裙房与一、二级耐火等级的丙、丁、戊类厂（库）房之间的防火间距不应小于 13.0m。

（10）用于防火分隔的下沉式广场等室外开敞空间的开口最近边缘之间的水平距离不应小于 13m，用于疏散的净面积不应小于 $169m^2$。

［1.40］系列

1.40——

≥ 1.40

（1）内开门厕所隔间的平面尺寸不应小于 0.90m × 1.40m（宽度 × 深度）。

（2）医院病员专用厕所隔间的平面尺寸不应小于 1.10m × 1.40m（宽度 × 深度），门朝外开，门闩应能里外开启。

（3）无障碍厕所隔间的平面尺寸不应小于 1.40m × 1.80m（宽度 × 深度）。

（4）无障碍电梯的轿厢最小规格为深度不小应于 1.40m，宽度应不小于 1.10m。中型规格为深度不小应于 1.60m，宽度应不小于 1.40m。

（5）宿舍安全出口门不应设门槛，其净宽不应小于 1.40m。

（6）中小学教学用建筑物出入口净通行宽度不得小于 1.40m。

（7）医院观察室平行排列的观察床之间的净距，有吊帘分隔时不应小于 1.40m。

（8）医院病房双排病床（床端）通道净宽不得小于 1.40m。

（9）体育建筑疏散门的净宽不应小于 1.40m。并应向疏散方向开启。

（10）体育建筑疏散门不得做门槛，在紧靠门口里外 1.40m 的范围内，不应设置踏步。

（11）图书馆建筑的中心（总）出纳台应毗邻基本书库，它们之间的通道不应设踏步，高差之间可设≤1/8 的坡度，出纳台通往基本书库的门其净宽不应小于 1.40m。

（12）图书馆建筑的中心（总）出纳台与毗邻基本书库门口 1.40m 范围内应平坦，无障碍物，平开防火门应向出纳台方向开启。

（13）公共建筑和内廊式非住宅类居住建筑中（除托儿所、幼儿园、老年人建筑外）房间位于走道尽端，且由房间内任一点到疏散门的直线距离不大于 15m、其疏散门的净宽度不应小于 1.40m。

（14）人员密集的公共场所、观众厅的疏散门不应设门槛，其净宽不应小于 1.40m，且紧靠门口内外各 1.40m 范围内不应设置踏步。

（15）高层公共建筑中位于走道尽端的房间，当其建筑面积不超过 75.0m² 时可设一个门，门的宽度不应小于 1.40m。

（16）高层医院建筑单面布房和其他高层建筑双面布房时，其走道净宽不得小于 1.40m。

（17）高层建筑内设有固定座位的观众厅、会议厅等人员密集场所，其疏散出口和疏散走道的最小净宽不应小于 1.40m，疏散出口的门内外 1.40m 范围不应设置踏步，且门必须向外开，并不应设置门槛。

（18）商店建筑的出入门、安全门、疏散楼梯、公用楼梯、室外楼梯梯段的净宽度不应小于 1.40m。

（19）电影院主楼梯净宽度不应小于 1.40m。

（20）港口客运站售票窗口的中距不宜小于 1.40m。

14.0——

≥ 14.0

（1）城市居住区的小区路，建筑控制线之间的宽度，需要敷设供热管线时，不宜小于 14.0m。

（2）错层式汽车库内，楼层间直坡道分为两段，两段之间的水平距离应能使车辆在停车层作 180° 转向，两段坡道中心线之间的距离不应小于 14.0m。

（3）三级耐火等级的汽车库、修车库与三级耐火等级的车库和除甲类物品以外的厂房、库房、民用建筑之间的防火间距不应小于 14.0m。

（4）一、二级耐火等级的汽车库、修车库与四级耐火等级的车库和除甲类物以外的厂房、库房、民用建筑之间的防火间距不应小于 14.0m。

（5）四级耐火等级的裙房和其他民用建筑与高层民用建筑的防火间距不应该小于 14.0m。

[1.50] 系列

0.015——

≤ 0.015

（1）无障碍出入口室外地面滤水箅子的孔洞宽度不应大于 15mm。

（2）无障碍室外通道上的雨水滤水箅子的孔洞宽度不应大于 15mm。

（3）公园路上的窨井盖板应与路面平齐，排水沟的滤水箅子的孔洞宽度不应大于 15mm。

≥ 0.015

暗敷设在楼板、墙体、柱内的缆线（有防火要求的缆线除外），其保护管的覆盖层厚度不应小于15mm。

0.15——

≥ 0.15

（1）中小学普通教室、科学教室、实验室沿墙布置的课桌端部与墙面或墙面突出物的净距不宜小于0.15m。

（2）中小学计算机教室，沿墙布置计算机时，桌端部与墙面或墙面突出物的净距不宜小于0.15m。

（3）厨房排气道接口直径应大于150mm。

（4）大跨度屋盖分区域采取不同的结构形式时，交界区域的杆件和节点应加强，也可设置防震缝，缝宽不宜小于150mm。

（5）排除和输送温度超过80℃的空气或其他气体以及易燃碎屑的管道，与可燃或难燃物体之间应保持不小于150mm的间隙。当管道互为上下布置时，表面温度较高者应布置在上面。

（6）防烟与排烟系统中的管道、风口及阀门等必须采用不燃材料制作。排烟管道应采取隔热防火措施或与可燃物保持不小于150mm的距离。

（7）公共建筑的室内疏散楼梯，梯段扶手间的水平净距不宜小于150mm。

≤ 0.15

穿过防空地下室顶板、临空墙和门框墙的管道，其公称直径不宜大于150mm。

1.50——

= 1.50

（1）中小学书法教室，书法条案的平面尺寸宜为1.50m × 0.60m，可供两名学生合用。

（2）图书馆出纳台的长度按每一工作岗位平均1.50m计算。

（3）院落式组团绿地、宅旁（宅间）绿地的面积计算边界，应该离房屋墙脚1.50m起计算。

≤ 1.50

（1）丙类的多层砖砌体房屋，当横墙较少且总高度和层数接近或达到规范规定的限值时，横墙和内纵墙上洞口的宽度不宜大于1.50m。

（2）生土房屋承重墙体门窗洞口的宽度，6、7度时不应大于1.50m。

（3）木结构、砖材砌筑的围护墙、横墙和内纵墙上的洞口宽度不宜大于1.50m。

（4）分车绿带宽度小于1.50m的，应以种植灌木为主，并应使灌木、地被植物相结合。

（5）错层式汽车库内楼面空间可以叠交，但叠交尺寸不应大于1.50m。

≥ 1.50

（1）无障碍出入口，除平坡出入口外，在门完全开启的状态下，建筑无障碍出口的平台净深度不应小于1.50m。

（2）建筑物无障碍出入口的门厅、过厅如设置两道门，门扇同时开启时两道门的间距不应小于1.50m。无障碍设计低位服务设施前应有回转直径不小于1.50m的轮椅运行空间。

（3）无障碍室外通道不宜小于1.50m。

（4）无障碍设计的门扇内外应留有直径不小于1.50m轮椅回转空间。

（5）无障碍电梯的候梯厅深度不宜小于1.50m。

（6）设计无障碍厕所的位置宜靠近公共厕所，为方便乘轮椅者使用，其回转直径不应小于1.50m。公共厕所内为方便乘轮椅者使用，其回转直径不应小于 1.50m。

（7）无障碍厕所当采用内开的平开门，需在开启后留有直径不小于 1.50m 的轮椅回转空间。

（8）公共浴室的无障碍设计应方便乘轮椅者使用，浴室内部应保证轮椅回转直径不小于 1.50m。

（9）无障碍淋浴间的短边宽度不应小于 1.50m。

（10）公交车站的站台有效通行宽度不应小于 1.50m。

（11）建筑基地内人行道路宽度不应小于 1.50m。

（12）公园绿地低位售票窗口前有地面高差时，应设轮椅坡道以及不小于 1.50m × 1.50m 的平台。

（13）医疗康复建筑医技部的病人更衣室内应留有直径不小于 1.50m 的轮椅回转空间。

（14）医院核医学科治疗病房应自成一区，每病室不得多于 3 床，平行两床的净距不应小于 1.50m。

（15）福利及特殊服务建筑的居室内宜留有直径不小于 1.50m 的轮椅回转空间。

（16）老年人居住建筑物的出入口内外应有 1.50m × 1.50m 的轮椅回转面积。

（17）老年人居住建筑物的公共走廊的有效宽度不应小于 1.50m。老年人居住建筑仅供一辆轮椅通过的走廊、公用楼梯间、户内过道的有效宽度不应小于 1.20m，并应在走廊两端设 1.50m × 1.50m 的轮椅回转面积。

（18）老年人居住建筑物的公用楼梯宽度在 1.50m 以上时应在两侧设置扶手。

（19）老年人居住建筑物的供轮椅使用者使用的厨房宜有不小于 1.50m × 1.50m 的轮椅回转面积。

（20）老年人居住建筑独立设置的坡道的有效宽度不应小于 1.50m。坡道的起止点应有不小于 1.50m × 1.50m 的轮椅回转面积。

（21）中小学教学用建筑物出入口的门内门外各 1.50m 范围内不宜设置台阶。

（22）中小学教室处于袋形走道尽端时，若教室内任一处距教室门不超过 15.0m，且门的通行净宽度不小于 1.50m 时，可设一个门。

（23）特殊教育学校教室最后一排课桌后缘与后墙的距离不应小于 1.50m。

（24）特殊教育盲学校化学实验室，如后排有实验器材橱柜时，则实验台距橱柜的距离不应小于 1.50m。

（25）盲学校游戏区的边缘应设置宽度为 1.50m 以上的草坪。

（26）特殊教育学校行政及教师办公用房走廊的净宽不应小于 1.50m。

（27）特殊教育学校盲生图书室，两排阅览桌间的距离不应小于 1.50m。

（28）托儿所、幼儿园建筑服务供应用房双面布房时；生活用房单面布房或为外廊时的走道净宽不应小于 1.50m。

（29）办公建筑当走道长度不大于 40m，双面布置房间时走道净宽不应小于 1.50m；当走道长度大于 40m，单面布置房间时走道净宽不应小于 1.50m。

（30）住宅建筑中单排布置设备的厨房净宽度不应小于 1.50m。

（31）文化馆建筑的专业工作部分双面布置房间时走廊的净宽不应小于 1.50m。

（32）文化馆建筑的学习辅导部分单面布置房间时走廊的净宽不应小于 1.50m。

（33）文化馆建筑的展览厅、舞厅、大游艺室的主要出入口的宽度不应小于 1.50m。

（34）电影院的观众厅入场通道净宽不应小于 1.50m，横走道的通行宽度也不宜小于 1.50m。

（35）剧场的池座首排座位除排距外与舞台前的净距不应小于 1.50m。设置无障碍座位时应再增加不小于 0.50m 的距离。

（36）剧场的台唇和耳台最窄处的宽度不应小于 1.50m。

（37）剧场的主台应分别设上场门、下场门，门的净宽不应小于 1.50m。

（38）七层以下住宅建筑的入口平台宽度不应小于 1.50m。

（39）餐饮建筑的加工间，双面操作有人通行时净距不应小于1.50m。

（40）人防工程建筑面积不大于200.0m² 物资库的物资进出口，其门洞的净宽不应小于1.50m。

（41）抗震设防烈度为9度的多层砌体房屋其承重窗间墙的宽度不应小于1.50m。

（42）抗震设防烈度为9度的多层砌体房屋其承重外墙尽端至门窗洞边的最小距离不应小于1.50m。

（43）抗震设防烈度为8度的多层砌体房屋其内墙阳角至门窗洞口边的最小距离不应小于1.50m。

（44）给水管与管径≤200mm排水管、高压燃气管、热力管之间的净距不宜小于1.50m。

（45）排水管与排水管、中压燃气管、热力管之间的净距不宜小于1.50m。

（46）中压燃气管与热力管之间的净距不宜小于1.50m。

（47）高压燃气管与电力电缆、电信电缆之间的净距不宜小于1.50m。

（48）低压燃气管与建筑物基础的最小水平间距不应小于1.50m。

（49）排水管与地上杆柱中心的最小水平间距不应小于1.50m。

（50）城市道路侧石边缘与给水管、排水管、中低压燃气管、热力管、电力电缆、电信电缆、电信管道的最小水平间距不宜小于1.50m。

（51）给水管、闸井、污水管、雨水管、探井、热力管至乔木和灌木中心的最小水平间距不宜小于1.50m。

（52）电信管道至乔木中心的最小水平间距不宜小于1.50m。

（53）消防龙头与绿化乔木中心之间的最小净距不宜小于1.50m。

（54）种植乔木的分车绿带宽度不得小于1.50m。行道树绿带宽度不应小于1.50m。

（55）两侧分车绿带宽度≥1.50m的，应以种植乔木为主，并宜使乔木、灌木、地被植物相结合。其两侧乔木树冠不宜在机动车道上方搭接。

（56）设置机械排烟的排烟口应设在顶棚上或靠近顶棚的墙面上，且与附近安全出口沿走道方向相邻边缘之间的最小水平距离不应小于1.50m。

（57）建筑物山墙面向道路与居住区内的组团路及宅间小路的最小水平距离不应小于1.50m。

（58）围墙面向道路时与建筑物、各级道路的最小水平距离不应小于1.50m。

（59）电梯候梯厅的深度应符合不同类别电梯的规定要求，并不得小于1.50m。

（60）铁路旅客站的直跑阶梯的平台宽度不宜小于1.50m。

（61）商业建筑储存库房与货架或堆垛间的通道相连的垂直通道（通行小推车）时，垂直通道净宽度为1.50～1.80m。

（62）养老设施建筑出入口处台阶的有效宽度不应小于1.50m。当坡道与台阶结合时，坡道的有效宽度不应小于1.20m，且坡道应作防滑处理。

（63）供老年人使用的楼梯间不应采用扇形踏步，不应在平台区内设置踏步，主楼梯梯段净宽不应小于1.50m，其他楼梯通行净宽不应小于1.20m。

15.0——

≤ 15.0

（1）抗震设防的城市干道两侧的高层建筑应由道路红线向后退10～15m。

（2）一、二级耐火等级的高层医院非病房部分，三级耐火等级的单、多层医疗建筑位于袋形走道两侧或尽端的房间门至最近的安全出口的最大安全疏散直线距离不应大于15.0m。一、二级耐火等级的高层医院不应大于15.0m。一、二级耐火等级的高层旅馆、展览馆、高层教学楼位于袋形走道两侧或尽端的房间门至最近的安全出口的直线距离不应大于15.0m。三级耐火等级的托儿所、幼儿园和老年人建筑位于袋形走道两侧或尽端，直通疏散走道的房间疏散门至最近安全出口的直线距离不应大于15.0m。四级耐火等级除托儿所、幼儿园和老年人建筑以外，除单、多层医疗建筑和单、多层教学建筑以外的其他单、多层建筑位于袋形走道两侧或尽端，直通疏散走道的房间疏散门至最近安全出口的直线距离不应大于 15.0m。

注：1. 建筑内开向敞开式外廊的房间疏散门至最近安全出口的直线距离可增加 5m，即为 20m。

2. 建筑物内全部设置自动喷水灭火系统时，其安全疏散距离可增加 25%，即为 18.75m。

（3）四级耐火等级的单、多层住宅建筑直通疏散走道而位于袋形走道两侧或尽端的户门至最近安全出口的直线距离不应大于 15.0m。

注：1. 开向敞开式外廊的户门至最近安全出口的直线距离可增加 5m，即为 20m。

2. 直通疏散走道的户门至最近敞开楼梯间直线距离，当户门位于袋形走道两侧或尽端时，至最近安全出口的直线距离应减少 2m，即不应大于 13.0m。

3. 住宅内全部设置自动喷水灭火系统时，其安全疏散距离可增加 25%，即最大为 25.0m。

4. 跃廊式住宅户门至最近安全出口的距离，应该从户门算起，小楼梯的一段距离可按其水平投影长度的 1.5 倍计算。

（4）住宅建筑楼梯间应在首层直通室外，或在首层采用扩大的封闭楼梯间或防烟楼梯间前室。层数不超过 4 层时，可将直通室外的门设置在离楼梯间不大于 15m 处。

（5）木结构的托儿所、幼儿园和老年人建筑，歌舞娱乐放映场所，位于两个安全出口之间的房间直通疏散走道的疏散门至最近安全出口的直线距离不应大于 15.0m。

（6）木结构建筑除托儿所、幼儿园和老年人建筑，歌舞娱乐放映场所，医院和疗养院建筑，教学建筑以外的其他民用建筑，位于袋形走道两侧或尽端的房间直通疏散走道的疏散门至最近安全出口的直线距离不应大于 15.0m。

（7）单层钢筋混凝土柱厂房的屋架跨中竖向支撑，在跨度方向的间距，6～8 度时不大于 15m。当仅在跨中设一道时应设在跨中屋脊处，当设二道时应在跨度方向均匀布置。

（8）高层建筑内，除观众厅、展览厅、多功能厅、餐厅、营业厅和阅览室等以外的其他房间内最远一点至房门的直线距离不宜超过 15.0m。

（9）当公共建筑层数不超过 4 层时，可将直通室外的安全出口设置在离楼梯间小于等于 15m 处。

（10）甲、乙、丙类液体储罐区和液化石油气储罐区的消火栓应设置在防火堤或防护墙外。距罐壁 15.0m 范围内的消火栓，不应计算在该罐可使用的数量内。

（11）住宅建筑在楼梯间的首层应设置直接对外的出口，或将对外出口设置在距离楼梯间不超过 15m 处。

≥ 15.0

（1）平面环形交叉口只行驶非机动车的交织段长度不应小于 15.0m。

（2）公共自行车停车场宜分成 15～20m 长的停车段，每段应设宽度不小于 3m 的出入口。

（3）供消防车取水的消防水池应设置取水口或取水井，且吸水高度不应大于 6.0m，取水口或取水井与建筑物（水泵房除外）的距离不宜小于 15.0m。

（4）一类高层建筑裙房与一、二级耐火等级的丙类厂（库）房的防火间距不应小于 15.0m。

（5）二类高层建筑与一、二级耐火等级的丙类厂（库）房的防火间距不应小于 15.0m。

（6）一类高层建筑与一、二级耐火等级的丁类、戊类厂（库）房的防火间距不应小于 15.0m。

（7）二类高层建筑裙房与三、四级耐火等级的丙类厂（库）房的防火间距不应小于 15.0m。

（8）二类高层建筑与三、四级耐火等级的丁类、戊类厂（库）房的防火间距不应小于 15.0m。

（9）水泵结合器应设在室外便于消防车使用的地点，距室外消火栓或消防水池的距离不宜小于 15m，并不宜大于 40m。

（10）当地下室已占满红线时无法设置室外出入的核 6 级、核 6B 级的甲类防空地下室主要出入口与其中的一个次要出入口的防护密闭门之间的水平直线距离不小于 15.0m 时，可不设室外出入口（此为四个条件之一）。

（11）常6级乙类防空地下室主要出入口与其中的一个次要出入口的防护密闭门之间的水平直线距离不小于15.0m时，且两个出入口楼梯结构均按主要出入口的要求设计时，可不设室外出入口（此为两个条件之一）。

（12）防空地下室室外进风口，宜设置在柴油机排烟口的上风侧，进风口与柴油机排烟口之间的水平距离不宜小于15.0m，或高差不宜小于6m。

（13）基地机动车出入口距地铁出入口、公共交通站台边缘不应小于15.0m。

（14）高层建筑尽头式消防车道应设有回车道或回车场，回车场不宜小于15.0m×15.0m。

（15）剧场建筑基地应至少一边临接城镇道路或直接通向城市道路的空地，城镇道路的宽度不应小于安全出口的总宽度，1201座以上的剧场，临接城镇道路的宽度，不应小于15.0m。

（16）单层空旷房屋大厅屋盖的承重结构，在6度时，大厅跨度大于15m或柱顶高度大于8m的情况下不应采用砖柱。

（17）与城市出入口、中心避震疏散场所、市政府抗震救灾指挥中心相连的救灾主干道的有效宽度不宜低于15.0m。

（18）液化石油气储罐与所属泵房的距离不应小于15.0m。

（19）停车场的室外消防栓宜沿停车场周边布置，且距加油站或油库不宜小于15.0m。

（20）消防车登高操作场地的长度应不小于15m，宽度应不小于8m，对于建筑高度大于50m的建筑，其消防车登高操作场地的长度和宽度均不应小于15m。

> 15.0

（1）大中型汽车库的库址，各汽车出入口的净距应大于15.0m。

（2）室内坡道水平投影长度超过15.0m时，宜设休息平台，平台宽度应根据使用功能或设备尺寸所需缓冲空间而定。

（3）建筑高度大于27m的建筑，当每一个单元住一层的建筑面积大于650m^2，或任一户门至最近安全出口的距离大于15m时，每个单元每层的安全出口不应少于2个。

= 15.0

（1）三级耐火等级的托儿所、幼儿园和老年人建筑的房间内任一点到疏散门的最大直线距离为15m。

（2）三级耐火等级的单层、多层医疗建筑的房间内任一点到疏散门的最大直线距离为15m。

（3）一、二级耐火等级的高层医疗建筑除病房外的其他部分的房间内任一点到疏散门的最大直线距离为15m。

（4）一、二级耐火等级的高层教学建筑的房间内任一点到疏散门的最大直线距离为15m。

（5）一、二级耐火等级的高层旅馆、展览建筑的房间内任一点到疏散门的最大直线距离为15m。

（6）四级耐火等级除托儿所、幼儿园和老年人建筑、游艺场所、医疗、教学、展览等建筑以外的其他单、多层建筑的房间内任一点到疏散门的最大直线距离为15m。

（7）直通疏散走道的房间疏散门至最近安全出口的直线距离规定：位于两个安全出口之间的疏散门，对于四级耐火等级的托儿所、幼儿园、老年人建筑，四级耐火等级的歌舞娱乐放映游艺场所的安全疏散的最大直线距离应为15m。

注：1. 建筑内开向敞开式外廊的房间疏散门至最近安全出口的直线距离可增5m，即为20m。

2. 直通疏散走道的房间疏散门到最近敞开楼梯间的直线距离，当房间位于两个楼梯之间时对应减少5m，即为10m。当房间位于袋形走道两侧或尽端时应减少2m，即为13m。

3. 建筑内全部放置自动喷水灭火系统时，其安全疏散距离可增加25%，即为18.75m。

（8）四级耐火等级的单、多层住宅建筑户内任一点到直通疏散走道的户门的最大直线距离为 15m。也就是说房间内任一点到疏散门的直线距离不能超过位于袋形走道两侧或尽端的疏散门至最近安全出口的直线距离。

150.0——

≤ 150.0

（1）在道路平面交叉口和立体交叉口上设置的车站，换乘距离不宜大于 150m，并不得大于 200m。

（2）供消防车取水的消防水池，其保护半径不应大于 150m；每个取水口宜按一个室外消防栓计算。

（3）室外消火栓的保护半径不应大于 150.0m。

（4）占地面积大于 3 万 m² 的可燃材料堆场应设置与环形消防车道相连的中间消防车道，消防车道的间距不宜大于 150.0m。

≥ 150.0

居住区内对外出入口的间距不应小于 150m。

> 150.0

（1）居住区沿街建筑物长度超过 150m 时，应设不小于 4m × 4m 的消防通道。

（2）当建筑物沿街长度超过 150m 或总长度大于 220m 时应设置穿过建筑物的消防车道。当确有困难时，应设置环形消防车道。

[1.60] 系列

1.60——

≥ 1.60

（1）特殊教育学校盲生图书室阅览桌，4 人用桌不应小于 1.60m × 1.00m。

（2）商店自选营业厅靠墙货架长度不限，离墙货架小于 15.0m，不采用购物车时两平行货架之间通道不应小于 1.60m。

= 1.60

聋学校、弱智学校化学实验室实验台的规格应为 1.60m × 0.60m（包括中部 0.40m × 0.60m 的水池）。

16.0——

≥ 16.0

（1）甲类厂房与四级耐火等级的单层、多层丙、丁、戊类厂房（仓库）的防火间距不应小于 16.0m。

（2）三级与四级耐火等级的单层、多层丙、丁、戊类厂房（仓库）之间的防火间距不应小于 16.0m。

（3）三级耐火等级的民用建筑与四级耐火等级的单层、多层丙、丁类厂房之间的防火间距不应小于 16.0m。

（4）三级耐火等级的单层、多层丙、丁类厂房与四级耐火等级的民用建筑与之间的防火间距不应小于 16.0m。

（5）三级耐火等级的汽车库、修车库与四级耐火等级的车库和除甲类物品以外的厂房、库房、民用建筑之间的防火间距不应小于 16.0m。

（6）特种消防车的转弯半径为 16.0～20.0m。

160.0——

≤ 160.0

街区内的道路应考虑消防车的通行，道路中心线间的距离不宜大于 160.0m。

[1.65] 系列

1.65——

⩾ 1.65

医院建筑主楼梯的宽度不得小于 1.65m。

[1.70] 系列

1.70——

= 1.70

盲学校语言教室的课桌为 0.55m × 1.70m。

17.0——

⩽ 17.0

电影院观众厅前区第一台扬声器的水平位置不宜超过第一排座席，前区扬声器与后区扬声器的间距不应大于 17.0m，扬声器的间距应该一致。

[1.80] 系列

0.18——

⩽ 0.18

各类小学校大便槽的蹲位宽度不应大于 0.18m。

1.80——

= 1.80

铁路旅客站售票窗口的中心距宜为 1.80m。

⩾ 1.80

（1）商店自选营业厅靠墙架长度不限，离墙架小于 15.0m，两平行货架之间，小车采购时通道宽度不应小于 1.80m。

（2）大中型商店建筑连排商铺，内部作业通道宽度不应小于 1.80m。

（3）办公建筑当走道长度大于 40.0m，双面布置房间时走道宽度不应小于 1.80m。

（4）文化馆建筑群众活动部分单面布房或学习辅导部分双面布房时走道宽度不应小于 1.80m。

（5）中小学教学用房的单侧走道及外廊的净宽不应小于 1.80m。

（6）图书馆音像控制室的观察窗兼作放映孔时，其距视听室后墙不应小于 1.80m。

（7）盲学校楼梯梯段的净宽（指扶手间的净距离）不应小于 1.80m。

（8）托儿所、幼儿园建筑生活用房双面布房时的走道净宽不应小于 1.80m。

（9）餐饮建筑的餐厅，除人员就餐还有服务人员通行时，餐桌边到餐桌边的间距不应该小于 1.80m。

（10）公共建筑及设置病床梯的无障碍电梯的候梯厅深度不宜小于 1.80m。

（11）医疗康复建筑室内应设无障碍通道，净宽不应小于 1.80m。

（12）住宅公共出入口台阶宽度大于 1.80m 时，两侧宜设置栏杆扶手，高度应为 0.90m。

（13）卫生设备双侧并列洗脸盆或盥洗槽外沿之间的净距不应小于 1.80m。

18.0——

≤ 18.0

中小学合班教室最后排座椅的前沿与前方黑板间的水平距离不应大于 18.0m。

≥ 18.0

（1）环形消防车道至少应有两处与其他车道连通。尽头式消防车道应设置回车道回车场，供大型消防车使用时，面积不宜小于 18.0m ×18.0m。

（2）机动车与非机动车混行的环形交叉口，环道总宽度宜为 18.0～20.0m。

（3）大跨度框架指跨度不小于 18.0m 的框架。

（4）一类高层建筑与三、四级耐火等级的丁类、戊类厂（库）房的防火间距不应小于 18.0m。

180.0——

≥ 180.0

甲级及甲级以上的综合体育场，采用光带照明时，光带长度不应小于 180.0m。

[2.00] 系列

0.20——

≥ 0.20

（1）托儿所、幼儿园、中小学、特殊教育学校及少年儿童专用活动场所的楼梯，梯井净宽大于 0.20m 时，必须有防止攀滑的措施，栏杆为垂直杆件时，杆件间的净距不应大于 0.11m。

（2）框架基本抗震构造要求梁的截面宽度不宜小于 200mm。

（3）拱形和折线形的钢筋混凝土屋架上弦端部支撑屋面板的小立柱，截面不宜小于 200mm×200mm，高度不宜大于 500mm。

（4）人防在染毒区与清洁区之间应设置整体浇筑的钢筋混凝土密闭隔墙，其厚度不应小于 200mm，并应在染毒区一侧墙面用水泥砂浆抹光。

（5）剧场建筑舞台景物吊杆的间距宜为 200～300mm。

＝ 0.20

汽车库的停车位的楼地面上应设车轮挡，车轮挡宜设于距停车位端线为汽车前悬或后悬的尺寸减 200mm 处，其高度宜为 150～200mm。车轮挡不得阻碍楼地面排水。

2.00——

≤ 2.00

（1）市政消火栓距路边不应大于 2.0m，不宜小于 0.5m 距建筑外墙或外墙边缘不宜小于 5.0m。

（2）城市开放绿地内，水体岸边 2m 范围内的水深不得大于 0.7m，当达不到此要求时，必须设置安全防护设施。

（3）经规划主管部门批准，在有人行道的 3m 以上的路面上空，雨篷、挑檐允许突出道路红线的深度不宜大于 2.0m。

（4）室外疏散楼梯除疏散门外，楼梯周围 2m 内的墙面上不应设置门窗洞口。疏散门不应正对楼梯段。

（5）供消防车取水的天然水源和消防水池应设置消防车道，消防车道的边缘距离取水点不应大于 2m。

≥ 2.00

（1）埋地生活饮用水贮水池周围 2m 以内不得有污水管和污染物。

（2）无障碍盆浴间短边净宽度不宜小于 2.0m。

（3）无障碍设计的人行天桥及地道的坡道净宽不应小于 2.0m。

（4）无障碍设计的坡道每升高 1.50m 时，应设深度不小于 2.0m 的中间平台。

（5）中小学校泳池入口处应设置强制通过式浸脚消毒，池长度不应小于 2.0m，宽度应与通道相同。

（6）特殊教育学校教室第一排课桌前缘至黑板的水平距离不应小于 2.0m。当沿后墙面设有橱柜或水池时，则其外边缘至最后一排课桌后缘的距离不应小于 2.0m。

（7）医院建筑主楼梯和疏散楼梯的平台宽度不宜小于 2.0m。

（8）一、二、三类通行机动车的双孔隧道，其人行横道或人行疏散通道的净宽不应小于 2.0m。

（9）七层及七层以上住宅建筑的入口平台宽度不应小于 2.0m。

（10）当建筑的外墙为难燃烧体或可燃性墙体时，防火墙应突出外墙面 0.40m 以上，且在防火墙两侧的外墙应为宽度不小于 2.0m 的不燃烧体，其耐火极限不应低于该外墙的耐火极限。当建筑的外墙为不燃烧体时，防火墙可不突出外墙面，紧靠防火墙两侧的门、窗、洞口之间最近边缘的水平距离不应小于 2.0m，但装有固定窗扇或火灾时可自动关闭的乙级防火窗时，该距离可不限定。

（11）不设护栏的桥梁、亲水平台等临水岸边，必须设置宽 2.0m 以上的水下安全区，其水深不得超过 0.70m。汀步两侧水深不得超过 0.50m。

（12）人防建筑面积大于 2000.0m² 物资库的物资进出口，门洞净宽不应小于 2.00m。

（13）各类建筑物当山墙面向道路时，与居住区内小区路的边缘之间的最小水平距离不应小于 2.00m。

（14）多层建筑物当山墙面向道路时，与居住区道路边缘之间的最小水平距离不应小于 2.00m。

（15）建筑物面向道路无出入口时与居住区内的组团路及宅间小路的最小水平距离不应小于 2.00m。

（16）住宅一侧设有高度大于 2.0m 的挡土墙和护坡的，其下缘与住宅间的水平距离不应小于 2.0m。

（17）大中型商业建筑连排的商铺之间的公共通道，次要通道一侧设商铺时，其最小宽度不应小于 2m。

＞ 2.00

人员掩蔽工程的战时阶梯式出入口，梯段净宽大于 2.00m 时应在两侧设扶手。

＝ 2.00

（1）特殊教育盲学校化学实验室采用面向黑板的 U 形布置形式，第一排实验台侧缘至黑板的水平距离应为 2.00m。

（2）特殊教育盲学校化学实验室的实验台应为 2.0m × 0.60m（包括 0.60m × 0.40m 的水池）。

（3）穿过防火墙和变形缝的风管两侧各 2.00m 的范围内应采用不燃烧材料及其粘结剂。

（4）各类汽车库的库址车辆出入口，在距出入口建筑外墙面边线内 2.0m 处作视点的 120° 视线至外墙边线 7.5m 以外的范围不应有遮挡视线的障碍物。

20.00——

≤ 20.00

（1）电影院观众厅外每段疏散通道长度不应超过 20.00m。各段均应有通风排烟窗，疏散通道宜有天然采光和自然通风。

（2）剧场观众席对视点的最远视距岛式舞台剧场不宜大于 20.00m。

（3）除医院、旅馆、展览楼、教学楼以外的其他高层建筑位于袋形走道两侧或尽端的房间门至最近的外部出口或楼梯间的最大距离不应大于 20.00m。

（4）中小学学生宿舍宜分层设置公共盥洗室、卫生间和浴室。盥洗室、卫生间门与居室门之间的距离不得大于 20.00m。

（5）公共建筑、高层厂房（仓库）及甲、乙、丙类厂房应沿疏散走道设置灯光疏散指示标志，应设在走道及转角处距地面高度1.00m以下的墙面上，且灯光疏散指示标志间距不应大于20.00m。对于袋形走道，灯光疏散指示标志间距不应大于10.00m。在走道转角区，不应大于1.00m。

（6）三级耐火等级的托儿所、幼儿园位于两个安全出口之间直接通向疏散走道的房间疏散门至最近安全出口的距离不应大于20.00m。

（7）①三级耐火等级的单、多层教学建筑和除单、多层医疗建筑，除托儿所、幼儿园、老年人建筑以外的其他单、多层建筑，直接通向疏散走道位于袋形走道两侧或尽端的房间疏散门至最近的安全出口的直线距离不应大于20.00m。②一、二级耐火等级的托儿所、幼儿园、老年人建筑，一、二级耐火等级的单、多层医疗建筑，直接疏散走道位于袋形走道两侧或尽端的房间疏散门至最近的安全出口的直线距离不应大于20.00m。一、二级耐火等级除高层医疗建筑、高层教学建筑以外的其他高层建筑直接通向疏散走道位于袋形走道两侧或尽端的房间疏散门至最近的安全出口的直线距离不应大于20.00m；

注：1. 建筑内开向敞开式外廊的房间疏散门至最近安全出口的直线距离可增加5m，即为25m。

2. 建筑物内全部设置自动喷水灭火系统时，其安全疏散距离可增加25%，即为25m。

（8）三级耐火等级的单、多层住宅建筑和一、二级耐火等级的高层住宅直通疏散走道面位于袋形走道两侧或尽端的户门至最近安全出口的直线距离不应大于20.00m。

注：1. 开向敞开式走廊的户门至最近安全出口的直线距离可增加5m，即为25m。

2. 直通疏散走道的户门至最近敞开楼梯间的直线距离，当户门位于袋形走道两侧或尽端时至最近安全出口的直线距离应减少2m，即不应大于18m。

3. 住宅建筑内全部采用自动喷水灭火系统时，其安全疏散距离可增加25%，即为25m。

4. 跃廊式住宅户门至最近安全出口的距离应从户门算起，小楼梯的一段距离可按其水平投影长度的1.5倍计算。

（9）一、二级耐火等级的医院、疗养院建筑直接通向疏散走道位于袋形走道两侧或尽端的房间疏散门至最近安全出口的距离不应大于20.00m。

（10）高层建筑走廊疏散标志灯的间距不应大于20.0m。

（11）港口客运站的候船厅。售票厅内最远点至最近安全出口的直线距离不宜超过20.0m。

（12）厂房、仓库、公共建筑的外墙应在每层的适当位置放置可供消防救援人员进入的窗口，窗口的净宽度不应小于1.0m，净高度不应小于0.8m，救援窗口间距不应大于20m，且每个防火分区不应小于2个。

（13）木结构墙体、楼板以封闭吊顶或屋顶下的密闭空间内应采取防护隔离措施且水平分隔长度或宽度均不应大于20m，建筑面积不应大于300m^2，墙体的竖向分隔高度不应大于3.0m。

（14）设应急疏散照明和灯光标志的场所，其灯光疏散指示标志的间距不应大于20m。

$>$ 20.00

（1）大于300个停车位的停车场，出入口应分开设置，两个出入口之间的距离应大于20.0m。

（2）民用建筑和建筑高度超过32.0m的高层厂房（仓库），长度超过20.0m的疏散走道应设排烟设施。

$\geq$ 20.0

（1）居住区道路红线宽度不宜小于20.0m。

（2）汽车库内当通车道纵向坡度大于10%时，坡道上、下端均应设缓坡。曲线缓坡的水平长度不应小于2.40m，曲线的半径不应小于20.0m，缓坡段的中点为坡道原起点或止点。

（3）基地机动车出入口位置距公园、学校、儿童及残疾人使用建筑的出入口不应小于20.0m。

（4）电影院基地前的城镇道路宽度不应小于电影院安全出口宽度的总和，大型电影院基地前的城镇道路宽度不应小于20.0m。

（5）总油量大于50t的室外变、配电站变压器与一、二级耐火等级的单层、多层丙、丁、戊类厂房

（仓库）和高层厂房（仓库）的防火间距不应小于 20.0m。

（6）总油量大于 10t 且不大于 50t 的室外变、配电站变压器与三级耐火等级的单层、多层丙、丁、戊类厂房（仓库）和一、二级耐火等级的民用建筑的防火间距不应小于 20.0m。

（7）总油量不小于 5t 且不大于 10t 的室外变、配电站变压器与四级耐火等级的单层、多层丙、丁、戊类厂房（仓库）和三级耐火等级的民用建筑的防火间距不应小于 20.0m。

（8）甲类厂房与厂内铁路线的中心线的防火间距不应小于 20.0m。

（9）甲类仓库之间、甲类仓库与厂外道路路边的防火间距不应小于 20.0m。

（10）露天、半露天可燃材料堆场与厂内铁路线的中心线的防火间距不应小于 20.0m。

（11）一类高层建筑与一、二级耐火等级的丙类厂（库）房的防火间距不应小于 20.0m。

（12）一类高层建筑裙房与三、四级耐火等级的丙类厂（库）房的防火间距不应小于 20.0m。

（13）二类高层建筑与三、四级耐火等级的丙类厂（库）房的防火间距不应小于 20.0m。

（14）一、二级耐火的建筑与粮食立筒仓和总储量小于 5 万吨的浅圆仓的防火间距不应小于 200m。

（15）大型铁路旅客站台的宽度不宜小于 20.0m。

（16）大型铁路站场的基本站台宽度不宜小于 20.0m。

（17）机械加压送风防烟系统和排烟补风系统的室外进风口宜布置在室外排烟口的下方，高差不应小于 6.0m，当水平布置时两者边缘水平距离不应小于 20.00m。

＝20.0

（1）一、二级耐火等级的托儿所、幼儿园和老年人建筑的房间内任一点到疏散门的最大直线距离为 20m。

（2）一、二级耐火等级的单层、多层医疗建筑的房间内任一点到疏散门的最大直线距离为 20m。

（3）一、二级耐火等级的除高层医疗建筑、高层教学建筑、高层旅馆以外的其他高层建筑的房间内任一点到疏散门的最大直线距离为 20m。

（4）三级耐火等级的单层、多层教学建筑的房间内任一点到疏散门的最大直线距离为 20m。

（5）除三级耐火等级的单层、多层医疗建筑以外的其他单层、多层建筑的房间内任一点到疏散门的最大直线距离为 20m。

（6）位于两个安全出口之间的疏散距离，规定三级耐火等级的托儿所、幼儿园、老年人建筑，三级耐火等级的歌舞娱乐放映游艺场所的安全疏散距离应为 20m。

注：1. 建筑内开向敞开式外廊的房间疏散门至最近安全出口的直线疏散距离可增加 5m，即为 25m。

2. 直通疏散走道的房间疏散门最近敞开楼梯间的直线疏散距离，当房间位于两个楼梯间之间对应减少 5m，即为 15m。

3. 建筑物内全部设置自动喷水灭火系统时，其直线安全疏散距离可增加 25%，即为 25m。

（7）三级耐火等级的单、多层住宅建筑和一、二级耐火等级的高层住宅户内任一点至直通疏散走道的户门的最大直线距离为 20m。

200.0——

≤200.0

（1）商业步行区距城市次干道的距离不宜大于 200.0m。

（2）商业步行区附近应有相应规模的机动车和非机动车停车场或停车库，其距步行区进出口的距离不得大于 200.0m。

（3）人员掩蔽工程应布置在居住、工作的适中位置，其服务半径不宜大于 200.0m。

（4）机动车公共停车场的服务半径，在市中心区不应大于 200.0m。

（5）自行车公共停车场的服务半径，不得大于 200.0m，宜为 50～100m。

2.0km——

＞2.0km

（1）固定避震疏散场所的服务半径宜为 2.0～3.0km，步行大约 1h 之内可以到达。

（2）生活性货物流通中心的服务半径宜为 2.0～3.0km。

200.0km——

≤200.0km

当城市对外货物运输小于 200km 时，宜采用公路运输方式。

［2.10］系列

2.10——

≥2.10

（1）医院 X 线治疗室，钴 60 治疗室、加速器治疗室的出入口应设迷路，迷路转弯处的净宽不宜小于 2.10m，防护门和迷路的净宽均应满足设备要求。

（2）剧场建筑后台跑道净宽度不得小于 2.10m。

［2.20］系列

0.22——

≥0.22

（1）服务楼梯、住宅套内楼梯踏步的最小宽度不应小于 0.22m。

（2）无中柱螺旋楼梯和弧形楼梯离内侧扶手中心 0.25m 处的踏步宽度不应小于 0.22m。

2.20——

≥2.20

（1）自选营业厅内（不采用购物车）位于货架长度小于 15.0m 的两个平行货架之间，通道的最小净宽度不应小于 2.20m（小车选购为 2.40m）。

（2）普通营业厅内位于两个平行柜台或货架之间的通道。当每个柜台或货架长度小于 7.5m 时，通道的最小净宽度不应小于 2.20m。

（3）普通营业厅内位于柜台或货架与墙或陈列窗之间的通道，通道的最小净宽度不应小于 2.20m。

（4）中小学校普通教室最前排课桌的前沿与前方黑板的水平距离不宜小于 2.20m。

22.0——

≤22.00

（1）一、二级耐火等级的单层、多层教学建筑和除单层、多层医疗建筑以外的其他单、多层建筑直接通向疏散走道位于袋形走道两侧或尽端的房间疏散门至最近安全出口的距离不应大于 22.0m。

注：1. 建筑内开向敞开式外廊的房间疏散门至最近安全出口直线距离可增加 5m，即为 27m。

2. 建筑物内全部设置自动喷水灭火系统时，其安全疏散距离可增加 25%，即为 27.5m。

（2）一、二级耐火等级的单、多层住宅建筑直通疏散走道而位于袋形走道两侧或尽端的户门至最近安全出口的直线距离不应大于 22.0m；

注：1. 开向敞开式外廊的户门至最近的安全出口的直线距离可增加5m，即为27m。
2. 直通疏散走道的户门至最近敞开楼梯间的直线距离，当户门位于袋形走道两侧或尽端时至最近安全出口的安全距离应减少2m，即为20.0m。
3. 住宅建筑内全部设置自动喷水灭火系统时，其安全疏散距离可增加25%，即为2.75m。
4. 跃廊式住宅户门至最近安全出口的距离，应从户门算起，小楼梯的一段距离可按其水平长度的1.5倍计算。

（3）一、二级耐火等级的单、多层住宅建筑户内任一点到直通疏散走道的户门的最大直线距离为22m。

＝22.00

（1）一、二级耐火等级的单层、多层教学建筑的房间内任一点到疏散门的最大直线距离为22m。

（2）一、二级耐火等级的除托儿所、幼儿园和老年人建筑、游艺场所、医疗、展览等建筑以外的其他单、多层建筑的房间内任一点到疏散门的最大直线距离为22m。

注：（1）、（2）项的注明内容见≤22.00m（1）注。

220.0——

＞220.0

当建筑物沿街总长度大于220m时应设置穿过建筑物的消防车道。当确有困难时，（非高层建筑）应设置环形消防车道。

[2.40] 系列

2.40——

≥2.40

（1）剧场建筑的侧台进出景物的门净宽不应小于2.40m，净高不应低于3.60m。

（2）剧场木工间、硬景库的门净宽不应小于2.40m，净高不应低于3.60m。

（3）自选营业厅内垂直于货架之间的通道。当通道长度小于15.0m时，通道的最小净宽度不应小于2.40m（小车选购为3.00m）。

（4）医院门诊诊查室的开间净尺寸不应小于2.40m；候诊处利用走道单侧候诊时，走道净宽不应小于2.40m。

（5）中小学教学用房的内走道净宽不应小于2.40m。

（6）特殊教育学校，在寒冷或风沙大的地区，教学楼的门厅入口应设挡风间（门斗）或双道门，其深度或两门间距不宜小于2.40m。

＝2.40

轮椅坡道1/8坡度时其水平长度应为2.40m，最大高度应为0.30m。

24.0——

≤24.0

（1）高层医疗建筑的病房部分位于两个安全出口之间的房间疏散门至最近安全出口的距离不应大于24.0m。

（2）中小学设视听教学器材的教室，自前向后每6.0～8.0m设1个显示屏时，最后排座位与黑板间的距离不应大于24.0m。

＞24.0

（1）单层钢筋混凝土柱厂房，在抗震设防烈度8度Ⅲ、Ⅳ类场地和9度或跨度大于24m时，应优先采用钢屋架。

（2）单层钢筋混凝土柱厂房，在抗震设防烈度 8 度（0.30g）和 9 度时，跨度大于 24m 的厂房不宜采用大型屋面板。

（3）有封闭内院或天井的各类建筑物，当其短边长度大于 24.0m 时，宜设置进入内院或天井的消防车道。

＝24.0

（1）轮椅坡道 1/20 坡度时，其水平长度应为 24.0m，最大高度应为 1.20m。

（2）一、二级耐火等级的高层医疗建筑的病房部分位于两个安全出口之间的疏散门直通疏散走道的房间疏散门至最近安全出口的直线距离应为 24m。

注：1. 建筑内开向敞开式外廊的房间疏散门至最近安全出口的直线距离可增加 5m，即为 29m。

2. 直通疏散走道的房间疏散门至最近敞开楼梯间的直线距离，当房间位于两个楼梯间之间对应减少 5m，即为 19m，当房间位于袋形走道两侧或尽端对应减少 2m，即为 22m。

3. 建筑物内全部设置自动喷水灭火系统时，其安全疏散距离可增加 25%。即为 30m。

[2.50] 系列

0.025——

＝0.025

展览建筑当工艺不确定时，应该预留给水、排水接口，给水预留管的管径宜为 25mm、排水预留管的管径宜为 50mm。

0.25——

≥0.25

（1）行进盲道的宽度宜为 250～500mm。

（2）行进盲道宜设置在距围墙、花台、绿化带、树池边缘 250～500mm。

（3）行进盲道标高低于路缘石上沿时，行进盲道距路缘石不应小于 250mm。

（4）无障碍楼梯距踏步起点和终点 250～300mm 宜设提示盲道。

（5）人行天桥及地道的每段台阶与坡道的起点和终点 250～500mm 处应设提示盲道，其长度应与坡道、梯道相对应。

（6）公交车站站台距路缘石 250～500mm 处应设提示盲道，其长度应与公交车站的长度相对应。

（7）城市广场距每段台阶与坡道的起点和终点 250～500mm 处应设提示盲道，其长度应与台阶、坡道相对应，宽度应为 250～500mm。

（8）售票窗口前应设提示盲道，距售票处外墙应为 250～500mm。

（9）老年人使用轮椅者的厨房台面深度不宜小于 250mm。

（10）专用疏散楼梯踏步的最小宽度不应小于 250mm。

（11）城市绿地范围内的古树名木必须原地保留。原有树木胸径在 0.25m 以上的慢长树种应原地保留。

（12）宿舍内的书架，其净深不应小于 250mm。

（13）人员掩蔽工程的战时阶梯式出入口，踏步高不宜大于 180mm，宽不宜小于 250mm。

＝0.25

自行车道靠路边和靠分隔带的一条车的侧向净空宽度应增加 0.25m。

2.50——

≤ 2.50

生土建筑的窑洞净跨不宜大于 2.50m。

≥ 2.50

（1）老年人卧室短边净尺寸不宜小于 2.50m，使用轮椅时卧室短边净尺寸不宜小于 3.20m。

（2）自动扶梯、自动人行道出入口畅通区的宽度不应小于 2.50m，在密集人流处应加宽。

（3）商业建筑库房内电瓶车通道（单车道）的净宽度不应小于 2.50m。

（4）剧场建筑的追光室应设在楼座观众席的后面，左右各一个进深、开间均不得小于 2.50m。

（5）中小学合班教室最前排座椅的前沿与前方黑板间的水平距离不应小于 2.50m。

（6）宅间小路面宽不宜小于 2.50m。

（7）各类建筑物面向道路有出入口时与居住区内的组团路及宅间小路的最小水平距离不应小于 2.50m。

（8）通行轮椅车的坡道宽度不应小于 2.50m。

（9）剧场建筑的追光室进深、开间均不得小于 2.50m。

（10）主干路上的分车绿带宽度不宜小于 2.50m。

（11）汽车客运站的站台净宽不应小于 2.50m。

25.0——

≤ 25.0

（1）一、二级耐火等级的托儿所、幼儿园位于两个安全出口之间直通疏散走道的房间疏散门至最近安全出口的距离不应大于 25.0m。

（2）除托儿所、幼儿园、医院、疗养院、学校以外的其他四级耐火等级的建筑位于两个安全出口之间直通疏散走道的房间疏散门至最近安全出口的距离不应大于 25.0m。

（3）一、二级耐火等级的甲类多层厂房，厂房内任一点到最近安全出口的距离不应大于 25.0m。

（4）同一建筑物内应采用统一规格的消火栓、水枪、水带，每条水带的长度不应大于 25.0m。

（5）宿舍建筑公共厕所及公共盥洗室与最远居室的距离不应大于 25m（附带卫生间的居室除外）。

（6）四级耐火等级的单、多层住宅建筑直通疏散走道而位于两个安全出口之间的户门至最近安全出口的直线距离不应大于 25.0m。

注：开敞式外廊，敞开楼梯间，袋形走道，自动灭火系统，跃廊式住宅安全距离调整参见≤ 22.0（2）项注。

（7）木结构的医院和疗养院建筑、教学建筑，位于两个安全出口之间的房间直通疏散走道的疏散门至最近安全出口的直线距离不应大于 25.0m。

≥ 25.0

（1）中小学校、特殊教育学校各类教室不宜面对运动场布置，各类教室的外窗与相对的教学用房或运动场地的间距不应小于 25.0m。

（2）中小学校的饮用水管线与室外公厕、垃圾站等污染源之间的距离不应小于 25.0m。

（3）电影院基地前的城镇道路宽度不应小于电影院安全出口宽度的总和，特大型电影院基地前的城镇道路宽度不应小于 25.0m。

（4）民用建筑与甲类和单层、多层乙类厂房的防火间距不应小于 25.0m。

（5）室外变配电站变压器与甲类厂房和单层、多层乙类厂房（仓库）的防火间距不应小于 25.0m。

（6）室外变配电站变压器总油量大于 50t 时与三级耐火等级的单层、多层丙、丁、戊类厂房（仓库）的防火间距不应小于 25.0m。

（7）室外变配电站变压器总油量大于 10t 且不大于 50t 时与四级耐火等级的单层、多层丙、丁、戊类厂房（仓库）的防火间距不应小于 25.0m。

（8）室外变配电站变压器总油量大于 50t 时与一、二级耐火等级的民用建筑的防火间距不应小于 25.0m。

（9）室外变配电站变压器总油量大于 10t 不大于 50t 时与三级耐火等级的民用建筑的防火间距不应小于 25.0m。

（10）室外变配电站变压器总油量大于 5t 不大于 10t 时与四级耐火等级的民用建筑的防火间距不应小于 25.0m。

（11）高层建筑裙房与储量小于 100m^3 的可燃气体储罐的防火间距不应小于 25.0m。

（12）高层建筑裙房与储量小于 1t 的化学易燃物品库房的防火间距不应小于 25.0m。

（13）一类高层建筑与三、四级耐火等级的丙类厂（库）房的防火间距不应小于 25.0m。

（14）大型铁路站场的基本站台宽度不宜小于 25.0m。

＝25.0

（1）中小学校游泳池宜为 8 泳道，泳道长宜为 25.0m 或 50.0m。

（2）直通疏散走道的房间疏散门至最近安全出口的直线距离规定：位于两个安全出口之间的疏散门，对于一、二级耐火等级的托儿所、幼儿园、老年人建筑，一、二级耐火等级的歌舞娱乐放映游艺场所的安全疏散直线距离应为 25m。

注：敞开式外廊，敞开式楼梯，全部设置自动灭火系统时的安全疏散距离调整要求按《建筑设计防火规范》GB 50016—2014 中 5.5.17 注。

（3）直通疏散走道的房间的疏散门位于两个安全口之间的疏散门，对四级耐火等级的单层、多层医疗建筑，四级耐火等级的单层、多层教学建筑和单层、多层其他建筑的安全疏散直线距离应为 25m。

注：敞开式外廊，敞开式楼梯，全部设置自动灭火系统时的安全疏散距离调整要求按《建筑设计防火规范》GB 50016—2014 中 5.5.17 注。

＞25.0

饮食建筑的选址与其他有碍公共卫生的开敞式污染源的距离不应小于 25m。

250——

≥250

（1）双孔隧道，应设置人行横通道或人行疏散通道，人行横通道间隔及隧道通向人行疏散通道的入口间隔宜为 250～300m。

（2）在城市的主干道和次干道上，人行横道或过街通道的间距宜为 250～300m。

≤250

城市开放绿地内厕所的服务半径不应超过 250m。

［2.60］系列

0.26——

≥0.26

（1）住宅共用楼梯，幼儿园、小学校等楼梯踏步的宽度不应小于 260mm。

（2）除电影院、剧场、体育馆、商场、医院、旅馆和大中学校等楼梯、专用疏散楼梯、服务楼梯、住宅套内楼梯以外的其他建筑楼梯踏步的宽度不应小于 260mm。

[2.70] 系列

0.27——

≥ 0.27

宿舍楼梯踏步的宽度不应小于 270mm。

[2.80] 系列

0.28——

≥ 0.28

（1）电影院、剧场、体育馆、商场、医院、旅馆和大中学校等楼梯踏步的宽度不应小于 280mm。

（2）无障碍设计的公共建筑楼梯踏步的宽度不应小于 280mm，踏步的高度不应大于 160mm。

2.80——

≥ 2.80

（1）自选营业厅内位于两个平行货架之间的通道。当每个货架长度为 15.0～24.0m 时，通道的最小净宽度不应小于 2.80m（小车选购为 3.00m）。

（2）乙、丙类剧场后台跑场兼剧务休息活动时，净宽不应小于 2.80m，在出场口附近宜设休息空间。

28.0——

≤ 28.0

话剧、戏曲剧场观众席最远视距不宜大于 28.0m。

[3.00] 系列

0.03——

≤ 0.03

剧场主台上空的栅顶构造应便于检修舞台悬吊设备，栅顶缝隙除满足钢丝绳的运行外，不应大于 30mm。

≥ 0.03

消防用电设备的配电线路暗敷时，应穿管并应敷设在不燃烧体结构内且保护层厚度不应小于 30mm。

0.30——

≥ 0.30

（1）公共建筑室内外台阶踏步宽度不宜小于 0.30m，踏步高度不宜大于 0.15m，并不宜小于 0.10m，踏步应防滑。

（2）老年人居住建筑公用楼梯扶手端部宜水平延伸 0.30m 以上，楼梯踏部宽度不应小于 0.30m。

（3）中小学的卫生间内，厕所蹲位距后墙不应小于 0.30m。

（4）办公建筑的非机动车库应设置推行斜坡，斜坡宽度不应小于 0.30m，坡度不宜大于 1/5，坡长不宜超过 6.0m。

（5）钢筋混凝土框架—抗震墙和板柱—抗震墙开洞时洞口宜上下对齐，洞边距端柱不宜小于 0.30m。

（6）钢筋混凝土框架，抗震等级四级或不超过 2 层时柱截面的宽度和高度均不宜小于 0.30m。

（7）底层框架—抗震墙砌体房屋的钢筋混凝土托墙梁，其截面宽度不应小于 0.30m，截面高度不应小于跨度的1/10。

（8）坡道式汽车库，当坡道横向内外两侧无墙时，应设护栏和道牙，单行道的道牙宽度不应小于0.30m。

（9）小型汽车与柱之间的停车净距不应小于0.30m。

> 0.30

商业建筑储存库房货架或堆垛与墙面间的通风通道净宽度应大于0.30m。

3.00——

≥ 3.00

（1）中小学校的校园路段的宽度不宜小于3.0m。

（2）自行车长条形公共停车场，每段（15～20m）长应设一个出入口，其宽度不得小于3.0m。

（3）居住区的组团路，路面宽度为3～5m。

（4）商店营业厅一个柜台或货架长度小于7.5m，与其平行的一个柜台或货架长度为7.5～15.0m时，两者之间的通道最小净宽度为3.0m。

（5）自选商场内与货架垂直的通道（无购物小车）长度不小于15m的通道宽度不应小于3.0m（有购物小车3.60m），有购物小车时长度小于15m的通道宽度不应小于3.0m。

（6）大中型商业建筑连排的商铺之间的公共通道。主要通道一侧设商铺时其最小宽度为3.0m，且不小于公共通道长度的1/15；大中型高层建筑两侧连排商铺其次要通道宽度不应小于3.0m。

（7）人员密集的公共场所的室外疏散通道的净宽度不应小于3.0m，并应直接通向宽敞地带。

（8）各类建筑物面向道路而无出入口时，与居住区内小区路边缘之间的最小水平距离不应小于3.00m。

（9）多层建筑当面向道路而无出入口时，与居住区道路边缘之间的最小水平距离不应小于3.00m。

（10）给水管与建筑物基础和地上通讯、照明用杆柱（中心）的最小水平间距不应小于3.0m。

（11）热力管与大于35kV的地上杆柱（中心）的最小水平间距不应小于3.0m。

（12）绿地的主路应构成环道，并可通行机动车。主路宽度不应小于3.0m。

（13）在改造地形填挖土方时，应避让基地内的古树名木，并留足保护范围（树冠投影外3～8m），应有良好的排水条件，且不得随意更改树木根茎处的地形标高。

（14）住宅一侧设有高度大于2.0m的挡土墙和护坡的，其上缘与住宅间的水平距离不应小于3.0m。

（15）养老设施建筑出入口处台阶的有效宽度大于3.0m时，中间应加设安全扶手。

（16）展览建筑的甲等、乙等展厅次要展位和丙等展厅展位通道净宽不应小于3.0m

（17）医疗建筑利用走道两侧候诊时，走道净宽不应小于3.0m。

≤ 3.00

（1）电影院的自动扶梯上下两端水平部分3.0m范围内不应兼作他用。

（2）商业建筑的自动扶梯上下两端水平部分3.0m范围内不应兼作他用。

（3）经规划主管部门批准，在有人行道的2.5m以上的路面上空，活动遮阳允许突出道路红线的深度不应大于人行道宽度减1m，并不应大于3.0m。

（4）经规划主管部门批准，在有人行道的5m以上的路面上空，雨篷、挑檐允许突出道路红线的深度不宜大于3.0m。

（5）因平时使用而在防空地下室顶板上或在多层防空地下室中的防护密闭楼板上开设的采光窗、平时风管穿板孔和设备吊装口，其净宽不宜大于3.0m，净长不宜大于6.0m，且在一个防护单元中不宜超过2个。

30.0——

＝30.0

（1）幼儿园应设置30.0m长的直跑道。

（2）步行街两侧建筑的商铺外应每隔30m设置*DN*65消火栓。

（3）直通疏散走道的房间疏散门至最近安全出口的直线距离规定：位于两个安全出口之间的疏散门，对三级耐火等级的单层、多层医疗建筑，三级耐火等级的单层、多层教学建筑和一、二级耐火等级的高层医疗建筑除病房以外的其他部分，一、二级耐火等级的高层教学建筑，高层旅馆、展览馆建筑的安全疏散直线距离应为30m。

注：敞开式外廊，敞开楼梯间，全部设置自动喷水灭火系统时的安全疏散距离的调整要求按《建筑设计防火规范》GB 50016—2014（2018年版）中5.5.17注。

≤30.0

（1）医院护士站宜以开敞空间与护理单元走道连通，其到最远的病房门口不应该超过30.0m。

（2）高层医院建筑除病房以外的其他部分位于两个安全出口之间的房间疏散门至最近安全出口的距离不应大于30.0m。

（3）高层建筑的旅馆、展览馆、教学楼位于两个安全出口之间的房间疏散门至最近安全出口的距离不应大于30.0m。

（4）三级耐火等级的医院、疗养院、学校位于两个安全出口之间的房间疏散门至最近安全出口的最大距离不应大于30.0m。

（5）一、二级耐火等级的建筑物内的观众厅、展览厅、多功能厅、餐厅、营业厅和阅览室等，其室内任何一点至最近安全出口的直线距离不宜大于30.0m。

（6）商业网点二层任一点至一层外门的最近距离不应大于30.0m。

（7）办公建筑的开放式、半开放式办公室，其室内任何一点至最近的安全出口的直线距离不应超过30.0m。

（8）一、二级耐火等级的生产类别为甲类的单层厂房内任一点到最近安全出口的距离不应大于30.0m。

（9）一、二级耐火等级的生产类别为乙类的高层厂房内任一点到最近安全出口的距离不应大于30.0m。

（10）一、二级耐火等级的生产类别为丙类的地下、半地下厂房或厂房的地下室、半地下室内任一点到最近安全出口的距离不应大于30.0m。

（11）高层厂房（仓库）、高架仓库和甲、乙类厂房中室内消火栓的间距应由计算确定且不应大于30.0m。

（12）高层建筑室内消防栓的间距应由计算确定且不应大于30.0m。

（13）自然排烟口距该防烟分区最远点的水平距离不应该超过30.0m。

（14）防火分区内的排烟口距该防烟分区最远点的水平距离不应该超过30.0m。

（15）消防电梯的前室宜靠外墙设置，在首层应设置直通室外的安全出口或经过长度不大于30.0m的通道通向室外。

（16）建筑高度不大于50m的建筑连续布置消防车登高操作场地确有困难时，可间隔布置，但间隔距离不应大于30m，消防车登高操作场地的总长应至少有一个长边或周长的1/4且不小于一个长边的长度。

（17）木结构建筑除托儿所、幼儿园、老年人建筑、歌舞娱乐放映游艺场所、医院和疗养院建筑、教学建筑以外的其他民用建筑，位于两个安全出口之间的房间直通疏散走道的疏散门至最近安全出口的直线距离不应大于30.0m。

≥30.0

（1）平面交叉路口的进出口当设展宽段时，展宽的长度在交叉口出口道外侧，自缘石半径的端点向前延伸30～60m，当出口道有3条车道，出口道可以不展宽。

（2）机动车与非机动车混行的环形交叉口，中心岛的直径宜取30～50m。

（3）在城市立体交叉口和跨河桥梁的坡道两端以及隧道进出口外30m的范围内，不宜设置平面交叉口和非港式公共交通停靠站。

（4）甲类厂房与明火或散发火花地点之间的防火间距不应小于30.0m。

（5）室外变配电站变压器总油量大于10t且不大于50t时与四级耐火等级的民用建筑的防火间距不应小于30.0m。

（6）室外变配电站变压器总油量大于50t时与四级耐火等级的单层、多层丙、丁、戊类厂房（仓库）；与三级耐火等级的民用建筑的防火间距不应小于30.0m。

（7）高层建筑裙房与储量小于30m^{3}的小型甲、乙类液体储罐的防火间距不应小于30.0m。

（8）高层建筑裙房与储量小于150m^{3}的小型丙类液体储罐的防火间距不应小于30.0m。

（9）高层建筑裙房与储量100～500m^{3}的可燃气体储罐的防火间距不应小于30.0m。

（10）高层建筑裙房与储量1～5t的化学易燃物品库房的防火间距不应小于30.0m。

（11）高层建筑与储量小于100m^{3}的可燃气体储罐的防火间距不应小于30.0m。

（12）高层建筑与储量小于1t的化学易燃物品库房的防火间距不应小于30.0m。

（13）避震疏散场所与周围易燃建筑等一般地震次生火灾源之间应设置不小于30.0m的防火安全带。

（14）特大型铁路旅客站台的宽度不宜小于30.0m。

300.0——

≤300.0

（1）机动车公共停车场的服务半径，在市中心区以外的地区不应大于300.0m。

（2）小区内商店建筑服务半径不应大于300.0m。

（3）博物馆每一陈列主题的展线长度不宜大于300.0m。

（4）托儿所、幼儿园的服务半径不宜大于300.0m。

≥300.0

中小学校主要教学用房设置窗户的外墙与铁路路轨的距离不应小于300.0m。当距离不足时，应采取有效的隔声措施。

>300.0

采用非常用形式以及结构单元长度大于300.0m的大跨度钢屋盖建筑的抗震设计应进行专门研究和论证，采取有效的加强措施。

3000.0——

>3000.0

隧道内设置机械排烟系统，长度大于3000m的隧道，宜采用纵向分段排烟方式或重点排烟方式。

≤3000.0

隧道内设置机械排烟系统，长度不大于3000m的隧道，宜采用纵向排烟方式。

30.0km——

≥30.0km

规划人口在200万以上的大城市和长度超过30.0km的带形城市应设置快速路。

［3.20］系列

0.32——

≥ 0.32

（1）铁路旅客站的地道、天桥台阶踏步的宽度不宜小于 0.32m。

（2）老年人使用的楼梯采用缓坡楼梯，缓坡楼梯踏面宽度应为 320～330mm，踏面高度应为 120～130mm。

3.20——

≥ 3.20

（1）电影院放映机房，当放映机至后墙无其他设备时，放映机房的进深不应该小于 3.20m。

（2）老年人使用轮椅的卧室短边净尺寸不宜小于 3.20m。

［3.30］系列

3.30——

= 3.30

（1）医院计划生育手术室平面尺寸宜无 3.30m × 4.80m。

（2）医院手术部小型手术室的平面净尺寸宜为 3.30m × 4.80m。

33.0——

≤ 33.0

歌舞剧场观众席对视点的最远视距不应大于 33.0m。

［3.50］系列

0.035——

= 0.035

无障碍设计的矩形扶手，其截面应为 35～50mm。

0.35——

≥ 0.35

多层建筑智能化系统竖井，在利用通道作为检修面积时，竖井的净宽度不宜小于 0.35m。

3.50——

≥ 3.50

（1）自行车双向行驶的车道最小宽度宜为 3.50m。

（2）绿地内通行消防车的主路宽度不应小于 3.50m。

（3）与老年人活动相关的各建筑物附近应设供轮椅使用者专用的停车位，其宽度不应小于 3.50m，并应与人行通道衔接。

（4）汽车库的汽车出入口宽度，单车行驶时不宜小于 3.50m。

（5）相邻的两座民用建筑物，当较低一座的耐火等级不低于二级，相邻较高一面外墙的开口部位设置甲级防火门窗或防火分隔水幕或符合规定要求的防火卷帘时，其防火间距不应小于 3.50m。

（6）相邻的两座民用建筑物，当较低一座的耐火等级不低于二级、屋顶不设置天窗、屋顶承重构件及屋面板的耐火极限不低于 1.0h，且相邻较低一面外墙为防火墙时，其防火间距不应小于 3.50m。

（7）电动汽车充电站内的单车道宽度不应小于 3.5m，双车道宽度不应小于 6m。

= 3.50

城市道路每条车道宽度宜为 3.50m。

35.0——

≤ 35.0

（1）一、二级耐火等级的医院、疗养院、学校位于两个安全出口之间的房间疏散门至最近安全出口的最大距离不应大于 35.0m。

（2）除托儿所、幼儿园、医院、疗养院、学校以外，三级耐火等级的其他建筑位于两个安全出口之间直通疏散走道的房间疏散门至最近安全出口的距离不应大于 35.0m。

（3）三级耐火等级的单层、多层住宅建筑直通疏散走道而位于两个安全出口之间的户门至最近安全出口的直线距离不应大于 35.0m。

注：敞开式外廊，敞开楼梯间，全部设置自动喷水灭火系统，跃廊式住宅等安全疏散距离的调整按《建筑设计防火规范》GB 50016—2014 中的表 5.5.29 注的规定。

≥ 35.0

（1）室外变配电站变压器总油量大于 50t 时与四级耐火等级的民用建筑的防火间距不应小于 35mm。

（2）高层建筑与储量小于 $30m^3$ 的小型甲、乙类液体储罐的防火间距不应小于 35.0m。

（3）高层建筑与储量小于 $150m^3$ 的小型丙类液体储罐的防火间距不应小于 35.0m。

（4）高层建筑与储量 100～$500m^3$ 的可燃气体储罐的防火间距不应小于 35.0m。

（5）高层建筑与储量 1～5t 的化学易燃物品库房的防火间距不应小于 35.0m。

（6）高层建筑裙房与储量 30～$60m^3$ 的小型甲、乙类液体储罐的防火间距不应小于 35.0m。

（7）高层建筑裙房与储量 150～$200m^3$ 的小型丙类液体储罐的防火间距不应小于 35.0m。

= 35.0

直通疏散走道的房间疏散门至最近安全出口的直线距离规定：位于两个安全出口之间的疏散门，对三级耐火等级的除托儿所、幼儿园、老年人建筑，歌舞娱乐放映游艺场所，医疗建筑，教学建筑以外的单层、多层其他建筑和一、二级耐火等级的单层、多层教学建筑，其安全疏散直线距离应为 35m。

注：敞开式外廊，敞开楼梯间的直线距离，全部设置自动喷水灭火系统，跃廊式住宅等安全疏散距离的调整按《建筑设计防火规范》GB 50016—2014（2018 年版）中的表 5.5.29 注的规定。

[3.70] 系列

3.70——

≥ 3.70

商业建筑普通营业厅长度为 7.5～15m 的两平行柜台或货架之间的通道，其净宽度不应小于 3.70m。

[3.75] 系列

37.50——

≤ 37.50

商业步行街两侧建筑二层及以上各层商铺的疏散门至该层最近疏散楼梯口或其他安全出口的直线距离（各线段之和）不应大于 37.5m。

[3.80] 系列

3.80——

≥ 3.80

自选商场内，货架与出入闸位之间的通道宽度不应小于 3.8m（小车通行为 4.20m）。

[4.00] 系列

0.04——

≥ 0.04

厕所的安全抓杆直径应为 30～40mm，安全抓杆内侧距墙面不应小于 40mm。

0.40——

≥ 0.40

（1）底部框架—剪力墙砌体房屋的框架柱，其截面不应小于 400mm × 400mm。

（2）老年人居住建筑电梯轿厢的操作按钮和报警装置距前壁、后壁不得小于 0.40m。

（3）无障碍设计厕所的多功能台，其宽度不宜小于 0.40m。

（4）电动汽车充电站的充电设备应靠近充电位布置，设备外轮廓距充电位边缘的净距不宜小于 0.4m。

≤ 0.40

老年人居住建筑，室内门扇向走廊开启时宜设置凹廊，门扇可启端的墙垛净宽度不应小于 0.40m。

4.00——

< 4.00

（1）防火墙截面中心线距天窗端面的水平距离小于 4m，且天窗端面为燃烧体时，应采取防止火势延烧的措施。

（2）高层建筑使用丙类液体作燃料时，液体储罐总储量不应超过 15m³，当直埋于高层建筑或裙房附近，面向油罐一面 4.0m 范围内的建筑物外墙为防火墙时，其防火间距可不限制。

= 4.00

行道树定植株距，应以其树种壮年期冠幅为准，最小种植株距应为 4.0m。

≤ 4.00

（1）舞台口的柱和梁应采用钢筋混凝土结构，舞台口大梁上承重砌体墙应设置间距不大于 4m 的立柱和间距不大于 3m 的圈梁。梁柱的截面尺寸、配筋、拉结构造应符合多层砌体房屋的要求。

（2）高层建筑应至少有一个长边或周边长度的 1/4 且不小于一个长边长度的底边，连续布置消防车，登高操作场地，该范围内的裙房进深不应大于 4.00m。

≥ 4.00

（1）建筑基地内建筑面积不大于 3000㎡时，基地道路的宽度不应小于 4.0m。

（2）建筑基地内建筑面积不小于 3000㎡时，若有两条以上基地道路与城市道路相连接时，基地道路的宽度不应小于 4.0m。

（3）建筑基地内单车道路宽度不应小于 4.0m。

（4）大中型商店建筑的背面、侧面应设净宽不小于 4.0m 的运输通道。

（5）普通商店建筑营业厅的柜台边与开敞楼梯的最近踏步的距离不应小于 4.0m，且不小于楼梯净宽度。两个平行的柜台或货架长度大于 15.0m 时，其中间通道至少净宽应为 4.0m。

（6）新建步行商业街应留有宽度不小于4.0m的消防通道，大中型商店建筑连排店铺主通道宽度不应小于4.0m，且不宜小于主通道的1/10的长度。

（7）消防车道的净宽度和净空高度均不应小于4.0m。供消防车停留的空地，其坡度不宜大于3%。

（8）两座高层建筑或高层建筑与不低于二级耐火等级的单层、多层民用建筑相邻，当较低一座的屋顶不设天窗、屋架承重构件的耐火极限不低于1.00h且相邻较低一面外墙为防火墙时、其防火间距可适当减少，但不宜小于4.00m。

（9）两座高层建筑或高层建筑与不低于二级耐火等级的单层、多层民用建筑相邻，当相邻较高一面外墙耐火极限不低于2.00h，墙上开口部位设有甲级防火门、窗或防火卷帘时，其防火间距可适当减少，但不宜小于4.00m。

（10）两座厂房相邻较高一面的外墙为防火墙时，其防火间距不限，但甲类厂房之间不应小于4.0m。

（11）两座一、二级耐火等级的厂房，当相邻较低一面的外墙为防火墙且较低一座厂房的屋顶耐火极限不低于1.0h，或相邻较高一面外墙的门窗等开口部位设置甲级防火门窗或防火分隔水幕或符合规定要求的防火卷帘时，丙、丁、戊类厂房之间的防火间距不应小于4.0m。

（12）除高层厂房和甲类厂房外，其他类别的数座厂房占地面积之和小于规范规定的防火分区的最大允许建筑面积时（按其中较小者确定，当防火分区的最大允许建筑面积不限时，不应超过10000m²），可成组布置。当厂房建筑高度小于等于7m时，组内厂房之间的防火间距不应小于4.0m。

（13）建筑物内的防火墙不宜设置在转角处。如设置在转角附近，内转角两侧墙上的门、窗洞口之间最近边缘的水平距离不应小于4.0m。

（14）高层建筑物内的防火墙不宜设置在内转角处。如设置在转角附近，内转角两侧墙上的门、窗洞口之间最近边缘的水平距离不应小于4.0m。当相邻一侧装有固定乙级防火窗时，距离可不限制。

（15）两座木结构建筑之间及其与相邻其他结构民用建筑之间的外墙均无任何门窗洞口时，其防火间距不应小于4.0m。

（16）汽车库、修车库、停车场的汽车疏散单坡道宽度不应小于4.0m。

（17）紧急避难疏散场地内外的避震疏散通道的有效宽度不宜低于4.0m。

（18）穿过高层建筑的消防车道，其净宽和净空高度均不应小于4.00m。

（19）汽车客运站的汽车进出口宽度不应小于4.0m。

（20）铁路旅客站雨篷外缘应超出地道出入口边缘不应小于4.0m。

（21）铁路旅客站楼层候车的检票口距进站楼梯踏步的净距不得小于4.0m。

（22）防火隔间的建筑面积不应小于6.0m²，防火隔间应采用甲级防火门，不同防火分区通向防火隔间的门不应计入安全出口，门的最小间距不应小于4m，防火隔间内部装修材料的燃烧性能应为A级，防火隔间仅用于人员通行。

（23）通行机动车的双孔隧道的车行横通道或车行疏散通道的净宽度不应小于4.0m，净高度不应小于4.5m。

40.0——

≤ 40.0

（1）直通疏散走道的房间疏散门至最近安全出口的直线距离规定：位于两个安全出口之间的疏散门，对于一、二级耐火等级的除托儿所、幼儿园，老年人建筑，歌舞娱乐放映游艺场所，医疗建筑，教学建筑，高层旅馆，展览建筑以外的单、多层、其他高层建筑，其安全疏散直线距离应不大于40.0m。

注：敞开式外廊，敞开楼梯间，全部设置自动喷水灭火系统的安全疏散距离的调整要求按《建筑设计防火规范》GB 50016—2014中表5.5.17注的规定。

（2）一、二级耐火等级的单、多层住宅和高层住宅直通疏散走道而位于两个安全出口之间的户门至最近安全出口的直线距离不应大于 40.0m。

注：敞开式外廊，敞开楼梯间，全部设置自动喷水灭火系统，跃廊式住宅等安全疏散距离的调整要求按《建筑设计防火规范》GB 50016—2014 中表 5.5.29 注的规定。

≥ 40.0

（1）供消防车取水的消防水池应设置取水口或取水井，其与甲、乙、丙类液体储罐的距离不宜小于 40.0m，与液化石油气储罐的距离不宜小于 60.0m，如采取防止辐射热的保护措施时，可减为 40.0m。

（2）采用非常用形式悬挑长度大于 40.0m 的大跨度钢屋盖建筑的抗震设计应进行专门研究和论证，采取有效的加强措施。

（3）高层建筑与储量 30～60m³ 的小型甲、乙类液体储罐的防火间距不应小于 40.0m。

（4）高层建筑与储量 150～200m³ 的小型丙类液体储罐的防火间距不应小于 40.0m。

＞ 40.0

建筑中地上长度大于 40.0m 的疏散走道应设置排烟设施。

[4.20] 系列

4.20——

＝ 4.20

（1）医院一般产房的平面净尺寸宜为 4.20m × 5.10m。

（2）医院手术部中型手术室的平面净尺寸宜为 4.20m × 5.10m。

[4.50] 系列

0.45——

≥ 0.45

无障碍低位服务设施上表面距地面高度宜为 700～850mm，其下部宜至少留出宽 750mm、高 650mm、深 450mm 供轮椅使用者腿脚移动的空间。

4.50——

≥ 4.50

各类非机动车混行的自行车道，单向行驶的最小宽度应为 4.5m。

＝ 4.50

汽车库内微型车的最小转弯半径为 4.50m。

[5.00] 系列

0.005——

≥ 0.005

建筑外墙外保温系统采用 B_1、B_2 级不燃性保温材料时，防护层厚度首层不应小于 15mm，其他层不应小于 5mm。

0.05——

≥ 0.05

（1）当温度小于等于 100℃时采暖管道与可燃物之间的间距不应小于 50mm。

（2）排除和输送温度超过 80℃的空气或其他气体以及易燃碎屑的管道，与可燃或难燃物体之间可采用厚度不小于 50mm 的不燃材料隔热。当管道互为上下布置时，表面温度较高者应布置在上面。

（3）种植行道树其苗木的胸径，快长树不宜小于 50mm。

（4）建筑外墙采用保温材料与两侧墙体构成无空腔复合保温结构体时，墙体应达到耐火极限要求。当保温材料的燃烧性能为 B_1、B_2 级时，保温材料两侧的墙体应采用不燃材料且厚度不小于 0.05m（50mm）。

0.50——

≥ 0.50

（1）住宅供轮椅通行的推拉门和平开门，在门把手一侧的墙面，应留有不小于 0.5m 的墙面宽度。

（2）自动扶梯、自动人行道的扶手带外边至任何障碍物不应小于 0.50m，否则应采取措施防止障碍物引起人员伤害。

（3）自动扶梯、自动人行道的扶手带中心线与平行墙面或楼板开口边缘间的距离、相临平行交叉设置时两梯（道）之间扶手带中心线的水平距离不宜小于 0.50m，否则应采取措施防止障碍物引起人员伤害。

（4）严寒地区建筑物周边无采暖管沟时，底层地面在外墙内侧 1.00～0.50m 范围内宜采取保温措施，其传热阻不应小于外墙的传热阻。

（5）特殊教育学校普通教室，成排成行布置的课桌间前后距离不应小于 0.50m。

（6）老年人居住建筑出入口应设置雨篷，雨篷的挑出长度宜超过台阶首级踏步 0.50m 以上。

（7）机械式汽车库的车库洞口宽度不应小于车宽加 0.50m，其高度不应小于车高加 0.10m。

（8）小型汽车之间、小型汽车与墙、护栏和其他构筑物之间的纵向停车间距不应小于 0.50m。

（9）大中型商业建筑连排的商铺内，面向公共通道的柜台，其前沿离通道边线不应小于 0.50m。

（10）大型商店营业厅设置在五层及以上时，应设置不少于 2 个直通屋顶平台的疏散楼梯间。屋顶平台上无障碍物的避难面积不宜小于最大营业层建筑面积的 50%。

（11）当建筑的屋面和外墙外保温系统均采用 B_1、B_2 级不燃性保温材料时，屋面与外墙之间应采用宽度不小于 500mm 的不燃材料作防火隔离带。

≤ 0.50

（1）经规划主管部门批准，在有人行道的 2.5m 以上的路面上空，凸窗、窗扇、窗罩、空调机位允许突出道路红线的深度不应大于 0.50m。

（2）经规划主管部门批准，在无人行道的 4m 以上的路面上空，窗罩、空调机位允许突出道路红线的深度不应大于 0.50m。

（3）在三、四级耐火建筑的闷顶内采用锯末等可燃材料作隔热层时，其屋顶不应采用冷摊瓦。闷顶内的非金属烟囱周围 0.50m 范围内应采用不燃材料作绝热层。

5.00——

≤ 5.00

（1）常 6 级乙类防空地下室主要出入口的首层楼梯间直通室外地面，且其通往地下室的梯段上端至室外的距离不大于 5.00m，可不设室外出入口。（此为两个条件之一）

（2）剧场建筑舞台吊杆钢丝绳吊点的距离不应大于 5.0m。

≥ 5.00

（1）大中型汽车库出入口的宽度，单向行驶时不应小于 5.0m。

（2）建筑基地机动车出入口与人行横道线、人行过街天桥、人行地道（包括引道、引桥）的最边缘线不应小于 5.0m。

（3）木结构建筑与相邻其他一、二、三级耐火等级的民用建筑之间，外墙门窗洞口面积之和不超过该外墙面积的 1/10 时，其防火间距不应小于 5.0m。

（4）消防车道与材料堆场堆垛的最小距离不应小于 5.0m。

（5）消防车登高操作场地应与消防车道连通，场地靠建筑外墙一侧的边缘距离建筑外墙不宜小于 5.0m，且不应大于 10m，场地的坡度不宜大于 3%。消火栓距房屋外墙不宜小于 5.0m。

（6）与保护对象的距离在 5～40.0m 范围内的市政消火栓，可以计入室外消火栓的数量内。

（7）厂区围墙与厂内建筑之间的间距不宜小于 5.0m，且围墙两侧的建筑之间还应满足相应的防火间距要求。

（8）库区围墙与库区内建筑之间的间距不宜小于 5.0m，且围墙两侧的建筑之间还应满足相应的防火间距要求。

（9）仓库的安全出口应分散布置。每个防火分区、一个防火分区的每个楼层，其相邻 2 个安全出口最近边缘之间的水平距离不应小于 5.0m。

（10）展览建筑的甲等、乙等展厅主要展位通道净宽不宜小于 5.00m。

（11）公共建筑和通廊式非住宅类居住建筑中各房间疏散门的数量应经计算确定，且不应少于 2 个，该房间相邻 2 个疏散门最近边缘之间的水平距离不应小于 5.0m。

（12）各类建筑物面向道路有出入口时与居住区内的小区路的最小水平距离不应小于 5.00m。

（13）高层建筑面向道路无出入口时与居住区内道路的最小水平距离不应小于 5.00m。

＞ 5.00

（1）消防车道距高层建筑外墙宜大于 5.00m。

（2）建筑高度超过 100m，且标准层建筑面积超过 1000m² 的公共建筑，宜设屋顶平台直升机停机坪等设施，停机坪距设备机房、电梯机房、水箱间、共用天线等突出物的距离不应小于 5.0m。

（3）剧场建筑侧台与主台间洞口净宽度，丙等剧场不应小于 5.0m。

50.0——

≤ 50.0

（1）单层、多层建筑和高层建筑中室内消火栓的间距应由计算确定，且不应大于 50.0m。

（2）高层建筑中裙房的室内消火栓的间距应由计算确定，且不应大于 50.0m。

（3）一、二、三类的城市交通隧道，应在隧道单侧设置室内消火栓，室内消火栓的间距不应大于 50.0m。消防栓的栓口距地面高度宜为 1.1m。

（4）车站、码头前的交通集散广场上供旅客上下车的停车点，距离进出口不宜大于 50.0m，停车点只供车辆暂停，不得长时间存放。

（5）建筑层数超过 2 层的三级耐火等级建筑，当设置有闷顶时应在每个防火隔断范围内设置老虎窗，且老虎窗的距离不宜大于 50.0m。

（6）电影院公共厕所距最远的观众厅出入口不宜大于 50.0m。

（7）办公建筑的公用厕所距离最远工作地点不应大于 50.0m。

（8）长途客运汽车站、火车站、客运码头主要出入口 50.0m 范围内应设公共交通车站。

（9）按灭火救援的要求，建筑物的进深宜控制在 50.0m 以内。

（10）丁类木结构厂房内任意一点至最近安全出口的疏散距离不应大于 50.0m。

≥ 50.0

（1）甲类厂房与重要公共建筑之间的防火间距不应小于 50.0m。

（2）乙类厂房与重要公共建筑之间的防火间距不宜小于 50.0m。

（3）甲类仓库与重要公共建筑之间的防火间距不应小于 50.0m。

（4）防空地下室与生产、储存易燃易爆物品厂房、库房的间距不应小于 50.0m。

＞50.0

（1）机动车公共停车场出入口应距离道路交叉口、桥隧坡道起止线 50.0m 以远。

（2）汽车库库址车辆出入口与城市人行过街天桥、地道、桥梁或隧道等引道口的距离应大于 50.0m。

500.0——

≤500.0

（1）城镇完全小学的服务半径宜为 500.0m。

（2）商业步行街的长度不宜超过 500.0m，每隔 160.0m 长间距，宜设横穿步行街的消防通道。

［5.40］系列

5.40——

＝5.40

（1）医院剖腹产产房的平面净尺寸宜为 5.40m × 5.10m。

（2）医院手术部大型手术室的平面净尺寸宜为 5.40m × 5.10m。

［5.50］系列

0.55——

≥0.55

卫生设备洗脸盆或盥洗槽水嘴中心与侧墙面净距不宜小于 0.55m。

［6.00］系列

0.60——

≥0.60

（1）学生宿舍的居室内应设储藏空间，储藏空间的深度和宽度均不宜小于 0.60m。

（2）中小学、特殊教育学校普通教室内纵向走道宽度不应小于 0.60m。

（3）中小学合班教室、演示实验室最后排座位之后，应设宽度不小于 0.60m 的走道。

（4）中小学合班教室内有贯通的纵向走道时，设置靠墙的纵向走道宽度可小于 0.90m，但不应小于 0.60m。

（5）宿舍居室中两个床长边之间的距离不应小于 0.60m。

（6）无障碍盆浴间洗浴坐台一侧的墙上应设安全抓杆，其水平长度不小于 0.60m。

（7）高层建筑智能化系统的竖井，在利用通道作为检修面积时，竖井的净宽度不宜小于 0.60m。

（8）人防地下室带简易洗消的防毒通道，其简易洗消区的面积不宜小于 $2m^2$，且其宽度不宜小于 0.60m。

（9）高度大于 10m 的三级耐火等级建筑应设置通至屋顶的室外消防梯。室外消防梯不应面对老虎窗，宽度不应小于 0.60m，且宜从离地 3.0m 高处设置。

（10）档案馆档案室装具端部与墙面的净距不应小于 0.60m。

（11）需要获得冬季日照的居住空间的窗洞开口宽度不应小于 0.60m。

（12）坡道式汽车库，当坡道横向内外两侧无墙时，应设护栏和道牙，双行道的道牙宽度不应小于 0.60m。

（13）小型汽车之间、小型汽车与墙、护栏和其他构筑物之间的横向停车间距不应小于 0.60m。此尺度比防火疏散的汽车间距尺度略大，更适用。

= 0.60

（1）中小学音乐教室应适用于合唱教学，在后墙设置 2 至 3 排阶梯式合唱台，每级宽度宜为 0.60m。

（2）中小学学生卫生间，男生每 20 人设 0.60m 长小便槽。

（3）中小学学生卫生间，每 40～45 人设 0.60m 长盥洗槽。

（4）中小学校内每股人流的宽度应按 0.60m 计算。

（5）剧场建筑主台后天桥的通行宽度宜为 0.60m。

（6）剧场、电影院、礼堂、体育馆等人员密集场所观众厅内疏散走道的净宽度，应按每百人不小于 0.60m 的净宽度计算，且不应小于 1.0m。

6.00——

≤ 6.00

（1）自行车推行坡道每段坡长不宜超过 6.0m，坡度不宜大于 1/5。

（2）木结构的歌舞娱乐放映游艺场所，位于袋形走道两侧或尽端的房间直通疏散走道的疏散门至最近安全出口的直线距离不应大于 6.0m。

（3）养老设施建筑入口处的平台与建筑室外地坪高差不宜大于 500mm，并应设坡道过渡，坡道长度不宜大于 6.0m，平台宽度不应小于 2.0m，坡道坡度不宜大于 1/12。

≥ 6.00

（1）为丙、丁、戊类厂房服务而单独设立的生活用房应按民用建筑确定，与所属厂房之间的防火建距不应小于 6.0m。

（2）两座一、二级耐火等级的厂房，当相邻较低一面的外墙为防火墙且较低一座厂房的屋顶耐火极限不低于 1.0h，或相邻较高一面外墙的门窗等开口部位设置甲级防火门窗或防火分隔水幕或符合规定要求的防火卷帘时，甲、乙类厂房之间的防火间距不应小于 6.0m。

（3）除高层厂房和甲类厂房外，其他类别的数座厂房占地面积之和小于规范规定的防火分区的最大允许建筑面积时（按其中较小者确定，当防火分区的最大允许建筑面积不限者，不应超过 10000m^2），可成组布置。当厂房建筑高度大于 7m 时，组内厂房之间的防火间距不应小于 6.0m。

（4）一、二级耐火等级的民用建筑的防火间距不应小于 6.0m。

（5）木结构建筑与木结构建筑之间，外墙门窗洞口面积之和不超过该外墙面积的 1/10 时，其防火间距不应小于 6.0m。

（6）高层建筑裙房与裙房之间，裙房与其他一、二级耐火等级的民用建筑之间的防火间距不应小于 6.0m。

（7）停车场的汽车宜分组停放，每组停车的数量不宜超过 50 辆，组与组之间的防火间距不应小于 6.0m。

（8）剧场建筑侧台与主台间洞口净宽度，乙等剧场不应小于 6.0m。

（9）小型铁路旅客站台的宽度不宜小于 6.0m。

> 6.00

（1）燃油和燃气锅炉房，当常（负）压燃气锅炉距安全出口的距离大于 6.0m 时，可设置在屋顶上。

（2）办公建筑的非机动车库应设置推行斜坡，斜坡宽度不应小于 0.30m，坡度不宜大于 1/5，坡长不宜超过 6.0m；当坡长超过 6.0m 时，应设休息平台。

（3）居住区的小区路，路面宽度为 6.0～9.0m。

= 6.00

同一座 U 形或山形厂房中相邻两翼之间的防火间距不宜小于规范的规定，但该厂房的占地面积小于规范规定的每个防火分区的最大允许建筑面积时，其防火间距可为 6.0m。

60.0——

≤ 60.0

（1）工艺装置区内的消火栓应设置在工艺装置的周围，其间距不宜大于 60.0m。

（2）高层建筑采用自然排烟，长度不超过 60.0m 的内走道中，可开启外窗面积不应小于走道面积的 2%。

（3）木结构建筑不应超过三层，三层木结构建筑的最大允许长度不应大于 60m。安装自动喷水灭火系统的木结构建筑的最大允许长度可增加 1.0 倍。

（4）步行街内任一点到达最近室外安全地点的步行距离不应大于 60.0m。

（5）任一防火分区通向避难走道的门至该避难走道最近直通地面的出口的距离不应大于 60m。

（6）三层木结构建筑的最大允许长度不应大于 60m。防火墙间的每层最大允许建筑面积 600m^2。安装自动喷水灭火系统的木结构建筑的最大允许长度和每层最大允许建筑面积可增加 1.0 倍。对于丁、戊类地上厂房，防火墙间的每层最大允许建筑面积不限。

（7）戊类木结构厂房内任意一点至最近安全出口的疏散距离不应大于 60.0m。

> 60.0

（1）文化建筑、体育建筑的检票口及无障碍出入口到各种无障碍设施的室内走道应为无障碍通道，通道长度大于 60.0m 时宜设休息区，休息区应避开行走路线。

（2）民用建筑室内配电室的长度大于 60.0m 时，应设 3 个出口。

（3）当道路宽度大于 60.0m 时，宜在道路两边设置消火栓，并宜靠近十字路口。

< 60.0

（1）城市交叉口的中心岛直径小于 60.0m 时，环道的外侧缘石不应做成与中心岛相同的同心圆。

（2）当建筑的层数不超过 2 层，防火墙间的建筑面积小于 600m^2 且防火墙间的建筑长度小于 60m 时，建筑构件的耐火极限可以按四级耐火等级建筑的要求确定。

[6.50] 系列

0.65——

≥ 0.65

（1）浴盆长边至对面墙面的净距不应小于 0.65m。

（2）并列小便器的中心距离不应小于 0.65m。

[7.00] 系列

0.70——

= 0.70

（1）医院放射科的控制室门，其净宽宜为 0.70m。

（2）医院病理科病理解剖室的解剖台，应在距水池 0.70m 处设泄水口。

≤ 0.70

在三、四级耐火建筑的闷顶内采用锯末等可燃材料作隔热层时，其屋顶不应采用冷摊瓦。闷顶内的金属烟囱周围 0.70m 范围内应采用不燃材料作绝热层。

≥ 0.70

（1）无障碍厕位内应设坐便器，厕位两侧距地面 700mm 处应设长度不小于 700mm 的水平安全抓手，且应另立高 1.40m 的垂直安全抓杆。

（2）卫生设备洗脸盆或盥洗槽水嘴中心间距不宜小于 0.70m。

（3）住宅建筑的卫生间门、阳台门（单扇）的门洞宽度不应小于 0.70m。

（4）宿舍建筑居室内附设卫生间的门洞口宽度不应小于 0.70m。

（5）无障碍厕所内的多功能平台长度不宜小于 700mm，宽度不宜小于 400mm，高度宜为 600mm。

（6）建筑的闷顶内有可燃物时，应在每个防火分隔内设置不小于 0.70m × 0.70m 的闷顶入口，且公共建筑的每个防火隔断范围内的闷顶入口不宜少于 2 个。闷顶入口宜布置在走廊中靠近楼梯间的部位。

（7）中学演示实验室纵向走道宽度不应小于 0.70m。

（8）中学边演示边实验的阶梯式实验室的纵向走道应有便于仪器药品车通行的坡道，宽度不应小于 0.70m。

（9）中学计算机教室纵向走道净宽度不应小于 0.70m。

（10）中小学书法教室纵向走道净宽度不应小于 0.70m。

（11）中小学校园道路每通行 100 人道路净宽为 0.70m，每一路段的宽度应该按该路段道路通达的建筑物容纳人数之和计算，每一路段的宽度不宜小于 3.0m。

（12）商业建筑储存库房两货架或堆垛间的手携商品通道，按货架或堆垛宽度分别选择，通道的净宽为 1.25～0.70m。

7.00——

≤ 7.00

（1）对临战时采用预制构件封堵的平时出入口，其洞口净宽不宜大于 7.00m，净高不宜大于 3.00m，且在一个防护单元中不宜超过 2 个。

（2）对防护单元隔墙上开设的平时通行口，临战时采用预制构件封堵的平时出入口，其洞口净宽不宜大于 7.00m，净高不宜大于 3.00m，且其净宽之和不宜大于应建防护单元隔墙总长度的 1/2。

≥ 7.00

（1）建筑基地内建筑面积≥ 3000㎡时且只有一条基地道路与城市道路相连接时，基地道路的宽度不应小于 7.0m。

（2）建筑基地内的双车道宽度不应小于 7.0m。

（3）一、二级耐火等级的民用建筑与三级耐火等级的民用建筑和三级耐火等级的单层、多层戊类厂房、仓库的防火间距不应小于 7.0m。

（4）一、二级耐火等级的单层、多层戊类厂房、仓库民用建筑与三级耐火等级的民用建筑的防火间距不应小于 7.0m。

（5）木结构建筑与四级耐火等级的民用建筑之间的防火间距不应小于 7.0m。

（6）博物馆建筑的陈列室，多跨布置的柱距不宜小于 7.0m。柱网设置应使展具能灵活组合。

（7）高层建筑裙房与三级耐火等级的民用建筑之间的防火间距不应该小于 7.0m。

（8）停车场的室外消防栓宜沿停车场周边布置，且距最近一排汽车不宜小于 7.0m。

70.0——

≥ 70.0

（1）建筑基地机动车出入口位置与大中城市主干道交叉口的距离，自道路红线交叉点量起不应小于 70.0m。

（2）大中型菜市场建筑基地通道出入口，距城市干道交叉路口的红线转弯起点处不应小于 70.0m。

[7.50] 系列

0.75——

= 0.75

行道树树干中心至路缘石外侧最小距离宜为 0.75m。

7.50——

≥ 7.50

(1)建筑基地内地下车库出入口距基地道路的交叉口或高架路的起坡点不应小于 7.50m。

(2)建筑基地内地下车库出入口与道路垂直时，出入口与道路红线应保持不小于 7.50m 的安全距离。

(3)地下车库出入口与道路平行时，应经不小于 7.50m 长的缓冲车道进入基地道路。

(4)汽车库库址的车辆出入口，距离城市道路的规划红线不应小于 7.50m。

(5)分车绿带的乔木树干中心至机动车道路缘石外侧距离不宜小于 0.75m。

[8.00] 系列

0.08——

≤ 0.08

居住绿地内的游步道应为无障碍通道，轮椅园路纵坡不应大于 4%，轮椅专用道不应大于 8%。

> 0.08

住宅卫生间排气道接口直径应大于 80mm。

≥ 0.08

种植行道树其苗木的胸径，慢长树不宜小于 80mm。

0.80——

≥ 0.80

(1)宿舍居室内设固定箱子架时，每格净空长度不宜小于 0.80m，宽度不宜小于 0.60m，高度不宜小于 0.45m。

(2)医院病房平行两病床的净距不应小于 0.80m。

(3)剧场建筑观众席座位采用短排法时，走道宽度不应小于 0.80m。

(4)电影院建筑采用柜台式售票，柜台口长度按 0.80m/ 百人计算。

(5)档案馆档案室两行装具之间的净距不应小于 0.80m。

(6)住宅建筑供轮椅通行门的净宽不应小于 0.80m。

(7)住宅建筑的厨房门洞宽度不应小于 0.80m。

(8)老年人居住建筑卫生间入口的有效宽度不应小于 0.80m。

(9)养老设施建筑普通电梯、老年人居住建筑的电梯配置，其电梯厅门和轿门不应小于 0.80m。

(10)宿舍建筑的阳台门洞口宽度不应小于 0.80m。

(11)无障碍电梯轿厢门开启的净宽度不应小于 0.80m。

(12)城市和居住区的无障碍公共厕所门的通行净宽度不应小于 0.80m。

(13)福利及特殊服务建筑无障碍的卧室、厨房、卫生间门净宽度不应小于 0.80m。

(14)无障碍盆浴内侧应设高 600m 和 900m 的两层水平抓杆，水平长度不应小于 0.80m。

(15)无障碍门的设计，对于平开门、推拉门、折叠门开启后的通行净宽度不应小于 0.80m。

（16）观众厅每个轮椅的占地面积不应小于 1.10m × 0.80m。

（17）高层建筑电气竖井，在利用通道作为检修面积时，竖井的净宽度不宜小于 0.80m。

（18）中小学教学用房的讲台长度应大于黑板长度，宽度不应小于 0.80m。

（19）剧场、电影院、礼堂、体育馆等人员密集场所，疏散边走道的净宽度不宜小于 0.80m。

（20）绿地小路宽度不应小于 0.80m。

8.00——

≤ 8.00

（1）住宅集中生活热水系统热水表后或户内热水器不循环的热水支管，其长度不宜超过 8.0m。

（2）小学最后排课桌的后沿与前方黑板的水平距离不宜大于 8.0m。

≥ 8.00

（1）博物馆建筑的陈列室，单跨布置的柱距不宜小于 8.0m。柱网设置应使展具能灵活组合。

（2）剧场建筑基地应至少一边临接城镇道路或直接通向城市道路的空地，城镇道路的宽度不应小于安全出口的总宽度，800 座以下的剧场，临接城镇道路的宽度，不应小于 8.0m。

（3）居住区的组团路，建筑控制线之间的宽度，无供热管线的不宜小于 8.0m。

（4）剧场建筑侧台与主台间洞口净宽度，甲等剧场不应小于 8.0m。

（5）中小学校应设集中绿地。集中绿地的宽度不应小于 8.0m。

（6）三级耐火等级的民用建筑之间的防火间距不应小于 8.0m。

（7）一、二级耐火等级的民用建筑与木结构建筑的防火间距不应小于 8.0m。外墙上的门窗洞口不正对且开口面积之和不大于外墙面积的 10% 时，防火间距可减少 25%，即为 6m。

（8）小型铁路站场的基本站台宽度不宜小于 8.0m；单拱岛式站台宽度最小 8.0m。

（9）城市轨道交通岛式站台地下站的最小宽度为 8.0m。

（10）消防车登高救援操作场地的长度应不小于 15m，宽度应不小于 8m。

80.0——

≤ 80.0

（1）有封闭内院或天井的沿街建筑，应设置连通街道和内院的人行通道（可利用楼梯间），其间距不宜大于 80.0m。

（2）居住区内人行出口间距不宜超过 80.0m，当建筑长度超过 80.0m 时，应在底层加设人行通道。

（3）二层木结构建筑最大允许长度不应大于 80.0m。防火墙间的每层最大允许建筑面积 900m^2。安装自动喷水灭火系统的木结构建筑的最大允许长度和每层最大允许建筑面积可增加 1.0 倍。对于丁、戊类地上厂房，防火墙间的每层最大允许建筑面积不限。

> 80.0

（1）汽车库库址车辆出入口、距离道路交叉口应大于 80.0m。

（2）中小学生教学用房设置窗户的外墙与高速路、地上轨道交通线或城市主干道的距离不应小于 80m。当距离不足时，应采取有效的隔声措施。

[8.10] 系列

8.10——

= 8.10

医院手术部特大型手术室的平面净尺寸宜为 8.10m × 5.10m。

[9.00]系列

0.90——

≥0.90

(1)无障碍升降平台:垂直和斜向升降平台的宽度不应小于0.90m。

(2)无障碍电梯门洞的净宽度不宜小于0.90m。养老设施建筑普通电梯门洞净宽不宜小于0.90m,入口处宜设提示通道。

(3)无障碍门的设计,对于平开门、推拉门、折叠门开启后的通行净宽度不应小于0.80m,有条件时,不宜小于0.90m。

(4)检票口、结算口的轮椅无障碍通道宽度不应小于0.90m。

(5)老年人使用的步行道应做成无障碍通道系统,道路的有效宽度不应小于0.90m,坡度不宜大于2.5%,当大于2.5%时,变坡处应有提示,并宜在坡度较大处设扶手。

(6)老年人使用的台阶和坡道的有效宽度不应小于0.90m。

(7)老年人居住建筑的公用卫生间和公用浴室入口的有效宽度不应小于0.90m,地内应平整防滑。

(8)住宅中双排布置设备的厨房,其两排设备之间的净距不应小于0.90m。

(9)住宅内通往厨房、卫生间、贮藏室的过道净宽不应小于0.90m。

(10)住宅套内楼梯,当两侧有墙时,墙面之间净距不应小于0.90m,并应在其中一侧墙面设置扶手。

(11)住宅建筑户门、安全出口、疏散走道和疏散楼梯各自总净宽度应经计算确定,且户门和安全出口的净宽度不应小于0.90m。起居室(厅)和卧室的门洞宽度不应小于0.90m。

(12)宿舍建筑的居室和辅助房间的门洞口宽度不应小于0.90m。

(13)福利及特殊服务建筑无障碍的居室户门净宽度不应小于0.90m。

(14)公园绿地出入口设置车挡时,车挡间距无障碍设计不应小于0.90m。

(15)中小学科学教室和实验室,实验桌布置为四人或多于四人双向操作时,中间纵向走道的宽度不应小于0.90m。

(16)中学力学实验室需设置气垫导轨实验桌,在实验桌一端应设置气泵插座,另一端与相邻桌椅、墙壁或橱柜的间距不应小于0.90m。

(17)中学演示实验室内,桌椅排距不应小于0.90m。

(18)中学合班教室内,座位排距不应小于0.90m。

(19)中学合班教室,纵向、横向走道宽度均不应小于0.90m。

(20)公共建筑和通廊式非住宅类居住建筑中,其房间位于2个安全出口之间,且建筑面积小于等于120m²,疏散门的净宽度不小于0.90m时,可设置1个疏散门。

(21)高层公共建筑位于2个安全出口之间的房间,当建筑面积小于等于60m²,疏散门的净宽度不小于0.90m时,可设置1个疏散门。

(22)高层公共建筑的疏散楼梯间及其前室的门的净宽不应小于0.90m。

(23)高层通廊式住宅,单面布置房间时,其走道出垛处的最小净宽不应小于0.90m。

(24)高层建筑内设有固定座位的观众厅、会议厅等人员密集场所,当前后排的排距不小于0.90m时,每排可设44个座位。

(25)室外疏散楼梯的净宽度不应小于0.90m。

9.00——

≤9.00

(1)中学最后排课桌的后沿与前方黑板的水平距离不宜大于9.0m。

（2）当歌舞厅、录像厅、夜总会、放映厅、卡拉 OK 厅（含具有卡拉 OK 功能的餐厅）、游艺厅（含电子游艺厅）、桑拿浴室（不包括洗浴部分）等游艺场所布置在袋形走道两侧或尽端时，最远房间的疏散门至最近安全出口的距离不应大于 9.0m。

（3）一、二级耐火等级的歌舞娱乐放映游艺场所位于袋形走道两侧或尽端，直通疏散走道的房间疏散门至最近安全出口的直线距离不应大于 9.0m。

注：敞开式外廊，敞开楼梯间，全部设置自动喷水灭火系统时的安全疏散距离的调整要求按《建筑设计防火规范》GB 50016—2014 中 5.5.17 注的规定。

≥ 9.00

（1）展览建筑的展厅设计应便于展品布置，宜采用无柱大空间。当展厅按柱网布置时，甲等、乙等展厅展放库房和装卸区的柱网尺寸不宜小于 9.0m × 9.0m。

（2）三级耐火等级的民用建筑与木结构建筑的防火间距不应小于 9.0m。外墙上的门窗洞口不正对且开口面积之和不大于外墙面积的 10% 时，防火间距可减少 25% 即为 6.75m。

（3）一、二级耐火等级的民用建筑与四级耐火等级的民用建筑之间的防火间距不应该小于 9.0m。

（4）高层建筑裙房与四级耐火等级的民用建筑之间的防火间距不应该小于 9.0m。

（5）高层建筑与一、二级耐火等级的民用建筑之间的防火间距不应该小于 9.0m。

（6）高层建筑与高层建筑裙房的防火间距不应该小于 9.0m。

（7）有顶棚的步行街建筑相对面的最近距离均不应小于规定的相应高度建筑的防火间距，且不应小于 9m。

（8）电动汽车充电站内道路的转弯半径应按行驶车型确定，且不宜小于 9m。

= 9.00

一、二级耐火等级的歌舞娱乐放映场所的房间内任一点到疏散门的最大直线距离为 9m。

二、竖向尺度（单位：m）

[1.00] 竖向系列

0.01——

≤ 0.01

（1）路缘石坡道的无障碍设计，要求路缘石坡道的坡口与车行道之间宜没有高差。当设计有高差时，坡道的坡口高出车行道的地面不应大于 10mm。

（2）建筑屋面采用 B_1、B_2 级不燃性保温材料时，应采用不燃性材料作保护层，其厚度不应小于 10mm。

0.10——

≤ 0.10

（1）阳台、外廊、室内回廊、内天井、上人屋面及室外楼梯等临空处应设置防护栏杆，栏杆离楼面或屋面 0.10m 高度内不宜留空。

（2）室内田径练习馆，如果跑道内缘的垂直下降超过 0.10m，则必须实施保护性措施。

≥ 0.10

（1）无障碍设计的台阶，其踏步高度不应小于 0.10m，也不宜大于 0.15m。

（2）公共建筑室内外台阶，其踏步高度不宜小于 0.10m，也不宜大于 0.15m。

（3）剧场建筑的主台天桥应沿主台侧墙和后墙布置，天桥边缘应有 0.10m 高的护栏。

（4）铁路旅客车站的地道出入口地面高出站台面不应小于 0.10m。

1.00——

≥ 1.00

跳水池除 1.0m 跳台外，各种跳台的后面及两侧，栏杆最低高度应为 1.0m。栏杆之间最小距离应为 1.80m，栏杆距跳台前端应为 0.80m，并安装在跳台外面。

≤ 1.00

电影放映的光束上沿距银幕上面的顶棚不宜大于 1.0m，也不应小于 0.50m。

= 1.00

剧场建筑的面光桥的挂灯杆的高度宜为 1.0m。

10.0——

< 10.0

（1）当无楼梯通达的屋面低于 10.0m 时，可设外墙爬梯，并应有安全防护和防止儿童攀爬的措施。

（2）当歌舞厅、录像厅、夜总会、放映厅、卡拉 OK 厅（含具有卡拉 OK 功能的餐厅）、游艺厅（含电子游艺厅）、桑拿浴室（不包括洗浴部分）等游艺场所布置在地下一层时，地下一层地面与室外出入口地坪的高差不应大于 10.0m。

（3）高层建筑的歌舞厅、录像厅、夜总会、放映厅、卡拉 OK 厅（含具有卡拉 OK 功能的餐厅）、游艺厅（含电子游艺厅）、桑拿浴室（不包括洗浴部分）等游艺场所不应布置在袋形走道的两侧和尽端，当布置在地下一层时，地下一层地面与室外出入口地坪的高差不应大于 10.0m。

≤ 10.0

二层以下的普通木结构和三层以下的轻型木结构允许建筑高度不大于 10m。

≥ 10.0

展览建筑的展厅高度大于等于 10.0m 且体积大于 10000m^3 时，应按分层空调的形式进行气流组织设计，对于展厅上部非空调区域，应采取自然或机械通风措施。

> 10.0

（1）高度大于 10m 的三级耐火等级建筑应设置通至屋顶的室外消防梯。

（2）展览建筑高度大于 10.0m 的空间，冬季应采取加速室内空气混合的技术措施。

（3）综合体育馆练习房训练场地室内净高不得小于 10.0m。

（4）设置消防电梯的建筑的地下或半地下室，埋深大于 10m 且总建筑面积大于 3000m^2 的其他地下或半地下建筑（室），应设置消防电梯。

100.0——

≤ 100.0

（1）建筑高度不超过 100.0m 的一类高层建筑及其地下、半地下室，（除游泳池、溜冰场外）和另有规定不宜用水扑救的空间外，均应设置自动灭火系统并宜采用自动喷水灭火系统。

（2）建筑高度大于 54.0m 不超过 100.0m 的住宅建筑其公共部位应设置火灾自动报警系统，套内宜设置火灾探测器。

> 100.0

（1）建筑高度大于 100.0m 的民用建筑为超高层建筑。

（2）建筑高度超过 100.0m 的住宅建筑，应设置避难层（间）。

（3）建筑高度超过 100.0m 的公共建筑，应设置避难层（间）。

（4）建筑高度超过 100.0m 的住宅建筑，应设置火灾自动报警系统。

（5）建筑高度大于 100m 的住宅建筑，其防烟楼梯间、独立前室、公用前室、合用前室及消防电梯前室应采用加压送风系统。

（6）建筑高度大于 100m 的住宅建筑宜采用自动喷水灭火系统。

［1.05］竖向系列

1.05——

≥ 1.05

（1）民用建筑阳台、外廊、室内回廊、内天井、上人屋面及室外楼梯等临空处应设置防护栏杆，临空高度在 24.0m 以下时，栏杆高度不应低于 1.05m。

（2）住宅阳台，外廊、内天井及上人屋面等临空处的栏板或栏杆净高，六层及六层以下不应低于 1.05m。

［1.10］竖向系列

1.10——

≥ 1.10

（1）七层及七层以上住宅阳台、栏板或栏杆净高不应低于 1.10m。

（2）中小学校上人屋面、外廊、楼梯、平台、阳台等临空位置必须设防护栏杆，防护栏杆必须牢固、安全，高度不应低于 1.10m。防护栏杆最薄弱处承受的最小水平推力应不小于 1.5kN/m。

（3）室外疏散楼梯栏杆扶手的高度不应小于 1.10m。

（4）电影院视线设计依据观众坐在座位上眼睛距地面的高度宜取 1.15～1.10m。

（5）老年养护院、养老院居住用房开敞式阳台栏杆高度不低于 1.10m 且离地面 0.30m 高度内不宜留空。

＝ 1.10

（1）老年人居住建筑的安全监控设备终端和呼叫按钮宜设在大门附近，呼叫按钮距地面高度为 1.10m。

（2）老年人居住建筑宜采用带指示灯的宽板开关，长过道宜安装多点控制的照明开关，卧室宜采用多点控制照明开关，浴室、厕所可采用延时开关，开关离地高度宜为 1.10m。

（3）室内消火栓栓口离地面高度宜为 1.10m，栓口出水方向宜向下或与设置消火栓的墙面相垂直。

［1.20］竖向系列

0.12——

≥ 0.12

（1）厕浴间、厨房等受水或非腐蚀性液体经常浸湿的楼面应采取防水、防滑类面层且应低于相邻楼面，并设排水坡坡向地漏。楼板四周除门洞外，应做混凝土翻边，其高度不应小于 120mm。

（2）铁路旅客车站的旅客活动地带和人行道的地面应与站台贯通，且高出车行道地面不应小于 120mm。

＝ 0.12

剧场的视线升高差值“C”值应取 0.12m。

1.20——

≤ 1.20

（1）养老设施建筑出入口处应采用缓步台阶，缓步台阶踢面高度不宜大于 120mm，踏面宽度不宜小于 350mm。

（2）无障碍设计坡道的最大高度不应大于 1.20m，1：20 的坡度水平长度应为 24.0m。

＜ 1.20

利用坡屋顶内的空间时，屋面板下边线与楼板地面的净高低于 1.20m 的空间不应计算使用面积。

≥ 1.20

（1）利用坡屋顶内的空间时，屋面板下边线与楼板地面的净高在 2.10～1.20m 的空间应按 1/2 面积计算使用面积。

（2）设在其他建筑内的汽车库、修车库的外墙门窗、洞口上方应设宽度不小于 1.0m 的防火挑檐，防火挑檐应为耐火极限不小于 1.0h 的不燃烧体，外墙的上、下窗间墙高度不应小于 1.20m。

（3）锅炉房、变压器室的门均应直通室外或直通安全出口，外墙开口部位的上方应设置宽度不小于 1.0m 的不燃烧体防火挑檐或高度不小于 1.20m 的窗槛墙；饮食建筑厨房有明火的加工区（间）上层有餐厅或其他用房时应设防火挑檐或在上下层开口之间设置高度不小于 1.20m 的实体外墙。

（4）幼儿园的阳台、屋顶平台护栏的净高不应小于 1.20m。

12.0——

≤ 12.0

（1）多层和高层钢筋混凝土建筑高度不大于 12.0m 时，抗震墙宜承担结构的全部地震作用，各层板柱和框架部分应能承担不少于本层地震剪力的 20%。

（2）多层和高层钢筋混凝土建筑高度大于 12.0m 时，抗震墙应承担结构的全部地震作用。

≥ 12.0

展览建筑的甲等展厅（展厅面积＞ 10000.0m^2）的净高不宜小于 12.0m。

＞ 12.0

展览建筑内设置自动喷水灭火系统时，对于室内最大净空高度大于 12.0m 的展厅、大型多功能厅等人员密集场所，宜采用带雾化功能的自动水炮等灭火系统。

[1.30] 竖向系列

0.13——

≥ 0.13

老年人居住建筑的楼梯踏步高度不应大于 0.15m，不宜小于 0.13m。

1.30——

≤ 1.30

幼儿园的活动室、音体室的窗台距地面高度 1.30m 以内不应设平开窗。

[1.40] 竖向系列

0.14——

≤ 0.14

铁路旅客车站的地道、天桥台阶踏步的高度不宜大于 0.14m。

1.40——

≤ 1.40

医疗康复建筑医技部的无障碍设施要求病人更衣室内应留有轮椅回转空间，部分更衣箱的高度应小于 1.40m。

[1.50] 竖向系列

0.015——

≤ 0.015

门的无障碍设计：门槛高度及门内外地面高差不应大于 15mm，并应以斜面过渡。

0.15——

≤ 0.15

（1）住宅无障碍设计的门槛高度及门内外地面高差不应大于 0.15m，并应以斜面过渡。

（2）公共建筑室内外台阶踏步高度不宜大于 0.15m，并不宜小于 0.10m，踏步应防滑。

（3）展览建筑的安全出口标志设置在门的上部时，标志的下边缘距门框不宜大于 0.15m。

≥ 0.15

（1）电影院观众席，第一排座位地坪高于地面 0.15m，座位临空时应设栏杆。

（2）电影院观众厅边走道与地面高差大于 0.15m，走道临空时应设栏杆。

（3）智能化系统竖井宜与电气竖井分别设置，其地坪或门槛宜高出本层地坪 0.30～0.15m。

（4）坡道式汽车库，当坡道横向内外两侧无墙时，应设护栏和道牙，单行和双行道的道牙高度不应小于 0.15m。

（5）汽车库的停车位的楼地面上应设车轮挡，其高度宜为 150～200mm。车轮挡不得阻碍楼地面排水。

（6）档案馆的档案库采用架空地面时，架空的下部地面宜采用防水地面并高出室外地面不小于 150mm。

1.50——

≤ 1.50

（1）电影院观众厅第一排观众座位地面离银幕画面下沿的最高视点不宜大于 1.50m，不应大于 2.0m。

（2）老年人居住建筑不应采用螺旋楼梯，不宜采用直跑楼梯，每段楼梯高度不宜高于 1.50m。

≥ 1.50

（1）台阶式用地的台阶之间应用护坡或挡土墙连接，相邻台地高差大于 1.50m 时，应在挡土墙或坡比大于 0.5 的护坡顶面加设安全防护设施。

（2）树木与 1～10kV 的架空电力线路导线的垂直距离不应小于 1.50m。

（3）通游船的桥梁，其桥底与水面之间的净空高度不应小于 1.50m。

15.0——

≥ 15.0

综合体育馆比赛场地上空净高不应小于 15.0m。

≤ 15.0

2～3 层的胶合木结构建筑的允许高度不大于 15m，单层的胶合木结构建筑允许高度不限。

[1.60] 竖向系列

1.60——

≤ 1.60

老年人居住建筑内应设每人独立使用的储藏空间，供轮椅使用者单独使用的储存高度不宜大于 1.60m。

[1.80] 竖向系列

1.80——

> 1.80

图书馆音像控制室观察窗兼作放映孔时，窗口下沿距控制室地面应为 0.85m，距视听室后部地面应大于 1.80m。

≥ 1.80

（1）高压配电室宜设不能开启的距室外地坪不低于 1.80m 的自然采光窗，低压配电室可设能开启的不临街的自然采光窗。

（2）剧场建筑主台上的栅顶或工作桥的工作净高不应低于 1.80m。

≤ 1.80

住宅套内安装在 1.80m 及其以下的插座均应采用安全型插座。

18.0——

≤ 18.0

建筑高度不大于 18m 的住宅建筑的房间隔墙和非承重墙外墙可采用木骨架组合墙体。

[1.85] 竖向系列

1.85——

≥ 1.85

歌舞剧场舞台的台唇下沿至乐池地面面的净高不宜小于 1.85m。

[1.90] 竖向系列

1.90——

≥ 1.90

（1）住宅的厨房、卫生间内露明排水横管下表面与楼面、地面净距不得低于 1.90m，且不得影响门、窗扇开启。

（2）机械式汽车库的库门洞口宽度不应小于车宽加 0.50m，其高度不应小于车高加 0.10m，机械式汽车库的库门兼作人行通道时其高度不应小于 1.90m。

[2.00] 竖向系列

0.02——

≤ 0.02

（1）老年人居住建筑的户门内外不宜有高差。有门槛时，其高度不应大于 20mm，并设坡面连接。

（2）老年人居住建筑的过道地面及其与各居室地面之间应无高差。过道地面应高于卫生间地面，标高变化不应大于 20mm，门口应做小坡以不影响轮椅通行。

= 0.02

档案馆的档案库区内比库区外地面应高出 20mm。

0.20——

≥ 0.20

（1）商店橱窗地坪高于室内地面不应小于 0.20m，高于室外不应小于 0.50m。

（2）电动汽车充电站中落地式充电桩安装基础应高出地面0.2m及以上，必要时可安装防撞栏。

≤ 0.20

服务楼梯、住宅套内楼梯踏步高度不应大于0.20m。

2.00——

≥ 2.00

（1）建筑的架空层、避难层、地下室、局部夹层、走道等有人员正常活动的空间最低处的净高不应小于2.0m。

（2）住宅的地下室、半地下室做自行车库和设备用房时，其净高不应低于2.0m。

（3）住宅的地下机动车库，车位的净高不应低于2.0m。

（4）住宅的地下自行车库净高不应低于2.0m。

（5）住宅中作为主要通道的外廊宜作封闭有开启扇的外廊，其局部净高不应低于2.0m。

（6）住宅的共用外门、户（套）门、起居室（厅）门、卧室门、厨房门、卫生间门、阳台门（单扇）的门洞高度不应小于2.0m。

（7）楼梯平台上部及下部过道处的净高不应小于2.0m。

（8）开向公共走道的窗扇，其底部高度不应低于2.0m。

（9）固定在无障碍通道的墙、柱上的物体或标牌距地面的高度不应小于2.0m。

（10）采光窗洞口上沿距地面高度不宜低于2.0m。

（11）排气道、排水通气管的出口，设置在上人屋面、住户平台上时，应高出屋面或平台2.0m。当周围4.0m之内有门窗时，应高出门窗上口0.60m。

（12）办公建筑的贮藏间净高不应低于2.0m。

（13）办公建筑的非机动车库净高不应低于2.0m。

（14）防空地下室的室内地平面至梁底和管底的净高不得小于2.0m。

（15）歌舞剧场乐池两侧通往主台和台仓的通道净高不宜小于2.0m。

（16）电影院建筑的放映窗口外侧底边距观众厅最后排地面的净高不得小于2.0m。

＞ 2.00

高度大于2.0m的挡土墙和护坡的上缘与住宅间水平距离不应小于3.0m，其下缘与住宅间水平距离不应小于2.0m。

≤ 2.00

（1）人行天桥下的三角区净空高度小于2.0m时，应安装防护设施，并应在防护设施外设置提示盲道。

（2）底层外窗和阳台门、下沿低于2.0m且紧邻走廊或共用上人屋面上的窗门，应采取防卫措施。

（3）展览建筑的安全出口标志设置在门框侧边缘时，标志的下边缘距室内地坪不宜大于2.0m。

[2.10] 竖向系列

2.10——

＞ 2.10

利用坡屋顶内的空间时，屋面板下边线与楼板地面的净高超过2.10m的空间应全部计入套内使用面积。

≥ 2.10

（1）利用坡屋顶内空间作卧室、起居室（厅）时，至少有1/2的使用面积的室内净高不应低于2.10m。

（2）办公建筑、门洞口高度不应小于 2.10m，宽度不应小于 1.0m。

（3）大中型书店采用开架书廊方式，利用空间设置夹层，其净高不应小于 2.10m。

（4）商店建筑设有货架的库房，净高不应小于 2.10m。

（5）剧场建筑耳光室的每层净高不应小于 2.10m。

（6）宿舍建筑不设上亮窗的门洞口高度不应小于 2.10m。

21.0——

≤ 21.0

建筑高度不大于 21m 的住宅建筑可以采用敞开楼梯间，与电梯井相邻布置的疏散楼梯应采用封闭楼梯间，当户门具有防烟功能且耐火完整性不低于 1.00h 时，仍可采用敞开楼梯间。

> 21.0

建筑高度大于 21m 且不大于 33m 的住宅应采用封闭楼梯间，当户门是具有防烟性能且耐火完整性不低于 1.00h 的乙级防火门时，可采用敞开楼梯间。

[2.20] 竖向系列

2.20——

≥ 2.20

（1）住宅的地下室、半地下室做机动车停车位时，其净高不应低于 2.2m。

（2）楼梯梯段净高为自踏步前缘（包括最低和最高一级踏步前缘线以外 0.30m 范围内）量至上方突出物下缘间的垂直高度，不宜小于 2.20m。

（3）住宅的厨房、卫生间的室内净高不应低于 2.2m。

（4）办公建筑的走道净高不应低于 2.20m。

（5）微型车、小型车汽车库室内净高不应低于 2.2m，未包括设备管道安装高度。

（6）档案馆的档案库有梁或管道时局部的净高不应低于 2.20m。

（7）林下铺装活动场地，以种植乔木为主，林下净空不得低于 2.20m。

（8）利用坡屋顶空间作为老年人居住用房时，最低处距地面净高不应低于 2.20m，且低于 2.60m 高度部分的面积不应大于室内使用面积的 1/3。

≤ 2.20

歌舞剧场舞台面至乐池地面在开口部位不应大于 2.20m。

[2.30] 竖向系列

2.30——

≥ 2.30

图书馆藏书区楼板有梁或管道时，其底面净高不宜低于 2.30m。

[2.40] 竖向系列

2.40——

≥ 2.40

（1）防空地下室的室内地平面至顶板的结构板底面的净高不宜小于 2.40m（专业队装备掩蔽部和人防汽车库除外）。

（2）图书馆藏书区楼板至地面的净高不宜低于 2.40m。

（3）档案馆的档案库净高不应低于 2.40m。

（4）剧场建筑主台通往后台的门净高不应低于 2.40m。

（5）剧场建筑服装室的门净高不宜低于 2.40m。

（6）住宅的卧室、起居室（厅）的室内净高不应低于 2.40m，局部净高不应低于 2.10m，且局部净高的室内面积不应大于室内使用面积的 1/3。

（7）宿舍建筑设亮窗的门洞口高度不应小于 2.40m。

24.0——

＞ 24.0

（1）甲、乙类建筑以及高度大于 24.0m 的丙类建筑，不应采用单跨框架结构。

（2）建筑高度超过 24.0m 的非单层厂房、仓库和其他民用建筑。及其裙房为高层建筑。

≤ 24.0

（1）高度不大于 24.0m 的丙类建筑，不宜采用单跨框架结构。

（2）除住宅建筑之外的民用建筑，建筑高度不大于 24.0m 者为单层建筑和多层建筑。

（3）建筑高度不大于 24.0m 的办公建筑，丁、戊类厂房（库房）的房间隔墙和非承重墙外墙可采用木骨架组合墙体。除建筑高度不大于 18m 的住宅建筑以外的其他建筑的非承重外墙不得采用木骨架组合墙体。

（4）7 层及 7 层以下木结构组合建筑允许建筑高度不大于 24m。

[2.50] 竖向系列

2.50——

≤ 2.50

单层生土房屋的檐口高度不宜大于 2.50m。

≥ 2.50

（1）宿舍建筑辅助用房的净高不应低于 2.50m。

（2）三类办公建筑的办公室净高不应低于 2.50m。

（3）电影院智能化系统机房净高不宜小于 2.50m。

（4）停车场种植的庇荫乔木可选择行道树种。其树木枝下高度应符合停车位净高度的规定，小型汽车为 2.50m。

＞ 2.50

（1）2.50m 以上允许突出道路红线的建筑构件有凸窗、窗扇、窗罩和空调机位。

（2）2.50m 以上允许突出道路红线的活动遮阳，突出的深度不应大于人行道宽度减 1m，并不应大于 3.0m。

＝ 2.50

剧场建筑耳光室的第一层，层面应高出舞台面 2.50m。

250.0——

≥ 250.0

建筑高度超过 250m 的高层建筑的防火设计应提交国家消防主管部门组织专题研究、论证。

[2.60] 竖向系列

2.60——

≥ 2.60

（1）宿舍建筑的居室在采用单层床时，净高不应低于 2.60m。

（2）二类办公建筑的办公室净高不应低于 2.60m。

（3）老年人居住用房净高不宜低于 2.60m。

[2.70] 竖向系列

2.70——

≥ 2.70

（1）剧场建筑后台跑场通道的地面应与舞台标高一致，净高不得低于 2.70m。

（2）一类办公建筑的办公室净高不应低于 2.70m。

27.0——

> 27.0

（1）建筑高度大于 27.0m 的住宅建筑为高层建筑，建筑高度不大于 27.0m 的住宅建筑为非高层建筑。按层数分为中高层（7～9）、多层（4～6）、低层（1～3）住宅建筑。

（2）建筑高度大于 27.0m，但不大于 54m 的住宅建筑，每个单元设置一座楼梯时，疏散楼梯应通至屋面，且单元之间的疏散楼梯应能通过屋面连通，中门应具有防烟性能，且其耐火完整性不应低于 1.00h。当不能通至屋面或不能通过屋面连通时，应设置两个安全出口。

[2.80] 竖向系列

2.80——

≥ 2.80

（1）轻型车汽车库室内净高不应低于 2.8m，未包括设备管道安装高度。

（2）电影院放映室的净高不应低于 2.8m。

（3）幼儿园的活动室、寝室、乳儿室的净高不应低于 2.80m。

（4）宿舍建筑的居室在采用单层床时，层高不宜低于 2.80m。

[3.00] 竖向系列

0.003——

≤ 0.003

老年人使用的楼梯，楼梯踏面前缘宜设置高度不大于 3mm 的异色防滑警示条，踏面前缘向前凸出不应大于 10mm。

0.30——

≤ 0.30

电影院有主席台的多功能观众厅，设计视点不应超过 0.30m。

≥ 0.30

（1）档案馆的档案库平屋面架空隔热层的高度不应小于 300mm。

（2）老年养护院、养老院居住用房开敞式阳台栏杆离地面 0.30m 高度内不宜留空。

3.00——

≤ 3.00

（1）木柱、木梁房屋宜建单层，高度不宜超过 3.0m。

（2）多层石砌体房屋的层高不宜超过 3.0m。

≥ 3.00

（1）图书馆建筑在幕前放映的音像控制室，净高不得小于 3.0m。

（2）商店建筑设有固定堆放形式的库房，净高不应小于 3.0m。

（3）铁路旅客车站行包库房的室内净高不应小于 3.0m。

（4）铁路旅客车站雨篷下悬挂物的下缘至站台地面的高度不应小于 3.0m。

＞ 3.00

3.0m 以上允许突出道路红线的雨篷、挑檐，突出的深度不应大于 2.0m。

＝ 3.00

剧场建筑主台上层天桥的净高宜为 3.0m。

[3.20] 竖向系列

32.0——

＞ 32.0

（1）一类高层公共建筑和建筑高度超过 32.0m 的二类高层公共建筑≥ 5 层（包括综合建筑）总建筑面积大于 3000m^2 的老年人照料设施应设消防电梯。

（2）高层厂房（高层仓库）和甲、乙、丙类多层厂房的疏散楼梯应采用封闭楼梯或室外楼梯。建筑高度大于 32m 且任一层人数超过 10 人的厂房，应采用防烟楼梯间或室外楼梯。

≤ 32.0

裙房和建筑高度不大于 32m 的二类高层公共建筑，其疏散楼梯应采用封闭楼梯间。

[3.30] 竖向系列

3.30——

≤ 3.30

木柱木屋架和穿斗木构架房屋，9 度时宜建单层，高度不应超过 3.30m。

33.0——

＞ 33.0

（1）建筑高度大于 33m 的住宅建筑应采用防烟楼梯间，户门不宜直接开向前室，确有困难时，每层开向前室的户门不应大于 3 樘且门应具有防烟功能，其耐火完整性不低于 1.00h（乙级防火门）。

（2）建筑高度大于 33m 的住宅建筑应设置消防电梯。

[3.40] 竖向系列

3.40——

≥ 3.40

（1）大、中型铰接客车汽车库室内净高不应小于 3.40m。

（2）宿舍建筑的居室在采用双层床或高架床时，净高不应低于3.40m。

[3.50] 竖向系列

3.50——

≥3.50

停车场种植的庇荫乔木可选择行道树种。其树木枝下高度应符合停车位净高度的规定，中型汽车为3.50m。

[3.60] 竖向系列

3.60——

≥3.60

（1）剧场建筑侧台进出景物的门净高不应低于3.60m。

（2）幼儿园的音体活动室的净高不应低于3.60m。

（3）宿舍建筑的居室在采用双层床或高架床时，层高不宜低于3.60m。

（4）铁路旅客车站的天然采光、自然通风的候车室净高不宜低于3.60m。

（5）汽车客运站自然通风的候车室净高不应低于3.60m。

≤3.60

多层砌体承重房屋的层高不应超过3.60m。

[3.90] 竖向系列

3.90——

≤3.90

多层砌体承重房屋中，因使用功能要求，采用约束砌体等加强措施的普通砖房屋，层高不应超过3.90m。

[4.00] 竖向系列

0.40——

≥0.40

（1）无障碍厕所在坐便器旁的墙面上应设高400～500mm的求助呼叫按钮。

（2）无障碍厕所的取纸器应设在坐便器的侧前方，高度为400～500mm。

（3）无障碍客房及卫生间应设高400～500mm的求助呼叫按钮。

（4）老年人居住建筑的浴室、卫生间的坐便器安装高度不应低于0.40m。

≤0.40

木石结构的房屋突出屋面的烟囱、女儿墙等易倒塌构件的出屋面高度，8度（0.30g）和9度时不应大于400mm，并应采取拉结措施。坡屋面的烟囱高度由烟囱的根部上沿算起。

4.00——

≥4.00

消防车道的净高不应小于4.00m。

[4.20] 竖向系列

≤4.20

多层砌体承重房屋，当底部采用约束砌体抗震墙时，底部的层高不应超过 4.20m。

≥ 4.20

（1）大、中型铰接货车汽车库室内净高不应小于 4.20m。

（2）港口客运站的售票厅净高不宜低于 4.20m。

［4.50］竖向系列

0.45——

≥ 0.45

档案馆建筑的档案库区采用架空地面时，架空层的净高不应小于 0.45m。

≤ 0.45

（1）居住绿地内的游步道及园林建筑、园林小品如亭、廊、花架等休憩设施不宜设置高于 450mm 的台明或台阶。必须设置时，应设置轮椅坡道并在休憩设施入口处设提示盲道。

（2）老年人居住建筑卫生间的浴盆外缘距地高度宜小于 0.45m。

4.50——

≤ 4.50

底部框架—抗震墙砌体房屋的底部，其层高不应超过 4.50m。

≥ 4.50

（1）停车场种植的庇荫乔木可选择行道树种。其树木枝下高度应符合停车位净高度的规定，载货汽车为 4.50m。

（2）港口客运站自然通风的候船厅室内净高不宜低于 4.50m。

［4.60］竖向系列

4.60——

≥ 4.60

商店建筑设有夹层的库房，净高不应小于 4.60m。

［4.70］竖向系列

4.70——

≥ 4.70

图书馆藏书区采用积层书架的书库，梁板（管道）底部至地面的净高不得小于 4.70m。

［5.00］竖向系列

0.005——

≤ 0.005

剧场建筑的机械式舞台，其可动台面与不动台面的缝隙高差不得大于 5mm。

0.05——

≥ 0.05

居住建筑无存水弯的卫生器具和无水封的地漏与生活排水管道连接时，在排水口以下应设存水弯；存水弯和有水封地漏的水封高度不应小于 50mm。

＝0.05

剧场舞台的第一道面光桥的长度不应小于台口宽度，射光口净高不应小于 1.0m，下部应设 50mm 高挡板。

0.50——

≤0.50

（1）汀步两侧水深不得超过 0.50m。

（2）木石结构的房屋突出屋面的烟囱、女儿墙等易倒塌构件的出屋面高度，8 度（0.20g）时不应大于 500mm。坡屋面的烟囱高度由烟囱的根部上沿算起。

（3）养老设施建筑出入口处的平台与建筑室外地坪高差不宜大于 500mm，并应采用缓步台阶和坡道过渡。

≥0.50

（1）档案馆建筑的档案库区室内地面高出室外地面不应小于 0.50m。

（2）剧场建筑座席地坪高于前面横走道 0.50m 及座席侧面紧邻有高差的纵走道及梯步时应设栏杆。

5.00——

＞5.00

5.0m 以上允许突出道路红线的雨篷、挑檐，突出的深度不宜大于 3.0m。

≥5.00

汽车客运站发车位雨篷净高不得低于 5.0m。

50.0——

≤50.0

（1）建筑高度不超过 50.0m 的教学楼和普通的旅馆、办公楼、科研楼、档案楼等应为二类高层建筑。

（2）对于 6、7 度时不超过 50.0m 的钢结构，尚可采用装配整体式钢筋混凝土楼板，也可以采用装配式楼板或其他轻型楼盖，但应将楼板预制件与钢梁焊接，或采用其他保证楼盖整体性的措施。

（3）建筑高度大于 100m 的公共建筑，应设置避难层（间），第一个避难层（间）的楼地面至灭火救援场地地面的高度不应大于 50m，两个避难层（间）之间的高度不宜大于 50m。

≥50.0

按一级负荷供电且建筑高度大于 50.0m 的乙、丙类厂房和丙类仓库宜设置电气火灾监控系统。

＞50.0

（1）建筑高度超过 50.0m 的教学楼和普通的旅馆、办公楼、科研楼、档案楼等应为一类高层建筑。

（2）超过 50.0m 的钢结构房屋应设地下室。其埋置深度，当采用天然地基时不宜小于房屋总高度的 1/15；当采用桩基时，桩承台埋深不宜小于房屋总高度的 1/20。

（3）建筑高度大于 50m 的公共建筑、工业建筑其防烟楼梯间及各类前室应采用机械加压送风系统。

（4）建筑高度大于 50m 的公共建筑（一类高层）应设火灾自动报警系统。

[5.40] 竖向系列

54.0——

＞54.0

建筑高度大于 54m 的住宅建筑，每个单元每层的安全出口不应少于 2 个。

[6.00] 竖向系列

0.60——

≤ 0.60

（1）幼儿园的活动室、音体室的窗台距地面高度不宜大于 0.60m。

（2）幼儿园的楼梯靠墙一侧应设幼儿扶手，高度不应大于 0.60m。

（3）木石结构的房屋突出屋面的烟囱、女儿墙等易倒塌构件的出屋面高度，6、7 度时不应大于 600mm。坡屋面的烟囱高度由烟囱的根部上沿算起。

（4）养老设施建筑总平面内观赏水景的水池水深不宜大于 0.6m，并应有安全提示与安全防护设施。

6.00——

≤ 6.00

（1）供消防车取水的消防水池应设取水口或取水井，其水深应保证消防车的消防水泵吸水高度不超过 6.0m。

（2）木柱木屋架和穿斗木构架房屋，6～8 度时不宜超过两层，总高度不宜超过 6.0m。

＞ 6.00

单层空旷房屋大厅屋盖的承重结构，在 7 度（0.10g）时，大厅跨度大于 12.0m 或柱顶高度大于 6.0m 的情况下，不应采用砖柱。

≥ 6.00

（1）展览建筑的丙等展厅（展厅面积≤ 5000m²）的净高不宜小于 6.0m。

（2）步行街顶棚下檐距地面高度不应小于 6.0m，顶棚应设置自然排烟设施并宜采用常开式的排烟口，且自然排烟口的有效面积不应小于步行街地面面积的 25%。

[6.50] 竖向系列

0.65——

≥ 0.65

无障碍设计的双层扶手，其下层扶手的高度应为 650～700mm。

[6.60] 竖向系列

6.60——

≤ 6.60

在 6～8 度（0.20g）的地区采用烧结普通砖（黏土砖、页岩砖），混凝土普通砖柱（墙垛）承重的单层厂房跨度不大于 15.0m，且柱顶标高不大于 6.60m。

[7.00] 竖向系列

0.70——

≤ 0.70

（1）亲水平台临水一侧必须采取安全措施，如设置栏杆、立案条、种植护岸水生植物或者沿岸设置水深不大于 0.70m 的浅水区。沿水岸还必须设置安全警示牌。

（2）不设护栏的桥梁、亲水平台等临水岸边，必须设置宽 2.0m 以上的水下安全区，其水深不得超过 0.70m。

（3）城市开放绿地内，水体岸边 2.0m 范围内的水深不得大于 0.70m，当达不到此要求时，必须设置安全防护设施。

＞0.70

（1）人流密集场所台阶高度超过 0.70m 并侧面临空时，应有防护设施。

（2）无障碍低位服务设施上表面距地面高度宜为 700～850mm。其下部宜至少留出宽 750mm、高 650mm、深 450mm 供乘轮椅者活动的空间。

＝0.70

无障碍淋浴间应设距地面高 700mm 的水平抓杆和高 1.60～1.40m 的垂直抓杆。

7.0——

＞7.0

货架高度大于 7m 且采用机械化操作或自动化控制的仓库为高架仓库。

[7.50] 竖向系列

0.75——

≤0.75

老年人居住建筑供轮椅使用者使用的台面高度不宜高于 0.75m，台下净高不宜小于 0.70m，深度不宜小于 0.25m。

[8.00] 竖向系列

0.80——

≥0.80

（1）必须设置围墙的城市绿地宜采用透空花墙或围墙，其高度在 2.20～0.80m。

（2）老年人居住建筑的公用走廊、公用楼梯、户内过道应安装扶手，单层扶手高度为 0.85～0.80m。

（3）老年人居住建筑的电梯轿厢内两侧壁应安装扶手，距地高度为 0.85～0.80m。

＝0.80

老年人居住建筑的公共浴室和卫生间宜设置适合轮椅坐姿的洗面器，洗面器高度 0.80m，侧面宜安装扶手。

8.00——

≥8.00

展览建筑的乙等展厅（展厅面积 $5000m^2 < S \leq 10000m^2$）的净高不宜小于 8.0m。

＞8.00

单层空旷房屋大厅屋盖的承重结构，在 6 度时大厅的柱顶高度大于 8.0m 或大厅的跨度大于 15.0m 的情况下不应采用砖柱。

[9.00] 竖向系列

0.90——

＝0.90

（1）老年人居住建筑的公用走廊、户内过道应安装扶手，上、下层双层扶手高度为 0.90m 和 0.65m。

（2）无障碍电梯轿厢正面高 900mm 处至顶部应安装镜子或采用有镜面效果的材料。

（3）无障碍厕所门、厕位门应设高 900mm 的横扶把手或关门拉手。

（4）无障碍盆浴间，浴盆内侧应设 900mm 和 600mm 的双层水平拉杆，长度不小于 800mm；洗浴坐台一侧的墙上设高 900mm 的水平长度不小于 600mm 的抓杆。

（5）无障碍厕所小便器，在离墙面 550mm 处，应设高度 900mm 的水平抓杆与垂直立杆连接。

≥ 0.90

（1）养老设施建筑、老年人居住建筑的电梯和无障碍电梯呼梯按钮高度为 1.10～0.90m。

（2）老年人居住建筑的电梯操作按钮和报警装置应安装在轿厢侧壁易于识别和触及处，宜横向布置，距地高度为 1.20～0.90m，距前、后壁不得小于 0.40m。

≤ 0.90

无障碍设计的挂式电话离地不应高于 900mm。

本节编排的水平和垂直方向的建筑物的常用设计尺度不包括石油、天然气、煤炭、电力、航空等行业的建筑物，设计这类建筑时必须了解有关行业的设计标准和规范。采用上述数据应密切关注有关规范和标准的修订和更新，必须严格按有效期内的规范标准数据设计。

第三节　建筑体量和建筑设备

建筑方案设计构思中，对建筑构配件的空间尺度和设计布局宜有比较准确的判断和初步设想，以便设计协调和深化设计。

一、建筑体量

建筑体量往往受到不同建筑材料、不同结构形式的结构尺度的制约，建筑方案设计只有根据拟采用的结构形式的要求对建筑体量进行控制，才能确保建筑的安全、稳定、可靠。

建筑的功能需求、建筑内的安全疏散线路都制约建筑的体量，例如，公共建筑房间内任一点和住宅建筑户内任一点至直通疏散走道的疏散门或户门的直线距离不应大于袋形走道两侧或尽端的疏散门至最近安全出口的直线距离的有关规定等就对建筑的空间规模有影响。

建筑体型的结构要求包括：

1. 按《建筑抗震设计规范》GB 50011—2010（2016 年版）第 6.1.1 条的规定，现浇钢筋混凝土不同结构类型建筑的适用最大高度如表 5–1 所示。

现浇钢筋混凝土不同结构类型建筑的适用最大高度（m）　　表5–1

结构类型		烈　度				
		6	7	8（0.2*g*）	8（0.3*g*）	9
框架		60	50	40	35	24
框架—抗震墙		130	120	100	80	50
抗震墙		140	120	100	80	60
部分框支抗震墙		120	100	80	50	不应采用
筒体	框架—核心筒	150	130	100	90	70
	筒中筒	180	150	120	100	80

续表

结构类型	烈度				
	6	7	8（0.2g）	8（0.3g）	9
板柱—抗震墙	80	70	55	40	不应采用

注：1. 房屋高度指室外地面到主要屋面板板顶的高度（不包括局部突出屋顶部分）。
2. 框架—核心筒结构指周边稀柱框架与核心筒组成的结构。
3. 部分框支抗震墙结构指首层或底部两层为框支层的结构，不包括仅个别框支墙的情况。
4. 表中框架，不包括异形柱框架。
5. 板柱—抗震墙结构指板柱、框架和抗震墙组成抗侧力体系的结构。
6. 乙类（重点设防类）建筑可按本地区抗震设防烈度确定其适用的最大高度。
7. 超过表内高度的房屋，应进行专门研究和论证，采取有效的加强措施。

2. 按《建筑抗震设计规范》（2016年版）第6.1.6条框架—抗震墙、板柱—抗震墙结构以及框支层中，抗震墙之间无大洞口的楼、屋盖的长宽比不宜超过表5-2的规定，超过时应计入楼盖平面内变形的影响。

抗震墙之间楼屋盖的长宽比 表5-2

楼、屋盖类型		设防烈度			
		6	7	8	9
框架—抗震墙结构	现浇或叠合楼、屋盖	4	4	3	2
	装配整体式楼、屋盖	3	3	2	不宜采用
板柱—抗震墙结构的现浇楼、屋盖		3	3	2	—
框支层的现浇楼、屋盖		2.5	2.5	2	—

3. 按《建筑抗震设计规范》（2016年版）第7.1.1条普通砖（包括烧结、蒸压、混凝土普通砖）、多孔砖（包括烧结、混凝土多孔砖）和混凝土小型空心砌块等砌体承重的多层房屋、底层或底部两层框架—抗震墙砌体房屋。一般情况下房屋的层数和总高度不应超过表5-3的规定。

多层砌体房屋的层数和总高度限值（m） 表5-3

房屋类别		最小抗震墙厚度（mm）	烈度和设计基本地震加速度											
			6		7				8				9	
			0.05g		0.10g		0.15g		0.20g		0.30g		0.40g	
			高度	层数	高度	层数	高度	层数	高度	层数	高度	层数	高度	层数
多层砌体房屋	普通砖	240	21	7	21	7	21	7	18	6	15	5	12	4
	多孔砖	240	21	7	21	7	18	6	18	6	15	5	9	3
	多孔砖	190	21	7	18	6	15	5	15	5	12	4	—	—
	小砌块	190	21	7	21	7	18	6	18	6	15	5	9	3
底部框架—抗震砌体房屋	普通砖 多孔砖	240	22	7	22	7	19	6	16	5	—	—	—	—
	多孔砖	190	22	7	19	6	16	5	13	4	—	—	—	—

续表

<table>
<tr><td colspan="2" rowspan="3">房屋类别</td><td rowspan="3">最小抗震墙厚度（mm）</td><td colspan="12">烈度和设计基本地震加速度</td></tr>
<tr><td colspan="2">6</td><td colspan="4">7</td><td colspan="4">8</td><td colspan="2">9</td></tr>
<tr><td colspan="2">0.05g</td><td colspan="2">0.10g</td><td colspan="2">0.15g</td><td colspan="2">0.20g</td><td colspan="2">0.30g</td><td colspan="2">0.40g</td></tr>
<tr><td colspan="3"></td><td>高度</td><td>层数</td><td>高度</td><td>层数</td><td>高度</td><td>层数</td><td>高度</td><td>层数</td><td>高度</td><td>层数</td><td>高度</td><td>层数</td></tr>
<tr><td>底部框架—抗震砌体房屋</td><td>小砌块</td><td>190</td><td>22</td><td>7</td><td>22</td><td>7</td><td>19</td><td>6</td><td>16</td><td>5</td><td>—</td><td>—</td><td>—</td><td>—</td></tr>
</table>

注：1. 房屋的总高度指室外地面到主要屋面板板顶或檐口的高度，半地下室从地下室室内地面算起；全地下室和嵌固条件好的半地下室应允许从室外地面算起；对带阁楼的坡屋面应算到山尖墙的1/2高度处。

2. 室内外高差大于0.60m时，房屋总高度应允许比表中的数据适当增加，但增加量应少于1.0m。

3. 乙类（重点设防类）多层砌体房屋仍按本地区设防烈度查表，其层数应减少一层且总高度应降低3.0m，不应采用底部框架—抗震墙砌体房屋。

4. 本表小型砌块砌体房屋不包括配筋混凝土小型砌块砌体房屋。

5. 横墙较少的多层砌体房屋（横墙较少是指同一楼层内开间大于4.2m的房间占该层总面积的40%以上，其中，开间不大于4.2m的房间占该层总面积不到20%且开间大于4.8m的房间占该层总面积的50%以上为横墙很少），其总高度应比表5-3的规定降低3m，层数相应减少一层，各层横墙很少的多层砌体房屋还应再减少一层。

6. 在6、7度时，横墙较少的丙类（标准设防类）多层砌体房屋，当按规定采用加强措施并满足抗震承载力要求时，其高度和层数应允许仍按表5-3的规定采用。

7. 采用蒸压灰砂砖和蒸压粉煤灰砖砌体的房屋，当砌体的抗剪强度仅达到普通黏土砖砌体的70%时，房屋的层数应比普通砖房减少一层，总高度应减少3m。当砌体的抗剪强度达到普通黏土砖砌体的取值时，房屋层数和总高度的要求同普通砖房屋。

4. 按《建筑抗震设计规范》（2016年版）第7.1.4条多层砌体房屋的总高度与总宽度的最大比值应符合表5-4的要求。

多层砌体房屋的最大高宽比 **表5-4**

烈 度	6	7	8	9
最大高宽比	2.5	2.5	2.0	1.5

注：1. 房屋的总高度指室外地面到主要屋面板板顶或檐口的高度，半地下室从地下室室内地面算起；全地下室和嵌固条件好的半地下室允许从室外地面算起；对带阁楼的坡屋面应算到山尖墙的1/2高度处。

2. 单面走廊房屋的总宽度不包括走廊的宽度。

3. 建筑平面接近正方形时，其高宽比宜适当减少。

5. 按《建筑抗震设计规范》（2016年版）第8.1.1条多层和高层钢结构房屋

钢结构民用房屋的结构类型和最大高度应符合表5-5的规定。平面和竖向均不规则的钢结构，适用的最大高度宜适当降低。

钢结构房屋适用的最大高度（m） **表5-5**

<table>
<tr><td rowspan="2">结构类型</td><td rowspan="2">6、7度（0.10g）</td><td rowspan="2">7度（0.15g）</td><td colspan="2">8度</td><td rowspan="2">9度（0.40g）</td></tr>
<tr><td>（0.20g）</td><td>（0.30g）</td></tr>
<tr><td>框架</td><td>110</td><td>90</td><td>90</td><td>70</td><td>50</td></tr>
<tr><td>框架—中心支撑</td><td>220</td><td>200</td><td>180</td><td>150</td><td>120</td></tr>
<tr><td>框架—偏心支撑（延性墙板）</td><td>240</td><td>220</td><td>200</td><td>180</td><td>160</td></tr>
</table>

续表

结构类型	6、7度（0.10g）	7度（0.15g）	8度		9度（0.40g）
			（0.20g）	（0.30g）	
筒体（框筒、筒中筒、桁架筒，束筒）和巨型框架	300	280	260	240	180

注：1．房屋高度指室外地面到主要屋面板布顶的高度（不包括局部突出屋顶部分）。
2．超过表5-5的房屋，应进行专门研究和论证，采取有效的加强措施。
3．表5-5内的筒体不包括混凝土筒。
4．钢支撑—混凝土框架和钢框架—混凝土筒体结构的抗震设计，应符合《建筑抗震设计规范》GB 50011—2010（2016年版）附录G的规定。
5．多层钢结构厂房的抗震设计，应符合《建筑抗震设计规范》GB 50011—2010（2016年版）附录H第H.2节的规定。

6．按《建筑抗震设计规范》（2016年版）第8.1.2条钢结构民用房屋的最大高宽比不宜超过表5-6的规定。

钢结构民用房屋适用的最大高宽比 **表5-6**

烈　度	6、7	8	9
最大高宽比	6.5	6.0	5.5

注：塔式建筑的底部有大底盘时，高宽比可按大底盘以上计算。

7．按《建筑抗震设计规范》（2016年版）第11.4.2条多层石砌体房屋的总高度和层数不应超过表5-7的规定。

多层石砌体房屋总高度（m）和层数限值 **表5-7**

墙体类别	烈　度					
	6		7		8	
	高度	层数	高度	层数	高度	层数
细、半细料石砌体（无垫片）	16	五	13	四	10	三
粗料石及毛料石砌体（有垫片）	13	四	10	三	7	二

注：1．房屋的总高度指室外地面到主要屋面板板顶或檐口的高度，半地下室从地下室内地面算起；全地下室和嵌固条件好的半地下室允许从室外地面算起；带阁楼的坡屋面应算到山尖墙的1/2高度处。
2．横墙较少的房屋总高度应降低3m，层数相应减少一层。
3．多层石砌体的层高不宜超过3.0m。

8．甲、乙、丙类厂房（库房）不应采用木结构建筑或木结构组合建筑。丁、戊类厂房（库房）和民用建筑采用木结构建筑或木结构组合建筑应符合以下规定：

（1）对于木柱木屋架和穿斗木构架房屋6～8烈度时不宜超过2层，总高度不宜超过6m，9烈度时宜建单层，高度不应超过3.3m。木柱木梁房屋宜建单层，高度不宜超过3m。

（2）木结构建筑房间内任一点至直通疏散走道的疏散门的直线距离不应大于有关袋形走道两侧或尽端的房间疏散门至最近安全出口的直线距离。

（3）《建筑设计防火规范》GB 50016—2014（2018年版）第11.0.3条对木结构建筑或木结构组合建筑的体量分别作了规定见表5-8、表5-9。

木结构建筑或木结构组合建筑的允许层数和允许建筑高度　　表5–8

木结构形式	普通木结构	轻型木结构	胶合木结构		木结构组合
允许层数（层）	2	3	1	3	7
允许建筑高度（m）	10	10	不限	15	24

木结构建筑中防火墙间的允许建筑长度和每层允许最大建筑面积　　表5–9

层数（层）	防火墙之间的允许建筑长度（m）	防火墙之间每层允许最大建筑面积（m^2）
1	100	1800
2	80	900
3	60	600

注：1. 当设置自动喷水灭火系统时表5–8和表5–9中的数据可以增加1.0倍。对于丁、戊类地上厂房防火墙之间的每层允许最大建筑面积不限。

2. 体育场馆等高大空间建筑，其建筑高度和建筑面积允许适当增加。

二、建筑形态与结构体系

（一）技术结构体系

工程结构可以模拟自然界的结构，自然形态与自然结构是共同生长的有机体。工程结构体系是建筑的支撑系统，它们之间能够组成各种建筑形态，一旦建成后建筑受力的作用就开始逐渐耗损。因此，建筑形态具有良好的力学性能是决定建筑使用周期的关键。

建筑结构中力的传递、力的流动（flow of forces）有的著述简称为力流[16]。力流一般按照建筑结构体系接受荷载、传递荷载、释放荷载的次序组成传力线型。它反应建筑结构的安全可靠性和结构的经济性。

建筑结构是一种人工的技术结构，不同于自然结构。自然形态与自然结构是共同生长的由遗传基因规定的组合型态。技术结构须借助工具制造，与建筑形态有各种的组合方式，需要分析探索最佳的组合形式。

建筑结构体系按不同的力流形态分为：

1. 截面作用的结构体系——它是由刚性的线形构件组成的体系。体系内力的传递是按照由外力引起构件内力的变化顺序而形成的体系。它的结构类型包括梁（beam）、板（slab）、交叉梁（beam grid）、框架（frame）等。

2. 向量作用的结构体系——它是由短而坚固的直线杆件构成的体系。体系内力的传递方向是通过向量分解，以单一力（压力或拉力）的多向分解而决定的。它的结构类型包括平面桁架（flat trusses）、传导平面桁架（transmitted flat trusses）、曲桁架（curved trusses）、空间桁架（space trusses）等。

3. 形态作用的结构体系——它是由可挠曲、非刚性物质构成的体系。体系内力的传递方向是通过不同的形态设计和形态稳定来实现。它的结构类型包括拱型（arch）、帐篷型（tent）、悬索型（cable）、气囊型（pneumatic）等。

4. 面作用的结构体系——它是由可挠曲而刚性的面（适于抵抗压力、拉力、剪力）构成的体系。体系内力的传递是通过面的内力和面的形态的变化而进行的。它的结构类型包括墙板（plate）、折板（folded plate）、薄壳（shell）等。

5. 高度作用的结构体系——它是在高空传递力流的体系。它汇集楼面荷载和风荷载的力流由高空传到地下，是由具有高空受力能力的高层建筑结构组成的体系。它的结构类型包括节间式高层建筑（bay-

type highrise）、外筒式高层建筑（casing highrise）、核心筒高层建筑（core highrise）、桥式高层建筑（bridge highrise）等。

（二）结构柱网的选择

单一功能类型的建筑可以按照使用要求和经济性的分析设计建筑的开间和进深，合理布置墙、柱、梁、板等结构构件，拟定开敞式建筑的柱网，比选大空间建筑的柱距、跨径等。

在竖向组合的两种不同功能的建筑中，宜首先安排好首层建筑的柱网，满足建筑的使用要求，逐步调整上部和下部建筑的开间、进深、柱距。

多种功能竖向组合的建筑，结构柱网的选择除了满足建筑使用功能之外务必确保建筑结构的安全性能和投资的合理性。对于地下空间为停车库、底层为开敞广厅、上部为小面积受限空间一类的综合建筑体，往往以上部小开间的倍数值作为地下停车库的柱距，使综合体建筑柱网在竖向对齐连通。柱网无法对齐的情况需要考虑设置结构转换层的空间。地下停车库柱距间安排三辆车位的布置方式居多，安排三辆标准车的柱间净距为 7.8m，安排两辆标准车，一辆加宽车的柱间净距为 8.4m。高层建筑的柱宽按 0.6～1.2m 计算，多种功能竖向组合的综合性建筑常选择 8.4m 和 9.0m 的结构柱网。

三、建筑设备

一般为建筑设备使用的建筑面积约占总建筑面积的 12%～14%；暖通空调机房约占总建筑面积的 8%，电气机房约占总建筑面积的 2.5%～3%，给排水机房约占总建筑面积的 1.5%～2.5%。

（一）建筑设备

1. 电梯

（1）乘客电梯的设置

为解决建筑垂直交通设置的电梯不能作为疏散的安全出口。

电梯的设置应根据垂直交通总人数，交通运行的时间按照所选电梯的运行速度和乘载人数确定建筑所需电梯数量。

方案构思阶段以每 4000～5000m^2 建筑面积设一部电梯的经验方法估算电梯数量，或者按不同建筑类型分类估算所须电梯数目。如住宅楼乘客电梯按 30～90 户 / 台。星级旅馆乘客电梯按约 70～100 间 / 台，消防、服务货梯按约 250 间 / 台，普通旅馆乘客电梯按约 120 间 / 台，消防、服务货梯按约 350 间 / 台。办公楼乘客电梯按约 4000m^2 / 台，高档专用办公楼乘客电梯按约 3000m^2 / 台，消防、服务货梯按约 2000m^2 / 台。医院病房楼乘客电梯按 100～150 床 / 台，服务货梯按 350 床 / 台，消防电梯兼服务梯建筑高度 100m 以下可设 2 台。

下述电梯井道估算尺寸供方案设计参考，在设备订货型号确定后，据实调整井道尺寸。

办公楼、旅馆等公共建筑常用 1000kg（13 人）客梯井道尺寸为 2400mm（宽）×2200mm（深），底坑深 1600mm，顶层高度 4200mm，机房尺寸不小于 3200mm（宽）×4900mm（深）。

病床乘客电梯 1600kg（21 人）井道尺寸为 2400mm（宽）×3000mm（深），底坑深 1900mm，顶层高度 4400mm，机房尺寸不小于 3200mm（宽）×5500mm（深）。

常用 1600kg 载货电梯井道尺寸为 2500mm（宽）×2900mm（深），底坑深 1600mm，顶层高度 4200mm，机房尺寸不小于 3200mm（宽）×4900mm（深）。屋面电梯机房面积按 16m^2 × 电梯数目，消防电梯应设防火墙和防火门，电梯机房净高不小于 3.0m。

普通无机房电梯载重 1000kg 井道尺寸为 2000mm（宽）×2510mm（深），底坑深 1400mm，顶层高度 3750mm。

高速无机房电梯载重 1000kg 井道尺寸为 1950mm（宽）×2580mm（深），底坑深 1550mm，顶层高度 4000mm。

大吨位无机房客货电梯载重1600kg井道尺寸为2350mm（宽）×2800mm（深），底坑深1450mm，顶层高度3900mm。

方案设计时需要考虑设置电梯的建筑类型如下：

1）展览建筑

展览建筑的主要展览空间在二层或二层以上时，应该设置自动扶梯或大型客梯。

2）博物馆建筑

大中型博物馆有二层及二层以上陈列室的建筑宜设客货两用电梯。博物馆的陈列室不宜布置在四层及四层以上的楼层中。

3）电影院建筑

二层及二层以上的特级、甲级、乙级电影院宜设置乘客电梯或自动扶梯。三层及三层以上的丙级等电影院宜设置乘客电梯或自动扶梯。

4）老年人居住建筑

老年人居住建筑宜设置电梯。三层及三层以上设老年人居住及活动空间的建筑应设置电梯，并且应该每层设停靠站。

5）餐饮建筑

三层及三层以上的一级餐馆与餐饮店宜设置乘客电梯。四层及四层以上的其他各级餐馆与餐饮店也宜设置乘客电梯。

6）医院建筑

三层及三层以下无电梯的病房楼以及观察室和抢救室不在同一楼层，并且无电梯的急诊部均应设置坡度不宜大于1/10的有防滑措施的坡道。四层及四层以上的门诊楼或病房楼均应设置不少于2台的乘客电梯。病房楼高度超过24m时，应设置运送污物的电梯。供病人使用的电梯和污物梯，应采用“病床电梯”。电梯井道不得与主要用房贴邻。

7）旅馆建筑

三层及三层以上的一级、二级旅馆应设置乘客电梯。四层及四层以上的三级旅馆应设置乘客电梯。六层及六层以上的四级旅馆应设置乘客电梯。七层及七层以上的五、六级旅馆应设置乘客电梯，其乘客电梯可以和客服电梯合用。

8）科学实验室建筑

四层及四层以上的科学实验室建筑宜设置乘客电梯。

9）商店建筑

四层及四层以上的大型商店的营业场所宜设置乘客电梯或自动扶梯。

10）图书馆建筑

四层及四层以上的图书馆宜设乘客电梯或乘客载货两用电梯。

11）档案馆建筑

四层及四层以上设置查阅档案、设有档案专业或技术用房的档案馆应该设置乘客电梯。

12）疗养院建筑

超过四层的疗养院建筑应该设置乘客电梯。

13）办公建筑

五层及五层以上的办公建筑应该设置电梯。

14）住宅建筑

底层为商店或其他用房，做架空层或贮存空间的四层及四层以下住宅，其住户入口层楼面距该建筑物的室外设计地面高度超过10m时必须设置电梯。四层及四层以上的住宅或住宅内住户入口层楼面距住宅室外设计地面的高度照过 10m 时必须设置电梯。并且应在设有户门和公共走廊的每一层设停靠站。顶层为两层一套的跃层住宅，跃层上部不计层数，其顶层住户入口层楼面距该建筑室外地面设计地面的高度照过 10m 时必须设置电梯。十二层及十二层以上的住宅，每栋建筑设置的电梯数不应少于两台，其中一台应为可以容纳担架的电梯。设架电梯轿厢最小尺寸 1.50×1.60m。

15）宿舍建筑

七层及七层以上的宿舍或居室最高入口层楼面距室外设计地面的高度大于 21m 时，应该设置电梯。

16）高层公共建筑

高层公共建筑以电梯为主要垂直交通，每栋高层建筑设置电梯的台数不应该少于 2 台。

（2）载货电梯的设置

1）二层或二层以上博物馆藏品库房应该设置载货电梯。

2）展览建筑的主要展览空间在二层或二层以上时，应该设置货梯或货运坡道。

3）二层以上的档案馆库房应设垂直运输设备。

4）电影院建筑宜按营业规模设置货梯。

5）剧场建筑的硬景库宜设在侧台后部，如设在侧台或后舞台下部应设置大型运景电梯。

6）楼房建筑的托儿所、幼儿园，宜设置小型垂直提升机。

7）多层商店的仓库可以按规模设置载货电梯或电动提升机、输送机。

（3）民用建筑消防电梯的设置

1）一类高层公共建筑应该设置消防电梯。

2）设消防电梯的埋深大于 10m 且总建筑面积大于 3000m^2 的地下建筑，应该设置消防电梯。

3）建筑高度大于 33m 的住宅建筑应设消防电梯。

4）高度超过 32m 的其他二类高层公共建筑；≥ 5 层总建筑面积大于 3000m^2 的老年人照料设施应该设置消防电梯。

5）每个防火分区不少于 1 台消防电梯。

2. 给水设备

给水设备的建筑规模由用水量确定：

住宅的最高日用水量按住宅的最高日用水定额 L/（人·d）乘以住宅建筑居住人数求出。

普通住宅的最高日生活用水定额 L/（人·d）取 150～300，小时变化系数 2.5～2.0，计 24 小时使用。

高级住宅、别墅的最高日生活用水定额 L/（人·d）取 200～350，小时变化系数 2.3～1.8，计 24 小时使用；

《城市居住区规划设计标准》GB 50180—2018 第 3.0.3 条规定，住宅居住人数每户按 3.2 人计算用地控制指标。

按《民用建筑节水设计标准》GB 50555—2010 一般建议：

普通住宅的平均日生活节水用水定额 L/（人·d）取 140～230（通常取值为 230），小时变化系数 2.5～2.0，计 24 小时使用；高级住宅、别墅的平均日生活节水用水定额 L/（人·d）取 150～250，小时变化系数 2.3～1.8，计 24 小时使用；住宅居住人数每户按 3.5 人（有些项目乃没用早先的规定取值）计算用水量时应与当地主营部门协调。

估算住宅区平均日生活用水量定额 350L/（人·d），留出供水余地。

公共建筑的最高日用水量按不同类型公建的单位最高日用水定额 L/（人·d）、L/（床·d）、L/（m^2·d）等乘以计量单位数（人·床·m^2 等）求出。

办公楼的人数可按有效面积 5～7m^2/人的指标计算，有效面积可按 60% 的建筑面积估算。

餐饮建筑的人数可按有效面积 0.85～1.3m^2/位计算，有效面积按 60% 偏低（宜按 80% 的餐厅建筑面积估算，见《全国民用建筑工程设计技术措施给水排水》P4）。餐饮业服务人员按20%席位另行计算用水量。

旅馆最高日生活用水定额L/（床·d）取1000～1200，小时变化系数2.0～1.5。（此数据为初步设计时旅馆的生活综合用水量提供参考）

洗衣房最高日生活用水定额L/（kg干衣重）取40～80，小时变化系数1.5～1.2。使用时间8小时。

医疗建筑101～500床位最高日生活用水定额L/（床·d）取1000～1500，小时变化系数2.0～1.5。

其他建筑须按照给水规范规定的定额计取。（此数据为初步设计时医院的生活综合水用量）

按《民用建筑节水设计标准》GB 50555—2010，宾馆客房平均日生活节水用水定额L/（床·d）取220～320，员工节水用水定额L/（人·d）取70～80，小时变化系数2.5～2.0。医院住院部平均日生活节水用水定额L/（床·d）取220～320，医务人员节水用水定额L/（人·班）取130～200，小时变化系数2.5～2.0。

方案设计估算，旅馆平均日生活用水定额L/（床·d）取250～400，小时变化系数2.5～2.0，医院住院部平均日生活节水用水定额L/（床·d）取250～400，小时变化系数2.5～2.0。

一般绿化用水量按1～3L/（m^2·d），道路、广场用水量按2～3L/（m^2·d），按上下午各一次计取。如果按《绿色建筑评价标准》绿化年均灌水定额按1m^3/（m^2·q），水泥或沥青道路，广场用水量按0.5L/m^2次。

居住小区的最高日用水量按各类住宅和公建同时用水的最高日用水量的总和计算。[17]

（1）水泵房

一般水泵房的建筑面积约为30～70m^2，考虑机组维修和设计调整，机组周围通道拟按1.2m计算，由于不同型号水泵基底尺寸不同，拟按型号宽510mm的水泵估算水泵机组基础宽度按800mm。安装2台至4台水泵的泵房开间净尺寸为3.8～4.5m。根据水泵机组台数就可以估算出水泵房的进深。一般水泵房及水池的面积为190～300m^2。

热交换间设在地下室或屋面，建筑面积约为60～100m^2。

水泵房应安装低噪音水泵，并应采用隔震和减震措施。在有静音和防震要求的房间四周不得安装水泵，不得设在住宅下面。管道和支架穿越楼板时，应采取防固体传声措施。

无起重设备的地上式泵房，其净高不应低于3.0m。水泵房大门直通室外的出口宽度应比最宽的机件宽度大0.50m，并应有维修场地。

水泵房应有良好的采光、通风、防冻、保温措施。室内设200mm宽排水沟，地面应设大于1%的排水坡度。

1）《建筑设计防火规范》GB 50016—2014（2018年版）第8.1.6条规定消防泵房的设置要求如下：

① 单独建造的消防水泵房，其耐火等级不应低于二级。

② 附设在建筑内的消防水泵房，不应设置在地下三层及以下或室内地面与室外出入口地坪高差大于10m的地下楼层。

③ 疏散门应直通室外或安全出口。

2）消防水泵房和生活水泵房均要预留电气专业使用的建筑面积约8㎡的控制机房。

（2）贮水池（箱）通常设在建筑首层或室外地下，综合性建筑的地下室，应贴邻水泵房布置。当外部供水不稳定、供水流量不足时应设贮水池或高位水箱（水塔）。高层建筑常采用高位水箱分区供水。具体地说，贮水池中浮球阀全开时的流速小于设计流速，贮水池就需考虑调节水量。一般工程市政管网水压不小于200kPa，对于*DN*70、*DN*80、*DN*100的进水管，只要其长度分别在120m、150m、200m之内时，即使设计流速取最大值2.0m/s，贮水池也不需要考虑调节水量，只有在进水管的管径小且距离长或市政管网水压偏低的情况下，才需验算作用水头能否满足设计流量的需要，然后考虑调节水量[18]。

1）居住小区生活贮水池

居住小区生活贮水池的有效容积，方案阶段一般按调节水量估计水池的有效容积，调节水量按8%～15% 的日用水量或 15%～20% 的最高日用水量分析比选确定调节水量。

需要满足进水管道系统检修时用水量的生活贮水池，应按建筑物的重要性取 2～3 倍的最大小时用水量作为事故备用水量，设计了事故备用水量的生活贮水池不再设计调节水量，这是因为取 2～3 倍的最大小时用水量作为事故备用水量，假如小时变化系数为 2，则相当于 16.7%～25% 的日用水量，远大于按 8%～15% 日用水量确定的调节水量。

2）混合居住区（有产业单位）生活贮水池

混合居住区生活贮水池的有效容积，方案阶段一般按调节水量和事故备用水量的和估计水池的有效容积，事故备用水量按工艺要求确定。

3）水泵—水塔（高位水池）

水泵—水塔一般也采用地下生活水池用变频水泵提升送水。居住小区水泵—水塔（高位水池）的有效容积可按调节水量选定（见表 5-10）。

水塔（高位水池）生活调节水量选择百分比 表5-10

居住小区最高日用水量（m^3）	＜100	101～300	301～500	501～1000	1001～2000	2001～4000
调节水量占最高日用水量百分比（%）	20～30	15～20	12～15	8～12	6～8	4～6

4）建筑的生活贮水池

建筑的生活贮水池的有效容积宜按该建筑的最高日用水量的 20%～25% 确定。

5）建筑生活供水的高位水箱

由外部管网夜间直接进水的高位水箱，其有效容积应按白天由水箱全部供水的水量确定。

当水泵采用自动控制时，宜按水箱供水区域内的最大小时用水量的 50% 选用。

当水泵采用手动控制时，宜按水箱供水区域内的最高日用水量的 12% 选用。

6）生活贮水池和水箱的设计要求

确保生活用水的水池、水箱周围无污染源。

每个生活贮水池的有效容量以 500m^3 为宜，水箱的有效容量以 50m^3 为宜。

水池（箱）的进出水管应相对布置，使贮水能经常流动。

水池（箱）的溢流口应高出最高水位 0.05m，溢流管上不得安装阀门。溢流管的管径应比进水管大一级。

水池（箱）的泄水管宜从水池（箱）的底板接出，从侧壁接出时泄水管内底应低于池（箱）底部最低处。

泄水管管径按 2 小时泄完存水确定，且水池的泄水管不小于 *DN*100，水箱的泄水管不小于 *DN*50。

水池（箱）的内衬必须是无害材料，不影响水质，建筑的外墙不能作为池壁。

水箱与水箱、水箱与墙体之间的净距不应小于 0.70m，屋顶水箱底面离屋面应不小于 0.70m。

当采用不锈钢预制水箱时，水池（箱）的高度应按不锈钢板材的模数（如：0.5m，1m 等）按厂家提供的板材型号计算水池（箱）的体积。箱顶预留不小于 1.5m 的维修和安装高度，不锈钢预制水箱离内墙柱净距不应小于 0.7m，通常留出 1.0m。

（3）消防水池

1）当生产、生活达到最大用水量时，市政给水管道、进水管或天然水源不能满足室内外消防用水量则应设消防水池。消防水池不宜设在低于地下二层的地下室内。

2）市政给水管道为枝状或只有 1 条进水管，且室内外消防用水量之和大于 25L/s 时则应设消防水池。

3）《建筑给水排水设计规范》GB 50015—2003（2009 年版）规定消防水池（箱）应与生活贮水池（箱）分开设置。

4）当外部水源可以供给室外消防用水量时，消防水池的有效容量应满足在火灾延续时间内室内消防用水量的要求。一般建筑的火灾延续时间为 2h，易燃易爆储罐、堆场等场所的火灾延续时间为 3～6h。

5）当室外给水管网不能保证室外消防用水量时，消防水池的有效容量应满足在火灾延续时间内室内消防用水量与室外消防用水量不足部分之和的要求。

6）当室外给水管网供水充足且在火灾情况下能保证连续补水时，消防水池的容量可减去火灾延续时间内补充的水量。火灾时消防水池补充水量应按水力计算确定，补充水量可按一条比较不利的进水管在室外环状消防管网水压为 100kPa 时的流量与火灾延续时间的乘积计算。

自动喷水灭火系统的湿式报警阀不得设在消防控制室，另设报警阀室面积宜不小于 $8m^2$ 且设排水设施。

（4）消防水箱

建筑的消防水箱包括高位水箱、减压水箱和转输水箱等。

1）高位水箱设在屋面，可用变频水泵及气压罐代替。除常高压消防给水系统和设置干式消防竖管的给水系统的建筑外，其他建筑应设置高位水箱。高位水箱的有效容积和设置高度应符合如下规定：一类高层公共建筑高位水箱的有效容积不应小于 $18m^3$，设置高度不低于 10m；一类高层居住建筑、一类高层公共建筑、多层公共建筑高位水箱的有效容积不应小于 $12m^3$，设置高度不低于 7m；二类高层居住建筑和大于 7 层的居住建筑高位水箱的有效容积不应小于 $6m^3$，设置高度不低于 7m。工业建筑的室内消防用水量小于 25L/s 时，高位水箱的有效容积为 $12m^3$，室内消防用水量不小于 25L/s 时，高位水箱的有效容积为 $12m^3$，高位水箱的设置高度不低于 10m。

《消防给水及消火栓系统技术规范》GB 50974—2014 第 5.2.1 条要求临时高压消防给水系统的高位消防水箱的有效容积应满足初期火灾消防用水量的要求，应符合如下规定：

① 一类高层公共建筑，不应小于 $36m^3$，当建筑高度大于 100m 时，不应小于 $50m^3$，当建筑高度大于 150m 时，不应小于 $100m^3$；

② 多层公共建筑、二类高层公共建筑和一类高层住宅，不应小于 $18m^3$，当一类高层住宅建筑高度超过 100m 时，不应小于 $36m^3$；

③ 二类高层住宅，不应小于 $12m^3$；

④ 建筑高度大于 21m 的多层住宅，不应小于 $6m^3$；

⑤ 工业建筑室内消防给水设计流量当小于或等于 25L/s 时，不应小于 $12m^3$，大于 25L/s 时，不应小于 $18m^3$；

⑥ 总建筑面积大于 $10000m^2$ 且小于 $30000m^2$ 的商店建筑，不应小于 $36m^3$，总建筑面积大于 $30000m^2$ 的商店不应小于 $50m^3$，当与一类高层公共建筑不一致时应取其较大值。

2）减压水箱

采用减压水箱降低供水系统超压的超高层建筑，其减压水箱的容积不应小于 10min 消防用水量，减压水箱进口处设一减压阀，减压水箱进出水管流量不应小于设计的消防用水量。

3）转输水箱

采用转输水箱以提高消防给水系统安全性的超高层建筑，其转输水箱的容积宜为 10min 消防用水量，并不应小于 5min 消防用水量，转输水箱进出水应设置上下区的联动启停。

3. 排水设备

（1）排水方式

建筑场地由高处往低处排水一般都采用重力自流排水，由低处向高处排水须采用水泵压力排水或真空负压抽吸压力排水。

建筑楼层排水《住宅设计规范》GB 50096—2011 第 8.2.8 条要求“污废水排水横管宜设置在本层套内”，《建筑给水排水设计规范》GB 50015—2003（2009 年版）第 4.3.8 条也要求“住宅卫生间的卫生器具排水管不宜穿越楼板，进入他户”。因而须采取同层排水，即卫生器具的排水支管均在卫生器具的同一层接至排水立管（排水支管不穿越楼板）的排水方式。

（2）隔油设施

1）隔油池：与食堂、餐饮业厨房内排放含有食用油的污水管连接的污水处理设施。隔油池贮油部分容积不得小于该池有效容积 25%，残渣量占 10%，隔油池出水管管底至池底的距离不得小于 0.6m。

2）隔油沉淀池：在汽（修）车库、机械工业加工、维修等用油场所，用于处理含汽油、煤油、柴油、润滑油等污水的设施。汽车冲洗用水量：软管冲洗时，小汽车为 200～300L/（辆 × 次），大中型车为 400～500L/（辆 × 次）。高压水枪冲洗时，小汽车为 40～60L/（辆 × 次），大中型车为 80～120L/（辆 × 次）。冲洗时间 10min/（辆 × 次）；污水停留时间 10min，污水流速应不大于 0.005m/s。隔油沉淀池污泥量占污水量的 2%～4%（软管冲洗），清污周期 10～15d。一般软管冲洗 1 台，高压水枪冲洗不大于 4 台时隔油沉淀池尺寸为 3.6m（长）× 1.0m（宽）× 1.5m（深）。软管冲洗 2 台，高压水枪冲洗不大于 8 台时隔油沉淀池尺寸为 6.4m（长）× 1.0m（宽）× 1.5m（深）。

不得在隔油沉淀池内设潜污泵排水。洗车污水量较大时，沉淀后的水应循环使用，循环泵按国标《小型潜水排污泵选用及安装》01S305 图集选用。

3）隔油池、隔油沉淀池的设置要求

隔油池、隔油沉淀池的构造及规模大小按国标《小型排水构筑物》04S519 选用。废水中含有汽油、煤油等易挥发油类时，隔油池不得设在室内。废水中含食用油的隔油池，可以设在耐火等级为一、二、三级的建筑物的地下室内，其人孔盖板应做密封处理，隔油池应设通气管。生活粪便污水不得排入隔油池内。

4）隔油器：适用于处理餐饮废水，增加了气浮、排渣功能，是隔油池的升级设施。

厨房废水隔油器用于厨房废水的油污分离，处理水量 0.33L/s 的设备外型尺寸为 670mm（长）× 340mm（宽）× 450mm（高），处理水量 3.33L/s 的设备外型尺寸为 1670mm（长）× 900mm（宽）× 900mm（高）。

矩形厨房餐饮废水隔油器（有加热装置）：额定处理水量 1m³/h 的外型尺寸为 2500mm（长）× 800mm（宽）× 2100mm（高），额定处理水量 54m³/h 的外型尺寸为 4600mm（长）× 1600mm（宽）× 2400mm（高），顶部应留出 800mm 以上检修高度。

圆形厨房餐饮废水隔油器（有加热装置）：额定处理水量 1m³/h 的外型尺寸为 2500mm（长）× 700mm（宽）× 2100mm（高），额定处理水量 54m³/h 的外型尺寸为 4000mm（长）× 2100mm（宽）× 2400mm（高），顶部应留出 800mm 以上检修高度。

不锈钢新鲜油脂分离器（部分清理型）：用于旅馆、餐饮建筑厨房，可以自由安装，手动操作，油脂污泥可部分排放。额定流量 2L/s（NG）的外型尺寸为 950mm（长）× 680mm（宽）× 1780mm（高），额定流量 15L/s（NG）的外型尺寸为 2450mm（长）× 18300mm（宽）× 2440mm（高）。

聚乙烯 PE 或不锈钢新鲜油脂分离器（全部清理型）：用于旅馆、餐饮厨房，可以自由安装无需基础。总容积 620m³ 的外型尺寸为 1935mm（长）× 700mm（宽）× 1690mm（高），总容积 2172m³ 的外型尺寸为

2875mm（长）×910mm（宽）×2320mm（高），顶部应留出500mm以上检修高度。[19]

（3）化粪池

1）设置原则：市政管网完善，严格分流地区可不设置化粪池；无污水处理厂的城镇粪便污水应经化粪池处理后才可以进入排水管网；有污水处理厂的城市，但排水管线较长，粪便污水应经化粪池预处理后才可以进入排水管网；合流制的城市排水管网粪便污水应经化粪池处理后才可以进入排水管网。

城市排水管网对排水水质有要求时，粪便污水应经化粪池预处理，达不到要求时应采取生活污水处理措施。

所有医疗卫生区域排出的粪便污水应先经化粪池预处理，污水在化粪池内停留时间不宜小于36h。

2）设置条件：应确定建筑内的污水设合流制还是设分流制，再根据建筑类型、用水标准、清污周期、确定化粪池设计总人数和实际使用人数与设计总人数的百分比。

3）设置要求：化粪池距离地下取水构筑物不得小于30m，池外壁距建筑物外墙不宜小于5m，且不应影响建筑基础化粪池的埋置深度应按化粪池的进水管的标高确定，含油污水不得进入化粪池，医疗区内的化粪池应设在消毒池之前。

4）选用要求：按国家标准《砖砌化粪池》02S701、《钢筋混凝土化粪池》03S702选用。

5）高效一体化生物化粪池基坑离池外壁两边应宽出600mm（见表5-11）。

高效一体化生物化粪池型号、规格　　表5-11

型号	处理能力（m^3/d）	占地面积 $L \times B$（m）	适用范围	相当国标砖、混凝土化粪池型号
YSHF-5g	5	2.0×2.0	别墅、小饭店27人以内	3
YSHF-9g	9	2.1×2.1	住宅，约27～43人	4
YSHF-14g	14	2.3×2.3	住宅，约43～68人	5
YSHF-18g	18	2.5×2.5	住宅，约68～90人	6～7
YSHF-22g	22	2.8×2.8	住宅，约90～110人	8
YSHF-27g	27	3.0×3.0	住宅，约110～133人	9
YSHF-32g	32	3.2×3.0	住宅，约133～160人	9～10
YSHF-36g	36	4.0×3.0	住宅，约160～180人	10
YSHF-46g	46	4.9×3.2	住宅，约180～230人	11

（4）中水处理站

以生活污水为原水的地面中水处理站与公共建筑、住宅之间的距离不宜小于15m，设在建筑物内的中水处理站宜设在建筑最底层，双层的中水处理站有利于布置处理设备和中水池。

建筑组团的中水处理站宜设在地下室或裙房内。小区的中水处理站宜为地下构筑物或设置封闭式站，地面应设集水坑，当不能重力排放时，应设潜污泵排水。

《建筑中水设计规范》GB 50336—2002列举了十种中水处理工艺。现以膜生物反应器处理（MBR）工艺日处理1000m^3 水量的中水处理站为例，其建设占地规模约18.5m×17.5m。原水经格栅井（1.0m×2.3m）进入体积约400m^3 调节池（3.1m深），再经沉砂池（1.5m×1.5m）、溢流池（2.0m×3.0m）预处理流入膜生物反应器（8.6m×8.6m）净化后经接触池消毒（2.0m×3.5m）流入中水池约250m^3（3.1m深）。一般中水处理间及处理水池的面积为150～250m^2，中水处理间的净高为5.0m。

中水利用是污水资源化的节水措施，必须与主体工程同时设计，严格与水泵房和其他水池分开。严禁任何给水管道与中水处理站连接。严禁传染病医院、结核病医院的污水和放射性废水作为中水原水源。医院污水处理按《医院污水处理设计规范》CECS07：2004 的规定。医院污水处理站应独立设置，与病房、居民区建筑物的距离不宜小于 10m，并设置隔离带；采取有效安全隔离措施；不得设在门诊或病房等建筑物地下室。

（5）洗衣房

洗衣房宜设在辅助用房的底层，层高不小于 4.2m，散发热蒸气的房间宜设高侧窗，采光面积应大于 1/4，应选用宽度 1.2m 以上的自由门。洗衣房的建筑面积设计指标按每间客房 0.5～1.0m² 估算。1000 床位的星级旅馆洗衣房的面积约为 12.0m × 28.8m（3.6m 开间）。

（6）给水排水设施建筑面积的参考值

给水排水设施建筑面积的参考值 **表5-12**

<table>
<tr><th rowspan="2">建筑面积（m²）</th><th rowspan="2">用水总量（m³）</th><th colspan="2">用水量（m³/d）</th><th colspan="2">贮水池有效容积（m³）</th><th rowspan="2">高位水箱最小有效容积（m³）</th><th colspan="3">水泵房面积（层高 4.5m）</th><th colspan="2">洗衣房规模</th><th rowspan="2">污水处理房面积（生物转盘法）（m²）</th></tr>
<tr><th colspan="4">括号内为不包括室外用水的建筑用水量数值</th><th>泵房（m²）</th><th colspan="2">室内水池房（m²）</th><th>面积（m²）</th><th>层高（m）</th></tr>
<tr><td>5000</td><td>180</td><td rowspan="14">860</td><td rowspan="14">（540）</td><td>880</td><td>（557）</td><td>27</td><td>30</td><td>260</td><td>（170）</td><td>—</td><td rowspan="4">3.6</td><td>—</td></tr>
<tr><td>10000</td><td>340</td><td>898</td><td>（574）</td><td>35</td><td>36</td><td>270</td><td>（175）</td><td>—</td><td>—</td></tr>
<tr><td>15000</td><td>510</td><td>915</td><td>（590）</td><td>44</td><td>40</td><td>270</td><td>（180）</td><td>150</td><td>—</td></tr>
<tr><td>20000</td><td>660</td><td>932</td><td>（608）</td><td>52</td><td>40</td><td>280</td><td>（185）</td><td>200</td><td rowspan="2">150</td></tr>
<tr><td>25000</td><td>800</td><td>944</td><td>（620）</td><td>58</td><td>45</td><td>280</td><td>（190）</td><td>250</td><td rowspan="5">4.0</td></tr>
<tr><td>30000</td><td>960</td><td>960</td><td>（636）</td><td>66</td><td>45</td><td>285</td><td>（190）</td><td>300</td><td rowspan="3">200</td></tr>
<tr><td>35000</td><td>1120</td><td>976</td><td>（652）</td><td>74</td><td>50</td><td>290</td><td>（195）</td><td>350</td></tr>
<tr><td>40000</td><td>1200</td><td>984</td><td>（660）</td><td>78</td><td>50</td><td>290</td><td>（200）</td><td>400</td></tr>
<tr><td>45000</td><td>1350</td><td>999</td><td>（675）</td><td>85</td><td>55</td><td>295</td><td>（200）</td><td>430</td><td rowspan="2">240</td></tr>
<tr><td>50000</td><td>1500</td><td>1014</td><td>（690）</td><td>93</td><td>60</td><td>300</td><td>（205）</td><td>460</td><td rowspan="5">4.2</td></tr>
<tr><td>55000</td><td>1540</td><td>1016</td><td>（694）</td><td>96</td><td>65</td><td>300</td><td>（210）</td><td>500</td><td rowspan="2">280</td></tr>
<tr><td>60000</td><td>1580</td><td>1032</td><td>（708）</td><td>102</td><td>70</td><td>305</td><td>（210）</td><td>540</td></tr>
<tr><td>65000</td><td>1700</td><td>1034</td><td>（710）</td><td>105</td><td>70</td><td>305</td><td>（210）</td><td>580</td><td rowspan="2">300</td></tr>
<tr><td>70000</td><td>1820</td><td>1046</td><td>（722）</td><td>109</td><td>75</td><td>310</td><td>（215）</td><td>600</td></tr>
</table>

建筑方案设计时对各项设备需要的建筑面积有比较实际的认识，有利于及时深化设计。表 5-12 列出了旅馆、医院病房楼、老年人居住建筑等公共建筑给水排水设施方案设计所需建筑面积的经验估算数据供参考。具体的工程规模须经过专业的设计计算，经比选确定。

（7）集水坑

1）消防电梯的井底应设排水设施，其排水井的容量不应小于 2.0m³ 。

2）地下车库进出口雨水集水坑的容量一般按 50 年重现期雨水量设计，集水坑容积需贮存 5min 的泵流量，常设在泵房或洗衣机房内，空调机房外。1 台泵的集水坑尺寸为 1.0m × 1.2m × 1.5m（深），2 台泵的集水坑尺寸为 1.8m × 1.2m × 1.5m（深）。地下车库每个防火分区应设 1 个地面集水坑，大小按水泵安装尺寸，约 1.6m × 0.8m × 1.5m（深）。

3）人防地下室的集水坑容积

人防地下室集水坑的有效容积应为调节容积和贮备容积之和。调节容积按 1 台污水泵 5min 的出水量，且污水泵启动次数≤ 6 次 /h 的规定计算；贮备容积应满足在隔绝防护时间内贮存 1.25 倍全部污（废）水量的规定。下面列举两种贮备容积的计算方法作比较。

①人防地下室国家标准图集（2004 年）计算式：

$$V_{贮}=\frac{q_{生}nTK}{24\times1000}+q_1T \tag{5-1}$$

式中：$V_{贮}$——人防地下室的集水坑贮备容积（m^3）。

$q_{生}$——防护单元掩蔽人员生活用水标准（L/d · p）。

n——防护单元掩蔽人数（p）。

K——安全系数（K =1.2）。

q_1——机械排水量（m^3）（有冲水卫生间）。

T——战时隔绝防护时间，一等掩蔽所 T=6（h），二等掩蔽所 T=3（h）。

②建议计算式[20]：

$$V_{贮}=\frac{q_{生}n(T_1+K_h)}{24\times1000} \tag{5-2}$$

式中：$V_{贮}$——人防地下室的集水坑贮备容积（m^3）。

$q_{生}$——防护单元掩蔽人员生活用水标准（L/d · p）。

n——防护单元掩蔽人数（p）。

K_h——小时变化系数，取 3。

T——战时隔绝防护时间，一等掩蔽所 $T=6$（h）；二等掩蔽所 $T=3$（h）。$T_1=T-1$

集水坑贮备容积两种计算方法比较　　表5-13

计算方法	人防等级	人数	生活用水标准（L/d · p）	集水坑贮备容积	贮备容积占日用水量（%）
式（5-1）图集公式	一级	615	4	0.77	31
	二级	800		0.50	16
式（5-2）建议公式	一级	615	4	0.82	33
	二级	800		0.67	21

（8）雨水排水

1）屋面排水，每隔 15～20m 设 100mm 雨落管（汇水面积不超过 200～250m^2）。

2）天沟长度应小于 50m，坡度应不小于 0.003。

3）雨水汇水面积屋面汇水按屋面水平投影面积计算，侧墙面按侧墙面积的 1/2 折算成平面计算，确定地面排水量。

4. 变配电和发电机房

（1）变配电所和自备发电机房不应设在卫生间、浴室或经常积水场所的正下方或贴邻布置。

1）应靠近负荷中心制冷机房，位于地下室，不能与水池相邻，不宜设在最底层，并应设高出同层地面 100～300mm 的防水措施。防火设计要求同锅炉房强制性条文。

2）变配电间应采用甲级防火门，电气设备间墙之间的门应双向开或向电压低的房间开。高压配电室和电容器室宜设固定的自然采光窗，窗口下沿距室外地面高度应大于 1.8m。低压配电室可设开启采光窗，临街一面不宜开窗。高压配电设备离室内顶板高度应大于 0.8m。

3）长度大于 7m 的变配电室应在两端各设一个出口，长度大于 60m 的变配电室应再增加一个出口。

4）变压器和电容器室应避免西晒，高压配电室、值班室应设通户外的安全出口。

5）变配电控制室属戊类火灾危险性类别，应按不低于二级耐火等级设计。有充油设备的高压配电室，油浸式高压电容器室，低压配电室、控制室、值班室应按不低于二级耐火等级设计。油浸变压器室应按一级耐火等级设计设防火墙、防火门。

6）变配电间分项建筑要求[21]见表 5-14：

变配电间分项建筑要求表　　表5-14

<table>
<tr><th>建筑构件</th><th>高压配电室（有充油设备）</th><th>高压电容器室（油浸式）</th><th>油浸变压器室</th><th>低压配电室</th><th>控制室</th><th>值班室</th></tr>
<tr><td>屋面</td><td colspan="6">大于 9m 的单坡屋面宜结构找坡 $i > 3\%$，屋面一级防水，应有良好的保温隔热构造措施</td></tr>
<tr><td>顶棚</td><td colspan="6">涂　料　刷　白</td></tr>
<tr><td>檐部</td><td colspan="6">屋檐、雨檐都应做深度滴水，防止雨水沿墙面流入室内</td></tr>
<tr><td>内墙面</td><td colspan="2">邻近带电部位的内墙面只刷白，其他部位抹灰刷白</td><td>勾缝刷白，墙基防油浸蚀，毗邻爆炸场所内墙应抹灰刷白</td><td colspan="3">抹灰刷白</td></tr>
<tr><td>地面</td><td>水泥砂浆压光</td><td>水泥砂浆压光
架空地面通风</td><td>低位布置铺卵石或碎石 250mm 厚；高位布置水泥地面，底部通风排油孔 2% 坡度</td><td>水泥砂浆压光</td><td>水磨石或水泥砂浆压光</td><td>水泥砂浆压光</td></tr>
<tr><td>采光窗</td><td colspan="2">自然采光可设木窗，开启窗设纱窗；
底层外开窗应加保护网，窗台高大于 1.8m；
靠近带电部位应设固定窗；
空气污染风沙地区不设开启窗</td><td>不设采光窗</td><td>可设木窗</td><td colspan="2">自然采光可设木窗，开启窗设纱窗；
寒冷或风沙地区采用双层窗</td></tr>
<tr><td>通风窗</td><td>可用木制百叶窗加网孔不大于 10mm × 10mm 的不锈金属保护网</td><td>百叶通风窗加网孔不大于 10mm × 10mm 的不锈金属保护网</td><td>工厂车间内的变压器室用不燃烧材料通风窗；
其他变压器室可用木窗，进风出风窗口应设防雨、雪、防小动物的措施；
百叶通风窗加网孔不大于 10 × 10mm 的不锈金属保护网</td><td colspan="3"></td></tr>
<tr><td>门</td><td colspan="2">直通室外门可用普通门，设在建筑内时应采用甲级防火门</td><td>门宽不小于 1.5m 时应在大门上设小门齐向外开</td><td colspan="3">可用木门，外门宜设纱门</td></tr>
<tr><td>电缆沟</td><td>应设防水排水措施，混凝土盖板不大于 50kg</td><td colspan="2"></td><td colspan="3">应设防水排水措施，混凝土盖板不大于 50kg</td></tr>
</table>

（2）柴油发电机房

发电机房和贮油间都属于丙级火灾危险性类别，应按一级耐火等级设计。宜靠两边外墙，设在附属建筑内，应避开主要通道。设在地下层应解决通风防尘、排烟、消声和减振等问题，热风和排烟管道应通至室外并高于同层楼（屋）面，净高不小于 4.0m。

应该设甲级防火门、防火墙和防渗油设施，管线沟应有大于 0.3% 的坡度。

设在民用建筑内应符合下列规定：

1）宜布置在建筑物的首层及地下一、二层，应设火灾报警装置。

2）应采用耐火极限不低于 2.0h 的不燃烧体隔墙和不低于 1.50h 的不燃烧体楼板与其他部位隔开，应采用甲级防火门。

3）机房内应置储油间，其总油量不应大于 8.0h 的需要量，且储油间应采用防火墙与电机房间隔开，防火墙上开门应设甲级防火门。

4）应设置与柴油发电机容量和建筑规模相适应的灭火设施。可以选择水喷雾灭火系统或洁净气体灭火、CO_2 灭火设施。气体钢瓶间的面积可按 $2m^2$ / 钢瓶估算，一般气体灭火间的面积 4～$10m^2$ 。采用高压 CO_2 灭火设施时气体钢瓶间的面积可参考表 5–15。不小于 300 辆的地下停车库宜设泡沫灭火间，存两个泡沫罐的灭火间面积约 $10m^2$ 。

气体钢瓶间的面积　　**表5–15**

电气设施防护区体积（m^3）	< 150	150～550	550～900	900～1200	1200～1500	1500～1800	1800～2100
气体钢瓶间面积（m^2）	3.5	5.5	9.0	12.0	14.0	17.5	21.0

（3）电气机房的估算建筑面积

电气机房的估算建筑面积见表 5–16。

电气机房的估算建筑面积　　**表5–16**

<table>
<tr><td colspan="3">总建筑面积（m²）</td><td>5000</td><td>10000</td><td>15000</td><td>20000</td><td>25000</td><td>30000</td><td>35000</td><td>40000</td><td>45000</td><td>50000</td><td>55000</td><td>60000</td><td>65000</td><td>70000</td></tr>
<tr><td rowspan="3">电力负荷（kW）</td><td colspan="2">总负荷</td><td>460</td><td>900</td><td>1350</td><td>1800</td><td>2250</td><td>2700</td><td>3150</td><td>3600</td><td>4050</td><td>4500</td><td>4950</td><td>5400</td><td>5850</td><td>6300</td></tr>
<tr><td rowspan="2">其中</td><td>动力</td><td>380</td><td>740</td><td>1110</td><td>1480</td><td>1850</td><td>2210</td><td>2590</td><td>2960</td><td>3330</td><td>3700</td><td>4070</td><td>4420</td><td>4800</td><td>5180</td></tr>
<tr><td>照明</td><td>80</td><td>160</td><td>240</td><td>320</td><td>400</td><td>490</td><td>560</td><td>640</td><td>720</td><td>800</td><td>880</td><td>980</td><td>1050</td><td>1120</td></tr>
<tr><td colspan="3">柴油发电机容量（kVA）</td><td>60</td><td>130</td><td>200</td><td>250</td><td>300</td><td>350</td><td>450</td><td>500</td><td>520</td><td>600</td><td>620</td><td>650</td><td>700</td><td>800</td></tr>
<tr><td colspan="3">柴油发电机房面积（m²）</td><td>21</td><td>24</td><td colspan="2">25</td><td>28</td><td>32</td><td colspan="4">36</td><td colspan="4">40</td></tr>
<tr><td colspan="2" rowspan="2">变配电房面积（m²）</td><td>高压</td><td colspan="2">4.5</td><td colspan="2">5.0</td><td colspan="2">5.5</td><td colspan="8">6.0</td></tr>
<tr><td>低压</td><td>75</td><td>95</td><td>120</td><td>150</td><td>170</td><td>185</td><td>200</td><td>230</td><td>250</td><td>280</td><td>300</td><td>320</td><td>340</td><td>360</td></tr>
</table>

注：柴油发电机房的建筑面积一般为40～$100m^2$，其中油箱间面积约3～$6m^2$，变压器室、高低压配电室的建筑面积一般为总建筑面积的0.6%，且不小于$200m^2$。

5. 弱电设备房

（1）控制中心

1）消防控制中心设在首层安全出口直通室外，设在地下一层离外部安全出口的距离不得大于 20m。消防控制室的面积一般在 24～$60m^2$ 之间。

2）报警监控室（BAS）可以同消防控制中心合建，报警监控室（BAS）的面积一般约 $30m^2$ 。

3）闭路电视室可以同消防控制中心合建或邻接，面积一般约 $20m^2$ 。

4）广播、电视调制、放大设备间设在建筑的顶端。中央控制室、计算机室、建筑智能控制中心一般设在建筑的下部楼层。

（2）电话交换机房

电话交换机房应有良好的接地、防尘、防静电、通风散热措施，合适的温度、湿度，宜设在地下室或首层，适用于写字楼、旅馆、综合楼等建筑。电话交换机房中继线路容量在100门以上。一般设在建筑的中下部位楼层，总配线机房和智能化总控制室不应贴邻变配电室和电梯机房。

单独集团电话机房规模只有几十门至100门以下时，电话机房的建筑面积约6m²，设在首层的电视前端室建筑面积约4～5m²。

弱电设备房不应设在水泵房等用水和潮湿场所的四周，除消防控制室以外的重要设备机房不宜贴邻建筑外墙。

弱电设备房估算建筑面积见表5-17。

弱电设备房估算建筑面积（m²）　　表5-17

<table>
<tr><td>总建筑面积（m²）</td><td>5000</td><td>10000</td><td>15000</td><td>20000</td><td>25000</td><td>30000</td><td>35000</td><td>40000</td><td>45000</td><td>50000</td><td>55000</td><td>60000</td><td>65000</td><td>70000</td></tr>
<tr><td>中央控制室、消防控制中心、报警监控室</td><td colspan="2">15</td><td colspan="4">20</td><td colspan="2">24</td><td>27</td><td colspan="5">30</td></tr>
<tr><td>电话交换机房</td><td colspan="2">16</td><td colspan="2">18</td><td>20</td><td>25</td><td>30</td><td>35</td><td colspan="2">40</td><td colspan="2">45</td><td colspan="2">50</td></tr>
<tr><td>广播、电视设备间</td><td colspan="4">10</td><td colspan="5">15</td><td colspan="5">20</td></tr>
</table>

6. 通风和空调设备机房[22]

（1）空调的制式

1）集中式空调（全空气系统）又称中央空调。

夏季以冷冻水为冷媒介质，水温约7℃，回水温度12℃。

冬季以热水为热媒介质，供水温度约60℃，回水温度为50℃。

空气集中于空调机房进行加热、冷却、除湿、加湿等运作，机房内有空气分配设施，可完成对空气的多项处理工作，便于管理和维修，一般风管占用空间大，建筑内应设专用柜式空调机组风柜房，分层设置，同一功能房每300～500m²设一间，需要空调机房面积3～4m²。适用于大房间空调，广泛使用于公共建筑和工业厂房，如：影剧院、体育馆、商店等。

2）半集中式空调（空气—水系统）或称风机盘管加新风空调。

能源设备（冷、热水制备）或新风运行集中处理，而室内空气处理（调温、调湿）的设备分设在各个需要空调的房间内，这种制式机房面积小每层或5～12层设一个新风机房，面积3～4m²，可分部控制便于施工，但维修管理流程长，冷冻水系统设置复杂，常用于小房间空调，如办公建筑和旅馆等。

3）分散式空调（直接蒸发式）

调温和调湿设备全分散在各个房间内，吊挂式空调机组如户内空调机、电采暖器都属于此类，这种制式不需要机房和风道，分散机组能量效率低，且带来室内噪声，但成组配套的设备安装快，适应改建和扩建的要求。

4）诱导式空调

该制式包括一次风系统、诱导器及二次水系统等部分。其初次投资费用高、施工复杂、产生环境噪声，民用建筑较少采用。设置空调机房或设备层宜靠近空调负荷中心，空调机房应靠外墙设置[23]。

（2）空调系统

1）民用空调以一定的空气参数区间内人的舒适度为设计依据，用于办公、宾馆、商场。

空气调节系统室内计算参数　　表5–18

计算参数	空间	冬季	夏季
温度（℃）	房间	20	25
	大堂、过厅	18	室内外温差≤ 10
风速 v（m/s）		0.10 ≤ v ≤ 0.20	0.15 ≤ v ≤ 0.30
相对湿度（%）		30～60	40～65

2）工业空调（工艺空调）

主要为生产工艺运行创造工作环境，目标具体，如恒温恒湿、净化洁净度等。为保障空气卫生质量，必须向室内补充新风，工业建筑应保证每人新风量不小于 30m³/h。

3）空调机房的设计要求

① 空调机房的位置应邻近主风道管井，各层空调机房宜在平面同一区域垂直叠合布置，可缩短冷、热水管、风管长度，避免管道交叉，节材节能，提高效率。

② 空调机房的位置不得跨越防火分区，大中型建筑宜在每个防火分区的中心区域设空调机房，各层空调机房传输风管的长度一般为 30～40m，一个系统的服务面积以 500m² 为宜。

③ 为降低噪声，大型公共建筑的空调机房宜设在地下室，其他建筑设在各层的空调机房不应靠近静音要求高的房间。

④ 空调机房的新风进风口应设在空气洁净的区域，降温的进风口宜设在北墙背阴面。

⑤ 空调机房的新风进风口应设在排风口的上风侧，进风口与排风口的间距不应小于 10m。且在垂直方向上进风口标高应低于排风口，避免气流短路。

⑥ 空调机房的新风进风口下缘应高于室外地面不少于 2m，如通风机房的进风口布置在绿化地带时，进风口下缘应高于室外地面不少于 1m。

⑦ 空调机房的排风口主管应高出屋面 0.50m 以上，排风方向应避开空气洁净区域和人群活动频繁场所，排向下风向。

⑧ 空调机房进、排风口的噪声超过场所声环境的要求时，应采取消声措施。

（3）冷、热源机房（包括电制冷和直燃机房）的设计要求

1）冷、热源机房宜独立设置，在建筑物的地下层或任何一层设备层内时，应靠近空调负荷中心、建筑的几何中心及变配电间和水泵房，设两个门外开的出入口。冷、热源机房设在建筑内不应靠近静音要求高的房间，尤其对于水泵、支架、吊架的结合部应采取有效的防振隔声措施。

2）制冷机房的净高：大型设备按 5.0m；中型设备按 4.0～4.5m；小型设备按 3.5m。

3）直燃机房的净高 4.0～5.0m。按防火防爆的要求应设直接对外的门窗，可对外通风换气，在地下室时应设置泄爆面。

4）压缩型制冷机的离心式及螺杆式冷水机组，能提供大、中型空调冷源。

采用水平空调通风的建筑，其室内层高最小不低于 3.3m，适用层高 4.5m。采用垂直空调通风的建筑，其室内层高最小不低于 2.8m，适用层高 3.0m。输送冷冻水及冷却水的离心式水泵设在制冷机房内。

5）压缩型制冷机的活塞式及涡旋式冷水机组，能提供中、小型空调冷源。

6）吸收型直燃式及蒸汽或热水加热式冷、热水机组，能提供大、中型空调冷、热源。

（4）空调设备机房建筑面积的估算

1）各类制冷机房与总建筑面积的估算比例见表 5–19。

一般估算制冷机房面积范围占总建筑面积的 0.2%～1.0%，空调机房面积占空调建筑面积的 2%～2.5%，占建筑面积的 4%～6%。各类制冷机房与总建筑面积的比例见表 5–19。

各类制冷机房与总建筑面积的比例 表5-19

比例（%） 制式 / 总建筑面积（m²）	分层设制冷机组	新风 + 风机盘管	集中空调制冷机房
＜10000	0.55～0.75	0.37～0.40	0.40～0.70
10000～25000	0.48～0.50	0.34～0.37	0.36～0.38
30000～50000	0.40～0.47	0.25～0.30	0.30～0.36

2）按不同制冷机容量、总建筑面积估算的机房面积和层高见表 5-20。

制冷机容量、总建筑面积相应的估算机房面积和层高 表5-20

总建筑面积（m²）		5000	10000	15000	20000	25000	30000	35000	40000	45000	50000	55000	60000	65000	70000
制冷机容量（*RT*/h）		180	350	520	690	850	1020	1150	1320	1420	1570	1690	1820	1960	2080
制冷机房	面积（m²）	100	120	150	180	210	250	280	320	350	390	430	480	500	550
	层高（m）	4.0	4.5					5.0							
空调机房	面积（m²）	80	120	160	220	260	320	350	380	400	420	450	480	520	560
	层高（m）	4.0		4.5											

注：空调机房面积按公用层用冷风柜。标准层用新风系统加风机盘管方式估算。

3）小面积空调机房估算面积见表 5-21。

小面积空调机房估算面积（m²） 表5-21

每层建筑面积	500	1000	2000	3000
空调机房面积	30	35～45	45～55	65～75

4）冷却塔常采用低噪声或超低噪声的方型或圆型玻璃钢制品，可以设在屋面、室外地面、有通风百叶的建筑物的中间各层，建筑面积约 2.0～120m²。

5）防排烟风机房通风

自然通风：建筑物应朝向夏季主导风向或盛行风向设置进风面。夏季进风口下缘应位于室内地面 1.2m 以内。冬季进风口下缘距室内地面 4.0m 以内时，应有防风措施。

机械通风：一般轴流式风机不需要机房。地下室和其他需要机械通风的地方采用离心式风机时应设机房，其建筑面积应不小于 3.0m × 3.0m。采用水平空调通风的地下车库层高应不小于 3.6m。

安全疏散楼梯间及前室、消防电梯前室加压送风机房设在屋面或能从室外进风的地方，其建筑面积应不小于 3.0m × 3.0m。

地下室排风、排烟机房其建筑面积应不小于 3.0m × 3.0m，每个防火分区应各设一个进排风竖井。

长度大于 20.0m 的内走道排烟机房设在主楼顶层或屋面上其建筑面积应不小于 3.0m × 3.0m。

（5）热交换站（城市热网供给的水—水热交换站，锅炉房供给的汽—水热交换站）

1）热交换站可单独设置，也可以邻接锅炉房或按规定要求设在建筑的地下室、设备层、屋面层靠近热负荷中心。汽—水热交换站应与锅炉房组合设计，以回收冷凝水。

2）设在建筑内的热交换站上下四周不可以邻接人员密集场所、重要部门、电气设备用房。贴邻其他建筑应采用无门窗的耐火极限不低于 3h 的防火墙隔开，或开设甲级防火门。

3）热交换站应具有良好的通风采光环境，热交换站内地面应平整无台阶，并应设排除地面积水的措施。热交换站的外门应向疏散方向开，辅助房间通往热交换间的门应向热交换间开。

7. 锅炉房

（1）设计要求

1）场地要求

① 锅炉房应近负荷中心，且地势较低地段。

② 季节性运行的锅炉房应位于该季节盛行风的下风侧，全年运行锅炉房应位于居住区和环境保护区全年最小频率风向的上风侧。

③ 烟囱的高度应符合国家标准《制定地方大气污染物排放标准的技术原则和方法》和《锅炉大气污染物排放标准》DB 37/2374—2018 的要求。新建锅炉房应只设一个烟囱，其高度应高出 200m 以内最高建筑物 3m 以上。

2）防火要求

锅炉房属于丁类生产厂房，蒸气锅炉额定蒸发量大于 4t/h；热水锅炉额定出力大于 2.8MW 时，建筑耐火等级不低于二级。

蒸气锅炉额定蒸发量小于 4t/h，热水锅炉额定出力小于 2.8MW 时，建筑耐火等级不低于三级。

油箱、油泵、油加热间属于丁类生产厂房，建筑耐火等级不低于二级。

燃气调压室属于甲类生产厂房应设防火墙与锅炉房隔开，建筑耐火等级不低于二级。

① 锅炉房与其他建筑的防火间距见表 5–22。

锅炉房与其他建筑的最小防火间距（m）　　表5–22

类别 防火间距（m）		一类 高层民用		二类 高层民用		民用建筑 耐火等级			单、多层丙、丁、戊类 厂房（仓库）耐火等级		
规模和耐火等级		主体	裙房	主体	裙房	一、二级	三级	四级	一、二级	三级	四级
蒸发量＞ 4t/h 额定出力＞ 2.8MW	一、二级	15	10	13	10	10	12	14	10	12	14
蒸发量＜ 4t/h; 额定出力＜ 2.8MW	三级	18	12	15	10	12	14	16	12	14	16
燃油、燃气锅炉房	一、二级	20	15	15	13	10	12	14	10	12	14
燃气调压室	一、二级	35	30	35	30	25			12	14	16

② 燃油和燃气锅炉房应设在首层或地下一层靠外墙部位，但常（负）压燃油和燃气锅炉可设置在地下二层，当常（负）压燃油和燃气锅炉房距安全出口大于 6m 时，可设置在屋顶上。采用相对密度（与空气密度的比值）大于等于 0.75 的可燃气体为燃料的锅炉，不得设置在地下或半地下建筑（室）内。

锅炉房的门应直通室外或安全出口，外墙开口部位的上方应设宽度不小于 1.0m 的不燃烧防火挑檐或高度不小于 1.2m 的窗槛墙。

锅炉房与其他部位之间应采用耐火极限不低于 2.0h 的不燃烧体隔墙和 1.5h 的不燃烧体楼板隔开，隔墙上可设置甲级防火门窗。

③ 单层和多层锅炉房出入口不应少于 2 个，楼层出入口应有直通室外地面的安全楼梯。

3）建筑设计

① 锅炉房炉前走道总长度不大于 12m，建筑面积不大于 200m^2 时可设一个出入口。独立设置或靠外

墙设在地下一层、首层，安全出口应直接对外。

② 锅炉房进深为 10～15m，开间按每 6m 宽一台锅炉确定尺寸，锅炉房的操作面或辅助房应邻靠区内车行道一侧。

（2）估算燃油锅炉房的面积和净高

设两台锅炉时燃油锅炉房的估算建筑面积和净高　　表5-23

<table>
<tr><td colspan="2">锅炉容量（t/h）</td><td>0.6</td><td>1.0</td><td>1.5</td><td>2.0</td><td>2.5</td><td>3.0</td><td>3.5</td><td>4.0</td><td>4.5</td><td>5.0</td><td>5.5</td><td>6.0</td><td>6.5</td><td>7.0</td></tr>
<tr><td rowspan="2">锅炉房（2台）</td><td>面积（m²）</td><td>100</td><td>140</td><td>170</td><td>200</td><td>230</td><td>280</td><td>300</td><td>340</td><td>360</td><td>400</td><td>430</td><td>480</td><td>520</td><td>560</td></tr>
<tr><td>净高（m）</td><td colspan="2">4.5</td><td colspan="8">5.0</td><td colspan="4">5.5</td></tr>
</table>

注：1. 锅炉房设在地下室的排烟口应设在下风向，并远离楼梯出口；
2. 其地下室的通风排烟机房的面积应为通风建筑面积的0.25%～0.3%；
3. 常用锅炉房的建筑面积为100～150m²。

（3）锅炉房的供热负荷

每座锅炉房的供热面积：高层建筑不宜大于 7 万 m²；多层建筑不宜大于 4 万 m²。燃油、燃气、电热锅炉供热半径不宜大于 150m。

（二）建筑设施

1. 设备夹层

（1）10 层以下的建筑通常不需要设置设备夹层；一般 10 层以上 25 层以下的建筑在塔楼底部裙楼屋面设置设备夹层；25～32 层高层建筑通常在裙楼屋面和塔楼顶部各设一个设备夹层；≥ 33 层的高层建筑通常相隔 15 层至 20 层安排设备夹层。

（2）制冷机房、冷却塔、空调机房和给排水工程可共用设备夹层。排水管道转换坡降需要楼屋面板底留出高约 0.4m 的布管空间。室内管道敷设所需净空高度，空调管道按 300～700mm，通常 500mm；商住楼、综合楼给排水管道按 200mm。

2. 设备立管

（1）天面水箱补给水立管、消火栓立管、自动喷水灭火立管的直径按 ϕ200 预留空位。

（2）柴油发电机房烟囱、厨房炉灶烟囱按 ϕ500～ϕ700 或 500mm × 500mm、700mm × 700mm。烟管须用石棉材料隔热。

（3）消防立管的间距按每 25m 设一根。

（4）室外配电线路在没有条件敷设电缆沟而采用架空线路时，架空电杆的档距见表 5-24。

室外配电线路架空电杆的档距（m）　　表5-24

场　所	高　压	低　压
市　区	40～50	30～45
厂　区	35～50	30～40
郊　区	50～100	40～60

（5）室外配电线路架空电杆的埋置深度应根据地质条件按计算确定，一般的土壤中架空电杆的埋置深度不应小于表 5-25。

架空电杆的埋置深度（m）　　表5-25

杆高	8	9	10	11	12	13	15
埋置深度	1.5	1.6	1.7	1.8	1.9	2.0	2.3

（6）架空线路与建筑物最小间距（m）

① 建筑物与架空电力线路导线之间的最小垂直距离（在导线最大计算弧垂情况下）应符合表5-26规定的数值。

建筑物与架空电力线路导线之间的最小垂直距离　　表5-26

线路电压（kV）	1～10	35	110（66）	220	330	500	750	1000
垂直距离（m）	3.0	4.0	5.0	6.0	7.0	9.0	11.5	15.5

② 建筑物与架空电力线路导线之间的最小水平距离（在最大计算风偏情况下）应符合表5-27规定的数值。

建筑物与架空电力线路导线之间的最小水平距离　　表5-27

线路电压（kV）	＜3	3～10	35	110（66）	220	330	500	750	1000
水平距离（m）	1.0	1.5	3.0	4.0	5.0	6.0	10.0	12.0	14.0

注：　表5-26和表5-27摘自《公园设计规范》GB 51192—2016第4.2.16条的规定。

3. 设备管道竖井尺寸

（1）建筑防烟排烟竖井估算建筑尺寸见表5-28。

建筑防烟排烟竖井估算建筑尺寸（m²）　　表5-28

设备类别	竖井名称	截面尺寸（长×宽）	设置部位	说明
防烟排烟	疏散楼梯加压送风井	（1.0～1.5）×（0.4～1.0）	靠近楼梯间	砌筑竖井必须密不透风或井内安装风管
	疏散楼梯前室加压送风井	（1.0～1.2）×（0.4～1.0）	靠近前室	
	消防电梯前室加压送风井	（1.0～1.5）×（0.4～1.0）		
	室内走道排烟井	（1.0～1.2）×（0.6～0.8）	走道中部	

（2）水、电、空调、通风设备管道竖井估算建筑尺寸见表5-29。

一般情况下每层的建筑面积在600m² 可设一个电气竖井，每层的建筑面积在600m² 以上宜设两个或两个以上电气竖井，电气竖井不应与烟囱、供热管井相邻，否则应有隔热措施。电气竖井不应与给排水管井相邻，否则应有防水措施。

水、电、空调、通风设备管道竖井估算建筑尺寸（m²）　　表5-29

设备类别	竖井名称	截面尺寸（长×宽）	设置部位	说明
给水排水	给水、供热水井	（1.0～1.2）×（0.7～0.8）	厨卫、生活阳台	两卫生间共一井，客房间井取大值
	卫生间污水、透气井	（1.0～2.0）×（0.7～0.8）		
电气	强电井、配电小间	（1.5～2.0）×1.0	核心筒内	井内应高出地面20mm
	弱电井	（1.0～1.2）×（0.8～1.0）		

续表

设备类别	竖井名称	截面尺寸（长 × 宽）	设置部位	说明
空调	冷冻水供回水立管井	（1.0～3.0）×（0.5～0.8）	核心筒内	冷凝水管不单独设井
	冷却水供回水立管井	（0.8～1.5）×（0.4～0.5）		
	新风（送风）竖井	（0.8～1.2）×（0.4～0.8）	建筑中部或两端	
通风	卫生间排风竖井	（0.6～1.2）×（0.4～0.6）	两间共井取大值	砌筑竖井必须密不透风或井内安装风管
	地下车库进排风井	（1.0～1.2）×（0.6～1.0）	每防火分区各两井	
	人防地下室进排风井	0.8 × 0.4	每防护单元各两井	
	地下变配电房进排风井	（1.0～1.2）×（0.4～0.6）	邻接电房	
	地下发电机房进排风井	（2.0～3.0）× 1.0	电机房内	
	会议、办公排风井	（1.0～1.2）×（0.4～0.8）	近室内	
	餐厅排风井	（1.0～1.2）×（0.5～0.8）	近室内	
	厨房排油烟井	1.6 ×（0.6～1.2）	邻接厨房	

注：1. 给水排水、电气、空调、卫生间、发电机房排风井、厨房、餐厅排风井出口部位都在屋面以上。

2. 地下车库、人防、地下变配电进排风井、地下发电机房进风井的出口部位都在地面以上。

3. 冷凝水管的出口部位都在 ± 0.00地面以下。

4. 给排水每根立管所需竖井净尺寸不应小于200mm × 200mm。

5. 多层或高层建筑邻接的两卫生间共用一个竖井时应安装一根活水塞、一根废水管和一根通气管，竖井净尺寸不应小于200mm × 750mm（$B \times L$）。不同单位或不同户邻接的两卫生间共用一个竖井可采用二根污水管和一根通气管，竖井净尺寸不应小于200mm × 750mm（$B \times L$）。

四、建筑物总使用人数的估算

（一）各类建筑物总使用人数的估算指标见表 5-30。

各类建筑物总使用人数的估算指标　　表5-30

建筑分类	建筑类型	总使用人数的估算指标
居住建筑	住宅	1～1.5 人 / 居室或 3.2 人 / 户
	宾馆、酒店	1 人 / 床（高级宾馆 0.8 人 / 床）
商业、办公建筑	专属物业	8～10m²（净面积）/ 人
	公用、综合	10～12m²（净面积）/ 人
公共建筑	医院	3 人 / 床位
	学校	0.8～1.2m²（净面积）/ 人
	餐饮、娱乐	1 人 / 座位

注：1. 摘自参考文献[25] P145。

2. 估算使用人数的面积指净面积（建筑面积 × 使用率）。

3. 办公建筑的净面积可按0.55 × 办公建筑总面积计算。

（二）各功能房间合理使用人数的人均最小使用面积

《全国民用建筑工程设计技术措施：规划·建筑·景观（2009 年版）》在基本规定项目中列出了各功能房间合理使用人数的人均最小使用面积的指标见表 5-31。

各功能房间人均最小使用面积　　　　表5–31

建筑类型	房间使用功能或性能		人均最小使用面积
办公楼	普通办公室（m²/人）		4
	研究工作室（m²/人）		5
	设计绘图室（m²/人）		6
	单间办公室（m²/人）		10
	中、小会议室（m²/人）	设置会议桌椅	1.8
		无会议桌椅、报告厅	0.8
中小学校	普通教室（m²/座）	小学	1.36
		中学	1.39
		幼儿园及中等师范	1.37
	合班教室（m²/座）		小学 0.89　中学 0.90
	教师办公室（m²/座）		5.00
剧场	观众厅（m²/人）	甲等	0.8
		乙等	0.7
		丙等	0.6
电影院	观众厅（m²/人）	特级	1.0
		甲级	
		乙级	
		丙级	0.6
商场	营业厅、自选营业厅（m²/人）		1.35
	推小车选购的自选营业厅（m²/人）		1.7
餐厅	餐馆餐厅（m²/人）	一级	1.3
		二级	1.1
	食堂餐厅（m²/人）	一级	1.1
		二级	0.85
图书馆	阅览室（m²/人）	普通及报刊阅览室	1.8～2.3
		专业阅览室	3.5
		儿童阅览室	1.8

注：1. 本表依据有关建筑设计规范编制。

2. 本表为正常使用情况下房间的合理使用人数，并非消防疏散计算的最不利人数。

1. 建筑物应按建筑防火规范的规定计算安全疏散线路、楼梯、走道、出入口的宽度和数量。有标定人数的建筑（如有固定座位的剧场、体育场馆等），可以按标定的使用人数计算疏散宽度和数量。

2. 公共建筑中如为多功能使用空间，各种空间场所有可能同时开放并使用同一安全出入口时，在水平方向应按各部分使用人数叠加计算，在垂直方向应按使用人数最多的楼层计算疏散宽度和数量。

3. 使用人数无控制的公共建筑，应按最多使用人数的情况计算安全出口疏散宽度和数量。

4. 无标定使用人数的建筑应按有关规定或通过调查分析，确定合理的使用人数或人员密度，并以此为基数，计算安全疏散线路、楼梯、走道、出入口的宽度和数量。

无标定使用人数的房间疏散人数可以按房间的人员密度值进行折算，部分无标定使用人数的房间人员密度值见表 5-32。

无标定使用人数的房间人员密度值　　表5-32

建筑类型	房间功能		人员密度（人/m²）
展览建筑	展厅	地下 1 层	0.65
		地上 1 层	0.7
		地上 2 层	0.65
		地上 3 层及以上	0.5
商场	营业厅	地下 2 层	0.8
		地下 1 层、地 1、2 层	0.85
		地上 3 层	0.77
		地上 4 层及以上	0.6
娱乐场	录像厅、放映厅		1.0
	歌舞厅、夜总会、游艺厅		0.5
汽车客运站	候车厅		0.91

注：1. 本表依据有关建筑设计规范编制。
2. 商场营业厅建筑面积值应乘以面积折算值：地上商场的面积折算值宜为50%～70%；地下商场的面积折算值不应小于70%。

第四节　建筑方案设计协调

只有建筑工程各相关专业对设计构思、设计标准、设计内容等都有明确的认识，才能使设计深化。为此，使建筑工程相关专业了解相互的设计条件的过程需要设计协调。

其中建筑专业应向相关专业提交的设计内容见表 5-31；相关专业应向建筑专业提交的设计内容见表 5-32。

建筑设计各相关专业在设计过程中的相互协调关系如下所述。

一、建筑与相关专业

（一）建筑——结构

建筑——

1. 建筑造型的安全稳定性：

高宽比：

建筑专业应控制建筑体量的长宽比和高宽比符合稳定性的要求。高层建筑应按抗震设计的要求进行控制。使建筑的刚度中心与地震力的作用中心趋于重合，不仅结构安全可靠，而且经济适用高效。

结构专业应控制建筑的总高度和层高，对超高超限的建筑造型提供技术支持和研究方向，确认比选方案的可行性。

2. 建筑造型的结构合理性

力流的直捷线型（力线短）：

建筑专业应明确建筑设计的传力路线是均匀的、控制建筑刚度不出现突变，力流的路径是连续的，传力的路径是最短的。充分理解规则对称的完型是合理的空间结构形态。

结构专业应根据建筑的使用功能选择适当的结构型式，确定开间、进深，柱网尺寸。

3．建筑造型基础的可靠性

建筑设计方案的基础选型应有利于释放内力、控制基础变形。建筑造型需要重视地基的均匀性，在不均匀地基上兴建，应根据地基承载能力的大小选择上部建筑体形的高低。

结构——

4．结构专业应根据建筑的体形和体量估计基础埋置深度。根据地基变形和大气环境的变化，选择整体单一的结构单元还是分部独立的组合单元，是否设置变形缝。

通过建筑和结构专业之间的协调使工程设计项目务必达到安全、可靠、适用的要求。

（二）建筑——给水排水

建筑——

1．建筑给水的安全畅通

给水网点：

建筑设计各单元的给水点应分组集中，以缩短供水管道。确定给水点位置应确保给水管道不得敷设在烟道、风道内。生活给水管道不得敷设在排水沟内。给水立管不得穿过大小便槽，当给水立管距便槽端部不足 0.5m 时建筑应有隔断措施。建筑的木装修部位，如壁柜、储藏柜、陈列柜等不得穿过管道。

建筑专业应初步明确生活用水人数，建筑防灾用水范围，应区分不同建筑类型，设置自动报警、自动喷水灭火系统的建筑应提供防火分区平面图，采用湿式报警器的需设置有排水设施的阀门室。

给水水源：

建筑总平面图确定供水标高时，给水水源配水管口应高于室外雨水浸水标高，防止配水管口被淹没。给水合用系统应防止回流污染。埋地生活贮水池与化粪池、污水处理池、渗水井、垃圾场等污染源的净距不得小于 10m，生活贮水池 2m 以内不得设置污水管，放置污染物。

给水——

2．给水专业应根据建筑总平面图，平、立、剖面图提供给水管网的比选方案，核对设备用房的面积、层高和管道的标高、间距等。

建筑——

3．建筑排水的疏通

自流排水：

建筑总平面图的排水方案应首选利用重力自流排水，使污水出水口的标高与污水收集口标高的高差符合规范要求的坡降。按照市政排水的分流制度，权衡建筑的污水量大小、雨水收集范围、中水、原水的流量等因素初步安排排水设施的空间位置。

建筑物的管道技术夹层中，各种管道的检修、疏通概率比较大，必须安排检修疏通污水废水的排水设施。

建筑物外墙与地面交界处应设散水和明沟防止雨水浸蚀地下墙体和基础。

机械抽升：

无法自流排水的低洼场所、地下室采用机械抽升排水时，安排抽水泵房位置时应核实室外排水口的标高，防止污水倒灌。

排水——

4．排水专业对于自流排水的情况宜配备移动式排水泵作为应急设备。对于低洼场所、地下室应采取分部排水，使建筑物上部的污水直接排到室外不进入地下室。地下室排水管应设单向阀，排水管管型和清理口设置能确保管道疏通不堵塞。

给排水专业应提供市政给排水管网的接口位置、高程、构筑物的定位尺寸。

通过建筑和给排水专业之间的协调使给水畅通，排水疏通，防止污水倒流。

（三）建筑——电气

建筑——

1．电气防水

建筑专业安排电气设备用房不应设在地势低洼和有积水的场所。不应设在厨房、卫生间、浴室、洗衣房等经常积水的地方。为防止水浸事故，变配电房、发电机房、水泵房等电器用房不应放在地下室最底层或最低位置。

电气设备用房设置的地沟位于地下水位以下或靠近外墙时应有防水措施。

2．电气防火

变压器室应布置在建筑物的首层或地下一层靠外墙部位。油浸电力变压器不应布置在人员密集场所的上一层、下一层或邻接位置。变压器室与其他部位之间应采用耐火极限不低于2.0h的不燃烧体隔墙和1.5h的不燃烧体楼板隔开。变压器室之间、变压器室与配电室之间应采用耐火极限不低于2.0h的不燃烧墙体隔开。柴油发电机房可布置在建筑物的首层或地下一、二层，不应布置在地下三层及三层以下，应采用耐火极限不低于2.0h的不燃烧体隔墙和1.5h的不燃烧体楼板隔开，应采用甲级防火门，储油间应采用防火墙与发电机隔开，应设置相适应的灭火设施，当建筑内其他部位设置自动喷水灭火系统时，机房内应设置自动喷水灭火系统。油浸变压器、可燃油高压电容器和多油开关室可采用细水雾灭火系统。

3．电气防雷

建筑专业应明确建筑的防雷类别。二类防雷的高层建筑宜采取防雷侧击的保护措施。

4．安全用电

建筑专业对使用电器的场所应明确防触电和防漏电的要求。变配电室的值班室内不得有高压配电装置，高层建筑内火灾危险性大，人员密集场所宜设置漏电火灾报警系统。

建筑专业应明确建筑类别、用电人数、安全设防标准等。

电气——

5．电气专业应提供电源进户线接口位置、电机用房的面积、定位要求。电力机房、弱电机房、控制中心等应靠近负荷中心（如冷冻机房、空调机房）。确定电气设施的防火性能、等电位连接的部位、防雷引下线的传电要求等。

通过建筑和电气专业之间的协调使电气防水、防火、防雷达到安全用电的目标。

（四）建筑——通风空调

建筑——

1．建筑的绿色通风

建筑专业应提供总平面图、平面图、立面图、剖面图等作业图和气象资料等设计条件。说明气候类型、建筑类别、设计等级、使用人数等设计要求。在室外空气质量良好的情况下组织自然通风。

2．建筑的节能空调

建筑专业应根据建筑类别，区别空调范围和空调制式。说明节能设计内容。介绍建筑表皮的构造作法，门窗的密闭性。提供适用的通风空调机房的位置，确定其面积、层高，大型机房需绘制放大图。

3．建筑的防烟排烟

按建筑类型确定防烟排烟方式，井道的位置等。

通风空调——

4．通风空调专业应根据建筑总平面图、平面图、立面图、剖面图提供通风空调设备的选型方案，包括能源设备（制冷机组、空调机）、输送设备（风机、水泵、风管、水管、风井、水井、风道水池等）、空气处理设备（加热、制湿、新风机具）、辅助设备（自动控制、过滤器、消声器、阀门等）。核对设备位置、设备房的面积、层高，管道的标高、间距等。提出设备在墙体、楼板上预留孔洞的位置，定位尺寸。确定自然排烟和机械排烟管井的尺寸和标高。

通过建筑和通风空调专业之间的协调使建筑室内的声环境、光环境、湿环境、热环境、风环境达到国家要求的设计标准。

（五）建筑——热能动力

建筑——

1. 建筑热能动力系统设计的准确定位

建筑热能动力系统的设计负荷应满足供热容量的需求。锅炉房和其他动力站房的设计应符合城市能源动力规划和总图管线综合的要求。

明确锅炉房和其他动力站房的建设规模、标准。建筑位置、标高、平面尺寸，管道的敷设方式、走向、规格等。

2. 建筑热能动力系统的环境保护

明确热能动力系统的燃料堆场、储油、储气，室外罐区的位置。

明确热能动力系统的排烟、除尘、清渣、排污、减噪的工程措施和设施位置。

3. 建筑热能动力系统的安全运行

稳妥布置锅炉房和其他动力站房，确保可燃气体站房、可燃气罐区、可燃气管道的防爆、泄压、防火达到安全标准。

热能动力——

4. 热能动力专业应提供城市动力站房管道的接口位置、高程、规格要求或者动力机房，烟囱等构筑物的定位尺寸。

5. 设在建筑内的锅炉房或直燃机房等设施应明确泄爆井、泄爆面的位置、面积和定位尺寸。动力设备在墙体、楼板上预留孔洞的位置，定位尺寸。

通过建筑和热能动力专业之间的协调使建筑的动力运行安全、节能、环保。

二、结构与相关专业

（一）结构——给水排水

结构——

1. 荷载设计

结构专业应根据给水排水设备用房的位置、给水排水设备的类型、型号重量，确定其支承点和支承屋面、楼面的分布荷载或集中荷载。

结构专业应根据给水排水设备用房的位置、面积、高度，给水排水设备的重量，确定其屋面、楼面的设备吊装孔的尺寸，设备吊钩的位置和承重梁的受力性能。

结构专业应该核实给水排水管道支承、穿越结构构件的位置是否可行，是否采取结构加强措施或防震抗震措施。管道穿过承重墙、基础预留洞口上缘离管道净高应大于建筑沉降量，且不小于 0.1m 高，宽不小于 0.2m。

结构设计地下建筑时应根据地下水的分布、是动水还是静水合理确定地下水侧压力和浮力的取值。

2. 调整结构标高

结构专业应根据给排水管道的坡度要求，调整结构布局。例如，卫生间是采用降板的箱形楼板或者设置双层楼板等。

结构专业应根据地下车库、人防、地下水泵用房的用水管沟、井道、坑道的布置调整基础顶面标高，如承台、地梁的标高或高度。

给排水——

1．设备选型

给排水专业应提供给排水设备用房的位置、给排水设备的类型、型号、明确设备荷重。管道开设孔洞的大小。

2．管井敷设规定

管井敷设不仅日常运行无隐患，而且开设孔洞不穿过结构构件应力集中部位，不穿过结构构件截面受限制部位，不造成建筑结构安全隐患。热水管穿过楼板、墙体应设套管，防止结构层开裂。

通过结构和给水排水专业之间的协调使建筑的结构设计安全，管道间距空间尺度合理。

（二）结构——电气

结构——

1．荷载设计

电气专业应按电气设备用房的位置、设备的类型、型号、重量，确定其支承点和支承屋面、楼面的分布荷载或集中荷载。

结构专业应根据电气设备用房的位置、面积、高度，设备的重量，确定其屋面、楼面的设备吊装孔的尺寸，设备吊钩的位置和承重梁的受力性能。

结构专业应核实电气机组、桥架、缆线，支承或穿越结构构件的位置是否可行，是否采取结构加强措施或防震抗震措施。

2．安全防护

发电机房、变压器室、配电室的墙体耐火极限不小于2.0h；楼板耐火极限不小于1.5h；储油间应设防火墙，耐火极限不小于3.0h；不燃烧体的墙体、楼板应达到规定的厚度。

合理利用结构柱内的主筋作防雷引下线，合理利用结构圈梁内的主筋焊成封闭环形避雷网。

3．静电防护

智能建筑控制室、计算机房宜采用防静电架空地板，结构设计应达到其荷载要求。

4．电磁屏蔽

医院放射科、核医学科等发射电磁波的机房墙体、楼地面、门窗、嵌入体缝隙材料应按规定要求采取可靠的屏蔽防护措施。

民用建筑工程地点土壤中氡浓度，高于周围非地质构造断裂区域3倍及以上、5倍以下时，工程设计应采取建筑物内地面抗裂措施。

电气——

5．电气专业应提供电气设备用房的位置、面积、高度，设备的类型、型号、确定电气设备的荷重，管道开设孔洞的大小。

6．电力电缆、通讯光缆与结构构件的间距布置合理，开设孔洞不穿过构件应力集中部位，不穿过构件截面受限制部位，不造成建筑结构安全隐患。电气线缆的转弯半径不影响梁截面高度。

通过结构和电气专业之间的协调使建筑结构空间尺度合理，电气设备安全运行。

（三）结构——通风空调

结构——

1．荷载设计

结构专业应根据通风空调设备用房的位置、设备的类型、型号重量，确定其支承点和支承屋面、楼面的分布荷载或集中荷载。

结构专业应根据通风空调设备用房的位置、面积、高度，通风空调设备的重量，确定其屋面、楼面的设备吊装孔的尺寸，设备吊钩的位置和承重梁的受力性能。

2．安全防护

结构专业应该核实冷冻机组、空调机组支座、吊架是否采取结构加强措施或防震措施，空调机房应留出搬运设备的通道或孔洞。

确定管道穿越结构构件的位置是否可行。

设在建筑内的直燃机房应设置符合抗爆要求的泄爆井、泄爆面、抗爆墙。

通风空调——

3．通风空调专业应提供设备用房的位置、面积、高度，设备的类型、型号、确定设备的荷重，管道开设孔洞的大小。

4．通风空调开设孔洞不应穿过结构构件应力集中部位，不应穿过结构构件截面受限制部位，不应留下建筑结构安全隐患。

5．通风空调专业应提供直燃机房泄爆井、泄爆面的位置和面积大小。

通过结构和通风空调专业之间的协调使建筑结构空间尺度合理，通风空调设备安全运行。

（四）结构——热能动力

结构——

1．荷载设计

结构专业应根据锅炉房、其他动力站房的位置、设备的类型、型号、重量，确定结构类型和荷载设计。

结构专业应根据热能动力设备的类型、留出搬运设备的通道或孔洞，确定设备吊装孔的尺寸，设备吊钩的位置和受力性能。

2．安全防护

锅炉房的墙体耐火极限不小于2.0h；楼板耐火极限不小于1.5h；储油间应设防火墙，耐火极限不小于3.0h；不燃烧体的墙体、楼板应达到规定的厚度。

设在建筑内的锅炉房、动力站房应设置符合抗爆要求的泄爆井、泄爆面、抗爆墙。

热能动力——

3．热能动力专业应提供设备用房的位置、面积、高度，设备的类型、型号、确定设备的荷重，管道开设孔洞的大小。

4．动力设备开设孔洞不应穿过结构构件应力集中部位，不应穿过结构构件截面受限制部位，不至于造成建筑结构安全隐患。

5．动力专业应提供动力机房的防火防爆要求，确定泄爆面的位置和面积大小。

通过结构和热能动力专业之间的协调使建筑结构空间尺度合理，热能动力设备安全运行。

三、给水排水与相关专业

（一）给水排水——电气

给水排水——

1．安全运行

给水排水设备、管井与电气设备、管井应该严格隔离布置，以防电气短路引发安全事故。给水排水专业应提供设备的最大用电量、用电时段，防止超负荷用电，提出防雷接地等用电保护条件。

给水横管坡度不得小于0.2%且应设泄水装置以防检修时电气机房漏水。水平横管在高寒地区无法排空存水时会造成管道冻裂，应采取防护措施。

2．控制到位

给排水专业应提供设备日常运行的自动控制技术参数，为智能设计、电讯等弱电设计提供设计条件。

电气——

3．电气专业应提供电气设备用房的给水排水用水、消防灭火用水的要求，明确电气设备用房，发电机房、变配电室、储油间的进水、出水位置，确定消防灭火方式。

通过给水排水和电气专业之间的协调使相关设备安全运行、控制到位。

（二）给水排水——通风空调

给水排水——

1．设备运行环境

给水排水专业应提供给水排水设备房日常运行的通风、温度、湿度等环境设计参数。进水管与出水管在通风空调设备房的位置、标高、间距等。

室外明装给水管在夏热冬冷地区应用隔热防冻措施确保水质达标，防止管道冻裂。室内给水管应采取防结露措施，防管道腐蚀。

2．节能节水

给排水专业应统筹冷凝水的回收利用，在寒冷地区不采暖房间给排水设施需有保温防冻措施。

通风空调——

3．通风空调专业应提供设备用房用水点、排水点的位置、标高、水量、水质用途，提出冷却循环水量、水温、水质，冷冻机台数、运行控制的要求。宽度超过 1.2m 的风管应增加安装消防喷淋设施的空间高度。

通过给排水和通风空调专业之间的协调使相关设备安全运行、节能节水。

（三）给水排水——热能动力

给水排水——

1．动力供应量

由热能动力专业提供热源时，给水排水专业应提供设备的耗热量。

2．节能节水

对于蒸汽热媒应提出凝结水的回收方式。

3．消防用水

给水排水专业应明确消防用水方式、用水量，灭火后的排水措施。

热能动力——

4．热能动力专业应明确热水供应量、供水温度，蒸汽热媒应提供冷凝水量。

通过给水排水和热能动力专业之间的协调合理利用能源动力。

四、电气——通风空调

（一）电气——

1．动力供应

电气专业应按动力负荷等级设计供电线路，确保动力正常出力。

2．设备运行环境

电气专业应提供发电机房的发热量以及排气、降温要求，大型设备机房，如变配电室、计算机主机房、空调机房的设备发热量、空调房的单位照明功率 W/m^2 。

3．设备的安全运行

为动力设施，如燃油锅炉房、燃气放散管、可燃气管道、烟囱等采取防雷接地和防静电措施。

（二）通风空调——

通风空调专业应提供通风空调设备的用电量，确定需防雷防静地的设备，弱电设计的控制参数。电气设备采用气体灭火后的通风换气参数。

通过电气和通风空调专业之间的协调达到节能环保、安全运行的要求。

五、通风空调——热能动力

根据通风空调的不同制式，可分别采用电能或热能，需按能源利用要求，合理选择动力。

六、建筑方案设计中建筑专业应知会其他专业的设计内容见表5–33

建筑专业应知会其他专业的设计内容　　表5–33

名称	建筑设计内容	设计文件
设计条件	工程项目立项批准文件，建设单位的设计任务书	文字
	各主管部门批文：设计规模、设计标准，人防、消防、水、电、气、节能、环保等设计要求	
	规划要点：红线、绿线、蓝线、橙线、紫线、黄线、黑线、建筑控制线等，地形、高程、管线位置	图文
	设计基础资料：气象、水文、地质初勘、场地地质灾害安全性评价；土壤放射性检测、抗震场地土类型、防洪标准、道路交通、市政管网、周边建筑类型等资料	文字
	工程概况：建设单位、建筑类型、设计等级、总建筑面积、总投资	
设计说明	总平面布局：方位、朝向、区位环境关系、建筑功能分区	文字
	设计标准：工程等级、使用年限、耐火等级、装修标准	
	设计特征：建筑类别、建筑总高、层高、层数、主要技术经济指标	
总平面	项目场地特征：区位环境、用地界线、规划控制线、控制标高、控制坐标	图纸
	场地现状：原有建筑、原有道路与建筑的距离、保留历史建筑、保留古树名木	
	设计建筑、道路、停车场、广场、绿地的布置、各控制线与建筑间距、建筑间距离	
	场地竖向设计：设计要点、控制基准标高、控制坐标	
	设计建筑布局：组团分区、建筑名称、分类出入口位置、建筑高度、层数	
平面	建筑总尺寸、进深、开间；设计柱网尺寸；总建筑面积、各层建筑面积	图纸
	建筑各个房间的名称、主要房间面积（使用人数）；对其他专业的要求	
	建筑各层平面，楼、地、屋面标高；构造做法	
	人防地下室划分防护、防爆单元；地下车库停车位、行车路线	
	首层平面：指北针、比例、入户路、临时泊车位、台阶、坡道、散水、明沟	
	各层防火分区面积、安全出入口简图	
	屋面排水设计：分水线、排水坡度、集水口位置	
立面	立面最高标高、室内地面标高、室外地坪标高	
	坡屋面：屋脊高度、檐高、屋面坡度、构架用料、构架高、烟囱、排气囱高度	
	建筑节能方式，外墙面建筑材料，外墙面建筑装饰做法	
剖面	标注建筑竖向总尺寸、分尺寸	
	标注建筑各层室内层高和变化标高、标注建筑轴线号	
	标注建筑场地基准标高，标注建筑场地控制点高程	
	标示电梯组合运行方式	

提交人：　　　　时间：　　　　接受人：　　　　时间：

项目名称：　　　　工程编号：

结构、水、电、通风、空调等相关专业提交给建筑专业的设计要求见表5-34。

相关专业提交建筑专业的设计要求　　表5-34

专业	设计类别	专业设计项目	设计要求
结构	结构布置	结构方案：确定建筑高宽比、长宽比、柱网尺寸、开间、进深；结构构件尺寸，平面尺寸、构件高、室内净高；剪力墙位置，间距	确定结构体系
	结构选型	砖木，砌体，框架，框架—剪力墙，剪力墙，筒体，混合体，钢桁架、拱、膜等	
	基础	设计等级、基础型式、初拟埋置深度	
	结构单元	确定变形缝（伸缩、沉降、抗震）的位置，估算变形缝宽度	
	结构参数	抗震设防烈度，设计安全等级，设计使用年限	
	大空间	拟用结构形式：井字梁、网架、桁架、拱、膜	
	其他	专项特殊要求，超长、超限结构	
给水排水	给水排水设备用房	水泵房：给水、排水、中水等类型	初拟机电设备用房：位置、长、宽面积、高度（标高）（净高）
		水处理机房：热交换站、化粪池、截油池等	
		储水设施：水池、水箱、集水井	
		给排水管道：进水口、出水口接口位置、标高	
		其他	
电气	电力	高压变配电机房，低压变配电机房，柴油发电机房	
		电缆管井、电缆管沟	
		其他	
	通讯	通讯机房，管理中心	
		电缆光纤管井，电缆光纤管沟	
	防雷	防护要求，接闪部位，接地方式	
空调	通风	系统形式，层高要求；新风口和出风口管井尺寸标高，防排烟管井尺寸	
	设备机房	制冷机房，冷却塔	
		锅炉房，动力站房	
		其他	
人防	地下室	范围，防护等级，口部位置，采光井位置，面积尺寸	
提交人：		时间：	接受人：　时间：
项目名称：			工程编号：

制表人：

第五节　建筑方案设计校对表

设计说明校对表　　表5-35

项目		建筑方案设计校对内容	备注
设计说明	设计依据	主管部门批文、规划要点、环境评估报告、任务书、协议书等	
		设计执行规范、标准的名称、编号、年号、版本号	
		基础资料：区位、气象、地质、水文、地震基本烈度等	
	设计要求	主管部门：总体布局、环境定位、建筑特征、控制范围、控制高程	
		建设单位：委托项目设计内容、功能、配套设施、质量标准	
		设计单位：设计等级、标准（使用年限、防火要求、装修标准等）	

续表

项目		建筑方案设计校对内容	备注
设计说明	专项设计	建筑节能、绿色建筑评价项目、智能建筑等	
	技术经济指标	总用地面积、总建筑面积及地上、地下分项建筑面积、基底总面积、绿地总面积、绿地率、容积率、建筑密度、室内外地上、地下泊车位	
		建筑总高、层高、层数；住宅建筑面积、使用面积、套型、套数；旅馆客房数、床位数；医院病床数、门诊人次等不同类型建筑的设计指标	
	总平面设计	现状环境地质地貌、方案布局特点、竖向设计、交通组织、防火、绿化、环境保护的技术措施	
		统筹分期建设计划，原有建筑、利用、改建的措施，古树名木的保护	
建筑结构设计说明	建筑设计	设计构思创新点、平面、竖向构成、空间组合、立面造型；通风、采光、日照、遮阳、湿热、防寒、保温、声学、雷电、辐射等环境分析	
		建筑功能布局：出入口位置、交通线型、走道、楼梯、电梯等的设置	
		建筑防火、安全疏散、内部交通流线、无障碍和智能化设施	
	节能设计	建筑节能设计依据；当地气候分区；节能设计和围护结构节能措施	
	结构设计	概况：建设地点、分项工程、使用功能	
		依据：风荷载、雪荷载、地震烈度、工程地质、水文地质等设计资料	
		建设单位要求：结构规范、标准的名称、编号、年号、版本号	
		分类等级：结构安全等级、抗震设防类别、抗震等级、防水等级、结构耐火等级、地基基础的设计等级	
		结构方案：结构选型、上部和地下室结构分析比选；划分建筑单元的结构缝（伸缩缝、沉降缝、防震缝）的位置；处理关键问题的方法（分析法、分析软件、试验法、新技术措施）；特殊结构的可靠性论证	
		基础方案：地基的稳定性、埋置深度、持力层标高、相邻基础影响	
		结构选材：材性、类别、品种、规格、型号、特殊产品	
		专项论证：规定材料试验、风洞试验、构件试验、抗震等	
电气设计说明	设计依据	设计执行规范、标准的名称、编号、年号、版本号	
		基础资料：区位、气象、雷雨、电磁、辐射、地质、水文、地震烈度	
	设计概况	工程采用的电气系统	
	变配电、发电系统	负荷级别、总负荷估算容量；城市电网提供电源的电压等级、回路数量、容量	
		建筑电气系统对城市公用事业部门的各项要求；电气节能措施	
给排水设计说明	给水设计	概况：市政供水管网和自备水源；总用水量；最高日用水量、最大时用水量；设计小时热水量、热水设计小时耗热量；消防用水量、用水量标准、一次灭火用水量	
		供水方式：给水系统；消防系统种类；热水热源、供应范围；中水处理水量、设计依据、处理方法；循环冷却、重复用水的节水、节能、减排的措施；饮用净水处理方法、设计依据	
	排水设计	排水体制：室内污水、废水排放的分流或合流方式；室外生活排水与雨水的分流或合流方式；污水、废水、雨水的排放途径	
		估算污水、废水排放量、雨水量、暴雨重现期参数	
		污水、废水的处理方法、综合利用的方法	

续表

项目		建筑方案设计校对内容	备注
通风空调设计说明	通风空调设计	概况：采暖通风和空调设计范围	
		设计标准：采暖、空调的室内设计参数；冷、热负荷的估算数据；采暖热源的选择和参数；空调系统的选择和参数	
		控制方式：采暖空调系统的形式，控制方式，通风系统的形式；采暖通风、空调系统和防烟排烟系统的消防措施	
		节能：节能措施和设计要点	
		环境保护：废气排放、降噪声、减排减振措施	
		新技术应用：技术关键、设计要点、分析论证	
热能动力设计说明	热能动力设计	供热：热源供应和供热范围；锅炉房、燃料场、灰渣场面积；区域供热的热交换站房面积；供热负荷估算、供热方式及参数；热力管道布置及敷设方式；水源的水质，水压要求	
		燃料：来源、种类、性能、供应范围；燃料消耗量估算、供应方式；废气排放、灰渣堆放的运输方式	
		动力站房：类型、面积、位置、工艺要求、用量估算	
		运行：节能、环保、安全，消防等措施	
投资估算文件	文件内容	内容：编制说明、总投资估算表、单项工程综合估算表、材料价差表	
	编制说明	编制依据：执行估算标准的名称、编号、年号、版本号主管部门计价规定；编制方法；编制范围；列入计费的项目、费用，未列入的项目、费用；技术经济指标；项目专项说明；参考已建同类工程的各项估算数据	
	总投资估算表	内容：总工程费用、其他费用、预备费（包括基本预备费、价差预备费）、建设期贷款利息、铺底流动资金； 固定资产投资方向调节税等	控制误差 ±10%
	单项工程综合估算表	内容：包括各个项目的建筑工程、装饰工程、机电设备设施以及安装工程、室外工程、特种结构工程、安全防护工程等专业的工程费用的估算	控制各项误差 ±5%

设计图纸校对表 表5–36

项目		建筑方案设计校对内容	备注
总平面图	场地定位	场地的区位：项目场地距城市中心的方位距离；项目场地距城市交通枢纽（机场、车站、码头）的方位距离；项目场地距互动空间的方位距离	
		场地的范围：用地的角点坐标、定位尺寸线；建筑的角点坐标、定位尺寸	
		环境关系：四周原有道路和建筑、用地类别、建筑类型、建筑层数、标高、间距等；场地内保留的建筑、构筑物；保留的古树名木、历史文化遗存；现有地形标高、坡度坡向、水体、场地地质稳定情况	
	场地设计	定位控制：拟建道路、广场、停车场、绿地和建筑物的布置定位；建筑物与各类控制线的定位关系、相邻建筑之间的间距、建筑物的外包总尺寸；基地出入口与场外道路连接的位置，转弯半径；基地出入口与场外道路交叉口的距离	
		设计要求：建筑物名称、层数、建筑高度、设计标高、出入口位置、道路广场的控制标高；制图比例；指北针或风向玫瑰图	

续表

项目		建筑方案设计校对内容	备注
总平面图	场地设计	设计分析：建筑功能分区；空间组合和景观；交通流线（人流、车流、物流）组织，停车场的位置、泊车位数；消防安全；防灾减灾；地形分析；日照分析；绿地配植；建设分期	
建筑设计图	平面图	平面定位：平面的总尺寸、轴线尺寸、外包尺寸，进深、开间尺寸，柱网尺寸、承重墙定位尺寸（标比例尺或数字）	
		空间关系：各个房间的功能名称、各楼层不同面层的标高、层高、屋面标高、夹层、错层、下沉层、架空层的范围和标高	
		制图要求：停车库（场）的停车位、行车路线；首层平面标剖切线位置、编号；室外标高；指北针或风向玫瑰图；重要部位的放大图、室内布置图；建筑图例；标图名、图号、比例	
	立面图	设计要求：体现建筑的造型特征，反映立面构图的比例尺度	
		制图要求：标示建筑高度、建筑主体的总高度、最高点标高、±0.00标高、室外地坪标高；外墙轴线和编号；外墙装饰材料图例；与其他建筑邻接时应画出邻接建筑的局部立面图；标图名、图号、比例	
	剖面图	设计要求：体现建筑平面和立面不能表达的空间关系；反映建筑的刚度（高宽比）	
		制图要求：标示建筑各剖切位置的标高、室内室外地面标高、建筑总高度、控制标高；标出散水明沟位置；标出剖面后建筑可视线，建筑图例，剖面编号，标图名、图号、比例	

一、透视效果图的设计校对

1．透视效果图的设计应采用与平、立、剖面尺寸相符的统一比例绘制，选取的视点高度不应造成建筑形象失真。

2．单色透视效果图应留出受光面的高光部位和控制黑色物体的颜色深度。

3．彩色透视效果图用色宜明快简约，能确切地体现建筑特征。

4．把握建筑的界面、出入口、转角、尽端的明暗反差利于表达建筑形象。

5．透视效果图的建筑构件的饰面材料的材质、色彩应与立面图表达一致。

6．透视效果图的设计应体现与场地环境的协调。

7．透视效果图的植物配置，乔、灌、草（花）宜表现当地的或通用性的植物种类。植物的高度应符合植物种类的生长特征。

8．投标透视效果图应按规定要求密封，不应署名或留下设计单位记号。

二、设计模型的制作要求

1．工作模型

单体建筑的工作模型用于分析建筑的体量、造型和空间关系，应便于改动。一般用泡沫塑料、吹塑纸、卡纸制作。制作的模型应与建筑设计图的比例尺度一致。

2．演示模型

无论是用于设计投标，还是用于设计报批的演示模型其体量尺度、颜色、细部都应表现建筑设计的风格，不能随意发挥。安装保护措施可靠，方便搬运。投标模型按规定要求不应署名或留下设计单位记号。

第六章　建筑初步设计协调

建筑初步设计应核对的文件包括：

1．设计说明：总说明（包括各专业）；建筑设计专项说明，如建筑防火设计，建筑节能设计，绿色建筑设计的要求和建筑设计技术措施等。

2．按照批准的建筑设计方案修改建筑初步设计图纸，并提供图号和版本准确的相关图纸。

3．经过建筑单位确认的设备选型清单和选材列表。

4．符合批准要求的概算书。

5．用于设计核对的专项计算书。

第一节　初步设计建筑专业交各专业的对图清单

建筑专业提交的对图内容　　表6–1

项目	图纸文件深度要求	说明
设计依据	按批复的方案设计要求修改后的设计任务书	由项目负责人向甲方收取
	建设单位对方案设计的修改意见和会议纪要等文件	
	批复后的地形图、红线图、市政道路（现状、规划），管线图（现状、规划）、地质资料	
设计说明	方案设计被调整的有关内容（如：层数、层高、总高度；结构选型、墙体材料）	电梯功能、数量、吨位、速度与参数可用表格
	建筑内部交通流线；防火设计和人防；无障碍设计；节水、节能、节材、节地和环保	用粗线表示比方案设计深化内容
	智能化设计；特定技术措施	双线表示作业交叉部分
	多项工程中，单项工程可用建筑项目的主要特征表综合	
	特殊技术需另外委托设计，加工的工程内容	
	主要技术经济指标，建筑规模、建筑面积、总图及竖向布置说明	
专项说明	建筑说明专篇（建筑、消防、人防、环保、节能）节水说明由水专业负责；结构说明由结构专业负责；机电说明由机电专业负责	
总平面图	场地范围的测量坐标，定位尺寸，用地界线，道路红线，建筑退缩线	
	场地四邻原有建筑、道路和规划道路的坐标和定位尺寸，道路和邻地的控制标高，场地基准标高；建筑物、构筑物位置、名称、层数、建筑间距	
	场区内道路、广场、停车场、停车位、消防救援车道	
	景观绿化、地景、水景、小品和休闲设施布置示意	
	道路、广场的起坡止坡点、变坡点、转折点设计标高和场地控制标高	
	用箭头或等高线表示地面坡向，标出护坡、挡土墙、排水沟等	
	注明建筑单体定位标高。±0.00 设计标高与绝对标高数值关系，室外地坪四角标高、出入口处标高、建筑外地坪标高	

续表

项目	图纸文件深度要求	说明
平面图	标明承重结构的轴线和编号，开间、进深、柱网尺寸和外包总尺寸（二道尺寸）	
	标注房间名称：紧邻原有建筑时，绘出局部平面，标出名称	
	建筑构配件：非承重墙、间墙、壁柱、门窗、楼梯、电梯、扶梯、中庭（天井上空）、平台、阳台、雨篷、台阶、坡道等	
	建筑设备定位：水池、泳池、水箱、卫生洁具、水表、电表房、变配电、电机房、气体灭火室	
	建筑水平防火分区和垂直防火分区位置、面积和防火门窗、防火卷帘位置、防火等级	
	疏散方向，安全出口数目、编号	
	变形缝位置、宽度、数量编号	
	室内标高、出入口平台标高或坡度、室外标高	
	室内停车库的停车位、通车道宽度、行车线路；机械停车方式范围；车道出入口距规划红线距离	
	人防分区图、人防布置、防护门、防护密闭门、口部设计、通风竖井、管井、紧急救援井道	
	管道通廊和井道、水竖井、电竖井、通风竖井，排烟井电梯井、楼、屋面及墙身预留洞口尺寸定位	
	特殊空间（房间、管道通廊、夹层等）放大平面图	
立面图	立面标建筑两端外墙轴线和编号	
	外轮廓和建筑可见部位线；原有紧邻建筑局部可视立面示意图	
	平面、剖面不能表示的屋顶标高	
	外墙装饰线和装饰用材	
剖面图	标建筑两端外墙轴线和编号（剖切到的墙身、柱身轴号，转折剖应标转折处轴号）	
	建筑构配件：地面、楼面、檐口、女儿墙、梁、柱、门窗、阳台、栏杆、挑廊、中庭、电梯、机房、屋顶等	
	各层楼地面、室外地坪标高，室外地面至建筑檐口或女儿墙顶的总高度、楼层间的层高、净空尺度	
	楼面、地面、屋面、吊顶、隔墙、保温层做法，地下室防水设施	
提交人：　　　时间：	接受人：　　　时间：	

项目名称：　　　　工程编号：　　　　表格设计制作：

第二节　初步设计其他专业提交给建筑专业的设计资料

各专业提交的设计资料　　**表6-2**

提交专业	设计图内容	设计深度要求	说明
结构	上部结构选型	对批复方案设计结构选型的校核和优化	
	基础平面图	埋置深度、基础类型、平面尺寸、墙轴线号、桩型	

续表

提交专业	设计图内容	设计深度要求	说明
结构	楼层、屋顶结构平面布置草图	梁、板、柱、墙结构布置；结构构件初估截面尺寸	
	结构单元划分和后浇带	结构缝的位置和宽度，后浇带的位置和宽度（区分开收缩后浇带还是沉降后浇带）	
	大跨度、大空间结构布置	大跨度、大空间部分结构须明确选用的平面结构体系	
		空间结构体系，预应力结构或其他结构型式	
		采用的结构体系其相应的设计参数，如结构构件的高跨比、截面特征等	
		提出主要节点构造草图：如大跨度钢结构内部节点；支座节点构造尺寸	
	结构设计说明书	结构设计说明、类型、级别、特征、材料要求，包括人防设计	
给水排水	水泵房、水处理机房、水池（箱）、热交换站	专用设施位置、平面长宽尺寸、设计高度、净高标高	
	大型设备吊装孔、通道	孔道位置、平面尺寸、防护要求	
	报警闸阀室、水表房、给水排水竖井	房间、竖井位置图、平面尺寸	
	冷却塔	平面图位置、定位尺寸、塔体大小、标高	
	必须与建筑、结构布置协调的小型水工、水处理构筑物	平面图位置、平面尺寸	
	集水坑、盲沟、排水地沟	平面图位置、大小尺寸、深度标高、坡向坡度	
	主要干管敷设路由	平面图位置、尺寸间距、标高、坡度	
	内排水雨水斗	核对竖向位置、标定管道转换位置、标高	
	给水、排水、热媒与场地和市政管接口	平面图位置、标高	
	给水排水局部总平面图（管道布置、化粪池、隔油池、降温池、水表井、水泵接合器井等）	平面图位置定位尺寸、构筑物平面尺寸	
	说明书（设计说明、消防篇、人防篇、环保篇、节水专篇）		
空调暖通	制冷机房设备平面布置	设备房平面位置和设备平面布置尺寸、层高、标高	制冷机房和锅炉房应核算
	燃油燃气锅炉房设备平面布置图	设备房平面位置和设备平面布置尺寸、层高、标高	泄爆面积、核对防爆墙和烟囱尺寸
	空调机房设备、风管井、水管井布置	标平面图位置和设备平面布置尺寸、间距、标高	
	通风空调系统主风管道平面布置	平面定位尺寸、管底标高、管径尺寸	
	送、排风系统在外墙或出地面的口部	平面定位尺寸、管底标高、管径尺寸	
	在垫层内埋管的区域和垫层厚度	平面定位尺寸	
	设备吊装孔及运输通道	平面定位尺寸、孔道平面尺寸	
	热交换站设备平面、膨胀水箱间设备平面	标平面图位置和设备平面、布置尺寸、层高、标高	
	说明书（设计说明、消防篇、人防篇、环保篇、空调暖通专篇）		

续表

提交专业	设计图内容	设计深度要求	说明
电气	变配电室（站）、电缆夹层、地沟	标平面图位置设备平面尺寸，对房间层高和净高的要求	
	柴油发电机房、灭火器布置	标平面图位置设备平面尺寸，对房间层高和净高的要求	
	弱电机房、管理中心、消防控制中心	标平面图位置设备平面尺寸，对房间层高和净高的要求	
	强电竖井、弱电竖井	标平面定位尺寸、井道面积	
	电缆进出建筑物位置、敷设通道	标平面图位置和管道标高	
	设备吊装孔及运输通道	标平面定位尺寸和孔洞尺寸以及标高	
	特殊用房	标平面定位尺寸、层高、净高和面积	
	说明书（设计说明、消防、人防、电气专篇）		
提交人：	时间：	接受人：	时间：

项目名称：　　　　工程编号：　　　　表格设计制作：

第三节　建筑初步设计校对表

建筑初步设计校对表　　　　**表6–3**

项目名称	校对项目	对图时间	始修改时间	定稿时间	校对人	复核人
一、设计总说明	1. 工程设计依据					
	（1）设计任务书、立项报告、方案设计批准文件的名称、文号					
	（2）执行的法规、标准的名称、编号、年号、版本号					
	（3）工程地点的气象、水文、地形地貌、地理条件；建设场地的稳定性评估和地质灾害防治措施、工程地质条件					
	（4）工程所在地点的公用设施和交通运输条件					
	（5）设计基础资料：规划、用地、环保、卫生、消防、人防、绿化等方面的要求；项目批复文件、审查意见等的名称和文号					
	（6）业主提供的使用功能、生产工艺、设计要求等基础资料					
	2. 设计概况和技术经济指标					
	（1）设计规模、范围、分工、建设分期、设计使用年限、地震基本烈度、结构选型、建筑类型、防火类别、耐火等级、人防类别、防护等级、屋面防水等级、地下室防水等级；建筑控制（限体量、限高、限位限深等），建筑构造，屋面、立面做法采用建筑材料，室内装修用料做法；平面布局、功能分区、建筑造型、开发强度环境适应性；合理组织交通，楼梯、电梯、自动扶梯的位置、数量、吨位、速度等设备技术参数；建筑防火减灾；无障碍设计；智能化技术；平战结合人防设计，包括人防面积、设置部位，人防类别，防护等级，防护单元数量等建筑声学、光学、热学、电磁波屏蔽，建筑安全防护与维修等特殊功能要求所采取的技术措施建筑项目主要特征表；建筑总面积（地上，地下分列）；建筑占地面积；建筑层高，总高（地上，地下分列）建筑防火类别；耐火等级；设计使用年限；地震基本烈度；主要结构选型；人防类别和防护等级；地下室防水等级；屋面防水等级；建筑构造及装修。需要委托设计加工的分项目，如幕墙，挑板等					

续表

项目名称	校对项目	对图时间	始修改时间	定稿时间	校对人	复核人
一、设计总说明	（2）项目技术经济指标 总用地面积、总建筑面积、建筑层数、层高、总高等。 不同建筑类型相关的各项技术经济指标，如住宅的套型、套数，旅馆的房间床位数，医院门诊的人次数，住院部的病床数，停车场（库）的泊位数等					
	（3）各专业的设计要求、关键技术、技术创新情况；绿色建筑设计的依据：设计目标和定位；评价与建筑专业相关的绿色建筑技术选项及相应的指标、做法说明；简述相关的技术措施。采用装配式建筑设计和内装修专项说明：设计依据；项目特点和定位；装配式建筑评价和建筑技术选项；简述相关装配式建筑设计的技术措施					
	（4）建筑节能设计 设计依据；当地的气候分区及围护结构的热工性能限值；节能设计内容，确定体型系数、窗墙比、天窗屋面比等参数，确定屋面、外墙（非透明幕墙）、外窗（透明幕墙）等围护结构的热工性能、节能构造和节能技术措施					
	3．初步设计审批须明确的问题					
	（1）说明按方案设计批准文件要求已修改的设计内容					
	（2）提请初步设计审查时须解决的问题					
	1）设计规模、项目组成、技术经济指标、总建筑面积、总投资（概算）等的调整情况					
	2）设计选用建设法规、技术标准的适用性					
	3）有待完善的建设条件和设计基础资料问题，对设计和进度的影响					
	4）明确需要专项研究或论证的设计问题或技术关键					
二、设计图	1．平面图					
	（1）标注承重结构的轴线，轴线编号，标注轴线的总尺寸，轴线定位尺寸，门窗洞口分尺寸，墙身厚度，变形缝的位置					
	（2）注明各空间功能名称或列表编号					
	（3）住宅标注套内使用面积，包括卧室、起居室（厅）、厨房、卫生间等房间的使用面积，阳台面积另列					
	（4）绘制确定主要结构、建筑、构配件位置 壁柱、门窗（幕墙）开启方向、非承重墙；天窗位置，开启方向；楼梯（注明规格、编号、宽高、阶数，上下方向等）；电梯（注明规格型号）、自动扶梯（注明规格型号）；中庭（及其上空）、夹层、平台、阳台、雨篷、坡道、台阶、散水、明沟；无障碍设计部位、做法，停车场、车库泊车位和行车路线					
	（5）幕墙类型，幕墙与主体结构的定位尺寸					
	（6）建筑设施和设备的定位 建筑设施如水池（含消防水池）、水箱、卫生洁具的位置及与专业设备或管井的间距；机电管井的位置和空间尺寸；水泵房、变配电房、发电机房的位置；建筑和设备的空间尺寸；防火灭火方式（气体灭火、					

续表

项目名称	校对项目	对图时间	始修改时间	定稿时间	校对人	复核人
	水喷雾灭火）；厨房截油池，卫生间化粪池，垃圾收集房的位置、规格尺寸、空间间距；室外空调机位、中央空调冷却塔位、电梯机房位置；消防控制中心（智能监控）位置、面积、至安全出口疏散距离					
	（7）单独标注建筑防火分区 防火分区编号、面积；防火分区分隔位置；安全疏散出口（直接对外或共用）；防火分区分隔的构造要求					
	（8）底层平面标注剖切线位置、剖切方向、剖切面编号、指北针、比例尺、在总平面中的区位示意图标注室内外地面设计标高，地上和地下各层楼地面标高					
	（9）标准单元或重点部位放大图、室内设备或家具布置图、原有贴邻建筑的局部连接平面图					
	（10）屋面设计图 屋面檐口标高、女儿墙顶标高、屋脊标高；屋面排水设计，排水坡度、坡向、分水线；天沟位置、坡度、下水口位置；雨水收集设施位置尺寸；水箱间、楼梯间、电梯机房、上人孔、检修梯的位置、尺寸、标高；变形缝的位置；大样详图索引编号；屋面构架、遮阳板的位置、尺寸、标高					
	（11）画出与邻接原有建筑的局部平面图					
二、设计图	（12）图签标注 工程名称、图纸名称、设计类别、图纸编号、版次号、设计时间、会签名单、图纸分说明、比例尺					
	2. 立面图					
	选择绘制主要立面应反映建筑朝向、道路景观、形象变化特点					
	（1）标注立面外墙两端墙的轴线和轴线编号					
	（2）标立面外轮廓及主要结构和建筑部件的可见部位 门窗、幕墙、墙柱、墙垛；屋面檐口线、女儿墙、屋顶；外遮阳构件、平台、阳台、雨篷、室外空调机支架搁板、百叶窗位置；立面栏杆、栏板；台阶、坡道、散水；装饰构件标高、大样索引编号、装饰线脚位置、大样索引编号					
	（3）平、剖面未标示的屋顶标高 建筑总高度、楼层辅助线、楼层数、突出屋面构件、屋脊、室外地面、挡土墙、水体构件、采光井等					
	（4）主要建筑部位用料做法 屋面、墙体、柱、门窗、雨篷、线脚、装饰构件、天窗、采光井					
	（5）装配式建筑中，预制构件板块的立面示意及拼缝的位置					
	（6）图签标注 工程名称、图纸名称、设计类别、图纸编号、版次号、设计时间、会签名单、图纸分说明、比例尺					
	（7）原有贴邻建筑画出局部连接立面					
	3. 剖面图					

续表

项目名称	校对项目	对图时间	始修改时间	定稿时间	校对人	复核人
二、设计图	（1）剖切线应剖在层高、层数不同处，内外空间变化部位；平、立面未能表达的标高处；反映建筑结构高宽比的部位；剖面图应与平面图准确对位，标注剖切线和剖视方向可见线					
	（2）标注轴线 内外承重墙、柱的轴线编号					
	（3）标注剖切处构造部件的位置、标高 屋面、楼地面、檐口女儿墙、吊顶；梁高、柱位分轴线；外窗、内窗、天窗、采光窗；楼梯、电梯、自动扶梯、机房顶板、底板标高、地坑、地沟深度；平台、阳台、雨篷、台阶、无障碍坡道					
	（4）剖面标高 建筑总高度、各楼层地面标高、各楼层之间尺寸、室外标高、特别部位的标高					
	（5）按需要绘制局部的平面放大图或节点线图					
	（6）对于邻接的原有建筑，应绘出局部的剖面图					
	（7）图纸应表达相应绿色建筑的内容					
	（8）装配式建筑设计表达预制外墙防水、保温、隔声、防火的典型节点大样和建筑构筑配件安装，以及卫生间等用水房间的地板、墙体防水节点大样					
	（9）图签标注 工程名称、图纸名称、设计类别、图纸编号、版次号、设计时间、会签名单、图纸分说明、比例尺					

项目名称：　　　　工程编号：　　　　表格设计制作：

第七章　建筑工程施工图设计协调

第一节　建筑专业确认的施工图设计条件

建筑施工图设计条件　　表7-1

项目		设计深度要求	说明	作业记录
设计依据		经项目负责人汇总已批复确认的地形图、红线图、市政管线图、审定的地质资料经各专业确认修改后的初步设计文件、图纸		
总图	总平面图	建筑物、构筑物（人防、地下车库、油库、贮水池等隐蔽工程用虚线表示）名称、编号、层数、定位坐标、标高		
		广场、停车场、运动场地、道路、无障碍设施、排水沟、挡土墙、护坡定位尺寸		
	竖向设计	场地四邻的道路、地面、水面的控制标高，场地基准标高、高程、排水坡向、广场、停车场、运动场地的设计标高		
	市政设施	挡土墙、护坡坡度、顶面和底部设计标高		
		管线综合：确定各类管线与建筑物、构筑物的距离和管线间水平间距		
		标明人工景观与其他专业设施的定位尺寸，如喷水池、景观水、地景造山等		
设计说明		墙体，墙身防潮层，地下室防水、屋面、外墙面用料和构造作法		
		室内构件，楼面构造、厚度，顶棚、吊顶高度等		
		新技术、新材料设计要求，特殊造型构造做法		
		门窗表及门窗性能（防火、隔音、防护、抗风压、保温、气密性、水密性等）		
		特殊工程设计要求，如幕墙、屋面工程使用性能、防火、安全、隔音减噪、防污染、防射线		
		电梯、扶梯选型及性能（功能、载重量、速度、停站数，提升高度等），电梯机房要求		
		建筑防火设计：消防、防火分区、疏散宽度、救援场地的要求		
		总体和单体无障碍设计		
		绿色建筑设计		
		装配式建筑设计		
		墙体及楼板预留孔需封堵洞口的做法		
		建筑部分节能制定表、计算表		
各层平面图		承重墙、柱及其定位轴线、轴号，内外门窗尺寸、编号、门开启方向，房间名称或编号		
		外包总尺寸、轴线尺寸（柱距、跨度、开间、进深）分段尺寸、洞口尺寸		
		墙体厚度（承重和非承重）、墙体、柱与轴线定位尺寸		
		变形缝位置、宽度尺寸		
		建筑设施及固定家具位置，卫生器具、雨水管、水池、盥洗台、橱柜、隔断等		

续表

项目	设计深度要求	说明	作业记录
各层平面图	电梯、扶梯、坡道、楼梯位置、上下方向，规格、容量、消防类别		
	结构和建筑构件的定位尺寸、大样索引，中庭、天窗、地沟（坑），设备基座尺寸，平台夹层、人孔、阳台、雨篷、台阶、坡道、散水、明沟等		
	室外地面标高，底层地面标高，楼层标高，地下层标高		
	各专业设备用房面积、定位尺寸、技术要求		
	各层平面防火分区面积、分隔位置、分隔形式、防火墙、防火门窗、防火卷帘、安全出口		
	屋面女儿墙、檐口、分水线、出屋面楼梯间、水箱间、电梯间、上人孔、屋面排水坡度		
	坡向、雨水口、天沟		
	车库车位、行车路线、通道宽度		
	特殊工艺土建大样节点、放大图		
	装饰构造用材表：天棚、地面、内墙面、屋面保温等		
立面图	两端墙轴线编号，转折展开立面、应注明转角处轴号		
	立面外轮廓和建筑构件位置		
	平面、剖面未能表达的屋顶、檐口、女儿墙、窗台等		
	平面未标示的窗号、饰面材料		
剖面图	墙、柱轴线和轴线编号		
	剖切构件和可见线，室外地面、底层地（楼）面，楼板夹层、平台、屋架、屋面、烟囱、女儿墙、檐口、门窗、楼梯、台阶、坡道、阳台、雨篷等		
	门窗洞口高度、层高、室内外高差、女儿墙高、总高		
	建筑标高，地面、楼面（地下室）屋面板、檐口、女儿墙顶、突出屋面构件、特殊构件标高		
其他	需要另外绘出图纸表达的构配件和构造		
	人防口部、人防专业型号、扩散室和风井处理，出地面风井、人防地面做法		
	装饰构件尺寸，如旗杆、构架、花架等		

提交人：　　　　时间：　　　　接受人：　　　　时间：

项目名称：　　　　工程编号：　　　　表格设计制作：

第二节　确认专业之间的施工图设计条件

各专业施工图设计条件　　　　**表7–2**

专业	应提交设计文件内容	设计文件深度	备注	作业记录
结构	各层楼面的结构平面布置图	梁、板、柱、剪力墙、承重墙等结构构件截面尺寸		
		制约建筑平面布局、剖面层高的构件尺寸		
		楼板、屋面的结构面标高		
		边际边界处结构构件的尺寸		

续表

专业	应提交设计文件内容	设计文件深度	备注	作业记录
结构	基础平面	基础平面的定位轴线		
		基础平面尺寸、基础埋置深度		
		地下室底板、箱基、筏基底板厚度		
		地下室、人防墙体厚度		
		（临空墙、门框墙、扩散室、滤毒室、风机房等）		
	大空间、大跨度结构	结构布置方案、主要杆件截面尺寸，例如：预应力梁截面尺寸，网架结构矢高、网格尺寸		
	砌体、结构墙	确定构造柱的定位和构件尺寸		
	楼梯、坡道	确定结构型式、梁式或板式，空间体系等		
	室外人防通道、防坍塌结构措施、采光井	结构型式、杆件、构件尺寸		
	室外管沟、管架	结构型式、构件尺寸		
	挡土墙	结构类型、截面尺寸		
给水排水	水专业各类泵房、水处理机房、水池、水箱、热交换站	确定平面位置、平面尺寸和标高		
	大型设备吊装孔通道	平面定位和孔道尺寸		
	报警阀间、水表间、给排水竖井	平面定位和空间尺寸		
	冷却塔	平面定位和空间尺寸和标高		
	关联建筑、结构布局的水处理构筑物	平面定位和平面尺寸		
	室内装修天花、吊顶、顶棚	提供喷头平面布置		
	集水坑、泄水孔等水专业构筑物	平面定位、尺寸和标高		
	车库、设备用房内排水地沟	平面定位、构件尺寸		
	内排水雨水斗	复核建筑专业提交位置、管径尺寸		
	消火栓箱、水泵接合器	开洞尺寸、洞底标高、平面定位		
	地面排水地漏	定位尺寸		
	给排水进水管、出水管	定位尺寸、管径、坡度		
	室内给排水干管的垂直、水平通道	定位尺寸、通道尺寸、标高、坡度		
	给排水、热媒与小区市政接口	位置、标高		
	水专业局部总图（管道线路、化粪池、隔油池、降温池、水表井、水泵接合器井等构筑物）	确定平面位置、平面尺寸和标高		
	水表井、水泵接合器井等构筑物	确定平面定位、设备构件尺寸和标高		
暖通	制冷机房（电制冷或吸收式制冷）设备和排水沟	确定平面定位、设备构件尺寸和标高	核算泄爆面积、防爆墙等	
	燃油燃气锅炉房、地面排水沟	确定平面定位、设备构件尺寸和标高	核算烟囱、地下库通风口出地面位置、标高	

续表

专业	应提交设计文件内容	设计文件深度	备注	作业记录
暖通	热交换站、地面排水沟	确定平面定位、设备构件尺寸和标高	口部位置	
	空调机房、通风机房、膨胀水箱间	确定平面定位、设备构件尺寸和标高	暖通竖井可与给排水管合用	
	分体空调室外机、散热器	确定平面定位、设备构件尺寸和标高		
	管道平面、管井	确定平面定位、设备构件尺寸和标高		
	垫层内埋管区位、垫层厚度	确定平面定位、尺寸		
	墙体预埋件、预留洞	平面定位、尺寸、标高		
	设备吊装孔、通道	平面定位、尺寸、标高		
	人防扩散室防爆活门	确定尺寸		
	动力管道入户	确定位置		
	管道地沟	平面定位、构件尺寸、标高		
	室外管线	平面定位、构件尺寸、标高		
	节能计算（暖通部分）	平面定位、构件尺寸、标高		
其他电气	变配电房、地沟、电缆夹层	确定平面位置、尺寸、标高		
	柴油发电机房、储油间	确定平面位置、尺寸、标高		
	弱电机房、管理中心	确定平面位置、尺寸、标高		
	电气竖井、（强、弱电）	确定平面位置、尺寸、标高		
	缆线进出建筑位置、敷设通道、设备吊装孔	确定平面位置、尺寸、标高		
	配电、配线柜、配电箱安装位置、预留洞	确定位置尺寸和高度		
	灯具安装	定位、高度		
	特殊用房	平面定位、尺寸、层高	特殊房：洁净、隔声、防磁、防盗等	

提交人：　　　　时间：　　　　接受人：　　　　时间：

项目名称：　　　　工程编号：　　　　表格设计制作：

第八章　建筑工程施工图设计校对

第一节　建筑施工图设计校对表

建筑施工图设计校对表　　表8-1

工程名称			业务编号		设计阶段		
自检及校对检查内容			备注	自检	校对	审核核查	审定核查
					错漏数量		
一、		设计文件内容符合任务书、初步设计审批文件及报建审批文件的内容					
二、		图签各项内容填写完整正确，设计编号、设计人员、校对审核审定人员签名和相关专业会签齐全。设计版号与设计日期无误					
三、		图纸名称编号、版号与目录一致，图纸目录完整、正确					
四、		图面表达符合《建筑制图标准》与《总图制图标准》的规定					
五、		建筑总说明反映了初步设计批准修改的内容与施工图修改的图纸内容一致，行文顺序用词准确					
六、		建筑用料选用表，设备选型选项正确，没有漏项。设备使用空间符合设备技术参数要求					
七、		选用最新颁布的标准图及通用图准确恰当，使用部位及范围明确					
八、		门窗表与平面图编号一致，尺寸及类型无误，数量统计正确，恰当选用最新颁布的标准图或通用图					
九、		建筑与结构的设计标高应采用同一水准高程系统，与相对应的绝对高程数据无误。采用不同的图例区分不同专业的设计标高					
十、		设计文件内容符合有关的国家或地区的规范和标准；节能设计措施；绿色建筑相应技术；装配式设计技术的规定					
十一、总平面图	1	建筑地块坐标控制点标注清楚、正确、征地界线无误。施工图设计依据的高程基准标高点位置正确、数据准确，道路系统的线型、高程和坐标应采用场地平整后的准确地形图					
	2	建筑物周边的规划控制线（用地界线、道路红线、建筑退缩线等），原有建筑物的定位标高、定位轴线及尺寸标注正确。符合建筑防火设计规范和规划主管部门批准的规划要点。消防车工作场地的地面坡度不宜大于3%，建筑的地下室外边线用粗虚线表示，建筑物、构筑物名称、编号					
	3	标注当地的准确的风向玫瑰图、指北针和比例尺					
	4	建筑物与征地线、道路中心线、道路边线的退缩间距，建筑物与建筑物的间距应标注建筑外包尺寸					

续表

工程名称			业务编号		设计阶段		
自检及校对检查内容			备注	自检	校对	审核核查	审定核查
				错漏数量			
十一、总平面图	5	竖向控制标高的确定应进行土石方平衡计算，室内、室外地坪的高差应确保有利于场地排水，防止内涝。标明各类出入口位置，标示截油池、化粪池的位置和与建筑的间距。标高确定恰当					
	6	场地内与市政道路接驳的道路设计标高应合理衔接。道路与建筑的关系明确，道路宽度、道路坡度、长度、变坡点、节点坐标、转弯半径、道路截面及构造做法标注清楚，管线综合剖面尺寸正确。道路交叉口，建筑入口的道路设计标高、坡度、坡长、坡向的控制设计。 消防车道的转弯半径不宜小于 9m；高层建筑消防车道的转弯半径不宜小于 12m					
	7	场地土石方平衡表					
	8	管线综合图					
	9	室外工程应绘制设计详图或标示详图索引编号					
十二、平面图	1	各层平面图绘制内容齐全，图名、图号、比例尺填写正确					
	2	轴线编排及标注正确。标示建筑外包总尺寸、轴线总尺寸，轴线间尺寸（柱距、跨度），门窗洞口尺寸，分部尺寸					
	3	墙身（承重和非承重）分部尺寸，厚度尺寸标注完整，数值正确。列表说明：柱或壁柱的截面尺寸和与轴线关系尺寸，幕墙面应标明与主体结构的定位尺寸					
	4	内外墙体隔断的厚度、做法及定位。各层建筑设备、设施的定位尺寸、做法索引。楼梯、自动扶梯的位置、上下方向和索引编号，电梯、消防栓、空调机位、冷凝水管、卫生洁具、橱柜、洗衣机、盥洗池、炉台、雨水口、地漏等的位置和做法索引					
	5	各层平面的建筑标高及房间名称或编号。注明库房（储藏室）储存物品的火灾危险性类别。电气设备储油间应设置挡油门槛。各层平面、飘台、阳台、雨篷、夹层、平台的设计最大允许活荷载。地下室顶板、屋面、阳台、卫生间、公共厨房的结构降板标注结构标高。大面积结构降板应加注变高线					
	6	各层平面标注变形缝（伸缩缝、沉降缝、抗震缝）的位置及尺寸，标注楼地板墙体上的预留孔洞位置和定位尺寸。变形缝两端、平面转角处的轴线和轴号。标注各层变形缝做法索引					
	7	各层平面主要结构和建筑部件位置、尺寸、做法详图索引，如中庭、天窗、阳台、雨篷、人孔、管道井、管道夹层的位置尺寸和标高。详图索引完整，无遗漏并与详图号及内容一致。无天然采光，自然通风的房间应设排气井道或风管通风					
	8	各层平面的门窗编号、类型及尺寸与门窗表一致，门的开启方向均有标示，特殊门的选用符合要求。高层及其他民用建筑的安全出口、房间疏散门、疏散楼梯间及其前室门的净宽不应小于 0.9m，洞口尺寸应按 1.1m					

续表

工程名称			业务编号		设计阶段		
自检及校对检查内容			备注	自检	校对	审核核查	审定核查
					错漏数量		
十二、平面图	9	首层平面标注剖面图剖切位置、剖面编号及索引、地面标高，标注风向玫瑰图、指北针，台阶、花池、坡道、散水、明沟、入户路宽度及转弯半径，无障碍坡道，标注比例尺。地下层的地沟、地坑，地下层各种平台、夹层的设备机座等的标高、位置尺寸。地下室人防区内不应设置平时用设备机房。消防控制中心外门距首层室外距离不大于 20m					
	10	屋顶平面的屋脊（分水线）排水坡度、坡向、檐口、天沟、排水口位置表达清楚，防水构造正确					
	11	屋面的楼梯间、电梯机房、水箱间、屋面上人孔、检修梯、室外消防楼梯、天窗及挡风板、女儿墙等构筑物的详图索引。各种管道、屋顶检查口、通风道主要设备（冷却塔、风机、风井、出屋面烟囱）位置及尺寸正确，构造合理，表达清楚。屋面的防护措施构造安全					
	12	标示各层的建筑面积。首层标示总建筑面积。住宅平面图标注各房间使用面积、阳台建筑面积					
	13	每层建筑平面中标示防火分区的示意图。标明每一防火分区的面积、防火分区分隔位置、疏散楼梯、标明最大疏散距离，区分直接对外的安全出口和相邻防火分区合用的安全出口					
	14	高层民用建筑和其他建筑的公共疏散门均应向疏散方向开启；其他建筑除甲、乙类生产车间外，不超过 60 人，每樘门平均疏散人数不超过 30 人，门开启方向不限。建筑疏散通道及疏散楼梯的宽度应经验算确定。汽车库应标示停车位和行车路线					
	15	装配式建筑应用不同图例注明预制构件位置，并标注构件截面尺寸及轴线关系尺寸；构件大样图及一体化装饰的预埋点位置					
	16	设计协调：水泵房应有成品水箱位置示意图。发电机房烟道内应设钢制烟管加保温层，烟道出屋顶设排烟口。确认梁高不影响管线布置。设备吊钩、吊装孔的结构预留洞、预埋件的位置尺寸符合设备专业的要求					
十三、立面图	1	两端轴线编号，转折、转角轴线编号，各向立面及需补充的局部立面绘制齐全，方位控制轴线标注正确，与对应平面的投影关系一致，图名、比例尺标注正确					
	2	立面外轮廓与平、剖面图中不能表示的部位和标高，如屋顶、檐口、女儿墙、柱、变形缝、室外楼梯、垂直爬梯、烟囱、室外空调机搁板、外遮阳构件、阳台、栏杆、台阶、坡道、花台、雨篷、门窗、幕墙、门头、洞口、勒脚与水管、装饰构件、线脚、粉刷分格线等的标高、尺寸，立面图中应准确绘出并作标注。复杂立面如屋顶构架、别墅、裙房等加墙身做法索引					

续表

工程名称			业务编号		设计阶段		
自检及校对检查内容			备注	自检	校对	审核核查	审定核查
					错漏数量		
十三、立面图	3	标注建筑的总高度、楼层位置辅助线、层数和标高、其他控制性标高，如室内外地坪、女儿墙，屋面、檐口、装饰构件、线脚、外墙洞口的定位尺寸、洞口宽度、高度、深度尺寸。标示门窗样式、位置与平面图及门窗表中所示一致。空调百叶窗的位置，通风散热效果符合空调设计要求。标注建筑的标高应与剖面图一致					
	4	完整标注外墙块面的饰面材料，块面分界线，墙面构造节点详图索引。外墙涂料立面分隔缝做法应达到防水标准的要求					
十四、剖面图	1	剖面图的剖切位置应选在能整体反映建筑高宽比的位置；选在平、立面未能表达的部位；选在内部空间比较复杂层高不同，层级变化大的部位，同时要绘制出建筑构造部件的可视线。剖面图与剖切线部位的切面投影关系一致，图名、比例尺标注正确					
	2	各层面及必要部位的标高标注完整、正确，与相应的平面图标注一致					
	3	楼板、梁、过梁、圈梁、设备基础、电缆沟、暖通管沟表示齐全，位置、尺寸与结构图一致					
	4	外部尺寸：总高度、层间高度、室内外高差、门窗洞口、女儿墙、栏杆高度。内部尺寸：地坑（沟）、内窗、隔断、平台、洞口、吊顶等标高标注正确。轴线编号、节点索引标齐					
	5	节点构造详图索引号					
十五、详图	1	详图与所在平、立、剖面图中位置相符，索引正确，选用绘制比例尺恰当					
	2	建筑构造正确，用料、做法、相关配件、预埋件交代清楚，图例表示正确					
	3	需要用详图表示的部位（楼梯、厨房、卫生间、阳台、檐部、窗台、窗眉以及其他需要用详图表示的部位）均齐全无遗漏，应提供预制外墙构件之间拼缝防水和保温的构造做法					
	4	设备管线详图：设备基础放大平面图标齐设备基础定位尺寸、标高、高度、做法大样索引；成品水箱、水泵设置范围；锅炉定位尺寸，变压器、开关柜，电缆沟定位尺寸及做法索引。管线通过的房间核实净高要求，地下室、架空层最低净高不小于2m，有坡水管应按其最低点控制净高；楼梯间及前室内不应敷设甲、乙、丙类液体和可燃气体管道，局部水平穿过住宅楼梯间的煤气管应设钢导管保护					

续表

工程名称			业务编号		设计阶段			
自检及校对检查内容			备注		自检	校对	审核核查	审定核查
						错漏数量		
十五、详图	5	大样图注重校对部位：有安全要求的部位，如防水、防火、防攀登、防跌落、防拥堵、防腐蚀、抗震的安全要求。吊顶和悬挂构件的锚固要求，栏杆、栏板、扶手等临空构件抗水平荷载的要求，临空的安全玻璃栏杆宜设竖杆和横杆，安全玻璃的厚度应符合规定，屋面、楼面栏杆下的上翻边梁高度不小于0.1m，上翻边梁高度不大于0.45m、宽度不小于0.22m时栏杆高度应从上翻边梁的建筑完成面算起。核对屋面、内外墙节点构造层次规范，达到节能标准和防水、防潮、保温和防结露的要求。墙身压顶、挑檐的排水坡度，滴水做法无遗漏。无窗间墙和窗槛墙的幕墙与楼板、隔墙处缝隙的封堵做法符合防火要求等。 影响日常使用的部位，如楼梯、房间的净高，卫生间的合理尺寸，无无障碍设施的空间要求等。节点详图的总尺寸，分尺寸，控制标高，轴线编号与平、立、剖面图尺寸一致，图例、大样用料合理、做法适宜、工序得当、施工方便，图例表达无遗漏。建筑大样与其他专业大样协调一致，使用相同版号的图纸						
	6	门窗表与平面图编号一致，尺寸及类型无误，有做法详图索引，数量统计正确，恰当选用最新颁布的标准图或通用图。幕墙门窗设置百叶窗的面积应符合空调要求。公共建筑临空的窗台高度低于0.8m（住宅低于0.9m）应设防护栏杆。人员活动范围内的玻璃构件应设护栏或警示标志。 高层建筑楼梯间采光窗宜采用内开上悬窗，其他房间宜采用内开式窗或具有可靠防脱落限位装置的推拉窗。 每套住宅的自然通风开口面积不小于楼地板面积的5%，生活、工作的房间自然通风开口有效面积不应小于该房间地板面积1/20，卧室、厅堂、厨房采光窗的窗地比不应小于1/7，厨房通风开口有效面积不应小于该房间地板面积1/10，且不得小于0.6m²						
	7	楼梯大样：平面布置的疏散距离和疏散宽度符合规范要求，在疏散楼梯间和疏散走道的门扇开足后不应减少疏散宽度，楼梯平台过道的净高不应小于2m，梯段的净高不应小于2.2m。 楼梯平台的净宽不得小于1.2m，住宅建筑剪刀梯楼梯平台的净宽不得小于1.3m，临空高度24m以下栏杆高度不低于1.05m，楼梯栏杆水平长度超过0.5m时栏杆高度不低于1.05m。 少年儿童使用楼梯，梯井大于0.2m时，栏杆应有防攀爬措施，栏杆垂直杆件的净距不应大于0.11m。 公共建筑楼梯井的宽度不宜小于0.15m。 建筑的地下层与地上层不应共用楼梯间，否则应在地下层与首层的出口处设明显标志，并用2h以上耐火墙和乙级防火门隔开						

续表

工程名称			业务编号		设计阶段		
自检及校对检查内容			备注	自检	校对	审核核查	审定核查
				错漏数量			
十五、详图	8	电梯大样：电梯候梯厅深度不小于1.5m。不低于12层住宅至少设2台电梯，其中1台担架梯轿厢尺寸不小于1.5m×1.6m；与卧室、书房等安静房间贴邻的电梯机房、井道应有隔振、隔声措施；不得把机房顶板作水箱底板和在机房内穿过水管、蒸气管。电梯底坑深度、顶层的缓冲高度、机房尺寸、土建预留、预埋构件尺寸应符合采用的电梯型号的技术参数要求；砌体电梯井应标示圈梁、构造柱位置、机房顶板吊钩尺寸位置；消防电梯宜混凝土整浇，其前室的门应开向消防电梯，消防电梯底坑排水井容量不应小于$2m^3$，排水泵排水量不应小于10L/s；首层电梯前室门至室外通道的长度不超过30m					
	9	卫生间大样：卫生间不得设在餐厅、厨房、医药、医疗、变配电等有严格卫生、防水要求用房的上层，也不得设在下层住宅卧室、厅堂、厨房、餐厅的上层。卫生间定位尺寸按《民用建筑设计通则》的规定，地面应坡向地漏，地漏不宜设在人员经常出入的位置，应靠近下水处。厨房应绘制灶台、储柜、洗菜池、冰箱位置尺寸和做法详图					
	10	车道：当基地道路坡度大于8%时，机动车出入口应设缓冲段连接城市道路，并应满足行车视距要求。 车道的间距、数量，车道的宽度、坡度、缓坡、反坡、转弯半径、曲线段横坡、净高符合规范要求。车道平面图、剖面图、详图齐全					

审核主要内容			备注	审核	审定核查
	1	符合《建筑工程设计文件编制深度规定》			
	2	设计文件的内容符合任务书、初步设计审批文件、报建审批文件的内容			
	3	设计文件符合国家和地方颁布的规范和标准（包括节能、绿色建筑、装配式建筑等）			
	4	总体规划符合功能分区和联系的基本原则，建筑平面布置房间面积分配及空间大小满足使用功能要求，结构选型恰当			
	5	建筑物层高的选择符合有关规定，变形缝设置恰当			
	6	墙体饰面材料选用及构造方法恰当（包括门窗、幕墙）			
	7	建筑选型与环境协调，造型依据没有原则性的不妥当问题			
	8	审核校对提出的各项问题，并对设计文件抽查			
小计					

续表

工程名称			业务编号		设计阶段	
审定主要内容			备注			审定
	1	设计方案是否经过评审，并按评审意见执行；设计是否存在原则性错误				
	2	设计文件齐全、完整，深度达到规定的要求。执行院 ISO 质量管理规定				
	3	图纸会签、设计、校对、审核等签字是否齐全				
	4	抽查校对审核内容，无误				
	5	抽查总说明中参数及内容是否正确				
	6	抽查计算书的重要数据是否正确				
	7	抽查有无违反规范的强制性条文				
	8	审查设计是否经过技术经济比较，积极采用新技术，采用国家推荐的节能产品				
	9	对此记录表进行统计评价，对常见错漏进行公布				
总计						

注：1. 文件或图纸不齐全时应在备注栏中说明原因。

2. 自检栏中填写：√表示通过、○表示无要求。校对、审核、审定各自在相应栏目中填写错漏的数量，具体问题在校审卡中列出。核查数由审核、审定人员填写，表示发现前面校审未发现的问题。

3. 自检由设计人员和专业负责人完成。

第二节　建筑施工图设计校核审定表

建筑施工图设计校核审定表　　**表8–2**

工程名称：		设计编号：	勘误数量：	
审议内容		说明	审核	审定
审核	1. 设计文件符合国家和地方的有效规范、标准。 2. 设计文件内容符合方案和扩初报建审批要求。 3. 设计深度符合国家编制设计文件的规定。 4. 设计文件完整、图纸无缺失，图面核对的错、漏、碰、缺问题已经改正。 5. 总图功能分区、交通联系合理，平面布置满足功能要求，空间利用率高，结构选型安全合理。 6. 建筑层高取值合理、符合规定，变形缝设置恰当。 7. 墙体饰面材料选取合理，构造方法成熟可行。 8. 建筑选型技术可行，与环境关系协调无卫生干扰。 9. 各专业接口关系（轴线、定位、尺寸）协调统一，无安全隐患和错位错误，设备选型、图面索引正确。 10. 校对出来的问题已提出修改措施，抽查设计文件			

续表

工程名称：		设计编号：	勘误数量：	
审议内容		说明	审核	审定
审定	1. 项目是否经评审并符合评审要求。 2. 设计文件正确、齐全、深度符合规定。 3. 图名栏、会签栏无缺项和疏漏。 4. 抽查校对、审核设计关键项目。 5. 审查总说明中设计理念和技术参数。 6. 审查计算书主要数据的可靠性。 7. 查验符合强制性条文情况。 8. 审查各专业接口无安全隐患，技术措施可行。 9. 设计项目无安全性和社会性缺陷。 10. 设计经技术经济比较，投资合理，采用新技术、新材料和国家推荐的节能产品。 11. 分析评价校核表的内容，统计错误疏漏数量，及时通知设计部门，以利提升质量管理质量			

注：1. 文件或图纸不齐全时应在备注栏中说明原因。

2. 自检栏中填写：√表示通过、○表示无要求。校对、审核、审定各自在相应栏目中填写错漏的数量，具体问题在校审卡中列出。核查数由审核、审定人员填写，表示发现前面校审未发现的问题。

3. 自检由设计人员和专业负责人完成。

第三节　结构施工图设计探讨

一、砌体结构

（一）砌体类别：砌体结构有砖、石、砌块和配筋砖砌体四种类别，在结构的墙、柱、基础分部中作为承重或非承重构件。

（二）砌体材料等级

1. 烧结普通砖，承重空心砖，硅酸盐砖。

块体强度等级符号 MU，共分为六级（30、25、20、15、10、7.5）。如第一级表示为 MU30，其余类推。单位为 N/mm^2。常用烧结普通实心砖的强度等级为 MU15～MU7.5。

2. 砌块：分粉煤灰硅酸盐、普通混凝土、加气混凝土空心砌块和实心砌块。

高度在 350mm 以下称小型砌块，高度在 350～900mm 的称为中型砌块。其强度等级分为 MU（15、10、7.5、5、3.5）共五级。

3. 石材：有花岗岩、石灰岩、砂岩等。

其强度等级为 MU（100、80、60、50、40、30、20、15、10）共九级。

4. 砂浆：分水泥砂浆、石灰砂浆、混合砂浆几种，其中混合砂浆比同级水泥砂浆的砌体强度高 10%～15%，应用广泛。

砂浆的强度分为 M（15、10、7.5、5、2.5、1、0.4）等七级。

（三）材料选择的设计要求

不小于 6 层建筑外墙、潮湿环境的墙、受振动或层高大于 6m 的墙柱。选择砌体结构材料的最低强度等级，应达到下述标准：

1.（1）石材应不小于MU20。（2）砖材应不小于MU10。（3）砌块应不小于MU5。（4）砂浆应不小于M2.5。

2. 室内地面以下，室外散水面以上砌体内应设防水水泥砂浆防潮层，勒脚部分外墙应用水泥砂浆粉刷。

3. 地面以下或防潮层以下的砌体，所用材料的最低强度等级应符合下列要求。

地面或防潮层以下砌体结构最低强度等级　　**表8–3**

地基潮湿程度	黏土砖		混凝土砌块	石材	混合砂浆	水泥砂浆
	严寒地区	一般地区				
较潮湿	MU10	MU10	MU5	MU20	M5	M5
相当潮湿	MU15	MU10	MU7.5			M5
含水饱和	MU20	MU15	MU7.5			M7.5

4. 地下砌体不宜用空心砖，如采用空心砌块，其孔洞应用不小于C15的混凝土灌实。采用硅酸盐或其他材料制成的砌体，应符合相应材料标准。

归纳材料强度等级序列表

表8–4

—100；80；60；50；40；30；—；[20；] 15；10………………………… 石材

30；25；20；15；[10；] 7.5 ………………………… 砖材

15；10；7.5；[5；] 3.5………………………… 砌块

15；10；7.5；5；—；[2.5；] 1.0；0.4　砂浆

大框内为常用材料强度等级，小框为不小于6层或层高大于6m、潮湿、有振动建筑的最低要求，依次体现1/2递减的关系，基础以下墙体应选用加大一级材料强度。

（四）混合结构建筑墙体的设计布置

混合结构是由砖石砌体墙柱和钢筋混凝土楼面、屋面梁板组成的承重体系。有下面四种设计布置方式：

1. 横墙承重：横墙为沿建筑进深方向布置的，平行于平面的短轴方向的墙体。横墙承重的荷载传力途径为：屋（楼）面梁板→横墙→基础→地基。其结构特点是整体性好，横向刚度大，便于施工，空间小，楼盖材料用量少，墙体材料用料多，外纵墙不承重，可以设置大面积的门窗。

2. 纵墙承重：纵墙指沿建筑开间方向布置的，平行于建筑平面长轴方向的墙体，纵墙承重的荷载传力途径为：屋（楼）面梁板→纵墙→基础→地基。其结构特点是内部空间较大，平面布置灵活性大。横向刚度小，纵墙刚度弱，纵墙开门窗受限制。楼盖跨度大，用料多。墙体材料较少。

3. 纵、横墙混合承重：

纵横墙承重方式荷载的传力途径为：屋（楼）面梁板→纵墙/横墙→基础→地基。

其结构体系利于满足建筑功能要求，为平面布置提供更多的选择方式。

4. 内框架（半框架）承重：内框架承重体系是建筑内部由钢筋混凝土梁板和框架柱支承，外墙由砖石砌体墙柱承重的组合体系。内框架承重体系，建筑开间大，平面设计灵活，可利用外墙节约钢材、水泥；横墙少的情况下，建筑空间刚度差；不同材料受力产生的压缩变形不同，增加附加应力，非结构效应产生的次应力也比较大。

（五）砌体结构的静力计算方案

1．根据砌体结构的空间工作性能，其静力计算方案分为刚性、刚弹性和弹性三种见下表8–5。

建筑的静力计算方案 表8–5

屋（楼）盖类别	刚性方案	刚弹性方案	弹性方案
1．整体式、装配整体或装配式无檩体系钢筋混凝土屋（楼）盖	$S<32$	$32\leqslant S\leqslant 72$	$S72$
2．装配式有檩体系钢筋混凝土屋盖、轻钢屋盖和有密铺望板的木屋盖或木楼盖	$S<20$	$20\leqslant S\leqslant 48$	$S48$
3．冷摊瓦木屋盖和石棉水泥瓦轻钢屋盖	$S<16$	$16\leqslant S\leqslant 36$	$S36$

注：1．表中S为建筑横墙间距，单位为m。

2．当屋（楼）盖类别不同，横墙间距不同时，可按《砌体结构设计规范》的规定。

3．无山墙或伸缩缝处无横墙的建筑，应按弹性方案。

2．刚性和刚弹性方案建筑的横墙要求如下：

（1）横墙的厚度不宜小于180mm。

（2）有洞口横墙，洞口水平截面面积应小于1/2的横墙截面面积。

（3）单层建筑横墙长度宜大于其高度，多层建筑横墙长度不宜小于建筑总高度的1/2。

当横墙不能同时符合上述要求时，应对横墙刚度进行验算，当其最大水平位移为$\mu_{max}\leqslant\frac{H}{400}$时（$H$为横墙总高度）可认为是刚度合格横墙，符合最大水平位移要求的一段横墙或其他结构件（如框架等），也可认为横墙适用于刚性或刚弹性方案的建筑。

（六）砌体结构的稳定要求

砌体结构除满足承载力的要求外，还应确保在结构荷载或非结构效应作用下会因为墙柱尺度过于细长而失去稳定，产生大侧向的挠曲或倾斜，因此必须对墙、柱的高厚比进行验算。

1．受压构件的建筑高度（构件高度）和计算高度（m）

（1）混合结构的墙、柱砌体属于受压构件，其建筑高度（H）按下列规定确定。

1）建筑底层（首层）：H—楼板到地面下端支点处的距离，下支点可取室内或室外地面下300～500mm处，或者取至基础顶面。

2）其他楼层：H—楼板至另一端水平支点的距离。

3）山墙：H—取层高加1/2山墙顶的高度，山墙壁柱可取至山墙高度。

（2）受压构件的计算高度H_0，单位m。

受压构件计算高度H_0（m） 表8–6

建筑类别			柱		带壁柱或周边拉结的墙		
			排架方向	垂直排架方向	$S_U>2H$	$2H\geqslant S>H$	$S\leqslant H$
有吊车的单层建筑	变截面柱上段	弹性方案	$2.5H_U$	$1.25H_U$	$2.5H_U$		
		刚性、刚弹性方案	$2.0H_U$	$1.25H_U$	$2.0H_U$		
	变截面柱下段		$1.0H_L$	$0.8H_L$	$1.0H_L$		

续表

建筑类别			柱		带壁柱或周边拉结的墙		
			排架方向	垂直排架方向	$S_U>2H$	$2H\geqslant S>H$	$S\leqslant H$
无吊车的单层和多层建筑	单跨	弹性方案	$1.5H$	$1.0H$	$1.5H$		
		刚弹性方案	$1.2H$	$1.0H$	$1.2H$		
	双跨多跨	弹性方案	$1.25H$	$1.0H$	$1.25H$		
		刚弹性方案	$1.10H$	$1.0H$	$1.1H$		
	刚性方案		$1.0H$	$1.0H$	$1.0H$	$0.4S+0.2H$	$0.6S$

注：1. 表中H_U为变截面柱上段高度，H_L为变截面柱的下段高度。

2. 上端为自由端的构件$H_0=2H$。

3. 独立砖柱，无柱间支撑时，柱在垂直排架方向的H_0。应按上边数值增加25%。

2．墙、柱的允许高厚比

矩形截面墙、柱高厚比是指其计算高度 H_0 与墙厚或柱短边 h 之比，其允许高厚比［β］见下表 8–7。

墙、柱允许高厚比［β］值　　　　**表8–7**

砂浆强度等级	墙	柱
M0.4	16	12
M1	20	14
M2.5	22	15
M5	24	16
≥ M7.5	26	17

注：1. 空斗墙、中型砌块墙、柱［β］值应降低10%；毛石墙、柱［β］值降低20%。

2. 组合砖砌体的［β］值可提高20%，但不得大于28。

3. 验算施工中砂浆未硬化砌体的［β］，按M0.4降低10%。

4. 厚度$h\leqslant240$mm非承重墙［β］值应乘以系数μ_1：

（1）h=240mm，$\mu_1=1.2$

（2）h=90mm，$\mu_1=1.5$

（3）240mm>h>90mm，μ_1用插入法取值。

5. 上端自由墙体［β］除按上述规定提高外，尚可提高30%。

6. 有门窗洞口的墙［β］应按上表值乘以降低系数μ_2。

$$\mu_2 = 1 - 0.4 b_s / S \tag{8-1}$$

式中：b_s——门窗洞口宽度。

S——相邻窗间墙或壁柱间的距离。

当算出的 μ_2 值小于 0.7 时，应采用 0.7。洞口高度不大于墙高 1/5 时，μ_2 取 1.0。

3．墙、柱高厚比验算公式：

$$\beta = H_0 / h \leqslant \mu_1 \mu_2 [\beta] \tag{8-2}$$

式中：H_0——墙、柱的计算高度，可以表 8–6 中查得。

h——墙厚或矩形柱相应计算边长。

μ_1——非承重墙［β］值修正系数。

μ_2——有洞口墙［β］值修正系数。

［β］——墙、柱允许高厚比。

（七）砌体结构变形缝（伸缩缝、沉降缝、抗震缝）的设计位置

1．伸缩缝

建筑材料受温度变化影响，产生变形裂缝（如顶层墙体的八字缝、水平缝）可通过设保温层、隔热层、滑动层、控制材料含水率等办法预防。温差使墙体竖向变形最大的地方，应设温度伸缩缝，防止砌体竖向开裂。

砌体建筑温度伸缩缝的最大间距　　表8–8

<table>
<tr><th>砌体类别</th><th colspan="2">屋（楼）盖类型</th><th>伸缩缝最大间距（m）</th></tr>
<tr><td rowspan="6">各种砌体</td><td rowspan="2">整体式或装配整体式钢筋混凝土结构</td><td>有保温隔热层的屋（楼）盖</td><td>50</td></tr>
<tr><td>无保温隔热层的屋盖</td><td>40</td></tr>
<tr><td rowspan="2">装配式无檩体系钢筋混凝土结构</td><td>有保温隔热层的屋（楼）盖</td><td>60</td></tr>
<tr><td>无保温隔热层的屋盖</td><td>50</td></tr>
<tr><td rowspan="2">装配式有檩体系钢筋混凝土结构</td><td>有保温隔热层的屋盖</td><td>75</td></tr>
<tr><td>无保温隔热层的屋盖</td><td>60</td></tr>
<tr><td>黏土砖、空心砖砌体</td><td colspan="2">黏土瓦或石棉水泥瓦屋盖</td><td>100</td></tr>
<tr><td>石砌体</td><td colspan="2">木屋（楼）盖</td><td>80</td></tr>
<tr><td>硅酸盐、混凝土砌块</td><td colspan="2">砖石屋（楼）盖</td><td>75</td></tr>
</table>

注：1．层高＞5m单层混合结构建筑，伸缩缝间距可按表中数值乘以1.3（采用硅酸盐砌块和混凝土砌块时除外）。
2．温差大、严寒无采暖地区建筑伸缩缝间距应适当减小。
3．伸缩缝内应镶嵌弹性软质材料，使变形时能够伸缩。

2．沉降缝

（1）建筑的下列部位宜设沉降缝

1）建筑平面组合出现错位，转折变化的部位。

2）同一建筑物不同部位高度相差较大或荷载相差太多，建筑结构形式变化大，容易使地基产生不均匀沉降的地方。

3）建筑平面超长的砌体部位。

4）上部结构或基础类型、埋深不同的部位。

5）新旧建筑的连接部位。

（2）沉降缝的要求

1）沉降缝从墙体到基础要全部断开。

2）墙体或楼（屋）盖的沉降缝要设盖缝板，缝内一般不填充材料。

3）沉降缝的宽度见下表。

建筑沉降缝宽度　　表8–9

建筑层数	沉降缝宽度（mm）
二、三层	50～80
四、五层	80～120
＞五层	≥ 120

注：沉降缝两侧建筑层数不同时，缝宽按层数多的选用。

3. 防震缝（抗震缝）

在设防烈度为8度和9度地区的建筑设置防震缝部位如下：

（1）建筑立面高差不小于6m。

（2）建筑有错层，楼板面高差较大。

（3）建筑各部位结构刚度，结构质量完全不同。

防震缝两侧均应设墙体，缝宽应大于50～100mm。防震缝的墙体上开设的门窗开启扇不应跨越防震缝。

二、钢筋混凝土结构

（一）混凝土强度等级

由于钢筋混凝土的可塑性，能够浇捣各种形状的结构构件，所以在建筑设计中得到最广泛的应用。钢筋混凝土是由不同的骨料、胶结料与水起水化反应而形成的非匀质脆性材料，经常出现自身应力裂缝，如塑性龟裂、干缩裂缝、沉缩裂缝、水化收缩裂缝等。必须合理按建设环境和构件性质选用胶结料，海洋工程构件应用火山灰水泥，大跨度、高强预应力构件应用硅酸盐水泥不能用火山灰水泥，大体积混凝土应用矿渣水泥不宜用普通硅酸盐水泥，选择水灰比、砂率的合理级配，确定混凝土的等级。混凝土的强度等级见表8-10。

混凝土强度等级 **表8-10**

框架	1. 一级抗震：≥C30。 2. 装配整体式框架：≥30 其节点宜比柱提高5MPa。 3. 梁柱等级不宜大于5MPa，节点区宜与柱同级
底层大空间剪力墙	转换层楼板、框支柱、框支梁≥C30
筒体	≥C25

注：框架剪力墙结构按框架要求，其他结构混凝土等级均应≥C20。

（二）结构形式和力学特征

1. 单层建筑的结构类型

（1）框架：由梁和柱相互连接的（现浇或预制）平面或空间，单层或多层的结构。

1）现浇框架梁柱为刚性连接，框架柱固定于基础顶面。

2）框架梁受弯矩，剪力作用，轴向力不计。

3）框架柱为偏心受压构件，承受轴向力和弯矩以及剪力。

（2）刚架：梁柱合一的框架，又称门架。

1）梁柱刚接成一个构件，不设屋架。

2）梁柱采用变截面，与弯矩作用相适应。

3）刚架分无铰、两铰和三铰三种形式。见图8-1。

① 柱顶弯矩和斜梁端部的弯矩：无铰刚架最小，三铰刚架最大。

② 柱底弯矩：无铰刚架柱底有反向弯矩，基础用料多。两铰、三铰柱底弯矩为零，基础材料省。

③ 斜梁顶结点弯矩：三铰刚架该处弯矩为零，其跨中的截面面积较小。

④ 三铰刚架基础不均匀沉降对内力无影响，但刚度小。两铰、无铰刚架不适用于基础不均匀沉降。

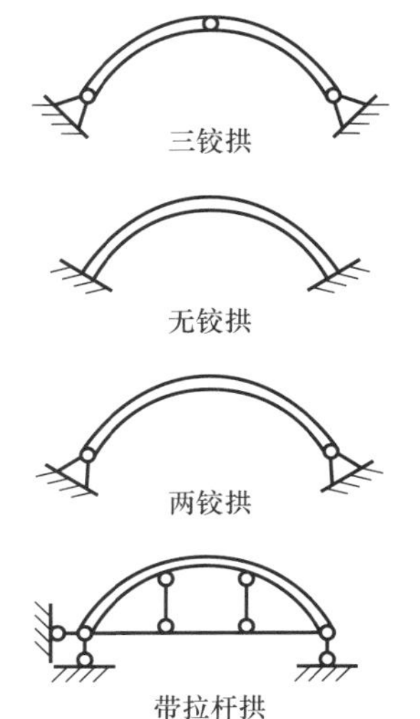

图8-1

⑤ 三铰刚架适用于跨度小于 15m 的单层结构，跨度小于 18m 时宜用两铰刚架，跨度再大时宜用无铰刚架。门式刚架不宜用于吊车起重量大的厂房内。图 8–2 为门架内力图。

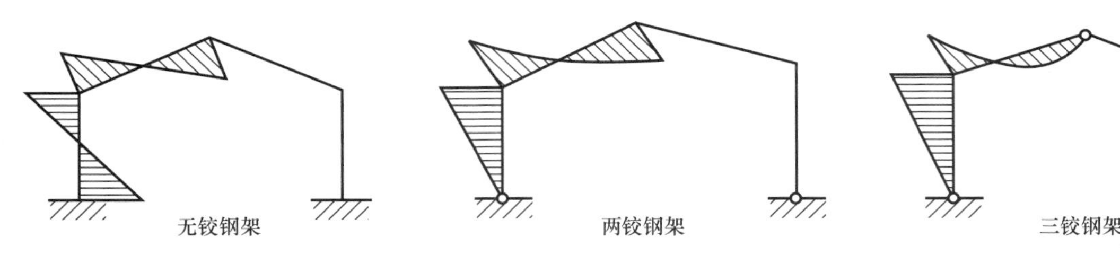

图 8–2　门架内力图

（3）排架：由梁或桁架和柱相互铰接构成的单层框架。

1）屋架与柱顶铰接，柱底与基础顶面为固定端，常用变阶柱。

2）屋架在排架平面内刚度很大，可不计其轴向变形。

3）排架常用于单层厂房，取决于柱高，吊车起重量和跨度。

（4）桁架：由格构支杆组成的梁式或拱式构件。用于屋盖部位较多，通常也称屋架。

古罗马曾发现桁架浮雕，意大利建筑师帕拉迪奥采用过朗式、汤式、豪式桁架。1845 年英国出现金属的汤式桁架和三角形的华伦式桁架[26]。

1）梁式桁架包括上下杆平行的平行弦桁架、三角弦桁架、折弦桁架等，由于杆件的拉力、压力自身平衡，对支座不产生水平推力。

2）折弦桁架中的抛物线型桁架外形与简支梁弯矩图相似。

3）拱式桁架是由桁架组成的拱，对支座产生水平推力，适用于大跨度的空间。

4）梁式桁架：木屋架多为三角弦桁架，常用形式有芬克式、豪式桁架。钢筋混凝土桁架一般为平行弦或折弦桁架。拱式桁架通常采用钢结构。

（5）拱：主要承受轴向压力的曲线或折线形构件。

1）拱外形一般为抛物线，圆弧线或折线，拱在受力作用下，截面处于受压或小偏心受压状态，拱矢高与跨度之比越大，拱脚的推力越小。

2）按支承情况分为三铰拱、两铰拱、无铰拱，其截面比相应简支梁小，拱受不对称竖向荷载作用时受力状态不利。

3）在竖向均布荷载作用下，三铰拱轴线为二次抛物线时，截面只受压力，弯矩作用均为零。

抵抗拱脚推力可采用下列措施：

① 设拉杆。

② 由基础承受推力。

③ 由侧面结构承受推力。

④ 由侧向水平构件承受推力。

拱结构在很早之前就出现了，中国古代的悬臂拱、弧形拱，古埃及和古希腊的券拱，古罗马的半圆拱，拜占庭的帆拱，罗马风建筑的肋形拱，哥特建筑的尖拱等。

拱身分为梁式拱和板式拱。

梁式拱有肋形拱和格构式；板式拱有筒拱、凹波拱、凸波拱、双波拱、折板拱和箱形拱。拱结构的组合方式有不同的形式，如并列、径向起拱、沿环向设拱（穹顶）、井式组合、交叉组合、拱环等。

2. 多层和高层建筑结构

（1）梁、板、柱：结构构件按如下刚度要求确定截面尺寸。

1）梁：常用梁截面高度与跨度之比为 h/L，梁的高跨比见表 8-11。

梁截面的高跨比　　　　表8-11

<table>
<tr><th>构件类别</th><th>简支梁</th><th>多跨连续梁</th><th>悬臂梁</th><th>说明</th></tr>
<tr><td>次梁</td><td>$h\geq1/15L$</td><td>$h=(1/18\sim1/12)L$</td><td>$h\geq1/8L$</td><td rowspan="2">现浇整体肋形梁</td></tr>
<tr><td>主梁</td><td rowspan="2">$h\geq1/12L$</td><td>$h=(1/14\sim1/8)L$</td><td rowspan="2">$h\geq1/6L$</td></tr>
<tr><td>独立梁</td><td>$h\geq1/15L$</td><td></td></tr>
<tr><td rowspan="2">框架梁</td><td colspan="3">$h=(1/12\sim1/10)L$</td><td>现浇整体或框架梁</td></tr>
<tr><td colspan="3">$h=(1/10\sim1/8)L$</td><td>装配整体式或装配框架梁</td></tr>
</table>

注：1. 梁截面宽高比：矩形 $b/h=1/2\sim2.5$；T形：$b/h=1/2.5\sim1/3$。

2. 梁高800mm以下，模数为50mm，800mm以上模数100mm（级差）。

2）板：板的厚度，$h\geq L/30$（简支），$h\geq L/40$（连续），$h\geq L/12$（悬臂），符合上述要求时可以不验算板的变形。一般屋面板的厚度，$h\geq60$mm，楼面板的厚度 $h\geq70$mm，工业厂房楼板的厚度 $h\geq80$mm，板以 10mm 为模数。

各种类型梁的高跨比（h/L）　　　　表8-12

梁 类 型	高跨比　h/L
单跨梁 连续梁：主梁 次梁	1/12～1/8 1/15～1/12（1/20～1/8） 1/20～1/15
宽扁梁：钢筋混凝土梁 预应力混凝土梁	1/18～1/12 1/28～1/22（1/28～1/12）
密肋梁：单向梁 双向梁	1/22～1/18 1/25～1/22
悬挑梁	1/8～1/6
井字梁	1/20～1/15
框支墙托梁	1/7～1/5
预应力梁：单跨梁 多跨梁	1/18～1/12 1/20～1/18

常用楼板、屋面板厚度与跨度之比（d/L）　　　　表8-13

板类型	厚跨比　d/L
单向板	1/30～1/25
单向连续板	1/40～1/35
双面板（短边）	1/45～1/40
悬挑板	1/12～1/10
楼梯梯段板	1/30
无粘结预应力板	1/40
无梁楼板：无柱帽	1/30
有柱帽	1/35～1/30

3）立柱：受压构件按刚度要求确定的截面尺寸。

轴心受压构件一般采用方形或圆形柱截面。偏心受压柱采用矩形或工形截面，长边平行弯矩作用方面，长短边之比为 1.5～2.5。

柱的长细比，钢筋混凝土矩形柱：$L_0/b \leq 30$（L_0柱计算长度，b 短边长）。混凝土圆形柱：$L_0/d \leq 25$（L_0柱计算长度，d圆柱直径）。

柱边长在 800mm 以下时以 50mm 为模数，不小于 800mm 时以 100mm 为模数（级差）。

（2）框架结构：由梁、柱刚接组成的竖向结构，框架之间由连系梁连接形成矩形网络，作为多层、高层建筑的空间支架系统，称框架结构体系。

框架在竖向荷载和水平荷载作用下，各杆件都会产生内力和变形。

梁的内力主要为弯矩和剪力，柱的主要内力为轴力和弯矩。

框架的整体变形为水平位移（侧移），框架侧移大，表明侧面向刚度小。

框架一般不适于超过 20 层或高度超过 60m 的高层建筑。

在地震设防地区框架结构不宜超过 10 层。一般钢筋混凝土框架在 17～19 层间比较经济。

确定框架结构的柱网尺寸时，框架柱的截面尺寸可以依据柱承受的最大竖向荷载设计，用轴压比确定计算式如下：

$$N/(f_c \cdot A) = 0.7 \sim 0.9 \tag{8-3}$$

式中：N——轴向力；

f_c——混凝土轴心抗压强度设计值；

A——柱截面面积。

轴压比在抗震等级一级时取 0.7，二级时 0.8，三级时取 0.9。

框架柱截面：高度 h_c 宜不小于 400mm，宽度 b_c 宜不小于 350mm。

1）柱净高与柱长边之比不宜小于 4，不能出现“短柱”。

2）梁截面：高度 h_c 按计算跨度 l_b 的 1/8～1/12。且不宜大于 1/4 净跨，梁宽 b_b 不宜小于 1/4 梁高 h_c 及 1/2 柱宽，并不应 b_b 小于 250mm，采用宽扁梁，应满足刚度要求。

3）梁、柱轴线宜在一个竖直平面内。梁轴偏移时，其偏心距不宜大于柱截面该方向长度的 1/4。

4）柱截面高度变化时，轴线宜保持一致，偏移错位宜小，错位应避免形成不规则框架。

（3）框架—剪力墙结构：在框架体系内以剪力墙抵抗水平力，框架和剪力墙组成框—剪结构体系。在这体系中，框架与剪力墙可以刚接或铰接，承担约 80% 的水平剪力，框架主要承受竖向力，同时承担约 20% 的水平剪力。在抗震设防区，建筑物纵横方向都应布置剪力墙，在非地震区一般布置在受风面大的横墙方向。

抗震设防建筑，每平方米建筑设 50～120mm 长剪力墙较合适，设建筑物横向宽度为 B，两道剪力墙的间距为 L，则按下述比例为宜：现浇钢筋混凝土楼盖：L/B = 2～4，装配式钢筋混凝土要盖：L/B = 1～2.5。

1）剪力墙的设置

① 剪力墙的设置宜均匀、分散、对称，使结构刚度中心尽量靠近其质量中心。

② 剪力墙之间刚度宜均匀。

③ 为保证楼板刚度，大洞口两侧或楼板刚度变化处应设剪力墙。

④ 剪力墙间距参见下表 8-14。

剪力墙间距（m）　　表8-14

楼板形式	非抗震设计	抗震设防烈度		
		6、7度	8度	9度
现浇	≤5B且≤60	≤4B且≤50	≤3B且≤40	≤2B且≤30
装配整体	≤3.5B且≤50	≤3B且≤40	≤2.5B且≤30	—

注：1. 表中B为楼板宽度。

2. 装配整体指装配式楼面板上做配筋现浇层。

3. 现浇部分厚度大于60mm的预应力或非预应力叠合楼板可按现浇间距要求。

2）估算框架、剪力墙的数量见表8-15。

框架—剪力墙设置数量　　表8-15

震级、场地类	$(A_W+A_C)/A_f$	A_W/A_f
7度、Ⅱ类场地	3%～5%	2%～3%
8度	4%～6%	3%～4%

注：表中A_W—剪力墙截面（以底层计），A_C—框架柱截面积（以底层计），A_f—楼面面积，上下限按层数、高度、材料强度、场地条件等权衡取舍。

（4）剪力墙结构体系：建筑全部采用横墙和纵墙承受竖向荷载和剪力时，称剪力墙结构。一般用于高层建筑，钢筋混凝土剪力墙厚度为140～250mm，适合建造25～30层以上建筑。广州的白云宾馆高33层就采用了钢筋混凝土剪力墙结构[27]。

1）剪力墙构造

① 墙厚：一级抗震设计不小于1/20层高，且不小于160mm，二～四级抗震设计不小于1/25层高，且不小于140mm。

② 剪力墙宜双向（多向）布置，墙轴应对齐、拉通。

③ 一级抗震剪力墙不应开洞口，二、三级抗震不宜有错开洞口，有错开洞口时，错开距离不宜小于2m。

2）底层大空间剪力墙

① 在大矩形平面中，结构单元长度不宜大于60m。

② 底层大空间不得全部采用框支剪力墙，必须按规定设落地剪力墙。

落地剪力墙数：非抗震设计时不小于30%，抗震设计时不小于50%。

落地剪力墙宜布置在正中与两端，均衡、对称设置。

落地剪力墙间距L和建筑宽度B的关系按下列要求：

非抗震设计，L/B≤3，L≤36m。

抗震设计，6、7度　L/B≤2.5，L≤30m；

8度　L/B≤2，　L≤24m。

③ 塔式楼平面中，落地筒体宜布置在正中，楼、电梯宜放在落地筒体内，不宜在底层大空间框架间设置。

④ 落地剪力墙底层洞口宜设在墙的中间区段。

框支梁上一层的墙体不宜设边门洞，否则应加强边门洞的小墙肢，框支正上方剪力墙上不得开洞口。

⑤ 一般大空间层刚度比上部刚度要减小，应尽量上下刚度比接近1。非抗震设计时，大空间层的刚度不能小于其上标准层刚度的1/3。抗震设计时不能小于其上层刚度1/2，可使更多剪力墙落地，或加大

落地墙厚度，或提高混凝土强度等措施增强大空间层刚度。

⑥ 强化基础整体刚度，减少差异变形对框支柱产生过大附加应力。

⑦ 构件截面尺寸：柱净高与柱长边之比宜大于 4。

框支梁：宽 b_b，不宜小于其支承墙厚的 2 倍，并不小于 400mm。

高 h_b，非抗震设计不小于 $L/8$（L—梁跨）；

抗震设计不小于 $L/6$（L—梁跨）。

框支柱：宽 b_c，宜与梁宽相等或大于梁 50mm。

非抗震设计不小于 400mm；

抗震设计不小于 450mm。

高 h_c，非抗震设计不小于 $L/15$（L—梁跨）；

抗震设计不小于 $L/12$（L—梁跨）。

（5）筒体结构：平面成封闭式的方形或圆形的墙体结构称为筒体结构。

1）单筒

① 内筒体单筒结构

高层建筑利用电梯井、楼梯间、管道井等在建筑平面中心部位形成核心筒体，外围采用框架结构称为内筒体单筒结构。

② 外筒体单筒结构

高层建筑外围采用密排框架柱（柱距 1～3m），大截面横梁（梁高 0.6～1.2m，梁宽 0.3～0.5m），建筑外围成为多孔筒体。建筑内部为承受竖向荷载的框架结构，称之为外筒体单筒，又叫框筒。

2）筒中筒

高层建筑利用内筒和外筒共同承受水平力，这种筒称筒中筒，例如原美国世贸中心建筑高度 411m（110 层）平面为 63.8m × 63.8m 的正方形筒中筒。

3）束筒

把若干个单筒组合成一束的合成筒体为束筒。例如芝加哥的西尔斯大厦，由 9 个单筒集成高 443m（110 层）的束筒，平面尺寸为 68.7m × 68.7m。建筑自重和 22 层的北京饭店相近。

4）桁架式筒体

在外筒框架内增加斜杆以提高筒体刚度就成为桁架式筒体，例如芝加哥的汉考克大厦建筑高度 344m（100 层），即采用了桁架式筒体。

5）筒体结构刚度

① 筒体结构平面以圆形、正多边形结构受力较为有利。筒体宜设计成双轴对称。

② 矩形平面时，宜尽可能接近正方形，长宽比不宜大于 1.5，不应大于 2。当长宽比大于 2 时，可设横向剪力墙或密柱框架，在长方向组成基干个并联筒。

③ 作三角形布置时，宜为正三角形，可适当截角或设置角筒、角墙。

④ 作为设计参考内、外筒平面边长可参见表 8-16。

筒中筒结构比例尺寸 表8-16

项目＼形状	方形	正多边形、圆形	正三角形	矩形
内筒边长与高度比	1/10～1/8	1/10～1/8	1/8～1/6	长边 1/6～1/4 短边 1/12～1/10
内外筒边长比	1/3	1/2～1/3	2/3～1/2	长向 1/3～1/2 短向 1/3

⑤ 内筒外框架

采用内筒外框筒时框架柱距可达 8～9m，框筒应用密柱，柱距不大于 3m，且不宜大于层高。外框筒开孔率不宜大于 50%，不应大于 60%，孔口尺寸不宜过细高或过扁宽，孔口高宽比宜与层高柱跨比接近。

⑥ 筒体高宽比宜大于 4，适宜用于 20 层以上，高度 60m 以上的建筑。

当高宽比小于 2 时，由于空间作用不需要，不必采用筒体结构。

三、钢结构

（一）钢材种类

承重钢结构采用普通碳素结构钢（碳素钢）和普通低合金结构钢（低合金钢）。

钢结构碳素钢分 Q195、Q215、Q235、Q255、Q275（Q 屈服点首位拼音字母，数字为钢材屈服点，单位 N/mm^2），常用 Q235 级分 A、B、C、D 四个质量等级。A、B 二级按脱氧方法分为沸腾钢（F），半镇静钢（b），镇静钢（Z），C 级为镇静钢，D 级为特殊镇静钢（TZ），在牌号中不标示。Q235-A・F 表示 A 级沸腾钢。

低合金钢牌号中数字为其含碳量的万分数，邻接为合金元素符号，再注钢材用途，如 16Mnq（含碳量万分之十六，锰合金，q 为桥梁用钢）。

下列承重钢结构不宜采用沸腾钢：

1. 焊接结构

（1）重级工作制吊车梁、吊车桁架或类似受动荷载作用的结构。

（2）轻、中级工作制吊车梁、吊车桁架或类似受动荷载结构，冬季计算温度不大于 -20℃时的焊接结构。

（3）其他承重结构，冬季计算温度不大于 -30℃时的焊接结构。

2. 非焊接结构

重级工作制吊车梁、吊车桁架或类似受动荷载结构，冬季计算温度不大于 -20℃时，都不宜采用沸腾钢。

（二）钢结构组成

钢结构通常由型钢、钢管、钢板制成钢梁、钢柱、钢桁架等构件，各构件之间采用焊缝、螺栓或铆钉连接，见下图 8-3。

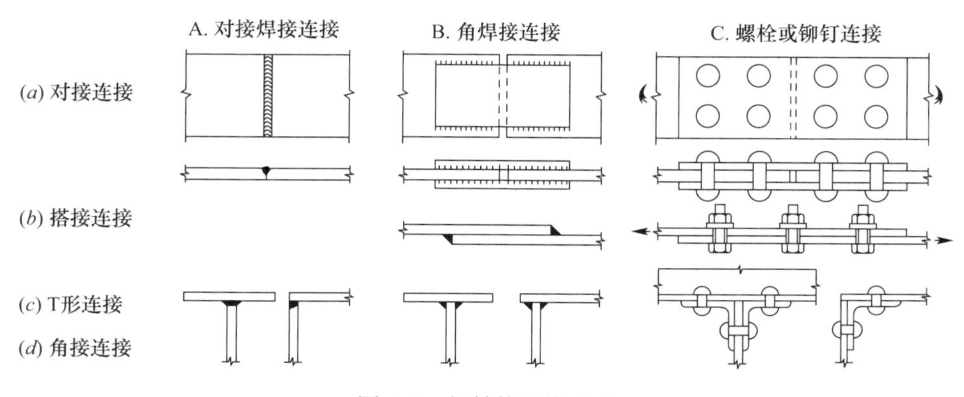

图 8-3　钢结构连接方式

1. 轴心受力构件：包括轴心受拉和轴心受压构件。

钢结构的屋架、托架、塔架和网架等各类平面或空间桁架以及支撑系统。通常均为轴心受拉和轴心受压构件组成，轴心受压钢柱由柱头、柱身、柱脚三部分组成，见后文钢构件截面图。

2．受弯构件：钢梁作为受弯构件用于楼（屋）盖梁、檩条、墙架梁、平台梁和吊车梁等。构件形式分为型钢梁和组合梁，梁截面见钢构件截面图。

3．拉弯和压弯构件：也称为偏心受拉或偏心受压构件，其截面见钢构件截面图。

（三）钢结构计算方法和要求

钢结构设计应满足承载力极限状态要求，计算强度和稳定，满足正常使用极限状态，考虑荷载的短期效应组合。

对轴心受拉构件，拉弯构件应计算强度和刚度。对实腹式轴心受压构件、受弯构件和压弯构件应计算强度、整件稳定、局部稳定和刚度。

1．钢结构构件刚度

（1）钢结构轴心受拉构件刚度用长细比 λ 表示：

$$\lambda = l_0 / i \quad (8\text{–}4)$$

式中：l_0——构件计算长度；

i——构件截面回转半径。

λ 值愈小，构件刚度越大，反之则刚度越小。设计时应使构件最大长细比不超过规范容许的长细比，λ 不大于［λ］。［λ］允许长细比见表 8–17。

桁架弦杆和单系腹杆的计算长度 l_0 表8–17

项次	弯曲方向	弦杆	腹杆	
			支座斜杆和支座竖杆	其他腹杆
1	在桁架平面内	l	l	$0.8l$
2	在桁架平面外	l_1	l	l
3	斜平面	—	l	$0.9l$

注：1．l为构件的几何长度（节点中心间距离），l_1为桁架弦杆侧向支承点之间的距离。

2．斜平面系指与桁架平面斜交的平面，适用于构件截面两主轴均不在桁架平面内的单角钢腹杆和双角钢十字形截面腹杆。

3．无节点的腹杆计算长度在任意平面内均取其等于几何长度（钢管结构除外）。

（2）受压构件的长细比不宜超过表 8–18 的容许值。

受压构件的容许长细比 表8–18

项次	构件名称	容许长细比
1	柱、桁架和天窗架中的杆件	150
	柱的缀条、吊车梁或吊车桁架以下的柱间支撑	
2	支撑（吊车梁或吊车桁架以下的柱间支撑除外）	200
	用以减小受压构件长细比的杆件	

注：1．桁架（包括空间桁架）的受压腹杆，当其内力等于或小于承载能力的50%时，容许长细比值可取200。

2．计算单角钢受压构件的长细比时，应采用角钢的最小回转半径，但计算在交叉点相互连接的交叉杆件平面外的长细比时，可采用与角钢肢边平行的轴向的回转半径。

3．跨度等于或大于60m的桁架，其受压弦杆和端压杆的容许长细比值宜取100，其他受压腹杆可取150（承受静力荷载或间接承受动力荷载）或120（直接承受动力荷载）。

4．由容许长细比控制截面的杆件，在计算其长细比时，可不考虑扭转效应。

（3）受拉构件的容许长细比不宜超过表 8–19 的容许值。

受拉构件的容许长细比　　表8–19

项次	构件名称	承受静力荷载或间接承受动力荷载的结构		直接承受动力荷载的结构
		一般建筑结构	有重级工作制吊车的厂房	
1	桁架的杆件	350	250	250
2	吊车梁或吊车桁架以下的柱间支撑	300	200	—
3	其他拉杆、支撑、系杆等（张紧的圆钢除外）	400	350	—

注：1. 承受静力荷载的结构中，可仅计算受拉构件在竖向平面内的长细比。
2. 在直接或间接承受动力荷载的结构中，单角钢受拉构件长细比的计算方法与表8–18注2相同。
3. 中、重级工作制吊车桁架下弦杆的长细比不宜超过200。
4. 在设有夹钳或刚性料耙等硬钩吊车的厂房中，支撑（表中第2项除外）的长细比不宜超过300。
5. 受拉构件在永久荷载与风荷载组合作用下受压时，其长细比不宜超过250。
6. 跨度等于或大于60m的桁架，其受拉弦杆和腹杆的长细比不宜超过300（承受静力荷载或间接承受动力荷载）或250（直接承受动力荷载）。

2. 钢构件截面（见图 8–4）。

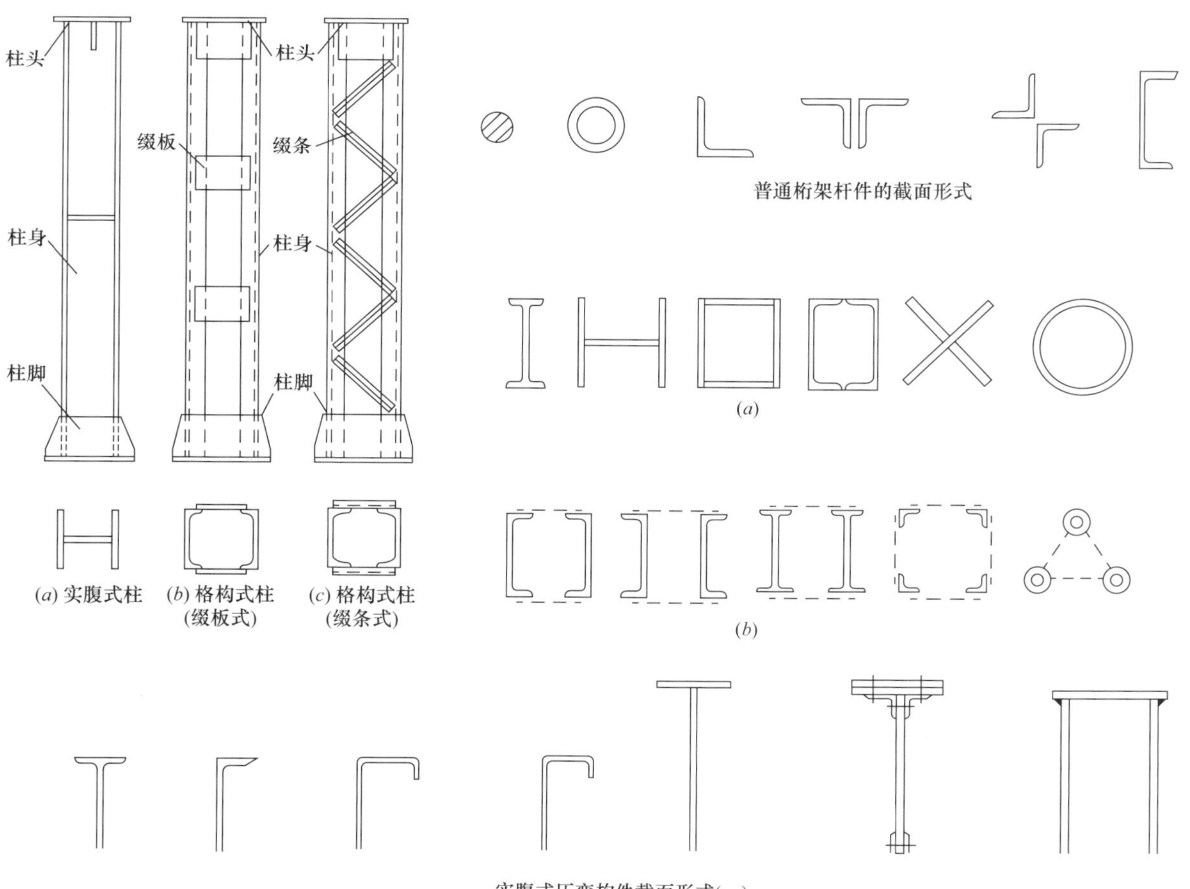

图 8–4　钢构件截面图

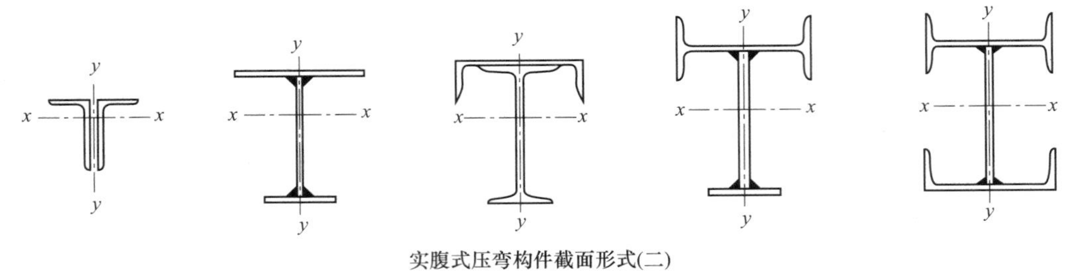

图 8-4　钢构件截面图

四、大跨度结构

（一）平面体系

1．平面结构体系的梁、拱、门架、排架的适用跨度（m）见表 8-20。

平面结构体系适用跨度（m）　　　　**表8-20**

类别	单层钢架	拱	简支梁	排架屋架	
	折梁门式钢架			预应力混凝土屋架	钢屋架
跨度	≤76m（最大）	40～60m	＜18m	24～36m，最大 60m	约 70m

2．平面结构体系的桁架

（1）平面桁架类型

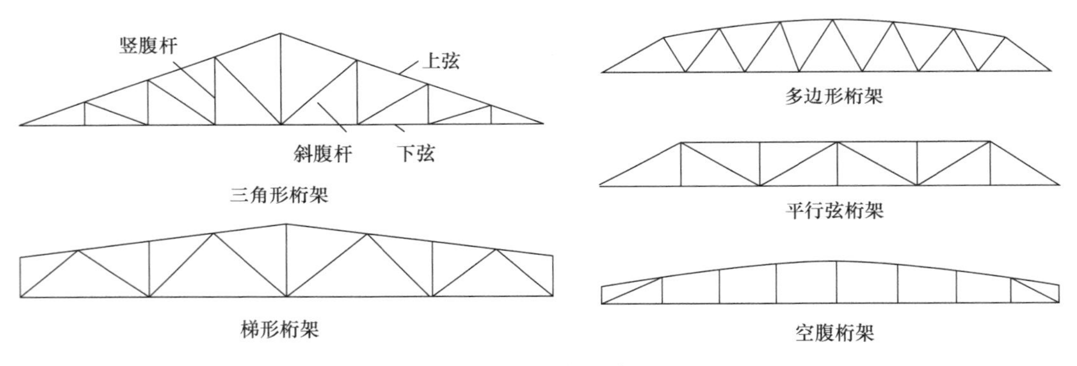

图 8-5　平面桁架类型

（2）适用跨度和结构刚度

平面桁架适用 6～60m 跨度的建筑。其中折线形桁架用于大、中跨度的建筑（L>18m），三角形桁架由于受力不均匀，只适用于中、小跨度的建筑（L≤18m）。桁架跨中高度一般为（1/10～1/5）L_0（L_0 为桁架跨度）。

（二）空间体系：空间结构体系包括薄壳、网壳、网架、悬索、充气膜结构。

1．薄壳

（1）筒壳：横向曲面，纵向为直线单曲面壳体，由壳板、边梁、横隔板组成。

短筒壳：L/B≤1/2；中筒壳：1/2>L/B>3；长筒壳：L/B≥3。L—壳体跨度，B—壳体宽度（波长）。

（2）球壳：穹顶，用于中心围合平面。现代球壳内力计算采用薄膜理论与砖石穹顶设计理念不同。

（3）双曲扁壳：双向弯曲的扁壳，矢高 f≤L/5（L 壳跨度）的壳体称扁壳。

（4）扭壳：当壳矢高 f≤L/5，板面扭曲时称扭壳，适用于 3～70m，壳厚 20～80mm。

（5）鞍壳：两抛物线形成马鞍形的壳体称鞍壳，又称双曲抛物面壳。

壳体的附图见图 8–6。

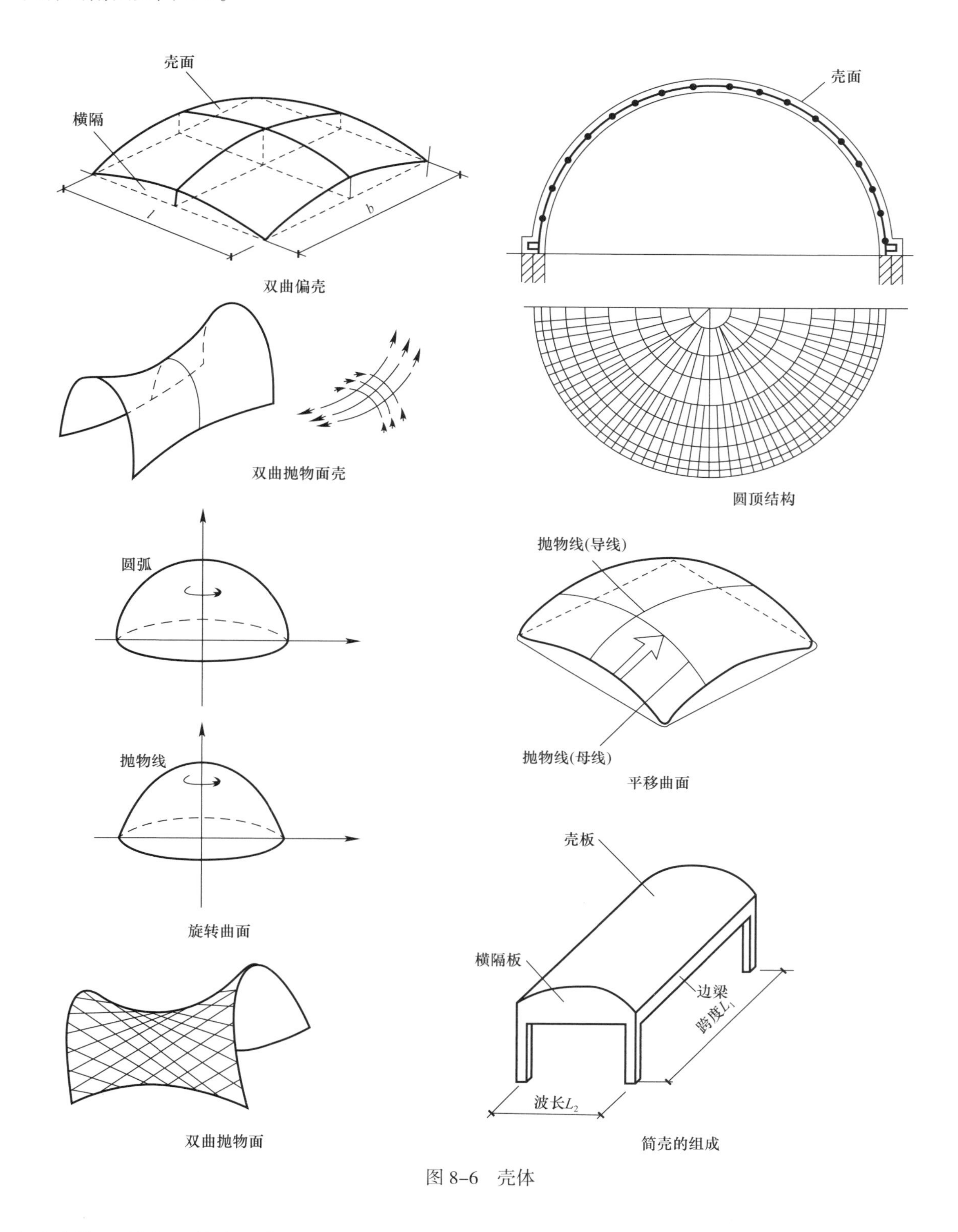

图 8–6　壳体

（6）折板：类似于筒壳的薄壁结构，折板边梁间距 L_2（波长），横隔跨度 L_1。

当 $L_1/L_2 \geqslant 1$ 为长折板，$L_1/L_2 < 1$ 时短折板。

长折板矢高 $f \geqslant (1/15 \sim 1/10) L_1$，短析板矢高 $f \geqslant 1/8 L_2$。

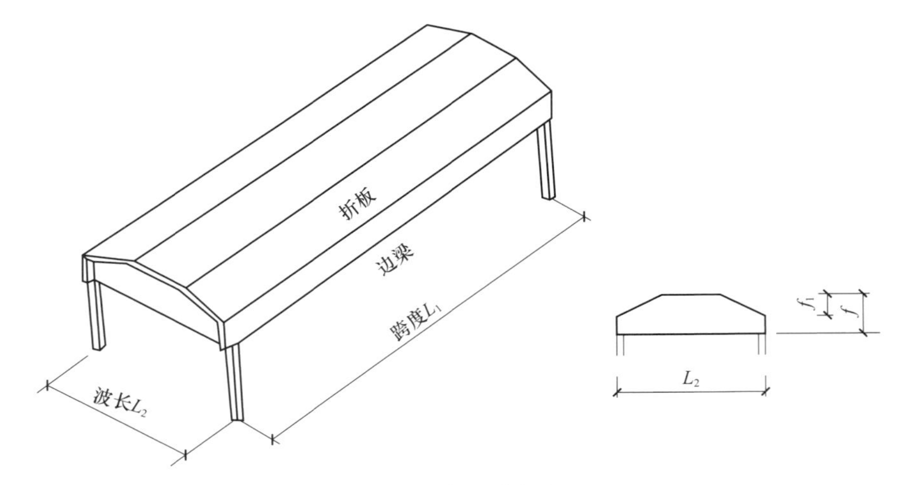

图 8-7　折板的组成

V 形折板一般板厚 3.5～5cm，预应力 V 形折板 $L_1/L_2>5$ 时，可按梁计算。

板可取 1m 宽横向板带，按多跨连续板分析，已建成的折板跨度已达 27m。

2. 网壳：格构式网状壳体，可分为筒网壳、球网壳、扭网壳。

梁式筒网壳，f=(1/8～1/4)L，f—矢高，L—壳体跨度。

球网壳即网穹顶，网格形状为三角、六角，刚度较好。

扭网壳设肋杆或桁架式网肋，构成双曲扭面。

3. 网架

（1）平板网架的高度：$L<30$m 时，H=(1/15～1/10)L；

$30\text{m}\leqslant L\leqslant 60$m 时，$H$=(1/15～1/12)$L$；

$L>60$m 时，H=(1/18～1/14)L。

（L 为网架短向跨度）

（2）网架的上弦网络尺寸

为使腹杆的倾角合理（一般在 40°～55°）上弦网络的尺寸应参照以下要求。

当网架短跨 $L<30$m 时，网络边长 B=(1/12～1/8)L。

当网架短跨 $30\text{m}\leqslant L\leqslant 60$m 时，网络边长 B=(1/14～1/11)L。

当网架短跨 $L>60$m 时，网络边长 B=(1/18～1/13)L。

网架支座铰节点；杆件节点分钢板节点，焊接球节点和螺旋铰球节点。

（3）平板网架的形式

交叉桁架体系，由互相交叉的桁架组成，整个网架上下弦杆位于同一垂直平面内，用处于同一平面内的腹杆将其连接起来。交叉桁架有两向和三向的，两向交叉可以是正交（90°）和不正交（任意角度），三向交叉的交角为 60°。

1）两向正交正放网架

如图 8-8 所示。

这种网架是由两个方向相互交叉成 90° 角的桁架轴线与建筑平面边线垂直。网架构造比较简单，适用于正方形或接近正方形的矩形平面，达到两个方向的桁架跨度相等或接近，对中等跨度（50m 左右）的正方形建筑平面的周边支承及大跨度的四支点支承的网架，采用两向正交正放网架较为有利。

这种网架，平面是几何可变的，为了确保网架的几何不变性，并有效地传递水平力，必须适当地设置水平支撑。

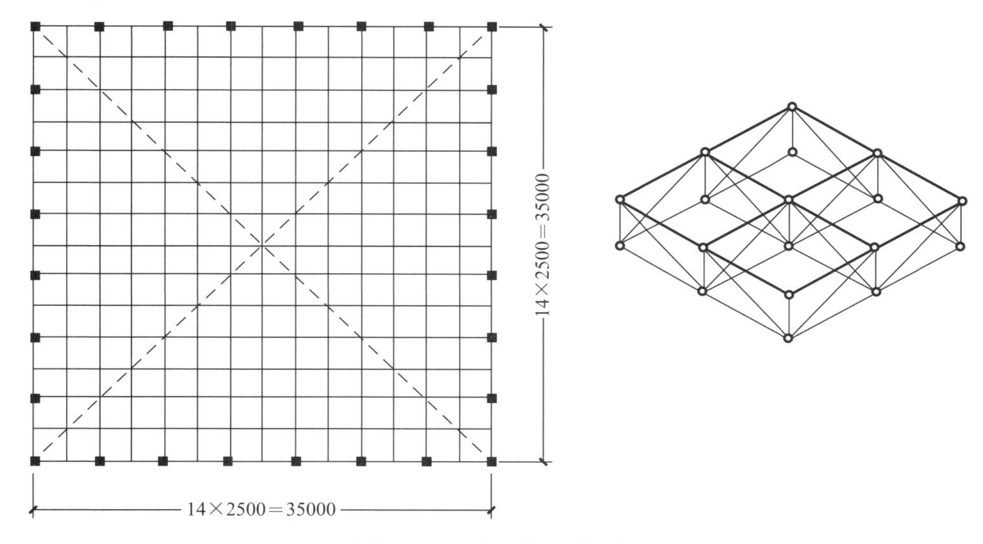

图 8-8　两向正交正放网架

2）两向正交斜放网架

这种网架是由两个方向相互交角为 90° 的桁架组成，桁架轴线与建筑平面边线交角为 45°，这种网架由于角部短桁架相对刚度较大，能对与其垂直的长桁架起弹性支承作用，使长桁架在角部产生负弯矩，相应减少了长桁架跨中的正弯矩，因而改善了网架的受力状态。但角部负弯矩对四角支座产生较大的拉力，当采用这种网架时，须对四角支座考虑抗拔的设计。

这种网架不仅适用于正方形建筑平面，也适用于不同长度的矩形建筑平面，在周边支承的情况下，它与正交正放网架相比，不仅空间刚度较大，而且用钢量也较省。特别在大跨度时，其优越性更为明显。

3）两向斜交斜放网架

如图 8-9 所示。

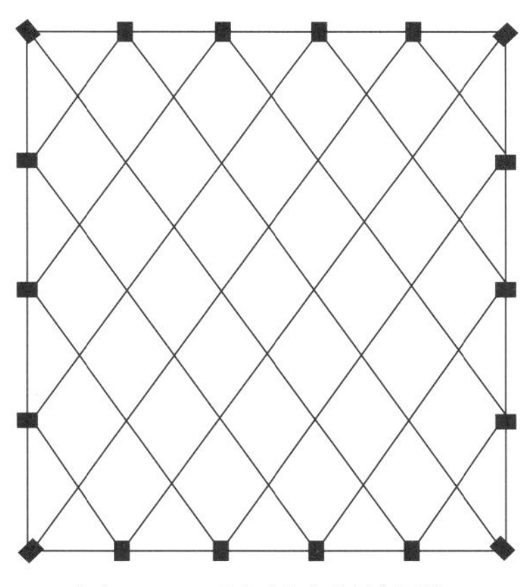

图 8-9　两向斜交斜放网架

由于建筑立面要求，有时相邻两个立面的柱距不等，这样两个方向的桁架不能正交，只能相交成任意角度。若采用这种网架要注意两个方向桁架的夹角不宜太小，以免出现构造上的不合理。实际工程中这种网架用得较少。

4）三向交叉网架

它是由三个方向的平面桁架互为 60° 夹角组成的空间网架。它比两向网架的空间刚度大。在非对称荷载作用下，杆件内力比较均匀。但由于它的节点汇交的杆件多，节点构造较复杂。它适合于大跨度的建筑，特别适合于三角形、多边形和圆形平面的建筑。

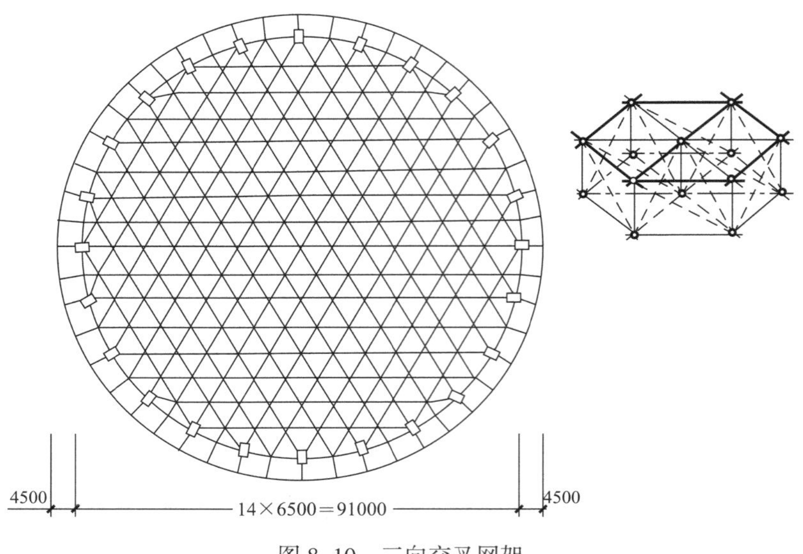

图 8-10　三向交叉网架

（4）角锥体系网架

角锥体系网架是由三角锥、四角锥或六角锥单元分别组成的空间网架结构。分别叫做三角锥体网架、四角锥体网架与六角锥体网架。它比交叉桁架体系网架刚度大，受力性能好，并且可以做成标准锥体单元，施工方便。

1）正放四角锥体网架：

正放四角锥体，是指锥的底边与相应的建筑平面周边平行。

正放四角锥体网架可以由倒四角锥（锥尖向下）单元组成，锥的底边相连成为网架的上弦杆，锥尖的连杆为网架的下弦杆，上下弦杆平面错开半个网格，锥体的棱角杆件为腹杆。正放四角锥体网架也可由正四角锥（锥尖向上）单元组成。

这种网架适用于平面接近正方形的中、小跨度周边支承的建筑，也适用于大柱网的点支承，有悬挂吊车的工业厂房和屋面荷载较大的建筑。

2）斜放四角锥体网架

斜放四角锥体，是指四角锥单元的底边与建筑平面周边夹角为 45°。它比正放四角锥体网架受力更为合理。因为四角锥体斜放以后，上弦杆短对受压有利，下弦杆虽长但为受拉杆件，这样可以充分发挥材料强度。

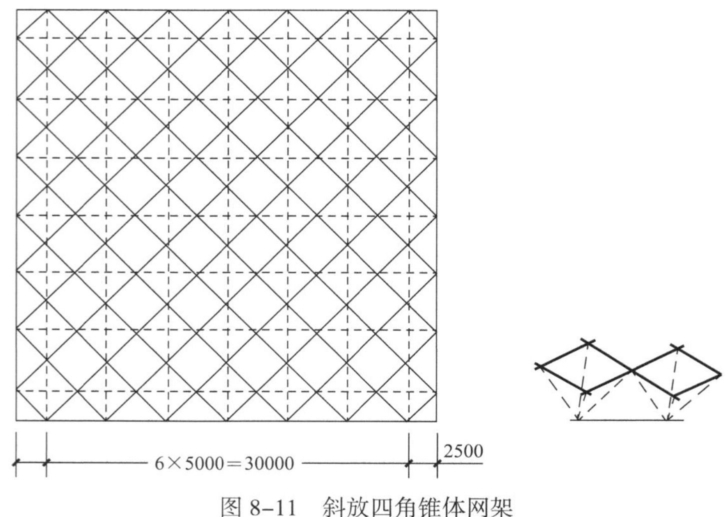

图 8-11　斜放四角锥体网架

斜放四角锥体网架的适用范围同正放四角锥体网架。

3）六角锥体网架

这种网架由六角锥单元组成。当锥尖向下时，上弦为正六角形网格，下弦为正三角形网格，当锥尖向上时，则反之。

这种形式的网架杆件多，节点构造复杂。不宜多采用。如图 8–12 所示。

4）三角锥体网架

由三角锥单元组成的网架，这种网架受力均匀，刚度较四角和六角锥体网架受力均匀，是目前各国在大跨度建筑中广泛采用的一种形式。它适用于矩形、三角形、梯形、六边形和圆形等建筑平面。

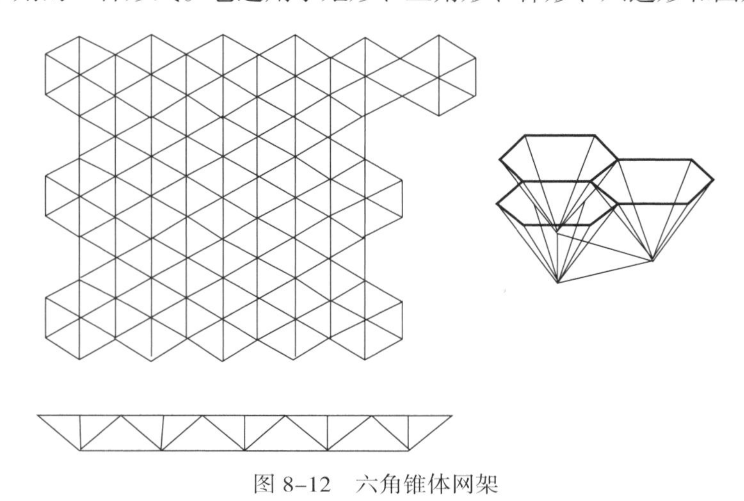

图 8–12 六角锥体网架

（5）悬索

随着建筑要求的空间越来越大，采用刚性的结构形式难于达到要求。即使可以达到要求，也容易产生材料用量大、结构复杂、施工困难、造价很高、造成不合理的设计的问题。悬索屋盖结构有利于解决这个问题，悬索是适应大跨度的需要而产生的刚柔相济的结构形式。

悬索结构由索网、边缘构件、下部支承结构组成。

索是柔性的材料，任一截面均不能承受弯矩，而只是承受拉力。悬索只能单向受力，承受与其垂度方向一致的作用力。

悬索结构可分为单曲面与双曲面两类。而其中每一类又可分为单层与双层悬索。而在双曲面悬索结构中还有一种交叉索网体系。

悬索结构的组成部分如图 8–13 所示。

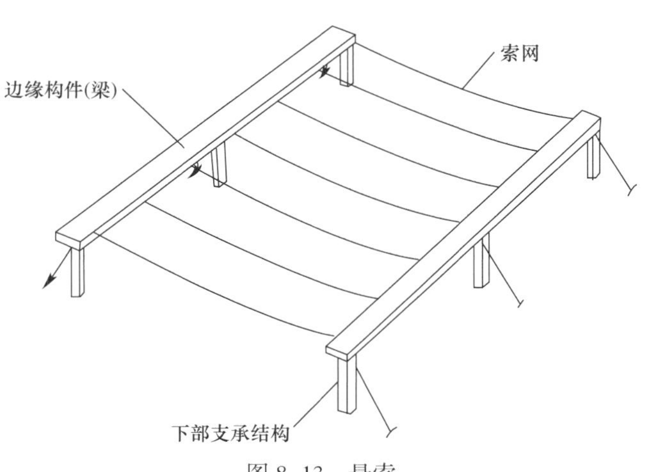

图 8–13 悬索

1）单曲面单层悬索结构

它是许多平行的单根拉索构成的，表面呈圆筒形凹面。拉索两端的支点可以等高或不等高，可单跨也可做成多跨。它的构造简单，但屋面稳定性差。为了保持屋面的稳定性，往往采用重屋盖。

这种形式的悬索垂度一般为跨度的 1/50～1/20。

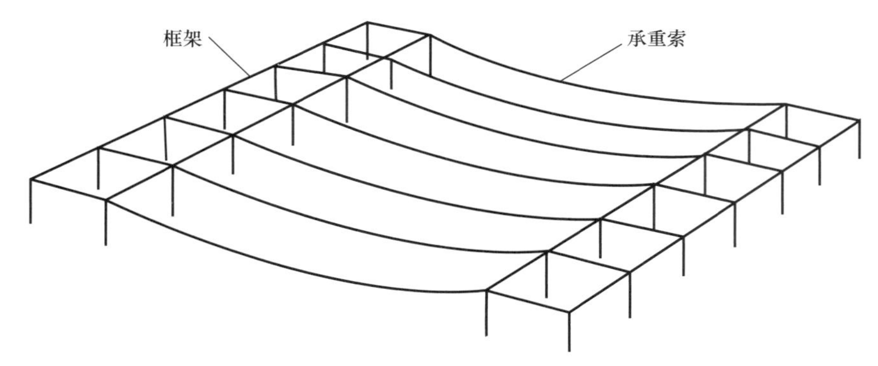

图 8-14　单曲面单层悬索

2）单曲面双层拉索体系

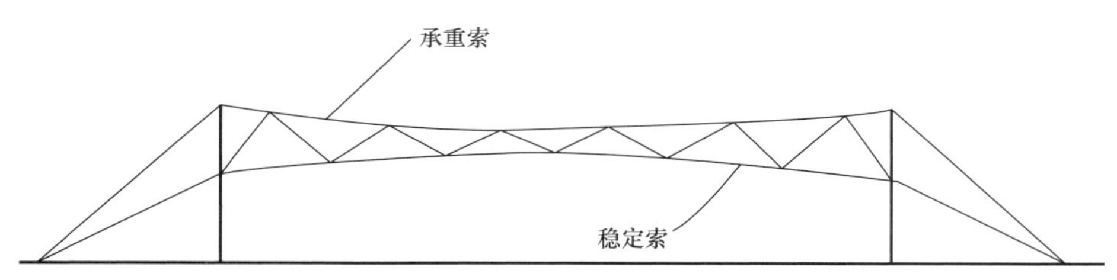

图 8-15　单曲面双层悬索

单曲面双层拉索体系是由若干片平行的索网组成。每片索网均由曲率相反的承重索和稳定索构成，而它们之间用拉索联系，如同桁架的斜腹杆，因此也得名为拉索桁架。

这种悬索结构的主要特点是可以通过斜索对上下索施加预应力，极大地提高了整个屋盖的刚度。可采用轻屋面，减轻了屋面重量，节约材料，降低了造价。也就不会如同单曲面单层悬索屋盖为了保证稳定，必须采取加重屋面板的措施。

拉索的垂度（对下索称拱度）值对上索可取跨度的 1/20～1/17，下索则取 1/25～1/20。

3）双曲面单层拉索体系

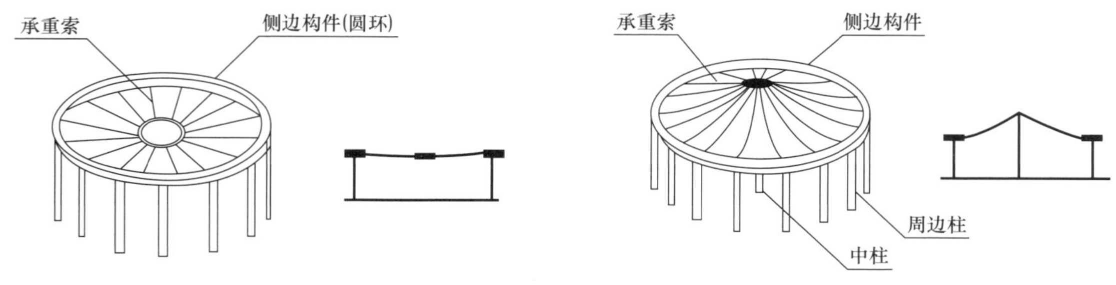

图 8-16　双曲面单层拉索

它常用于圆形建筑平面，拉索呈辐射状布置，屋面形成一个旋转曲面。拉索的一端锚固在受压的外环梁上，另一端锚固在中心拉环上或立柱上。

这种悬索体系必须采用钢筋混凝土重屋盖。

4）双曲面双层拉索体系

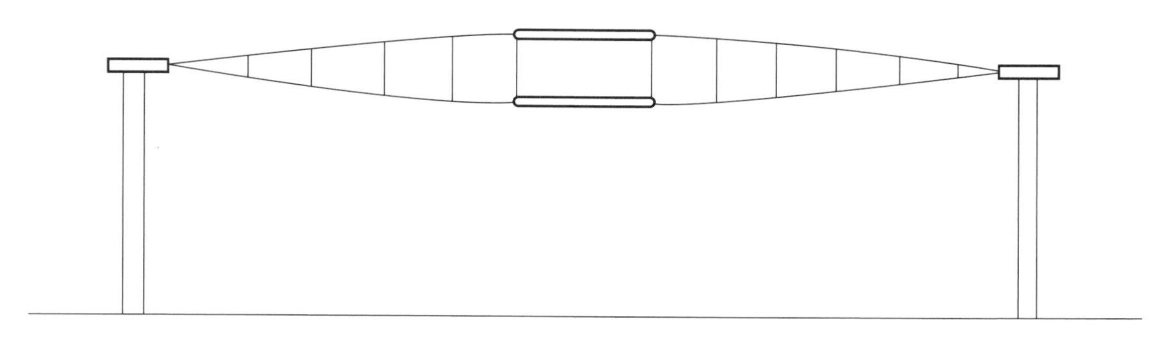

图 8–17　双曲面双层拉索

双曲面双层拉索体系是由承重索和稳定索构成，一般用于圆形建筑平面，中心设置受拉环，屋面可为上凸、下凹或交叉形，其边缘构件可根据拉索的布置方式设置一道或两道受压环梁。由于有稳定索，因而屋面刚度大，抗风和抗震性能好，可采用轻屋面。在圆形平面的建筑中，这种悬索结构得到广泛的应用。

5）双曲面交叉索网体系

它是由两组曲率相反的拉索交叉组成，下凹的索为承重索，上凸的为稳定索。一般对稳定索施加预应力，使承重索拉紧，以增强屋面刚度。交叉索网形成的曲面为双曲抛物面，称之为鞍形悬索。这种形式的悬索结构用钢量很省，一般较钢结构省钢材约 50%。

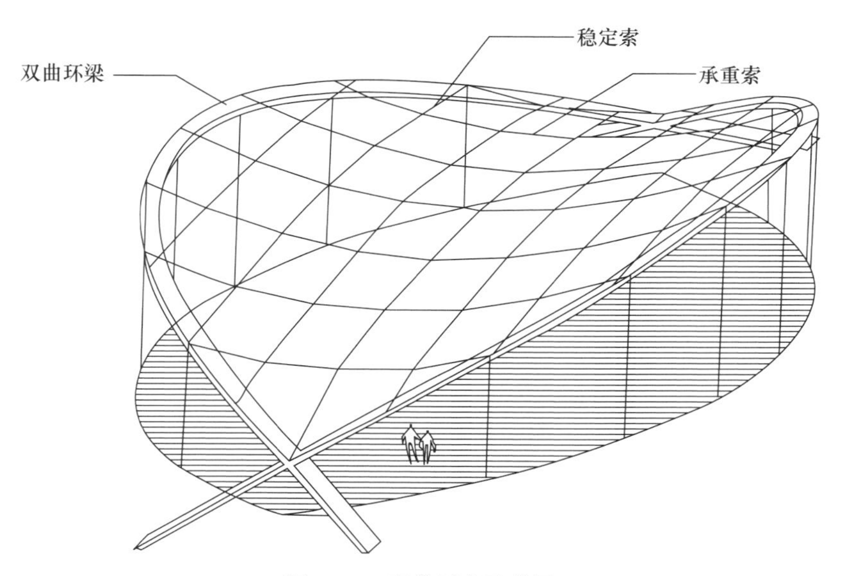

图 8–18　双曲面交叉索网

（图 8–18 摘引自德国海诺・恩格尔《结构体系与建筑造型》P67，天津大学出版社 2002 年版）

4．膜结构

膜结构的最早形式用于游牧、迁徙人群的帐篷和篷车。现在已形成多样化的大空间建筑结构（充气膜结构）。

（1）气承式空气膜结构

当用于制作膜体的建筑材料的使用年限达到 20～30 年之后，膜结构才作为永久性建筑使用。1946 年美国首次建成直径 15m 的充气穹顶。1970 世博会的美国展馆首次采用气承式空气膜结构（充气结构），空气膜结构屋面织物采用有特氟隆（Tef10n）涂层的玻璃纤维布，或者聚酯织物、PVC 篷布，表面涂层用四氟乙烯（PTFE）或者采用有机硅树脂，这些膜材料重量特轻、耐火、透光、自洁耐久，自重约 $15kg/m^2$。

气承式膜结构有室内充气式和充气构件式两种。

（2）张拉膜结构（悬挂膜）

张拉膜结构由索网结构发展起来，它分为边界直接张拉成型和支撑悬挂成型两种，张拉膜采用桅杆或拱桁架等支撑结构把钢索或膜张拉开来，利用柔性索对膜施加张拉力，稳定结构。

1981 年沙特的吉达航空港，用 10 组 210 个锥体组成张拉膜，每锥体面积为 45m×45m。1993 年美国新丹佛机场建成完全封闭的张拉膜结构，其柱跨为 115m，总长 305m。

（3）索穹顶膜结构

索穹顶膜结构是充气膜和张拉膜的组合结构体系，由连续的受拉钢索和压杆组成，索穹顶由中心受拉环和辐射状的径向脊索、环向拉索、斜拉索连接受压的外环边圈梁组成。扇形膜面由中心向外环展开，由张拉钢索固定在压杆与索环连接的节点上，1988 年首次在汉城体操馆采用。

5. 层间结构

楼板结构有不同的形式。

（1）梁板式

梁板式是最常用的楼板结构，其材料耗用指标较低。板厚可取 100～150mm，在屋面、避难层或有需要提高其刚性的某些楼层，也可设计到 180～200mm，甚至更厚一些。梁高视受荷大小，一般可取跨度的 1/20～1/12。

当梁高较大时，其占用空间较大，不利管线布置，设计时应注意管线综合协调。

为避免上述缺点，有时可设计成扁梁，如深圳国贸大厦，内外筒之间跨度 8m，梁宽 × 高为 400mm×450mm，间距 3750mm，有效的降低了层高。设置扁梁时应满足结构整体对其刚度的要求。

（2）密肋楼盖

楼面荷载较大时，采用密肋楼板有较好的经济效益。肋距一般 900～1500mm，肋宽 120～200mm，肋高 300～500mm。非预应力时，梁跨可达到 9m，预应力时梁跨可至 12m。

（3）无梁楼盖

适用于商场、仓库、书库、车间等荷载较大的建筑。能提供平整的天花板。可以用顶升法施工。非预应力结构时一般用于 6m 跨度，预应力（通常是无粘结预应力）结构跨度可达 9m。

无梁楼盖宜加柱帽以加强与柱的连结，在地震时可避免板柱连接处受冲切破坏。

（4）非预应力平板

非预应力平板构造简单、便于施工，一般跨度不宜大于 7m。当板厚大于 250mm 时，自重大、材料耗量大，不经济。采用特种纸管，埋入混凝土板中可以节省混凝土用量，减经结构自重。

（5）预应力平板

1）预应力空心板

板厚约 180mm，跨度 6～7m，由于其与剪力墙的连结仅靠板端锚筋及板端孔的销键作用，联结较为薄弱，在高层建筑、特别是抗震设计时很少采用。

2）预应力叠合板

工厂预制的预应力薄板厚 50～60mm，平面尺寸可做至 4m×5m。预应力薄板兼作受力结构与模板，其上整浇层厚 80～120mm，属预制整浇结构，但整体性较好，适用于开间不大、剪力墙结构的居住建筑，见图 8-19。

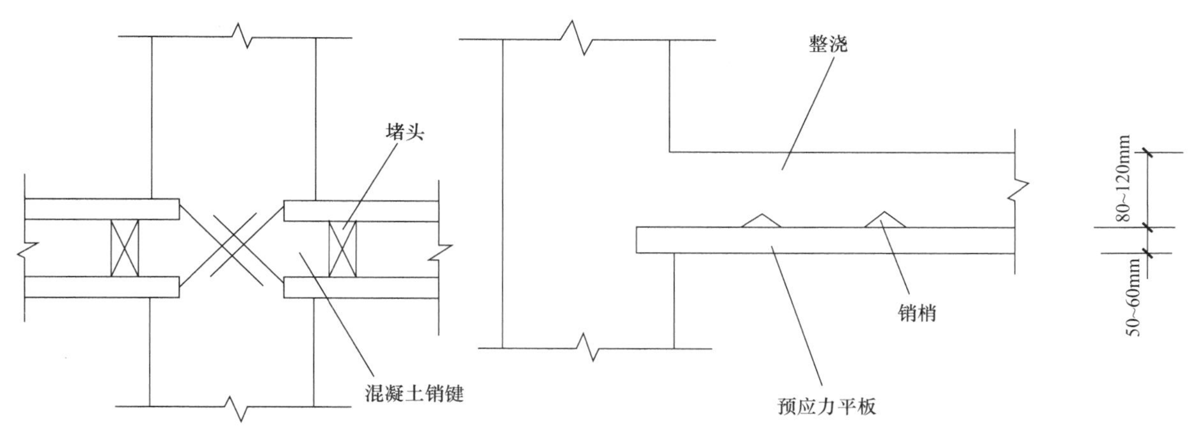

图 8-19　　预应力叠合板

3）无粘结预应力现浇板

把预应力筋的钢丝束或钢绞线用塑料软管包裹，连同板的非预应力钢筋一起绑扎就位后浇筑混凝土，在混凝土达到强度后，以千斤顶（后张法）施加预应力并锚固后制作的无粘结预应力现浇板，板厚为180～250mm，单向跨度可达到10m。

由于此种构件与竖向构件连结刚度较弱，所以在关键的连接部位应设连系梁予以加强，见图 8-20。

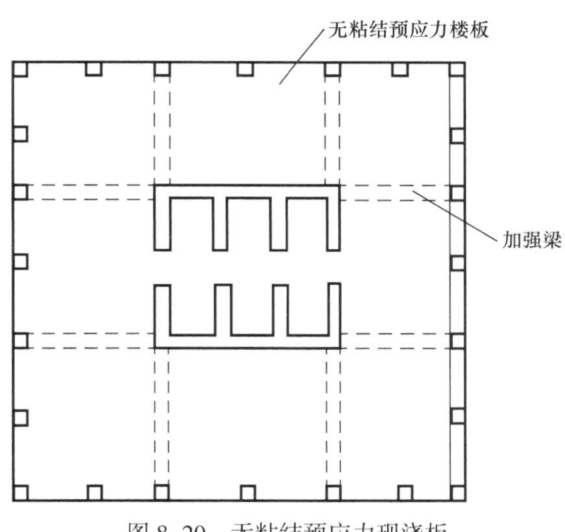

图 8-20　无粘结预应力现浇板

预应力构件，应注意提高其耐火性能，以免降低建筑物的耐火等级。

（6）加强层与转换层

楼板结构是向竖向构件传力并与竖向构件联结成整体的结构体系。加强层是当楼板联结作用较弱（如各类平板结构）或从整体出发认为有必要加强的楼层（如顶层、避难层等）时设置的。

一般可用区别于标准层的特别的梁板，甚至加巨型框架、桁架等方法来实现，见图 8-21。

转换层用于结构刚度与结构形式在竖向发生突变时采用，用以实现力的传递与刚度变化的转换。转换层一般设在底层大空间的框支层、高层主体与裙房的交接层、设备层、管道转换层等层次。转换层可以用巨梁、巨型框架、桁架或厚板等方法实现。加强层、转换层区别于标准层，使结构沿竖向形成若干个刚性层区，从而加强了结构的整体性。

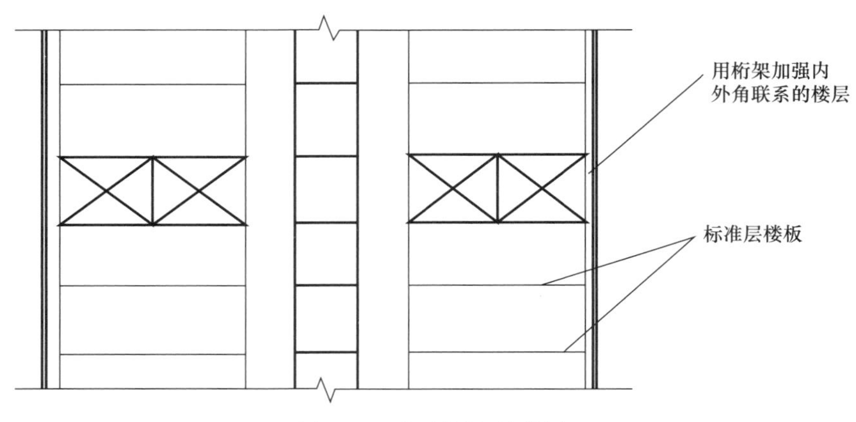

图 8-21　加强层与转换层

（三）建筑结构抗震设计要求

建筑设计应理解抗震设计概念，大体量建筑不应该采用完全不规则的设计布置，梁柱轴线宜对齐拉通，做到大震不倒，中震可修，小震不坏。

1. 多层建筑的抗震要求

（1）多层建筑的层数和高度应该达到《建筑抗震设计规范》GB 50011—2010（2016 年版）第 7.1.2 规定的建筑层数和建筑总高度的限值，见本书第五章第三节。

（2）房屋建筑抗震横墙最大允许间距（m）见表 8-21。

房屋建筑抗震横墙最大允许间距（m）　　**表8-21**

房屋建筑类别		地震烈度			
		6	7	8	9
多层砌体房屋	现浇或装配整体式钢筋混凝土楼、屋盖	15	15	11	7
	装配式钢筋混凝土楼、屋盖	11	11	9	4
	木屋盖	9	9	4	—
底部框架 - 抗震墙房屋	上部各层	同多层砌体建筑			—
	底层或底部两层	18	15	11	—

注：1. 多层砌体房屋的顶层，除木屋盖外的最大横墙间距应允许适当放宽，但应采取相应加强措施。

2. 多孔砖抗震横墙厚度为190mm时，最大横墙间距应比表8-21中数值减少3m。

2. 钢筋混凝土结构抗震要求

钢筋混凝土结构的抗震等级按《建筑抗震设计规范》GB 50011—2010（2016 年版）和《高层建筑混凝土结构技术规程》JGJ 3—2010。

（1）现浇钢筋混凝土结构抗震建筑适用的最大高度限值按《建筑抗震设计规范》GB 50011—2010（2016 年版）第 6.1.1 条的规定。

（2）现浇钢筋混凝土规则结构形状如图 8-22 所示。

1）建筑平面局部突出部位的长度应小于其宽度，且不大于宽度（或该方向尺度）30%，即要求 $b/L \leq 1$，且 $b/B \leq 0.3$。

2）建筑立面局部收缩的尺寸不大于该收缩方向总尺寸的 25%，即要求 $b/B \geq 0.75$。

3）楼层刚度不小于其上层刚度的 70%，且连续三层总刚度变化不超过 50%。

4）平面内质量分布和抗侧力构件应均匀布置。

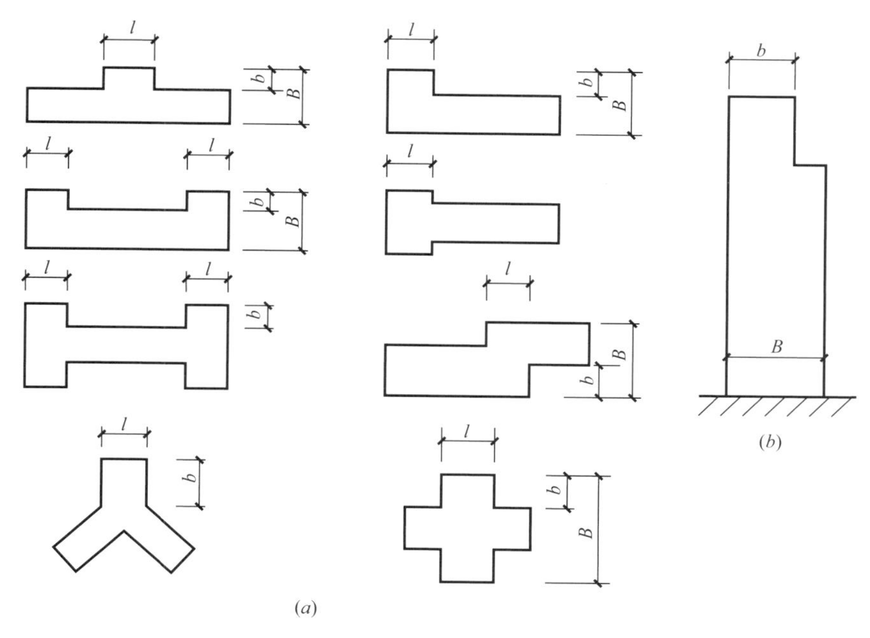

图 8-22　规则结构形状

（3）防震缝：多层和高层建筑应选用合理结构形式不设防震缝，抗地震设防烈度需设防震缝的多层建筑的防震缝最小宽度 B（mm）如下：

建筑高度 $H \leqslant 15$m 时，$B \geqslant 100$mm。

建筑高度 $H \geqslant 15$m 时，在下列设防烈度条件下，缝宽再增加 20mm。

建筑高度 $H \geqslant 15$m 时，6 度：H 每增加 5m 时
建筑高度 $H \geqslant 15$m 时，7 度：H 增加 4m 时
建筑高度 $H \geqslant 15$m 时，8 度：H 增加 3m 时
建筑高度 $H \geqslant 15$m 时，9 度：H 增加 2m 时
} B+20mm

框架－抗震墙结构房屋建筑的防震缝最小宽度不应小于多层建筑的防震缝最小宽度规定数值的 70%。抗震墙结构房屋建筑的防震缝最小宽度不应小于多层建筑的防震缝最小宽度规定数值的 50%，且均不宜小于 100mm。

防震缝两侧结构类型不同时，宜按需要较宽防震缝的结构类型和较低房屋建筑的高度确定防震缝最小宽度。高层建筑防震缝最小宽度 B（mm）与相邻结构较低建筑高度 H 的比值参见表 8-22。

高层建筑防震缝最小宽度B（mm）与相邻较低建筑高度H的比值　　表8-22

结构类型	地震烈度			
	6	7	8	9
框架	H/240	H/200	H/150	H/100
框架抗震墙	H/270	H/240	H/180	H/120
抗震墙	H/340	H/280	H/210	H/150

（4）抗撞墙

8、9 度框架结构房屋建筑防震缝的两侧结构层高相差较大时，防震缝两侧框架柱的箍筋应沿建筑全高加密，并可根据需要在缝两侧沿建筑全高各设置两道及两道以上垂直于防震缝的抗撞墙。抗撞墙的布置宜避免加大扭转效应，其长度可以不大于1/2层高，抗震等级与框架结构相同。框架构件的内力应按设置和不设置抗撞墙两种计算模型的不利情况取值。

抗震墙之间，楼（屋）面的长宽比可参见表8-23。

抗震墙之间楼（屋）面的长宽比　　表8-23

楼（屋）面类别	地震烈度			
	6	7	8	9
现浇、叠合梁板	4.0	4.0	3.0	2.0
装配式楼盖	3.0	3.0	2.5	不宜采用
框支层现浇梁板	2.5	2.5	2.0	不应采用

3．钢结构抗震要求

（1）钢框架的刚度

1）钢框架柱的长细比：按抗震等级的不同规范规定，一级不应大于60 $\sqrt{\frac{235}{f_{ay}}}$，二级不应大于80 $\sqrt{\frac{235}{f_{ay}}}$，三级不应大于100 $\sqrt{\frac{235}{f_{ay}}}$，四级时不应大于120 $\sqrt{\frac{235}{f_{ay}}}$。

2）钢框架梁、柱板件宽厚比：钢框架梁、柱板件宽厚比不应大于表8-24的规定要求。

钢框架梁、柱板件宽厚比的限值　　表8-24

	构件、板件名称	一级	二级	三级	四级
柱	工字形截面翼缘外伸部分	10	11	12	13
	工字形截面腹板	43	45	48	52
	箱形截面壁板	33	36	38	40
梁	工字形截面和箱形截面翼缘外伸部分	9	9	10	11
	箱形截面翼缘在两腹板之间部分	30	30	32	36
	工字形截面和箱形截面腹板	72—120 $Nb/(Af)$ ≤60	72—100 $Nb/(Af)$ ≤65	80—110 $Nb/(Af)$ ≤70	85—120 $Nb/(Af)$ ≤75

注：1．表8-24中的数值适用于Q235钢，采用其他牌号钢材时，应乘以 $\sqrt{\frac{235}{f_{ay}}}$。

2．$Nb/(Af)$ 为梁轴压比。

（2）钢结构中心支撑杆件的刚度

1）中心支撑杆件的长细比限值应符合下列规定。

中心支撑杆件的长细比，按压杆设计时，不应大于 $\sqrt{\frac{235}{f_{ay}}}$。

一、二、三级中心支撑不得采用拉杆设计。

四级采用拉杆设计时，其长细比不应大于180。

2）中心支撑杆件的板件宽厚比，不应大于下表8-25规定的限值。采用节点板连接时，应注意节点板的强度和稳定。

钢结构中心支撑板件宽厚比限值　　表8-25

板材名称	一级	二级	三级	四级
翼缘外伸部分	8	9	10	13
工字形截面腹板	25	26	27	33
箱形截面壁板	18	20	25	30
圆管外径与壁厚比	38	40	40	42

注：表8-23中数值适用Q235，采用其他牌号钢材应乘以 $\sqrt{\frac{235}{f_{ay}}}$，圆管应乘以 $\sqrt{\frac{235}{f_{ay}}}$。

（3）钢框架偏心支撑结构的抗震构造措施

1）钢框架偏心支撑杆件的长细比限值

钢结构偏心支撑框架支撑杆件的长细比不应大于 120 $\sqrt{\frac{235}{f_{ay}}}$。

支撑杆件的板件宽厚比不应超过现行国家标准《钢结构设计规范》GB 50017—2017 规定的轴心受压构件在弹性设计时的宽度比限值。

2）钢框架支撑框架梁的板材宽厚比限值

偏心支撑框架消能梁段的钢材屈服强度不应大于 345MPa。

钢框架支撑框架梁的板材宽厚比按《钢结构设计规范》GB 50017—2017 规定。

4．组合结构抗震要求

按《组合结构设计规范》JG J138—2016 第 4.3.5 条规定采用组合结构构件作为主要抗侧力结构的各种组合结构体系，其房屋最大适用高度应符合表 4.3.5 的规定。表中框架结构、框架－剪力墙结构中的型钢（钢管）混凝土框架，系指型钢（钢管）混凝土柱与钢梁、型钢混凝土梁或钢筋混凝土梁组成的框架；表中框架－核心筒结构中的型钢（钢管）混凝土框架和筒中筒结构中的型钢（钢管）混凝土外筒，系指结构全高由型钢（钢管）混凝土柱与钢梁或型钢混凝土梁组成的框架、外筒。

组合结构房屋的最大适用高度（m）　　表8-26

结构体系		非抗震设计	抗震设防烈度				
			6 度	7 度	8 度		9 度
					0.20g	0.30g	
框架结构	型钢（钢管）混凝土框架	70	60	50	40	35	24
框架－剪力墙结构	型钢（钢管）混凝土框架－钢筋混凝土剪力墙	150	130	120	100	80	50
剪力墙结构	钢筋混凝土剪力墙	150	140	120	100	80	60
部分框支剪力墙结构	型钢（钢管）混凝土转换柱－钢筋混凝土剪力墙	130	120	100	80	50	不应采用
框架－核心筒结构	钢筋架－钢筋混凝土核心筒	210	200	160	120	100	70
	型钢（钢管）混凝土框架－钢筋混凝土核心筒	240	220	190	150	130	70
筒中筒结构	钢外筒－钢筋混凝土核心筒	280	260	210	160	140	80
	型钢（钢管）混凝土外筒－钢筋混凝土核心筒	300	280	230	170	150	90

注：1．平面和竖向均不规则的结构，最大适用高度宜适当降低；

2．表中“钢筋混凝土剪力墙”、“钢筋混凝土核心筒”，系指其剪力墙全部是钢筋混凝土剪力墙以及结构局部部位是型钢混凝土剪力墙或钢板混凝土剪力墙。

五、结构设计问题探讨

结构设计问题探讨摘编了《建筑施工图设计审查》(广东省建设厅、深圳市勘察设计行业协会组编)中对常见问题和疑难问题的解答和建议。

(一)《高层建筑混凝土结构技术规程》JGJ 3—2010 有关的设计问题。

1. 剪力墙

(1)《高层建筑混凝土结构技术规程》JGJ 3—2010 第 8.1.5 条规定,框架—剪力墙结构抗震设计时,结构两主轴方向应该布置剪力墙。无论是否抗震设计都应设计成双向抗侧力体系。

(2)剪力墙截面厚度

剪力墙截面厚度的设计应符合墙体稳定验算的要求。

一、二级剪力墙底部加强部位不应小于 200mm,其他部位不应小于 160mm。无端柱或翼墙的一字形独立剪力墙底部加强部位不应小于 220mm,其他部位不应小于 180mm。

三、四级剪力墙底部加强部位不应小于 160mm,其他部位不应小于 160mm。无墙柱或翼墙的一字形独立剪力墙底部加强部位不应小于 180mm,其他部位不应小于 160mm。

非抗震设计的剪力墙截面厚度不应小于 160mm。

剪力墙井筒中,分隔电梯井或管道井的墙肢截面厚度不宜小于 160mm。

《高层建筑混凝土结构技术规程》JGJ 3—2010 第 7.1.4 条规定,以剪力墙总高的 1/10 与两层层高中的较大值作为加强部位。

(3)特一级剪力墙的轴压比可参照《全国民用建筑工程设计技术措施・结构》(2009 年版)的要求取轴压比不大于 0.4。

(4)非一字剪力墙和短肢剪力墙的区别

当剪力墙的墙肢两侧均有高跨比不大于 5 的连梁相连,或一侧有高跨比不大于 5 的连梁相连而另一侧有翼墙或端柱相连,或一侧有高跨比不大于 5 的连梁而另一侧有高跨比大于 5 的非连梁相连时,该墙肢均不作为一字剪力墙。

短肢剪力墙参照《北京市建筑设计技术细则》(2004 结构专业)第 5.5.5 条规定,当墙肢截面高度与厚度之比为 5～8,但墙肢两侧均与跨高比不大于 5 的连梁或翼墙相连时,该墙肢不属于短肢剪力墙。

(5)有翼墙或有端柱剪力墙

剪力墙的厚度应同时满足层高和无支长度的要求。剪力墙的无支长度指墙长方向与其相交的翼墙或端柱之间的距离。当剪力墙的翼墙长度不小于 3 倍的剪力墙厚度或端柱截面的边长不小于 2 倍的剪力墙厚度时,应属于有翼墙或有端柱。

(6)连梁

跨高比大于 5 的连梁宜按框架梁设计。抗震设计时沿连梁全梁段长加密箍筋的构造应符合《高层建筑混凝土结构技术规程》JGJ 3—2010 第 6.3.2 条框架梁梁端箍筋加密区的箍筋的构造要求,非抗震设计时沿连梁全梁的箍筋的直径不应小于 6mm,间距不应大于 150mm。

跨高比不大于 5 的连梁以抗剪为主,抗弯为辅。连梁顶面、底面纵向筋应满足《高层建筑混凝土结构技术规程》JGJ 3—2010 第 7.2.24 和第 7.2.25 条有关受弯构件的最小配筋率的规定。

(7)高层建筑结构的加强层及其相邻层核心筒剪力墙应设置约束边缘构件。

2. 框架结构

(1)框架结构按抗震设计时,不应采用部分由砌体墙承重的混合形式。框架结构中的楼梯、电梯间及局部出屋顶的电梯机房、楼梯间、水箱间等,应采用框架承重,不应采用砌体墙承重。

（2）抗震设计时，错层处框架柱应符合下列要求。

截面高度不应小于 600mm，混凝土强度等级不应低于 C30，箍筋应全柱段加密配置。应注意跃层式住宅的框架柱的布置，不要遗漏。

3. 框架 - 核心筒结构

框架 - 核心筒结构的周边柱间必须设置框架梁。一些工程的大堂门厅为了整体通透的观感，使边梁不能与边柱连通形成完整的框架体系，应采取结构加强措施。

4. 带转换层结构

（1）9 度抗震设计时不应采用带转换层的结构、带加强层的结构、错层结构和连体结构。

（2）带转换层的高层建筑结构，其剪力墙底部加强部位的高度应从地下室顶板算起，宜取至转换层以上两层且不宜小于房屋高度的 1/10。

（3）转换层结构柱的截面宽度，非抗震设计时不宜小于 400mm，抗震设计时不应小于 450mm。柱截面高度非抗震设计时不宜小于转换梁跨度的 1/15，抗震设计时不应小于转换梁跨度的 1/12。

（4）转换厚板上、下一层的楼板应予以加强，楼板厚度不宜小于 150mm。

（5）结构转换层不宜采用主次梁方案。

（6）高层建筑地下室三面填实，一面开敞时，因单向无侧向约束，如无可靠结构稳定措施，在计算结构转换层高度时，地下室宜计入底部大空间层数内。

（7）大底盘连塔楼结构的转换层不宜设置在底盘屋面的上层塔楼内。

5. 结构偏心和稳定验算

（1）抗震设计时，大底盘连多塔楼结构中各塔楼的层数、平面、刚度宜接近，塔楼与底盘宜对称布置，上部塔楼结构的综合质心与底盘结构质心的距离不宜大于底盘相应边长的 20%。

当大底盘偏心超过以上规定时，宜用抗震缝把大底盘分成几个比较规则的塔楼、裙房结构单元，也可以在大底盘周边增设剪力墙调整偏心距。

（2）当框架梁柱中心线不重合时，在计算中应考虑偏心对梁柱节点核心区受力和构造的不利影响，以及梁荷载对于柱的偏心影响。梁、柱中心线之间的偏心距不宜大于偏心方向柱截面宽度的 1/4，如偏心距大于偏心方向柱宽的 1/4，可采取加大梁宽或增设梁的水平加腋，水平加腋厚度可取梁截面高度，水平长度应通过计算。

（3）当结构设计的水平力较小，如计算楼层的剪重比 λ 小于 0.02 时，虽然结构刚度满足水平位移限值，仍应按《高层建筑混凝土结构技术规程》JGJ 3—2010 第 5.4.4 条规定验算高层建筑结构的整体稳定性。

6. 验算竖向地震效应

（1）大跨度结构：跨度大于 24m 的楼盖结构、跨度大于 8m 的转换结构等大跨度结构应验算自身及其支承部位结构的竖向地震效应。

（2）长悬臂结构：悬挑长度大于 2m 的长悬臂结构应验算自身及其支承部位结构的竖向地震效应。

7. 重点加强部位

角部重叠和束腰形结构平面，位于凹面部位在地震时容易出现应力、应变集中现象。可以采用如下加强措施：加大凹面部位的楼板厚度，增加板内配筋，配置 45° 斜向钢筋，设置密集配筋边梁等。

8. 确定抗震等级

（1）按《高层建筑混凝土结构技术规程》JGJ 3—2010 第 3.9.3 条选择不同结构类型的 A 级高度的高层建筑结构抗震等级，还应根据第 3.9.5、第 3.9.6、第 3.9.7 条筒体结构根据第 9.1.11.2 条复杂高层建筑结构根据 10.2.6 条进行调整后才确定抗震等级。

（2）按《高层建筑混凝土结构技术规程》JGJ 3—2010 第 3.9.3 条选择不同结构类型的 B 级高度的高

层建筑结构抗震等级，还应根据主管部门的规定按抗震设防专项审查的结果确定相应的抗震等级。

（3）按《高层建筑混凝土结构技术规程》JGJ 3—2010 第 11.1.4 条选择钢—混凝土混合结构的抗震等级，地方有补充规定要求的还应按补充规定对抗震等级予以调整。

（二）《建筑抗震设计规范》GB 50011—2010（2016 年版）有关的结构问题

1．地下室顶板作为上部结构构件的嵌固端部

结构构件的嵌固端应确保被嵌固构件在嵌固端部不发生平动位移和转动位移。对于多栋塔楼下设置连通的地下室，使地下室顶板作为上部结构的嵌固端部，必须符合下列条件要求。

（1）高层建筑地下室不宜少于 2 层。地下室顶板应与封闭的地下室外墙相连接，不能封闭的地下室开口外墙，应在地下室结构范围内设置可靠的抗侧力构件。

（2）高层建筑结构整体计算中，地下一层与首层侧向刚度比不宜小于 2。结构层侧向刚度可近似按等效剪切刚度计算。

（3）非塔楼地下室顶板应采用刚性楼板，使楼板具有平面内的整体刚度和承载力，能把上部结构的水平力传递到地下室全部的抗侧力构件。

（4）无梁肋地下室顶板不宜作为上部结构构件的嵌固端部。

（5）地下室顶板作为上部结构构件的嵌固端部应符合《建筑抗震设计规范》GB 50011—2010（2016 年版）第 6.1.14 条的四项规定。

（6）当出现地下室顶板或其他地下层楼板开大洞、地下室局部不连续、地下室有错层等情况时，地下室顶板不能起到嵌固作用。

2．多层地下室基底置于基岩上

多层地下室基底置于基岩上时，岩土工程勘察报告和场地地震安全性评价报告应提供取值正确的基底岩层的动力参数（岩层层面水平地震影响系数最大值）。

3．楼梯间结构构件的配筋

楼梯间与墙、柱连接的楼梯梁、柱是楼梯的承重构件也是抗震结构构件，楼梯间与墙、柱连接的楼梯梁、柱都应设置箍筋加密区。

4．多塔楼转换层设在底盘屋面上一层时，应采取有效的抗震措施。

5．建筑屋面的装饰性构架是非结构构件，也应通过抗震设计计算。

6．确定建筑的抗震设防烈度，对于大型医院、商场和小学校等乙类建筑应按同类别建筑的抗震设防标准，提高一度抗震设防烈度采取抗震措施。

7．设计说明中应按《砌体工程施工质量验收规范》GB 50203—2011 的规定明确提出砌体工程施工质量控制等级的要求。

8．结构材料性能指标：

（1）混凝土强度等级：框支梁、框支柱及抗震等级为一级的钢筋混凝土框架梁、柱节点核心区混凝土强度等级不应低于 C30，构造柱、芯柱、圈梁及其他构件不应低于 C20。

（2）钢筋的材料强度比值；抗震等级为一、二级的钢筋混凝土框架结构，其纵向受力钢筋采用普通钢筋时，钢筋的抗拉强度实测值与屈服强度实测值的比值不应小于 1.25，且钢筋的屈服强度实测值与强度标准值的比值不应小于 1.3，且钢筋在最大拉力下的总伸长率实测值不应小于 9%。

（3）钢结构的钢材：钢材的屈服强度实测值与抗拉强度实测值的比值不应大于 0.85，钢材应有明显的屈服台阶，且伸长率应大于 20%，钢材应有良好的可焊性和合格的冲击韧性。

9．构造柱：各类多层砖砌体应按下列要求设置现浇钢筋混凝土构造柱。

（1）构造柱的设置部位，一般情况下应符合表 8–27 的要求。

多层砖砌体房屋构造柱的设置要求　　表8–27

<table>
<tr><td rowspan="2">项目</td><td colspan="4">抗震设防烈度</td><td colspan="2" rowspan="2">设置部位</td></tr>
<tr><td>6度</td><td>7度</td><td>8度</td><td>9度</td></tr>
<tr><td rowspan="3">房屋层数</td><td>四、五</td><td>三、四</td><td>二、三</td><td>一</td><td rowspan="3">楼梯、电梯间四角，楼梯斜梯段上下端对应的墙体处；
外墙四角和对应转角；
错层部位横墙与外纵墙交接处；
大房间内外墙交接处；
较大洞口处</td><td>隔12m或单元横墙与外纵墙交接处；
楼梯间对应的另一侧内横墙与外纵墙交接处</td></tr>
<tr><td>六</td><td>五</td><td>四</td><td>二</td><td>隔开间横墙（轴线）与外墙交接处；
山墙与内纵墙交接处</td></tr>
<tr><td>七</td><td>≥六</td><td>≥五</td><td>≥三</td><td>内墙（轴线）与外墙交接处；
内墙的局部较小墙垛处；
内纵墙与横墙（轴线）交接处</td></tr>
</table>

注：　较大洞口、内墙指宽度不小于2.1m的洞口；　外墙在内外墙交接处已设置构造柱时，应允许适当放宽，但洞侧墙体应加强。

（2）外廊式和单面走廊式的多层房屋，应根据房屋增加一层的层数按表8–27的要求设置构造柱，且单面走廊两侧的纵墙均应按外墙处理。

（3）横墙较少的房屋，应根据房屋增加一层的层数按表8–27的要求设置构造柱。当横墙较少的房屋为外廊式或单面走廊式时，应按上述（2）的要求设置构造柱，但6度不超过四层、7度不超过三层和8度不超过两层时，应按增加两层的层数对待。

（4）各层横墙很少的房屋，应按增加两层的层数设置构造柱。

（5）采用蒸压灰砂砖和蒸压粉煤灰砖的砌体房屋，当砌体的抗剪强度仅达到普通黏土砖的70%时，应根据房屋增加一层的层数按上述（1）至（4）的要求设置构造柱，但6度不超过四层、7度不超过三层和8度不超过两层时，应按增加两层的层数对待。

10．多层砖砌体房屋构造柱的设置要求中所指的大房间，建议以房间开间尺寸大于4.2m，墙长超过层高2倍的房间看作大房间。

11．多层砖砌体的圈梁

多层砖砌体房屋的现浇钢筋混凝土圈梁的设置应符合下列要求。

（1）装配式钢筋混凝土楼、屋盖或木屋盖的砖房，应按表8–28的要求设置圈梁。纵墙承重时，抗震横墙上的圈梁间距应比表内要求适当加密。

多层砖砌体房屋的现浇钢筋混凝土圈梁的设置要求　　表8–28

<table>
<tr><td rowspan="2">类　别</td><td colspan="3">设防烈度</td></tr>
<tr><td>6、7</td><td>8</td><td>9</td></tr>
<tr><td>外墙和内纵墙</td><td>屋盖处及每层楼盖处</td><td>屋盖处及每层楼盖处</td><td>屋盖处及每层楼盖处</td></tr>
<tr><td>内横墙</td><td>同上；
屋盖处间距不应大于4.5m；
楼盖处间距不应大于7.2m；
构造柱对应部位</td><td>同上；
各层所有横墙，且间距不应大于4.5m；
构造柱对应部位</td><td>同上；
各层所有横墙</td></tr>
</table>

（2）现浇或装配整体式钢筋混凝土楼、屋盖与墙体有可靠连接的房屋，应允许不另设圈梁，但楼板沿抗震墙体周边均应加强配筋并应与相应的构造柱钢筋可靠连接。

12．建筑抗震设计须权衡结构刚度和抗扭效应，应着重校对剪力系数（剪重比）、位移比、上下刚度比和受剪承载能力的比值等，高层建筑应符合周期比的规定。

（三）《建筑结构荷载规范》GB 50009—2012 有关的结构问题

1. 地下室顶板上消防车轮压的结构效应的等效均布荷载标准值

当地下室顶板上有覆土或其他填充物时，消防车轮压应按实际覆土厚度折算，顶板覆土的消防车的活荷载标准值可按《建筑结构荷载规范》GB 50009—2012 附录 B 的相应折减系数折算覆土厚度。

消防车活荷载标准值覆土厚度折算，建议参阅《建筑结构》（2006 年第 5 期随刊赠阅）和《建筑结构技术通讯》（2006 年）有关文章介绍。

当覆土厚度可使车轮局部荷载扩散为近似的均布荷载时，其最小值是考虑车辆间最小间距的投影面积的平均重量。如消防车满载重 30t，车身投影面积尺寸为 2.5m × 8.0m，与周边车辆间距 0.6m，则平均荷载为 $300/[(2.5+0.6)\times(8+0.6)] = 11.25kN/m^2$。

2. 汽车通道及客车停车库楼面均布活荷载标准值

（1）跨度不小于 2m 的单向板楼盖和跨度不小于 3m × 3m 的双向板楼盖

通行和停放客车（载人少于 9 人）的楼面均布活荷载标准值不应小于 4.0 kN/m^2；通行和停放消防车的楼面均布活荷载标准值不应小于 35.0 kN/m^2。

（2）跨度不小于 6m × 6 m 的双向板楼盖和柱网不小于 6m × 6m 的无梁楼盖

通行和停放客车（载人少于 9 人）的楼面均布活荷载标准值不应小于 2.5 kN/m^2；通行和停放消防车的楼面均布活荷载标准值不应小于 20.0 kN/m^2。

消防车活荷载适用于满载总重量 300kN 的大型车辆，不符合总重量要求时应把车轮的局部荷载按结构效应的等效原则，换算为等效均布荷载。

消防车活荷载当双向板楼盖板跨介于 3m × 3m～6m × 6m 之间时，应按跨度线性插入值确定。

设计墙体、立柱消防车的活荷载值按实计算；设计基础时消防车的活荷载值可以不考虑。

3. 风荷载体型系数

外形复杂的高层建筑应通过风洞模型试验，参照规范类似体型近似确定风荷载体型系数。

4. 斜坡上带地下室的建筑的荷载设计

斜坡上带地下室的结构负荷方式有三面挡土、一面临空，两面挡土、两面临空等形式。最好采用挡土墙与主体结构分离的形式，这种形式受力情况明确，结构安全隐患少。如挡土墙与主体结构连成一体，则主体结构的受力计算应综合考虑水平土压力对于主体结构的倾覆、滑移以及连墙框架柱受到的局部侧压力。此时，地下室外墙承受的土压力应取静止土压力（静止土压力系数通常取 0.5），土压力效应为永久荷载效应，其荷载分项系数按《建筑结构荷载规范》GB 50009—2012 第 3.2.4 条的第 1 项确定取值。

5. 城市中心区地面粗糙度

《建筑结构荷载规范》GB 50009—2012 第 8.2.1 条的条文说明，以拟建建筑物 2km 为半径的迎风半圆面，其影响范围内的建筑高度和密集度来区分粗糙度类别。当半圆影响范围内的建筑平均高度不小于 18m，地面粗糙度为 D 类。

一般 D 类地面粗糙度只适用有密集建筑群且有大量高层建筑的城市市区。

（四）《混凝土结构设计规范》GB 50010—2010（2015 年版）有关的结构问题。

1. 悬挑结构如挑檐、雨篷的结构计算须校核荷载要求，不能遗漏检修集中荷载。

2. 考虑地震作用组合的框架梁梁端纵向受力钢筋的配筋率不宜大于 2.5%。

3. 预制构件的吊环应采用 HPB300 或 Q235B 圆钢钢筋制作，不得采用 HRB335 钢筋制作。

4. 确定混凝土结构的设防烈度应按《建筑抗震设计规范》GB 50011—2010（2016 年版）有关的规定进行调整，按《混凝土结构设计规范》GB 50010—2010（2015 年版）第 11.1.3 条确定丙类建筑混凝土结构的抗震等级。

5. 注意计算最小配筋率时取构件的全截面面积，计算高度取截面全高，其余配筋率计算时均采用构件的有效截面面积，计算高度取截面有效高度。

6.《混凝土结构设计规范》GB 50010—2010（2015 年版）第 8.1.1 条注 4 规定，现浇挑檐、雨罩等外露结构的伸缩缝间距不宜大于 12m。

7. 悬臂梁与牛腿配筋的区别

当悬臂梁的长度不大于梁高时，其配筋应符合牛腿配筋的规定，其纵向配筋率在 0.2%～0.6% 之间，且不宜少于 4 根直径 12mm 的 HRB400 或 HRB500 级的热轧带肋钢筋。

牛腿所支承的梁之纵向钢筋，应放在牛腿纵向受力钢筋之上，水平方向的牛腿箍筋应设在牛腿上部以限制斜裂缝，防止牛腿的斜压破坏。

（五）钢结构设计问题

1. 轻钢结构的蒙皮效应

《冷弯薄壁型钢结构技术规范》GB 50018—2002 第 4.1.10 条规定，当采用不能滑动的连接件连接压型钢板及其支承构件形成屋面和墙面等围护体系时，可在单层房屋的设计中考虑受力蒙皮作用，但应同时满足下列要求。

（1）应由试验或可靠的分析方法获得蒙皮组合体的强度和刚度参数，对结构进行整体分析和设计。

（2）屋脊、檐口和山墙等关键部位的桁条、墙梁、立柱及其连接构件等，除了考虑直接作用的荷载产生的内力外，还必须考虑由整体分析算得的附加内力进行承载力验算。

（3）在建筑物的明显位置设立永久性标牌，指明该建筑在使用和维修过程中不得随意拆卸压型钢板，只有设置了临时支撑后方可拆换压型钢板。这一点必须在设计文件中重点说明。

《门式刚架轻型房屋钢结构技术规范》GB 51022—2015 第 6.1.2 条指出，变截面门式刚架宜按平面结构分析内力，一般不考虑应力蒙皮效应。当有必要且有条件时，可考虑屋面板的应力蒙皮效应。由于考虑屋面板的刚度还没有确切的计算方法，计算参数还需要试验验证，因此，把轻钢结构的蒙皮效应作为结构的安全储备更稳妥。

2. 轻钢结构的稳定措施

（1）门式刚架轻型房屋是高度（屋脊）不大于 18m 房屋高宽比小于 1，采用转型钢屋面和轻型外墙的钢结构实腹刚架单层房屋，在刚架转折处应沿房屋全长设置刚性系杆。通常刚性系杆设置在屋脊、檐口、一些中间柱列和刚架转折处。

（2）一般连接在屋架的上翼缘的刚性系杆，可以兼作檩条。

3. 抗风柱与屋架的连接

抗风柱与屋盖的水平支撑相连，有利于水平力的传递，如抗风柱与屋盖的水平支撑位置不一致时，则应在与抗风柱对应的位置设置附加刚性撑杆。

4. 注明钢材的牌号

在钢结构设计文件中应注明建筑结构的设计使用年限、钢材牌号、连接材料的型号（或钢号）和对钢材所要求的力学性能、化学成分及其他的附加保证项目。此外，还应注明所要求的焊缝形式、焊缝质量等级、端面刨平顶紧部位及对施工的要求。

（1）钢结构设计文件中不可仅仅注明 Q235 级钢，否则会使 Q235A 级钢误用到焊接结构中，从而造成安全隐患。因现行标准把 A 级钢的含碳量不作为交货条件（也就是含碳量不保证），而焊接结构的钢材含碳量要求控制在 0.12%～0.2%，Q235A 级钢不符合钢材含碳量要求，不能直接用于焊接结构中。

（2）钢结构设计文件中应注明钢材牌号，钢材的牌号由屈服点、质量等级、脱氧方法组成。质量等级分 A、B、C、D、E 等。其中 A 级不保证冲击韧性、不保证含碳量；B 级保证常温下冲击韧性；C 级保证 0℃冲击韧性；D 级保证 −20℃冲击韧性；E 级保证 −40℃冲击韧性。有关钢材的牌号性能应在设计文件中准确标示。

（3）不仅应在钢结构设计说明中注明焊缝形式、焊缝质量等级，而且必须在大样图中注明焊缝形式、焊缝质量等级。

5. 上部钢框架、下部钢筋混凝土框架的结构体系

上部为钢框架、下部为钢筋混凝土框架的结构体系是混合结构体系，按现行规范和计算分析方法难于精确计算。

（1）这种混合结构体系用于多层建筑的局部加建时，可以把上部钢结构按等效刚度参与整体计算，得出内力后再进行构件设计，连接构造应采取从严措施。

（2）这种混合结构体系用于高层建筑时，应按《建筑工程勘察设计管理条例》2015 年第 29 条的规定，应当由国家认可的检测机构进行试验、论证、出具检测报告，并经政府主管部门组织审定后，方可采用。

6. 多层钢框架的温度伸缩缝

（1）超长多层钢框架整体划分温度伸缩缝有困难时，可以仅在顶层采用双柱双墙布置形成伸缩缝，缝宽应满足抗震缝最小宽度。如采用柱上牛腿设滑动铰支座脱开，支座两侧结构形成独立单元，这对于支座要求较高，此时应保证地震作用下两个方向任意滑动的距离。这种连接方式通常用于两结构单元的局部连接上，整体连接不宜采用。

（2）当楼面采用钢 – 混凝土组合楼盖时，应按《混凝土结构设计规范》GB 50010—2010（2015 年版）第 8.1.1 条的规定设置伸缩缝。当采取可靠的结构措施时伸缩缝间距可适当放宽，如设置后浇带，但设置后浇带只能解决混凝土的收缩应力，而不能解决温度应力，所以不能完全代替伸缩缝的作用。

7. 钢 – 混凝土组合楼盖的裂缝控制

（1）一般主钢梁的挠度限值为 *L*/400。当采用钢 – 混凝土组合楼面（如过街连廊、天桥），由于两种材料的变形差异大，楼面混凝土容易开裂。宜通过计算预估钢梁的挠度，当计算挠度超过规范规定时，应在设计中规定设计起拱值，并落实施工起拱措施，使楼面实际变形控制在允许范围内，同时混凝土受拉区应加强配筋。

（2）按正常使用极限状态设计钢结构时，应考虑荷载效应的标准组合，对钢 – 混凝土，组合梁，尚应考虑准永久组合。

8. 在钢结构设计说明中注明钢结构的安全等级，钢结构设计计算和构造措施应与安全等级一致。同一幢建筑混凝土结构的安全等级与钢结构的安全等级不一定相同。

9. 钢结构的螺帽紧固措施

对直接承收动力荷载的普通螺栓受拉连接应采用双螺帽或其他能防止螺帽松动的有效措施。如采用弹簧垫圈或把螺帽与螺杆焊牢等措施。

10. 地面以下钢柱脚的防腐蚀

钢柱脚在地面以下的部分应采用强度等级较低的混凝土包裹（保护层厚度不应小于 50mm），并应使包裹的混凝土高出地面不小于 150mm。当钢柱脚底面在地面以上时，钢柱脚底面应高出地面不小于 100mm，防止积水严重腐蚀钢材。

11. 钢结构的隔热

受高温作用的钢结构应分别采取如下防护措施。

（1）当钢结构可能受到炽热熔化金属的侵害时，应采用砖或耐热材料做成的隔热层加以保护。

（2）当钢结构表面长期受辐射热达 150℃以上或在短时间内可能受到火焰作用时，应采取有效的防护措施（加隔热层或水套等）。

（3）钢材的温度在 200℃以内时强度基本不变，但钢材长期处于 150℃～200℃时将出现低温回火现象，加剧其时效硬化，造成安全隐患，必须采取有效的保护措施。

12. 轻钢结构施工图应重点校审结构体系的强度、稳定性、挠度变形、支撑体系和节点构造大样图纸。

（六）地基和基础

1.《建筑地基基础设计规范》GB 50007—2011 第 7.2.7 条说明，复合地基是指由地基土和竖向增强体（桩）组成，共同承担荷载的人工地基。复合地基按增强体材料可分为刚性桩复合地基、黏性材料桩复合地基和无粘接材料桩复合地基。

（1）复合地基设计应满足建筑物承载力和变形要求。当地基土为欠固结土、膨胀土、湿陷性黄土、可液化土等特殊性土时，设计采用的增强体和施工工艺应满足处理后地基土和增强体共同承担荷载的技术要求。

（2）复合地基承载力特征值应通过现场复合地基载荷试验确定，或采用增强体载荷试验结果和周边土的承载力特征值结合经验确定。

复合地基的两种处理方法如下：

1）换土垫层法：应明确换土处理后复合地基的设计要求承载力、换填材料及其要求、压实系数、垫层厚度、垫层宽度、分层铺设厚度、施工方法、施工机械等设计内容。

2）柔性桩复合地基：应明确柔性桩处理后复合地基的设计要求承载力、桩体选用材料、桩径、桩间距、桩端持力层、单桩承载力、桩体强度、桩顶垫层材料厚度及其选用要求、垫层压实系数、复合地基和桩的检验要求等。

当复合地基处理范围以下存在软弱下卧层时，还应进行下卧层承载力验算。

2.《建筑地基基础设计规范》GB 50007—2011 第 3.0.2 条。

根据建筑物地基基础设计等级及长期荷载作用下地基变形对上部结构的影响程度，地基基础设计应符合下列规定：

（1）所有建筑物的地基计算均应满足承载力计算的有关规定。

（2）设计等级为甲级、乙级的建筑物，均应按地基变形设计。

（3）设计等级为丙级的建筑物有下列情况之一时用作变形验算。

1）地基承载力特征值小于 130kPa，且体型复杂的建筑。

2）在地基上及其附近有地面堆载或相邻基础荷载差异较大，可能引起地基产生过大的不均匀沉降时。

3）软弱地基上的建筑物存在偏心荷载时。

4）相邻建筑距离近，可能发生倾斜时。

5）地基内有厚度较大或厚薄不均匀的填土，其自重固结未完成时。

（4）对经常受水平荷载作用的高层建筑、高耸结构和挡土墙等，以及建造在斜坡上或边坡附近的建筑物和构筑物，尚应验算其稳定性。

（5）基坑工程应进行稳定性验算。

（6）建筑地下室或地下构筑物存在上浮问题时，尚应进行抗浮验算。

说明：

① 上述第（3）项第 1）点，体型复杂的建筑按《建筑抗震设计规范》GB 50011—2010（2016 年版）第 3.4.3 条确定。

② 上述第（3）项第 2）点，过大的不均匀沉降，其量值可认为超出《建筑地基基础设计规范》GB 50007—2011 第 5.3.4 条规定的建筑物的地基变形允许值。

③ 偏心荷载的大小，对于独立柱扩展基础，当偏心距大于 1/6 基础宽度时的荷载可认为是较大的偏心荷载。

④ 抗浮验算的设防水位应取设计使用年限期间的最高水位，不能取勘察期间探孔的可见水位，取勘察期间探孔的可见水位进行验算有安全性能问题。

3.《建筑地基基础设计规范》GB 50007—2011 第 5.1.1 条规定。

山区（包括丘陵地带）地基的设计，应对下列设计条件分析认定。

（1）建设场区内，在自然条件下，有无滑坡现象，有无影响场地稳定性的断层、破碎带。场地周边有无稳定安全系数不满足要求的边坡；

（2）施工过程中，因挖方、填方、堆载和卸载等对山坡稳定性的影响；

（3）建筑地基的不均匀性；

（4）岩溶、土洞的发育情况，有无采空区；

（5）出现危岩崩塌、泥石流等不良地质现象的可能性；

（6）地表水、地下水对建筑地基和建设场区的影响。

在地质灾害易发区进行的建设工程应按《地质灾害防治条例》国务院第 394 号文的规定通过地质灾害评估，落实地质灾害防治措施。在岩溶地区应按《岩土工程勘察规范》GB 50021—2017 的规定进行详细勘察，不能只靠少数勘察孔判断场地溶岩、土洞的发育程度。

4.《建筑地基基础设计规范》GB 50007—2011 第 6.4.1 条。

在建设场区内，由于施工或其他因素的影响有可能形成滑坡的地段，必须采取可靠的预防措施。对具有发展趋势并威胁建筑物安全使用的滑坡，应及早采取综合整治措施，防止滑坡继续发展。

据此，建在边坡上一面开敞的半地下室，靠边坡的地下室侧壁不应紧贴山体，边坡支护结构应与建筑结构分开设置。

5.《建筑地基基础设计规范》GB 50007—2011 第 8.5.9 条。

桩身混凝土强度应满足桩的承载力设计要求。注意区别桩的承载力设计值不同于承载力特征值。

6.《建筑地基基础设计规范》GB 50007—2011 第 8.5.13 条内容如下。

（1）对以下建筑物的桩基应进行沉降验算：

1）地基基础设计等级为甲级的建筑物桩基。

2）体形复杂、荷载不均匀或桩端以下存在软弱土层的设计等级为乙级的建筑物桩基。

3）摩擦型桩基。

（2）桩基沉降不得超过建筑物的沉降允许值，并应符合《建筑地基基础设计规范》GB 50007—2011 表 5.3.4 的规定。

7.《建筑地基基础设计规范》GB 50007—2011 第 10.3.8 条。

下列建筑物应在施工期间及使用期间进行沉降变形观测：

（1）地基基础设计等级为甲级建筑物。

（2）软弱地基上的地基基础设计等级为乙级建筑物。

（3）处理地基上的建筑物。

（4）加层、扩建建筑物。

（5）受邻近深基坑开挖施工影响或受场地地下水等环境因素变化影响的建筑物。

（6）采用新型基础或新型结构的建筑物。

8.《建筑地基基础设计规范》GB 50007—2011 第 3.0.5 条。

地基基础设计时所采用的作用效应与相应的抗力限值应符合下列规定：

（1）按地基承载力确定基础底面积及埋深或按单桩承载力确定桩数时，传至基础或承台底面上的作用效应应按正常使用极限状态下作用的标准组合，相应的抗力应采用地基承载力特征值或单桩承载力特征值。

（2）计算地基变形时，传至基础底面上的作用效应应按正常使用极限状态下作用的准永久组合，不应计入风荷载和地震作用，相应的限值应为地基变形允许值。

（3）计算挡土墙、地基或滑坡稳定以及基础抗浮稳定时，作用效应应按承载能力极限状态下作用的基本组合，但其分项系数均为 1.0。

（4）在确定基础或桩基承台高度、支挡结构截面、计算基础或支挡结构内力、确定配筋和验算材料强度时，上部结构传来的作用效应和相应的基底反力、挡土墙土压力以及滑坡推力，应按承载能力极限状态下作用的基本组合，采用相应的分项系数。当需要验算基础裂缝宽度时，应按正常使用极限状态下作用的标准组合。

（5）基础设计安全等级、结构设计使用年限、结构重要性系数应按有关规范的规定采用，但结构重要性系数 γ_0 不应小于 1.0。

设计校审中发现下面一些计算概念的错误：

① 验算地基承载力误认为是按承载力极限状态，而正确的做法是应当用正常使用极限状态去计算。验算地基承载力没有按标准组合计算，错误地用基本组合计算。

② 计算地基变形错误地计入地震荷载。

③ 计算挡土墙压力按基本组合，分项系数都取 1.0，没有按规范要求，采取相应的分项系数。

9. 柱下条形基础的荷载分配

柱下条形基础梁在截面相同的情况下，基础梁跨度大的分配的荷载小，基础梁跨度小的分配的荷载大。所以柱下条形基础的柱荷载分配，要用各自的线刚度占总的线刚度的比值来分配荷载，计算底面积。

（七）确定地下结构、地下室外墙保护层的厚度

给水排水工程应按《给水排水工程构筑物结构设计规范》GB 50069—2002 有关规定确定地下结构、地下室外墙保护层的厚度。

建筑工程地下室外墙、地下工程混凝土迎水面钢筋保护层厚度（包括水池），应按国家规范《地下工程防水技术规范》GB 50108—2016 的规定执行。

（八）改建和加固

1. 改建、扩建和加固工程的植筋锚固深度

《混凝土结构加固设计规范》GB 50367—2013 第 12.2.6 条规定，承重结构植筋的锚固深度必须经设计计算确定，严禁按短期拉拔试验值或厂商技术手册的推荐值采用。设计计算时应根据植筋部位、受力特点、钢筋混凝土构件厚度、结构重要性、抗震等级等综合考虑。原有结构不能满足规范规定的植筋锚固深度时，应采取有效的附加锚固措施或改用其他加固办法。

2. 改建、扩建和框架节点工程的加固

改建、扩建和框架节点工程的加固可采取加大截面法、外粘型钢法等。新增的柱纵向钢筋或型钢一般放在柱的四角，避开原有框架梁，下端埋入基础锚固，中间穿过楼板，上端与加固层上一层或屋面层构件可靠锚固。节点区的箍筋加固，一般采用绕节点加焊扁钢或钢筋的办法，以增加节点区的安全度。

（九）其他

1. 规范文本中用黑体字表示的都是强制性条文，此外标有“应”、“宜”字样的条文都是强制性标准。

2. 结构施工图审查应校核结构计算书，重点判定结构设计的安全性和稳定性。

第四节 结构施工图设计校对表

结构施工图设计校对表　　表8-29

项目编号：

工程名称			设计编号：	差错数量：			
图名	自检、校核内容		注明	自检	核对	审核	审定
总说明图纸要求	1	工程名称、项目设计编号与建筑图一致					
	2	图标准确、图纸目录与图纸名称编号一致					

续表

工程名称			设计编号:	差错数量:			
图名	自检、校核内容		注明	自检	核对	审核	审定
总说明 图纸要求	3	选用计量单位正确统一，文字大小与图纸比例匹配，无重叠现象					
	4	统一选用专业标准图例，图纸线型、线宽符合制图标准					
	5	修改图已标示修改部位、修改内容、修改原因和依据、原作废图号					
	6	核对结构图纸与其他专业提供的设计要求和尺寸，务求统一					
	7	图纸说明、标注的文字有无差错、缺漏，计量单位是否符合国标					
	8	图纸标高、尺寸单位、坐标系统无遗漏					
	9	设计标高 ±0.00 所对应的绝对高程数值					
	10	图纸按工程分区编号时，应有分区编号说明					
	11	常用构件代码及构件编号说明					
	12	各类钢筋代码说明，型钢代码及截面尺寸标记说明					
	13	混凝土结构采用平面整体表示法时，应注明采用标准图名称、编号或提供标准图内容					
	14	混凝土结构采用原位图示法时，应注明结构计算程序的接口程序和通用图名称					
总说明 设计依据	1	项目地点、工程周边交通环境、工程分区、主要功能					
	2	单体建筑长、宽、高尺度，地下、地上层数、层高，主体结构跨度，特殊结构造型，厂房吊车吨位等；装配式结构的预制构件类型					
	3	主体结构设计使用年限					
	4	气象数据，基本风压、基本雪压、气温、抗震设防烈度等					
	5	工程地质报告、场地稳定性评估、地质灾害防治评估					
	6	场地地震作安全性评价报告；风洞试验报告；节点构件试验报告；振动台试验报告					
	7	风洞实验报告（高层建筑、塔桅结构等）					
	8	建设方对结构的书面要求（应符合有关法规标准）					
	9	图纸说明、计算书、图纸符合国家现行的设计、施工规范规定、表述统一。采用规范、标准名称，编号是有效的版本，设计参数正确					
	10	初步设计审查批复文件；确认建筑结构工程超限设计可行性论证报告					
		（1）工程概况、设计依据、建筑分类等级、主要荷载（作用）取值、结构选型、布置和材料					
		（2）结构超限类型和程度判别					

续表

工程名称			设计编号：	差错数量：			
图名	自检、校核内容		注明	自检	核对	审核	审定
总说明 设计依据	10	（3）抗震性能目标：明确抗震性能等级、确定关键构件、普通构件和耗能构件，提出构件的性能要求；确定结构在多遇地震（小震）、设防烈度地震（中震）和罕遇地震（大震）下的层间位移角限值；列表说明各类构件在小震、中震和大震下的具体性能水准					
		（4）性能设计时应明确结构限值指标；对与有关规范限值不一致的取值应予说明					
		（5）结构计算文件：包括结构分析程序名称、版本号、编制单位；结构分析所采用的计算模型（包括楼板假定），整体计算嵌固部位，结构分析输入的主要参数等；应有对应结构限值指标的各种计算结果，并以曲线或表格方式表示					
		（6）静力弹性分析：应给出两种不同软件的扭转耦联振型分解反应谱法的主要控制性结果；采用等效弹性法进行中、大震结构分析时，应明确对应的等效阻尼比、特征周期、连梁刚度折减系数、分项系数、内力调整系数等					
		（7）弹性时程分析：给出输入的双向或三向地震波时程记录、峰值加速度、天然波站台名称，并应将地震波转换成反应谱与规范反应谱进行比较；计算结果应整理成					
		曲线，并应将弹性时程分析结果与扭转耦联振型分解反应谱法结果进行对比分析，并按规范规定确认其合理性和有效性					
		（8）静力弹塑性分析：应说明分析方法、加载模式、塑性铰定义，给出能力谱和需求谱级性能点，给出中、大震下的等效阻尼比、层间位移角曲线、层剪力曲线、各类构件的出铰；位置、状态及出铰顺序并加以分析					
		（9）弹塑性时程分析：说明分析方法、本构关系、层间位移角曲线、层剪力曲线、各类构件的损伤位置及状态与损伤顺序并加以分析，应将弹塑性时程分析与对应的弹性时程分析结果进行对比，找出薄弱层和薄弱部位					
		（10）楼板应力分析：对楼板不连续或竖向构件不连续等特殊情况，给出大震下的楼板应力分析结果，验算楼板受剪承载力					
		（11）关键节点、特殊构件及特殊作用工况下的计算分析					
		（12）大跨度空间结构的稳定分析，必要时进行大震下考虑几何和材料双非线性的弹塑性分析					
		（13）超长结构应按规范要求给出考虑行波效应的多点多维地震波输入的分析比较					

续表

工程名称			设计编号：	差错数量：			
图名	自检、校核内容		注明	自检	核对	审核	审定
总说明设计依据	10	（14）按要求给出高层和大跨度空间结构连续倒塌分析、徐变分析和施工模拟分析					
		（15）结构抗震加强措施及超限论证结论					
	11	超限高层建筑工程抗震设防专项审查意见					
	12	柱基础应有试桩报告或深层平板载荷试验报告或基岩载荷试验报告（若试桩或试验未完成，应注明桩基图不得用于施工）					
	13	建筑分类等级正确并注明依据的规范和批文					
		（1）建筑结构安全等级					
		（2）地基基础设计等级					
		（3）建筑抗震设防类别					
		（4）钢筋混凝土结构抗震等级					
		（5）地下室防水等级					
		（6）人防地下室的设计类别、防常规武器抗力级别和防核武抗力级别					
		（7）建筑防火分类等级和耐火等级					
		（8）混凝土构件的环境类别					
	14	主要荷载（作用）取值正确，无遗漏					
		（1）楼（屋）面面层荷载、吊挂（吊顶）荷载					
		（2）墙体荷载					
		（3）特殊设备荷载					
		（4）楼（屋）面活荷载					
		（5）风荷载（地面粗糙度、体型系数、风振系数等）					
		（6）雪荷载（积雪分布系数等）					
		（7）地震作用（设计基本地震加速度、设计地震分组、场地类别、场地特征、地震周期、结构阻尼比、地震影响系数等）					
		（8）温度作用温差计算设计参数					
		（9）地下室水浮力、水压设计参数					
	15	结构计算采用的程序恰当、合理					
		（1）结构计算程序名称、版本、编制单位表达齐全正确					
		（2）结构分析采用计算模型，高层建筑整体计算嵌固部位正确					
	16	标注选用结构材料准确					
		（1）混凝土强度等级，防水混凝土抗渗等级，轻骨料混凝土的密度等级，混凝土耐久性要求					

续表

工程名称			设计编号：	差错数量：			
图名		自检、校核内容	注明	自检	核对	审核	审定
总说明 设计依据	16	（2）砌体结构种类及强度等级，干容重，砌筑砂浆类别及等级，施工质量控制等级					
		（3）钢筋种类、钢绞线或高强钢丝种类及对应的产品标准，其他特殊要求（如强屈比等）					
		（4）成品拉索，预应力结构的锚具、成品支座（如橡胶支座、钢支座、隔震支座等）、阻尼器等特殊产品的参考型号、主要参数、相应产品标准					
	17	基础及地下室工程设计要求					
		（1）工程地质、水文地质概况，各主要土层的压缩模量及承载力特征值等，对不良地基的处理措施及技术，抗液化措施及要求，地基土的冰冻深度等					
		（2）注明基础形式和基础持力层：桩基应说明桩型号、桩径、桩长、桩端持力层及桩进入持力层的深度要求，设计采用的单桩承载力特征值（或包括竖向抗拔承载力和水平承载力）等					
		（3）地下室抗浮（防水）设计水位及抗浮措施，施工期间的降低地下水要求及终止降水条件等					
		（4）基坑、承台坑回填要求					
		（5）基础大体积混凝土施工要求					
		（6）人防地下室、应图示人防与非人防部分的分界位置					
	18	钢筋混凝土工程的设计要求					
		（1）各类混凝土构件的环境类别，受力钢筋的保护层最小厚度					
		（2）钢筋锚固长度、搭接长度，连接方式及要求，构造钢筋锚固要求					
		（3）钢筋种类、钢绞线或高强钢丝种类及对应的产品标准，其他特殊要求（如强屈比等）					
		（4）梁板起拱要求及拆模条件					
		（5）后浇带（块）的施工要求（如补浇时间）					
		（6）特殊构件施工缝的位置及处理要求					
		（7）超长无缝结构混凝土标号、水灰比、减水剂等技术要求					
		（8）预留孔洞（补强加固）的统一要求					
		（9）各类预埋件的统一要求					
		（10）防雷接地对导体、土壤电阻和绝缘的要求					
	19	钢结构工程设计要求					
		（1）说明钢结构形式，使用部位，主要跨度等					

续表

工程名称			设计编号：	差错数量：			
图名	自检、校核内容		注明	自检	核对	审核	审定
总说明 设计依据	19	（2）钢结构建材要求：钢材牌号、质量等级、相应产品标准，物理力学性能和化学成分要求，其他如强屈比、Z向性能、碳当量、耐气候性能、交货状态等					
		（3）焊接方法及焊材要求					
		（4）螺栓选材：螺栓种类、性能等级、高强螺栓的接触面处理方法，摩擦面抗滑移系数、相应产品标准					
		（5）焊钉种类及产品标准					
		（6）注明钢构件的成型方式（热轧、焊接、冷弯、冷压、热弯、铸造等），圆钢管种类（无缝管、直缝焊管等）					
		（7）压型钢板截面形式及产品标准					
		（8）焊缝质量等级及质量检查要求					
		（9）钢构件制作要求					
		（10）钢结构安装要求，大跨度钢结构的起拱要求					
		（11）钢结构主体与围护结构的连接构造要求					
		（12）结构检测要求和重要节点试验要求					
		（13）涂装要求：注明除锈方法、等级和相应标准，防腐底漆的种类，干漆膜最小厚度要求，有中间漆和面漆都应注明种类，构件耐火极限、防火涂料类型和产品要求，注明防腐年限和定期维护要求					
	20	砌体工程说明					
		（1）标明砌体墙的材料种类、厚度、填充墙体、墙重限制					
		（2）填充墙与框架梁、柱、剪力墙的连接构造要求，采用标准图索引编号					
		（3）填充墙上门窗洞口过梁做法或采用标准图索引号					
		（4）须设置的构造柱、连系梁、圈梁构造图或采用标准图索引编号					
	21	结构安全检测（观测）要求					
		（1）结构沉降观测要求					
		（2）大跨度结构，特殊结构的安全检测或施工安装的安全监测要求					
		（3）高层、超高层结构要求的日照变形观测等特殊变形观测					
		（4）基桩的检测					
	22	需要特别指出的施工注意事项，如基坑设计技术要求					
	23	按绿色建筑设计要求的设计说明					
		（1）按《建筑抗震设计规范》GB 50011的建筑规则性划分规定说明建筑体型的规则性					

续表

工程名称			设计编号：	差错数量：			
图名		自检、校核内容	注明	自检	核对	审核	审定
总说明设计依据	23	（2）说明设计使用的可再利用和可再循环建筑材料的应用范围及用量比例，如：预搅拌混凝土的适用范围、预搅拌砂浆的使用情况，钢筋选用原则以及设计使用高强度材料的名称及范围，设计使用高耐久性建筑结构材料的名称和范围；说明设计采用的工程化建筑预制构件名称及其应用范围					
	24	按装配式结构设计的专项说明					
		（1）设计依据及配套图集					
		1）装配式结构采用的主要法规和主要标准（标准名称、编号、年号、版本号）					
		2）配套的相关图集（图集名称、编号、年号、版本号）					
		3）采用的材料及性能要求					
		4）预制构件详图及加工图					
		（2）预制构件的生产和检验要求					
		（3）预制构件的运输和堆放要求					
		（4）预制构件的现场安装要求					
		（5）装配式结构验收要求					
基础平面图大样图	1	画出定位轴线、基础构件（承台、基础梁等）的位置、尺寸、基底标高、构件编号，基底标高不同时应画出放坡示意图，表示施工后浇带的位置及宽度；基础设计说明持力层深度、埋置深度、承载力、验槽要求，回填土要求和施工要求					
	2	标明墙砌体、墙垛、柱的位置、尺寸、标高，预留孔与预埋件的位置、尺寸、标高					
	3	标示地沟、地坑和设备基础的平面位置、尺寸、标高、预留孔与预埋件的位置、尺寸、标高					
	4	采用桩基时，应画出桩位平面位置，定位尺寸及桩编号。先做试桩时，应单独画出试桩定位平面图					
	5	人工复合地基，应画出复合地基的处理范围、深度。置换桩的平面布置及其材料和性能要求、构造详图。注明复合地基的承载力特征值及变形控制值等参数，提出检测要求					
	6	要求沉降观测时应标明观测点位置（附观测点构造详图）					
	7	砌体结构无筋扩展基础应绘出剖面、基础圈梁、防潮层位置，标注总尺寸、分尺寸、标高及平面定位尺寸					
	8	混凝土扩展基础应画出平面图、剖面及配筋、基础垫层、总尺寸、分尺寸、标高及定位尺寸					

续表

工程名称			设计编号:	差错数量:			
图名		自检、校核内容	注明	自检	核对	审核	审定
基础平面图大样图	9	桩基应画出桩详图、承台详图、桩和承台连接构造详图。包括桩顶标高、桩长、桩身截面尺寸、配筋、预制桩接头详图，地质情况、桩持力层及桩端进入持力层深度、成桩的施工要求，桩基的检测要求。注明单桩承载力特征值（竖向抗拔承载力、水平承载力等）。试桩时应单独绘制试桩详图、提出试桩要求，承台详图含平、剖面、垫层、配筋、标注总尺寸、分尺寸、标高及定位尺寸；基础梁按相应图集表示					
	10	筏基、箱基参照现浇楼面梁、板详图画法，应表示承重墙、柱的位置。有后浇带时，应表示其平面位置并绘制构造详图。对箱基和地下室基础应画出钢筋混凝土墙体、平面、剖面及配筋。预留孔洞，预埋件较复杂时另画墙模板图					
平面图大样图	1	楼、屋面平面混凝土结构应画出定位轴线及梁、柱、承重墙、抗震构造柱位置和定位尺寸、编号、楼屋面结构标高					
	2	预制板注明跨度方向、板号、数量、板底标高，标示预留洞大小、位置、预制梁、洞口过梁位置、断面型号、梁底标高					
	3	现绕板注明板厚、板面标高、配筋、标高或板厚变化处剖面，预留孔、埋件、设备基础可另画详图，应标示规格、定位尺寸、洞边加强措施，施工后绕带位置、宽度可在平面中标示，电梯机房应表示轿厢吊钩平面位置和构造平面					
	4	砌体、结构圈梁注明位置、编号、梁底标高					
	5	楼梯间平面用斜线省略只注明楼梯编号和详图索引号					
	6	屋面结构找坡时应标注屋面板坡度、坡向、坡向起止点板面标高，屋面预留洞或其他设施应标示其位置、尺寸详图、女儿墙及其构造柱位置、编号及详图	非结构构件的抗震设计由相关构件专业人员分别负责				
	7	在平面图中标全节点构造详图索引号					
	8	单层大空间建筑应绘制构件布置图和屋面结构布置图					
		（1）构件布置应标注定位轴线、墙、柱、天桥、过梁、门樘、雨篷、柱间支撑、连系梁的位置、编号、构件标高详图索引号、注解等。可补充剖面、立面结构布置图					
		（2）屋面结构布置表示轴线、构件编号、支撑系统定位编号、预留洞尺寸，详图索引号、注解等					
	9	钢筋混凝土现浇梁、板、柱、墙详图标注					

续表

工程名称			设计编号：	差错数量：			
图名		自检、校核内容	注明	自检	核对	审核	审定
平面图 大样图	9	（1）纵剖面、长度、定位尺寸、标高及配筋、梁、板支座（可利用标准图中的纵剖面图）。现浇预应力混凝土构件应画出预应力筋定位图，提出锚固及张拉要求	非结构构件的抗震设计由相关构件专业人员分别负责				
		（2）横剖面、定位尺寸、断面尺寸，配筋（可利用标准图的横剖面图）；预留洞、预埋件尺寸位置					
		（3）曲梁或平面折线梁宜绘制放大平面图和展开详图					
		（4）非结构构件和附属机电设备与结构主体的连接应画详图					
	10	预制构件标示					
		（1）构件模板图：模板尺寸、预留洞、预埋件位置、尺寸、编号、标高等。后张预应力构件标注预留孔道的定位尺寸、张拉端、锚固端等					
		（2）构件配筋图，纵剖面表示钢筋形式，箍筋直径与间距，配筋复杂时宜分别画出非预应力筋。横剖面注明断面尺寸、钢筋规格、位置、数量并注明安装连接方法及对施工后浇混凝土的要求					
	11	楼梯和预埋件					
		（1）标示楼梯每层结构平面图和剖面图、注明尺寸、构件代号、标高，楼梯梁、板详图（可列表）					
		（2）画出预埋件平面、侧面、剖面，注明尺寸，钢材和锚筋的规格型号、性能和焊接要求					
	12	特种结构和构筑物					
		水池、水箱、水塔、烟道、管架、地沟、挡土墙、筒仓、大型或特殊设备基础，工作平台、塔架等宜单独出图、画出平图、特征部位剖面及配筋，注明定位关系尺寸、标高，材料品种规格、型号、性能					
钢结构 施工图	1	钢结构（钢骨结构）工程应按总说明单独编制说明书并统一表述					
	2	基础平面和详图应标注钢柱平面位置及其与下部混凝土构件的连结构造详图					
	3	结构平面（楼、屋面）布置图，注明定位关系、标高、构件位置、编号、截面型式、尺寸、节点详图索引号等，檩条、墙梁布置图、主要剖面图，空间网架画出上、下弦杆和腹杆平面图和重要剖面图，平面图中应有杆件编号、截面型式、尺寸、节点编号等					
	4	构件与节点详图					
		（1）简单钢梁，柱用统一详图、列表标示、注明构件钢材型号、规格、尺寸、各类型连结节点详图（或标准图索引号）					

续表

工程名称			设计编号:	差错数量:			
图名		自检、校核内容	注明	自检	核对	审核	审定
钢结构施工图	4	(2)格构式构件应画出平面图、剖面图、立面图、展开图(弧形构件)定位尺寸、总尺寸、分尺寸;构件型号、规格、节点详图和其他构件连接大样图					
		(3)节点详图标示连接板厚度、尺寸、焊缝要求、螺栓型号、位置、焊钉布置等					
幕墙结构	1	按规范规定幕墙构件在竖向、水平荷载等作用下的设计计算书	专业幕墙公司对幕墙及其与主体结构连接的安全性负责。 主体结构设计单位复核与幕墙相连的主体结构安全				
	2	单独成册的施工图封面、目录					
	3	幕墙构件立面布置图、标注墙面材料、竖向和水平龙骨(或钢索)材料品种、规格、型号、性能					
	4	墙材与龙骨,龙骨与龙骨之间的连接,安装详图					
	5	主龙骨与主体结构连接的构造详图,连接件的规格、品种、型号、性能					
结构构件常见校核内容	1	轴线号及各尺寸齐全、准确、并与建筑图一致					
	2	各构件尺寸、断面尺寸与标高、编号齐全正确,与建筑图一致					
	3	核心筒、剪力墙、电梯、楼梯、留孔、定位尺寸准确无遗漏					
	4	构件编号与详图与梁、板、柱、基础列表及计算书一致,无遗漏和重复					
	5	区别板面不同标高和反梁标高					
	6	伸缩缝、抗震缝,后浇带位置标示正确					
	7	梁高、加上门高、窗顶高与层高尺寸适当,附加过梁无漏项					
	8	板筋与计算结果相符,标示负筋长度,锚固搁置支承长度,分布筋构造合理					
	9	桩距、桩长、标高、承载力、持力层深度标注正确					
	10	附注说明准确、与总说明和计算书表述一致					
	11	结构布置(梁、板、柱、剪力墙、核心筒)经济、安全、合理					
	12	结构基础选择经多方案比选安全、可靠、适用、经济					
	13	基坑支护经方案比较,安全、合理、经济可靠					
	14	构件编号、尺寸、配筋、与结构平面图、计算书逐一校对					
	15	材料规格、混凝土等级与总说明、计算书表述相符					
	16	配筋满足计算要求、同时满足构造和配筋率要求					

续表

工程名称			设计编号：	差错数量：			
图名	自检、校核内容		注明	自检	核对	审核	审定
结构构件常见校核内容	17	钢筋锚固长度、搭接长度、间距、排距符合构造要求					
	18	悬臂构件有足够刚度，主筋锚固长度符合要求并应有确保主筋施工时不移位的措施					
	19	大跨度、梁高受限构件须有挠度和裂缝计算					
	20	楼梯、坡道上的平梁底标高须与建筑图标高协调，防止碰头					
	21	板、梁、柱、墙断面（含地下室、基础）尺寸合理，满足各工种设计要求					
构件补充计算项	1	手算计算书应有构件平面布置简图和计算简图，荷载取值无遗漏，引用数据有可靠依据，使用公式、计算方法合理，步骤清楚，结果完整准确。采用计算图表及非常用公式应注明出处，构件编号、计算结果应与图面表述一致					
	2	转换梁等主要结构构件的复算					
	3	承台、天然基础计算					
	4	桩的计算					
	5	楼梯梁板计算					
	6	超限梁、大跨度、大悬臂梁挠度、裂缝计算					
	7	采用标准图、重复利用图应结合工程进行复算、复核，确认合理、安全					
	8	绿色建筑设计应计算设计采用的高强度材料和高耐久性结构材料用量比例					
电算校核	1	电算在计算书中注明采用的计算程序、名称、代号、版本及编制单位，计算程序须经有效审定（鉴定），电算结构经分析认可，总体输入信息、计算模型、几何简图和输出结果应整理成册					
	2	总体信息与计算简图，施工图一致					
	3	梁、板、柱平面布置，构件编号，断面尺寸与施工图一致					
	4	附加荷载与补充计算的荷载取值一致					
	5	无超限、超筋构件，薄弱层应满足规范变形规定值					
	6	地基设计所示柱底的最大内力值正确（基础最大轴力）					
	7	轴压比合理，符合规范要求					

注明：1. 文件图纸不全时在注明栏注明原因。

2. 自检栏中√表示通过，○表示无要求。校对、审核、审定各自在相应栏中填写错漏数量，具体问题在校对单中列出，核查数由审核审定人员填写，记录校审未发现的问题。

3. 自检由设计人员和专业负责人完成。

第五节　结构施工图设计校核审定表

结构施工图设计校核审定表　　表8-30

项目编号：

图文名		审核审定内容	注明	自检	校对	审核	审定
审核（图面）	1	审核结构体系、平面布置和主要结构设计符合国家规范，合同、扩初审批文件和有关管理部门（消防、人防、环保、卫生防疫）的规定					
	2	设计文件编制方法、内容、深度符合规定，无违反强制性条文现象					
	3	采用规范设计依据恰当、充分、设计范围内容符合设计任务书要求、专业分工明确，无空挡现象					
	4	使用适当的标准图、通用图					
	5	构造措施合理					
	6	地震设防烈度及场地土确定正确					
	7	地震承载力、桩基承载力、地基持力层、基础或桩长埋置深度安全					
	8	本专业和其他专业互提资料条件、要求、尺寸一致					
	9	本专业留孔图、预埋件、安装图设计与有关专业协调有记录					
	10	无指定生产厂家和供应商情况					
	11	校审记录齐全，提出问题已落实，各工种有会签					
审核（计算书）	1	计算书完整、齐全（包括地质资料、甲方各工种资料）					
	2	主要结构计算简图、数据、计算方法正确					
	3	计算书和图纸表达一致					
审定（图、计算书、校审表）	1	设计方案经评审、并符合评审要求，无原则性安全性错误					
	2	图纸齐全、完整、符合ISO质量管理要求					
	3	结构安全、合理、无过于保守和浪费情况					
	4	抽查校对、审核内容并作出判断					
	5	图纸会签中设计、校对、审核、会签齐全					
	6	抽查计算书，检查重要技术参数					
	7	抽查总说明中参数及填写内容					
	8	查验基础设计安全性					
	9	查特殊梁、板、墙、柱计算和配筋					
	10	查楼层设计尺寸与建筑、设备专业的统一协调					
	11	查符合强制性条文；查绿色建筑设计要求					
	12	校对计算书与图纸表述统一					
	13	对校对表统计、评价					

注明：1. 文件图纸不全时在注明栏注明原因。

2. 自检栏中√表示通过，○表示无要求。校对、审核、审定各自在相应栏中填写错漏数量，具体问题在校对单中列出，核查数由审核审定人员填写，记录校审未发现的问题。

3. 自检由设计人员和专业负责人完成。

第六节　给水排水施工图设计探讨

一、取水工程

（一）水源：给水有两类水源。

1. 一类水源为地表水，它包括江河水、湖泊水、雪山水、池库储水、淡化海水等。以地表水作水源，必须掌握取水点的流量、丰水期和枯水期水位的标高，确保水源水质达到饮用、使用标准。

以地表水作水源，在取水点四周半径100m以上的水面范围内不准停泊舟船、捕捞作业、游泳以及其他会污染水源的活动。在取水点上游1000m至下游100m的水域不得排放工业废水、生活污水。取水点上游1000m至下游100m的沿岸不得堆放废渣，不得设置有害化学物品仓库、堆栈，不得设置装卸垃圾、粪便、有毒物品码头，沿岸农田不得使用难于降解或剧毒的农药以及垃圾肥料，沿岸农田不得使用废水、污水灌溉，沿岸区域不得作为饲养和放牧场地。

在取水点上游1000m以外排放工业废水必须按《中华人民共和国水污染防治法》的规定，达到相应的工业污水排放标准，生活污水必须达到环保法规要求的排放标准，医疗机构的污水必须按《医疗机构污水物排放标准》GB 18466—2005的要求经过消毒处理后远离水源地排放。

严格禁止不达饮用水标准的水体直接回灌地下水的含水层。

2. 另一类水源为地下水，如井水、泉水、地下溶洞水等。一般情况下地下水源的水质比地表水好，水体安全，方便管理。

以地下水为水源，在抽吸取水前务必勘探查明地下水的动储量等水文情况。必须严格按照地下水资源的开采吸集量应小于其动储量的准则，避免发生人为的地质灾害，否则不仅水资源被破坏，还可能引起陆沉。20世纪60年代由于过度抽取地下水，使上海市的地面下沉，后来采取往地下层倒灌注水的办法，才控制了地面沉降。

（二）取水工程

1. 以地表水作水源的取水工程，取水泵房依据河床取水头的深浅位置可分别采取河床式、岸基式、浮船式。无论哪种形式取水头的标高都必须低于地表水的常年最低水位，以确保有效供水。

2. 地下水的取水工程通常用取水井。对于深层地下水、取水量大的地下水源常采用管井取水，对于含水层不厚的浅层地下水源多采用大口井，对于含水层薄又近地表的地下水源可以采用渗渠取水。

取水工程的水泵站把水源水送到净化设施，取水泵站也称为一级泵站，通常一级泵站的设计流量应按最高日的平均时计算。

二、净水工程

（一）以地表水为原水的净水工程

从地表水抽取的原水应分别按生活饮用水或工业用水的不同水质标准进行水质净化。城市自来水厂供应生活饮用水按原水混凝、沉淀、过滤、消毒等工艺流程进行水质净化。经过沉淀的原水浑浊度不应超过20mg/L。达到生活饮用水标准的自来水浑浊度不应超过3mg/L，特殊情况下不应超过5mg/L，浑浊度过大的原水难于彻底消毒。

工业用水因为不同的生产工艺而采用不同的水质标准和净化工艺，一般单独建立工业生产供水系统。

（二）以地下水为原水的净水工程

以地下水为原水的水质一般比较好，往往不需要经过沉淀、过滤净化，只要消毒就可以饮用。

三、输水配水工程

（一）输水工程

输水工程的输水管道把自来水厂的净水送到配水管网，只输送净水不实施配送供水。

对于不允许间断供水的项目应该设两条及两条以上的输水管道。一般沿规划道路敷设，应避开河谷、沼泽、涝洼区，避免穿越铁路，翻越高地山脊。

允许间断供水或多渠道水源供水的工程通常设一条输水管道。输水工程的城镇给水管道严禁与自备水源的供水管道直接连接。中水、回用雨水等非生活饮用水管道严禁与生活饮用水管道连接。

（二）配水工程

配水工程须根据给水专项规划和项目工程范围的地形设计配水管网和配水调节设施。

配水管网设计如下：

1. 配水干管应该布置在用水量较大的地区，把最大的用水户与管网的初始端以最短的管道连通。优先采用环状配水管网，用水量较小或初期开发的地方可采用树枝状管网。

高位水池、清水池和二级泵站对配水流量起调节作用。二级泵站把清水池的水送入配水管网。二级泵站的设计流量是按用水最高日的最大时计算，根据用水峰值的规律分时段分级供水。高位水塔调节水量的规模有限，适用于工业区和建设规模较小的项目。

2. 地形变化大的项目，如山地建筑采用高地水厂须注意水压分区，避免出现低区水压过大，防止产生水锤现象，减少振动噪声，使配水系统长期有效运行。水压过低也会增加加压设备和建设投资。居住建筑入户管给水压力不应大于 0.35MPa，套内分户用水点的给水压力不应小于 0.05MPa，卫生器具给水配件承受的最大工作压力不得大于 0.6MPa。

3. 高层建筑生活给水系统应竖向分区，竖向分区的压力应符合下列要求：

（1）各分区最低卫生器具配水点处的静水压不宜大于 0.45MPa。

（2）静水压大于 0.35MPa 的入户管（配水横管），宜设减压或调压设施。

（3）各分区最不利配水点的水压，应满足用水水压需求。

4. 建筑高度不超过 100m 的建筑的生活给水系统，宜采用垂直并联供水或分区减压的供水方式。建筑高度超过 100m 的建筑的生活给水系统，宜采用垂直串联供水。

5. 生活饮用水不得因管道内产生虹吸、背压回流而受污染。卫生器具和用水设备、构筑物等的生活饮用管配水件的出水口应符合下列规定：

（1）出水口不得被任何液体或杂物所淹没。

（2）出水口高出承接容器溢流边缘的最小空气间隙，不得小于出水口直径的 2.5 倍。

6. 从生活饮用水管网向消防、中水和雨水回用水等其他用水的贮水池（箱）补水时，其进水管口最低点高出溢流边缘的空气间隙不应小于 150mm。

7. 从生活饮用水管道上直接供下列用水管道时，应在这些用水管道的下列部位设置倒流防止器。

（1）从城镇给水管网的不同管段接出两路及两路以上的引入管，且与城镇给水管形成环状管网的小区或建筑物，在其引入管上。

（2）从城镇生活给水管网直接抽水的水泵的吸水管上。

（3）利用城镇给水管网水压且小区引入管无防回流设施时，向商用的锅炉、热水机组、水加热器、气压水罐等有压容器或密闭容器注水的进水管上。

家用太阳能热水器、家用电热水器、自用小型电开水器不包括在内。

8. 从小区或建筑物内生活饮用水管道系统上接至下列用水管道或设备时，应设置倒流防止器。

（1）单独接出消防用水管道时，在消防用水管道的起始端。

（2）从生活饮用水贮水池抽水的消防水泵出水管上。

9. 生活饮用水管道系统上接至下列含有对健康有危害物质等有害有毒场所或设备时，应设置倒流防止设施。

（1）贮存池（罐）、装置、设备的连接管上。

（2）化工剂罐区、化工车间、实验楼（医药、病理、生化）等除了在装置和设备的连接管上设置倒流防止设施外，还应在其引入管上设置空气间隙。

10. 从小区或建筑物内生活饮用水管道上直接接出下列用水管道时，应在这些用水管道上设置真空破坏器。

（1）当游泳池、水上游乐池、按摩池、水景池、循环冷却水集水池等的充水或补水管道出口与溢流水位之间的空气间隙小于出口管径2.5倍时，在其充（补）水管上设置真空破坏器。

（2）不含有化学药剂的绿地喷灌系统，当喷头为地下式或自动升降式时，在其管道起始端设置真空破坏器。

（3）消防（软管）卷盘。

（4）出口接软管的冲洗水嘴与给水管道连接处。

11. 严禁生活饮用水管道与大便器（槽）、小便斗（槽）采用非专用冲洗阀直接连接冲洗。

12. 室内给水管道不得布置在遇水会引起燃烧、爆炸的原料、产品和设备的上面。

13. 在非饮用水管道上接出水嘴或取水短管时，应采取防止误饮误用的措施[28]。

（三）配水调节设施

小区的室外给水系统，应尽量利用城镇给水管网的水压直接供水。当城镇给水管网的水压、水量不足时，应设置贮水调节和加压装置。

1. 贮水池、水箱

（1）小区生活用水贮水池

1）小区生活用贮水池的设计应按生活用水调节量和安全贮水量确定有效容积，可根据流入量和出水量的变化曲线经计算确定生活用水调节量，也可以按小区最高日生活用水量的百分比估算，一般生活用水调节量为最高日生活用水量的15%～20%。

2）安全贮水量应根据城镇供水条件和供水要求确定。

3）贮水池宜分为容积基本相等的两格。

4）消防贮水池应按防火规范要求确定消防用水量，宜与生活用贮水池分别设置。

5）埋地式生活饮用水贮水池周围10m以内，不得有化粪池、污水处理构筑物、渗水井、垃圾堆放点等污染源，周围2m以内不得有污水管和物染物。达不到此要求时，应采取防止污染的措施。

6）化粪池距离地下取水构筑物不得小于30m。

（2）建筑内生活用水低位贮水池（箱）

1）贮水池（箱）的有效容积应按进水量和用水量的变化曲线经计算确定，也可以按建筑物最高日生活用水量的20%～25%确定。

2）池（箱）外壁与其他建（构）筑物的间距，无管道的侧面，净距不宜小于0.7m；有管道的侧面，净距不宜小于1.0m，且管道外壁与建筑墙面的通道宽度不宜小于0.6m；设有人孔的池顶面与上部建筑底板的净空不应小于0.8m。

3）贮水池（箱）的四周不宜毗邻电气用房和居住用房。

4）贮水池（箱）内宜设水泵吸水坑。

（3）生活用水高位水箱

1）城镇给水管网夜间直接进水的高位水箱的有效容积，生活用水调节量宜按用水人数和最高日用水定额确定，由水泵联动提升进水的水箱的生活用水调节有效容积不宜小于最大用水时水量的50%。

2）高位水箱外壁与其他建（构）筑物的间距，无管道的侧面，净距不宜小于0.7m；有管道的侧面，净距不宜小于1.0m，且管道外壁与建筑墙面的通道宽度不宜小于0.6m；设有人孔的池顶面与上部建筑底板的净空不应小于0.8m。箱底与水箱下地面的净距当有管道敷设时不宜小于0.8m。

3）高位水箱的设置高度（以底板面计）应满足最高层用户的用水水压要求，否则需采取管道增压措施。

4）建筑内贮水池（箱）应设置在通风良好、不结冰的房间内。

5）建筑物内的生活饮用水贮水池（箱）体，应采用独立结构形式，不得利用建筑物的本体结构作为水池（箱）的壁板、底板及顶盖。

生活饮用水水池（箱）与其他用水水池（箱）并列设置时，应有各自独立的分隔墙。

2. 水塔、水井

（1）水塔作为生活用水的调节设施时，其有效容积应经过计算确定。严寒地区的水塔应有保温防冻措施。

（2）无调节要求的加压系统，可以设置吸水井，吸水井的有效容积不应小于水泵3min的流量，其他要求应符合生活用水低位贮水池的规定。

3. 增压设备：

（1）当给水管网无调节设施时，给水加压泵站宜采用调速泵组或额定转速泵组运行供水。泵组的最大出水量不应小于小区生活给水设计流量。

（2）生活给水系统采用调速泵组供水时，应按系统最大设计流量选泵，调速泵在额定转速时的工作点，应位于水泵高效区的末端。

（3）建筑内采用高位水箱调节的生活给水系统，水泵的最大出水量不应小于最大小时用水量。

（4）变频调速泵组电源应可靠，并宜采用双电源或双回路供电的方式。

（5）应按规定要求选择生活给水系统加压水泵。

1）水泵的Q～H特征曲线，应是随流量的增大，扬程逐渐下降的曲线。

2）应根据管网水力计算选择水泵，水泵应在其高效区内运行。

3）生活加压给水系统的水泵机组应设备用泵，备用泵的供水能力不应小于最大一台运行水泵的供水能力。水泵宜自动切换交替运行。

（6）给水加压系统，应根据水泵扬程、管道走向、环境噪声要求等情况，设置水锤消除装置。经常开启的设备给水管道除设操作阀以外，应设检修阀。

4. 水泵房

（1）小区独立设置的水泵房，宜靠近用水大户。水泵机组运行噪声应符合现行国家标准《城市区域环境噪声标准》GB 3096—2008的要求。

（2）民用建筑内的生活给水泵房四周不应与居住用房相邻，水泵机组宜设在水池的侧面下方，单台水泵可设在水池内或管道上，其运行噪音应符合现行国家标准《民用建筑隔声设计规范》GB 50118—2010的要求。

（3）泵房内宜有检修水泵的场地，水泵和电机四周应留出0.7m以上的通道。泵房内配电柜和控制柜前的通道不宜小于1.5m。泵房内宜设置手动起重设备。

5. 冷却塔

冷却塔宜单排布置以保证工作时的进风量，单侧进风塔的进风面宜面向夏季主导风向，双侧进风塔的进风面宜平行夏季主导风向。

冷却塔进风一侧离建筑物的距离，宜大于塔进风口高度的 2 倍。冷却塔四周应留出检修通道，其净距不宜小于 1.0m。

冷却塔应设置在专用的基础上，不得直接设置在楼板或屋面上。

6．水景循环水泵

水景用水应循环使用。循环系统漏失、清污损失的补充水量，室内工程宜取循环水流量的 1%～3%；室外工程宜取循环水流量的 3%～5%。

水景工程循环水泵宜采用潜水泵，并应直接设置于水池底。娱乐性水景的供人涉水区域不应设置水泵。

四、消防给水设计探讨

（一）灭火器和室内消火栓的设置

1．住宅的消防给水

（1）耐火等级不低于二级，居住人数不超过 500 人且建筑物层数不超过两层的居住区，可不设置消防给水。

（2）《建筑设计防火规范》GB 50016—2014（2018 年版）第 8.1.10 条规定，高层住宅建筑的公共部位和公共建筑内应设置灭火器，其他住宅建筑的公共部位宜设置灭火器。厂房、仓库、储罐（区）和堆场，应设置灭火器。

（3）8 层及 8 层以上的住宅建筑应设置室内消防给水设施。8～9 层建筑高度在 27m 以下的普通住宅各层均应设置消火栓，单元式、塔式住宅的消火栓宜设置在楼梯间的首层和各层楼层休息平台上，当设两根消防竖管确有困难时，可设一根消防竖管，但必须采用双阀双出口型消火栓。干式消火栓竖管应在首层靠出口部位，设置便于消防车供水的快速接口和止回阀。

（4）超过 7 层的住宅应设置室内消火栓系统，当确有困难时，可只设置干式消防竖管和不带消火栓箱的 *DN*65 的室内消火栓，消防竖管的直径不应小于 *DN*65。

（5）35 层及 35 层以上的住宅建筑应设置自动喷水灭火系统。

（6）高级住宅、别墅属于中危险级民用建筑须设置灭火器。

2．带底层商业网点住宅的消防给水

（1）建筑面积小于等于 200m² 的商业服务网点应在每间的一、二层内设灭火器，其最大保护范围应达到店铺内任一点。

（2）建筑面积大于 200m²，不大于 300m² 的商业服务网点应在每间的一、二层内设置消防软管卷盘或轻便消防水龙，其最大保护范围应达到店铺内任一点。

（3）商业服务网点不能以设置双出口消火栓布置点位的方法来满足两股水柱到达灭火点的要求。

3．带底层车库住宅的消防给水

（1）建筑占地面积大于 300m² 的自行车库按仓库要求应设置 *DN*65 的室内消火栓。

（2）建筑占地面积小于等于 300m² 的底层或半地下层自行车库宜设置消防软管卷盘或灭火器。

（3）耐火等级为一、二级且停车数不超过 5 辆的汽车库，Ⅳ类修车库（≤ 2 车位），停车不超过 5 辆的停车场都可以不设消防给水系统。

（4）Ⅳ类地上汽车库（≤ 50 辆），停车数大于 5 辆不超过 10 辆的地下汽车库，Ⅱ、Ⅲ类修车库（3～15 辆）应设室内消火栓。

（5）车库应设室外消火栓给水系统，室外消防用水量应按消防用水量最大的一座车库、车场计算，并不应小于下列规定：Ⅰ、Ⅱ类车库 20L/s；Ⅲ类车库 15L/s；Ⅳ类车库 10L/s。

（6）设室内消火栓的第（4）项车库，有的地区也采取把室外消火栓布置在车库旁，车库外墙设挂水龙带、水枪的消防箱或室内的消火栓箱与室外给水管道连接的方式（接口起始端应设管道倒流防止装置）设计消防给水。

（7）Ⅰ、Ⅱ、Ⅲ类地上汽车库、停车数超过 10 辆的地下汽车库、机械式立体汽车库或复式汽车库以及采用垂直升降梯作汽车疏散出口的汽车库、Ⅰ类修车库，均应设置自动喷水灭火系统。

4. 高层公共建筑和建筑高度大于 21m 的住宅的消防给水

此类建筑设室内消火栓系统，室内消防给水管道应布置成环状。室内消防给水环状管网的进水管和区域高压或临时高压给水系统的引入管不应少于两根。消防竖管的布置，应保证同层相邻两个消火栓的水枪的充实水柱头同时达到被保护范围内的任何部位。每根消防竖管的直径应按通过的流量经计算确定，但不应小于 100mm。

5. 建筑高度不大于 27m 的住宅

困难时可只设置干式消防竖管和不带消火栓箱的 *DN*65 室内消火栓。

6. 高层建筑的室内消防栓设置

（1）消防电梯间前室应设消防栓。不过《高层民用建筑设计防火规范》GB 50045—1995 管理组曾明确消防电梯间前室内的消防栓不能计入消火栓总数[14]。

（2）防烟楼梯间及其前室，封闭楼梯间内不应设消防栓，因为在使用消防栓时疏散安全门无法密闭防烟。

（3）高层建筑和裙房的各层均应设室内消防栓，除无可燃物的设备层外，并应符合下列规定：

1）消防栓应设在走道、楼梯附近等明显易于取用的地点，消火栓的间距应保证同层任何部位有两个消火栓的水枪充实水柱同时到达。

2）消火栓的水枪充实水柱应通过水力计算确定，且建筑高度不超过 100m 的高层建筑不应小于 10m，建筑高度超过 100m 的高层建筑不应小于 13m。

7. 非高层建筑的室内消防栓设置

下列建筑应设置 *DN*65 的室内消火栓。

（1）建筑占地面积大于 300m^2 的厂房（仓库）。

（2）体积大于 5000m^3 的车站、码头、机场的候车、候船、候机楼、展览建筑、商店、旅馆建筑、老年人照料设施病房楼、门诊楼、图书馆建筑等。

（3）特等、甲等剧场，超过 800 个座位的其他等级的剧场和电影院等，超过 1200 个座位的礼堂、体育馆等。

（4）建筑高度大于 15m 或体积大于 10000m^3 的办公楼、教学楼和其他民用建筑。

（5）国家级文物保护单位的重点砖木或木结构的古建筑，宜设置室内消防栓。

（6）耐火等级为一、二级且可燃物较少的单层、多层丁、戊类厂房（仓库），耐火等级为三、四级且建筑体积小于 3000m^3 的丁类厂房和建筑体积小于等于 5000m^3 的戊类厂房（仓库），粮食仓库、金库可以不设置室内消防栓。

8. 不属于设置室内消防栓范围的其他建筑应根据火灾种类和危险等级配置灭火器。

9. 当室内消防栓给水系统设计采用带气压罐稳压泵装置（无高位水箱）的稳高压系统时，自动补气式应在管道立管最高端设自动排气阀，其他补气式宜设自动排气阀。

10. 多层或高层建筑物内的变配电房，除在机房内配置灭火器外，还应设消防栓用两股水柱保护。高层建筑内可燃油油浸变压器室，充可燃油的高压电容器、多油开关室，发电机房除设置气体灭火或水喷雾灭火外，还应设消防栓保护建筑物。

11．高层建筑的屋顶应设装有压力显示装置用于检查试水的消防栓，且应在每栋建筑的屋顶设置，采暖地区可设在屋顶出口处或水箱间。

12．消防水泵结合器的设置

下列建筑室内消防栓给水系统应设置消防水泵结合器。

（1）高层工业建筑厂房（仓库）和超过四层的多层工业建筑。

（2）城市交通隧道。

（3）建筑层数超过 5 层设置室内消防给水的其他多层民用建筑。

（4）高层民用建筑的室内消防栓给水系统和自动喷水灭火系统。

（5）超过 2 层或建筑面积大于 10000m^2 的地下或半地下建筑（室）、室内消火栓设计流量大于 10L/s 平战结合的人防工程。

（6）高层建筑的消防给水为竖向分区供水时，在消防车供水压力范围内的分区，应分别设置水泵结合器。

消防水泵结合器应设置在室外便于消防车使用的地点，距室外消火栓或消防取水口的距离宜为 15～40m。

消防水泵结合器的数量应按室内消防用水量经计算确定，每个消防水泵结合器的流量宜按 10～15L/s。

消防水泵结合器宜采用地上式，当采用地下式水泵结合器时，应有明显标志。

（二）室外消火栓和消防水池的设置

1．室外消火栓（市政消火栓）

（1）在城市居住区、工厂、仓库等的规划和建筑设计时，必须同时设计消防给水系统。

城市、居住区应设市政消火栓。民用建筑、厂房（仓库）、储罐（区）、堆场应设室外消防栓。

室外消防给水当采用高压或临时高压给水系统时，管道的供水压力应能保证用水总量达到最大且水枪在任何建筑物的最高处时，市政给水管网设市政消火栓，其平时运行工作压力不应小于 0.14MPa，火灾时水力最不利出流量不应小于 15L/s，且供水压力从室外设计地面算起不应小于 0.1MPa。

（2）室外消防给水管网应布置成环状，向环状管网供水的进水管不应少于 2 条。只有当室外消防用水量不大于 15L/s 时，可布置成枝状。

（3）室外消防给水管道的直径不应小于 *DN*100。

（4）室外消火栓应沿道路布置。不应妨碍交通，并宜靠近十字路口，距路边不宜小于 0.5m 不应大于 2m，距房屋外墙不宜小于 5m。

（5）室外消火栓的间距不应大于 120m。消火栓的保护半径不应大于 150m。

（6）寒冷地区不利于设置室外消火栓时，可设置水鹤等为消防车加水的设施，按需要确定保护范围。寒冷地区设置室外消火栓时应有防冻措施。

（7）室外消火栓宜采用地上式，地上式消火栓应有 1 个 *DN*150 或 *DN*100 和 2 个 *DN*65 的栓口。采用地下式消火栓，应有 *DN*100 和 *DN*65 的栓口各 1 个且有明显标志。

2．消防水池

通常在建筑用水量达到最大时市政供水不能满足室内外消防用水设计流量，或只有一路供水引入管，且室外消火栓设计流量大于 20L/s，或建筑高度大于 50m 应设置消防水池。

《消防给水及消防栓系统技术规范》GB 50974—2014 第 4.3.4 条规定：

当消防水池采用两路消防供水且在火灾情况下连续补水能满足消防要求时，消防水池的有效容积应根据计算确定，但不应小于 100m^3，当仅设有消火栓系统时不应小于 50m^3。

第 4.3.8 条规定“消防用水与其他用水共用的水池，应采取确保消防用水量不作他用的技术措施”。第 4.3.9 条规定，（1）消防水池的出水管应保证消防水池的有效容积能被全部利用，（2）消防水池应设置就地水位显示装置，并应在消防控制中心或值班室等地点设置显示消防水池水位的装置，同时应有最高和最低报警水位，（3）消防水池应设置溢流水管和排水设施，并应采用间接排水。

3．天然水源作为消防水源的规定

《消防给水及消防栓系统技术规范》GB 50974—2014 第 4.4.4 条规定：

当室外消防水源采用天然水源时，应采取防止冰凌、漂浮物、悬浮物等物质堵塞消防水泵的技术措施，并应采取确保安全取水的措施。

《消防给水及消防栓系统技术规范》GB 50974–2014 第 4.4.5 条规定如下：

（1）当地表水作为室外消防水源时，应采取确保消防车、固定和移动消防水泵在枯水位取水的技术措施。当消防车取水时，最大吸水高度不应超过 6.0m。设有消防车取水口的天然水源，应设置消防车到达取水口的消防车道和消防车回车场或回车道。

（2）当水井作为消防水源时，还应设置探测水井水位的测试装置。

天然水源、人工水池作为消防水源与被保护建筑的距离不宜大于 100m，不应大于 150m。且应有可靠的取水设施，如供消防车停放的取水码头、护岸等。消防水池的人孔出入口作为取水口，除符合间距要求外，还应确保紧急情况下盖口便于开启。

4．消防水泵结合器

《消防给水及消防栓系统技术规范》GB 50974—2014 第 5.4.1 条有如下规定：

下列场所的室内消火栓给水系统应设置消防水泵结合器。

（1）高层民用民用建筑。

（2）设有消防给水的住宅、超过 5 层的其他多层民用建筑。

（3）超过 2 层或建筑面积大于 10000m^2 的地下室或半地下室建筑、室内消火栓设计流量大于 10L/s 平战结合的人防工程。

（4）高层工业建筑和超过四层的多层工业建筑。

（5）城市交通隧道。

《消防给水及消防栓系统技术规范》GB 50974—2014 第 5.4.2 条有如下规定：

自动喷水灭火系统、水喷雾灭火系统、泡沫灭火系统和固定消防炮灭火系统等水灭火系统，均应设置消防水泵接合器。

5．消防水泵房

《消防给水及消防栓系统技术规范》GB 50974—2014 第 5.5.12 条有如下规定。

（1）独立建造的消防水泵房耐火等级不应低于二级。

（2）附设在建筑物内的消防水泵房，不应设置在地下三层及三层以下，或室内地面与室外出入口地坪高差大于 10m 的地下楼层。

（3）附设在建筑物内的消防水泵房，应采用耐火极限不低于 2.0h 的隔墙和 1.5h 的楼板与其他部位隔开，其疏散门应直通安全出口，且开向疏散走道的门应采用甲级防火门。

（三）自动喷水灭火系统

1．自动喷水灭火系统的设置范围

《建筑设计防火规范》GB 50016—2014（2018 年版）自动喷水灭火系统的强制性条文中，第 8.3.1 条、第 8.3.2 条、第 8.3.3 条、第 8.3.4 条、规定了宜采用自动喷水灭火系统的设置场所；第 8.3.5 条规定“难以设置自动喷水灭火系统的展览厅、观众厅等人员密集的场所和丙类生产车间、库房等高大空间场所，应设置其他自动灭火系统，并宜采用固定消防炮等灭火系统”。第 8.3.7 规定了应设置雨淋喷水灭火系统的设置场所；第 8.3.8 规定了宜采用水喷雾灭火系统的设置场所：第 8.3.9 规定了宜采用气体灭火系统的设置场所。条文中有应设置和宜设置的不同提法，作为强制性条文都必须首先执行。

2. 建筑厨房的自动灭火要求：

原《建筑设计防火规范》GB 50016—2006 第 8.5.8 条规定，公共建筑中营业面积大于 500m^2 的餐饮场所（食堂），其烹饪操作间（厨房）的排油烟罩及烹饪部位宜设置自动灭火装置，且应在燃气或燃油管道上设置紧急事故切断装置。这里营业面积如何计算并没有规定明确，建议按餐饮场所建筑面积乘 0.5～0.7 的系数，辅助面积和结构面积大的建筑乘 0.5，辅助面积和结构面积小的建筑乘 0.7，计算营业面积，或者按餐厅、厨房、备餐间、洗碗间、储存室、洗手间等服务房间的使用面积计算营业面积，取两者中的大值确定。

现颁布的《建筑设计防火规范》GB 50016—2014（2018 年版）第 8,3.11 条规定，餐厅建筑面积大于 1000㎡的餐馆或食堂，其烹饪操作间的排油罩及烹饪部位应设置自动灭火装置，并应在燃气或燃油管道上设置与自动灭火装置联动的自动切断装置。食品工业加工场所内有明火作业或高温食用油的食品加工部位宜设置自动灭火装置。

在该规范的条文说明中指出《饮食建筑设计规范》JGJ 64—2017 确定，用餐区域是指餐馆、食堂中的就餐部分。而建筑面积大于 1000m^2 为餐厅总的营业面积。因此仍然可以参考上述计算营业面积的建议。

3. 大空间建筑灭火系统的设置：

《建筑设计防火规范》GB 50016—2014 第 8.3.5 条规定了宜设置固定消防炮等灭火系统的场所。

2004 年 4 月实施的广东省标准《大空间智能型主动喷水灭火系统设计规范》DBJ 15-34—2004 是国内第一部地方标准的大空间建筑灭火规范，对消防炮等灭火系统作出了具体规定。

4. 自动扶梯的自动喷水灭火系统

《建筑设计防火规范》GB 50016—2014 中，第 8.3.3 条规定，二类高层公共建筑自动扶梯底部应设自动喷水灭火系统。

自动扶梯底部是指扶梯的最下层，还是每层扶梯踏步下的斜面背部？是不是每层自动扶梯背部都设自动喷水灭火系统，各地执行不同。《上海民用建筑水灭火系统设计规程》DGJ 08—94—2007 第 4.2.1 条 3）中明确扶梯底部指最下层扶梯的背面。有的省份要求每层设置。

按《民用建筑设计通则》GB 50352—2005 第 6.8.2 规定，自动扶梯不得计作安全出口。建筑设计防火规范条文说明指出，采用自动喷水灭火系统的原则是重点部位、重点场所、重点防护，特别要考虑所设置的部位在设置灭火系统后应能防止一个防火分区的火灾延烧到另一个防火分区中去。自动扶梯不具备上述特征，所以采取最下层扶梯设置是可行的。

一类高层建筑的自动扶梯单独用防火卷帘分隔时，如设置喷淋系统应单独设置水流指示计和管道，也可以从同层喷淋管道接出。

5. 防火卷帘

（1）可以不设置自动喷水灭火系统的防火卷帘

当防火卷帘的耐火极限符合现行国家标准《门和卷帘耐火试验方法》GB 7633—2008 有关背火面温升的判定条件时，可以不设置自动喷水灭火系统保护。

2000 年以来建筑工程防火设计采用的双轨双帘无机复合特级防火卷帘、全无机纤维防火布防火卷帘（英特莱摩根专利）等特级防火卷帘可不设自动喷水。但无机纤维布面容易变形，回收后难于降解，用于分隔专属空间时，应加强防盗措施。

（2）应设置自动喷水灭火系统的防火卷帘

防火卷帘不符合现行国家标准《门和卷帘耐火试验方法》GB 7633—2008 有关背火面辐射热的判定条

件时，应设置自动喷水灭火系统保护。自动喷水灭火系统的设计应符合现行国家标准《自动喷水灭火系统设计规范》GB 50084—2017的有关规定，但其火灾延续时间不应小于3.0h。

普通防火卷帘采取喷水系统保护应使房火卷帘的耐火极限不低于3.0h。

工程中也采用过汽雾式钢质防火卷帘、蒸发式汽雾防火卷帘等特级防火卷帘。四川成都研发过水雾式特级防火卷帘、储水组合式特级防火卷帘。

采用电动控制的防火卷帘应高度重视电机和控制箱的防护，电机耐温低于200℃，控制箱耐温低于125℃。四川成都也研发过采用人工控制和温度感应设备控制水雾式特级防火卷帘的产品。

（3）设置防火水幕

《建筑设计防火规范》GB 50016—2014（2018年版）中，第8.3.6条规定了设置水幕系统的范围，需要防护冷却的防火卷帘或防火幕的上部宜设水幕系统。

工业建筑按工艺流程的要求，可采用防火分隔水幕划分防火分区，防火水幕应符合现行国家标准《自动喷水灭火系统设计规范》GB 50084—2001（2005年版）的相关规定。

6. 自动喷水灭火喷头

按建筑设计防火要求，防烟楼梯前室、合用前室、消防电梯前室均应设自动喷水喷头，消防控制室内则不应设自动喷水喷头。

五、排水工程

（一）排水工程设计事项

1. 系统选择：建筑内的生活废水需要回收利用时，建筑内宜采用生活污水与生活废水分流的排水系统。

2. 当排水构件内无存水弯的卫生器具与生活污水管道或其他可能产生有害气体的排水管道连接时，必须在排水口以下设存水弯。存水弯的水封深度不得小于50mm。严禁采用活动机械密封代替水封。

3. 管道敷设

（1）排水管道不得穿越卧室。

（2）排水管道不得穿越生活饮用水池部位的上方。

（3）室内排水管道不得布置在遇水会引起燃烧、爆炸的原料、产品和设备的上面。

（4）排水横管不得布置在食堂、饮食业厨房的主副食操作、烹调和备餐的上方，否则应采取隔绝防护措施。

（5）厨房间和卫生间的排水立管应分别设置。

4. 间接排水

（1）下列构筑物和设备的排水管不得与污废水管道系统直接连接，应采取间接排水的方式。

1）生活饮用水贮水箱（池）的泄水管和溢流管。

2）开水器、热水器排水。

3）医疗灭菌消毒设备的排水。

4）蒸发式冷却器、空调设备冷凝水的排水。

5）贮存食品或饮料的冷藏库房的地面排水和冷风机溶霜水盘的排水。

（2）室外排水管与排水管之间的连接，应设检查井。

（3）室外排水沟与室外排水管道连接处，应设水封装置。

5. 排水附件

《住宅设计规范》GB 50096—2011第8.2.10条规定如下：

（1）无存水弯的卫生器具和无水封的地漏与生活排水管道连接时，在排水口以下应设存水弯。存水弯和有水封的地漏水封的高度不应小于 50mm。

（2）严禁采用钟罩（扣碗）式地漏。

6．雨水管

重力流雨水排水系统中长度大于 15m 的雨水悬吊管，应设检查口，其间距不应大于 20m，且应布置在便于维修操作的地方。

有埋地排出管的屋面雨水排出管系统，立管底部宜设检查口。

7．住宅排水

（1）《住宅建筑规范》GB 50368—2005 第 8.1.4 条规定，住宅的给水总立管、雨水立管、消防立管、采暖供回水总立管和电气、电信干线（管），不应布置在套内。公共功能的阀门、电气设备和用于总体调接和检修的部件，应设在共用部位。

（2）厨房和卫生间的排水立管应分别设置，排水管道不得穿越卧室。

（3）地下室、半地下室中低于室外地面的卫生器具和地漏的排水管，不应与上部排水管连接，应设置集水设施用污水泵排出。

（4）采用中水冲洗便器时，中水管道和预留接口应设明显标识。坐便器安装洁身器时，洁身器应与自来水管连接，严禁与中水管连接。

（5）阳台雨水和室外空调机地漏、洗衣机地漏排水可合用一根排水管，但不能接入雨水管，其排水立管底部应间接排水。

高层建筑阳台排水系统应单独设置，多层建筑排水系统宜单独设置。

（6）排水立管采用普通塑料管时，不应布置在靠近与卧室相邻的内墙，否则应采用橡胶密封圈柔性接口的排水铸铁管、双臂芯层发泡塑料排水管、内螺旋消音塑料排水管（仅用于排水立管，不能用于排水横管）等管材。

8．通气管

下列排水管道应设置环形通气管。

（1）连接 4 个及 4 个以上卫生器具且横支管的长度大于 12m 的排水横支管。

（2）连接 6 个及 6 个以上大便器的污水横支管。

（3）设有器具通气管。

建筑内各层的排水管道设有环形通气管时，应设置连接各层环形通气管的主通气立管或副通气立管。

通气管不得接纳器具污水、废水和雨水，不得与风道和烟道连接。建筑内不得设置吸气阀替代通气管。

生活排水立管所承担的卫生器具排水设计流量超过规定仅设伸顶通气管的排水立管的最大设计排水能力时，应设通气立管或特殊配件单立管排水系统。

高标准的多层住宅、公共建筑、高层住宅卫生间的生活污水立管应设置通气管。

9．排水管管径

多层住宅厨房间的立管管径不宜小于 75mm；公共厨房污水管其管径应比计算值大一级，干管管径不得小于 100mm，支管管径不得小于 75mm；医院污物水盆排水管管径不得小于 75mm。小便槽或连接不少于 3 个以上小便器的污水支管管径不宜小于 75mm。

建筑内生活排水排出管最小管径不得小于 50mm。

大便器排水管最小管径不得小于 100mm。

浴池的泄水管宜采用 100mm。

第七节　给水排水施工图设计校对表

给水排水施工图设计校对表　　表8–31

编号：

工程名称		设计编号：	勘误数量：			
校核内容		说明	自检	校对	审核	审定
一、图纸要求	1. 工程名称、设计项目及设计编号与建筑图一致，准确无误。 2. 图纸名称、编号、图标无错误，与目录表述一致。 3. 图纸目录有序，按设计绘图，选用标准图，重复利用图顺序排列。 4. 图面表达符合制图标准，图例规范，字体比例适当。 5. 使用计量单位统一、正确，符合国家标准。 6. 设计内容符合国家设计文件编制深度的规定。 7. 修改图应说明修改内容，修改部位，修改原因及依据，说明作废原图的图号。 8. 本专业图纸与其他专业提供的条件、技术要求、空间尺寸相统一。 9. 图中文字表述的设备表，备注说明应该无错别字和疏漏情况					
二、设计说明	1. 简述设计依据 （1）注明已批准的初步设计（或方案）文件的文号。 （2）列出建设单位提出的设计任务书和设计条件基础资料名称。 （3）专业设计采用的规范标准的名称、编号、年号和版本号。 （4）设计相关的市政设施，连接技术要求、水质标准 （5）建筑等专业提交的条件图和技术资料。 2. 工程概况 项目所在位置，建筑防火类别，建筑功能组成，建筑面积、体积、层数、建筑高度、层高、净高等反映建筑规模的相关技术指标。 3. 设计范围 说明用地红线，建筑控制线内给水排水设计内容，由本专业审定的分包专业公司的专项设计内容，合作设计相关内容，设计采用系数；绿色建筑设计的依据、项目特点与定位、相应措施、需要在其他专项设计、深化设计中完成的工作（如中水处理、雨水回收等）以及相应设计参数、技术要求。 4. 室外给水 （1）最高日用水量，平均时用水量，最大时用水量，设计小时热水用水量及耗热量，循环冷却水量，各消防系统设计系数及消防总用水量等。 （2）水源 1）市政或小区管网供水时，说明供水干管方位，接管管径及根数，供水水压。 2）自建备用水源，说明水源水质，水温，水文地质及供水能力，取水方式及净化工艺。 3）说明各构筑物的工艺设计参数，结构形式，基本尺寸，设备选型数量，主要性能参数，运行要求。					

续表

<table>
<tr><td>工程名称</td><td colspan="2"></td><td>设计编号：</td><td colspan="4">勘误数量：</td></tr>
<tr><td colspan="3">校核内容</td><td>说明</td><td>自检</td><td>校对</td><td>审核</td><td>审定</td></tr>
<tr><td>二、
设计
说明</td><td colspan="2">（3）用水量类型
列出生活用水定额及用水量，生产用水标准及用水量，其他项目用水定额及用水量（如循环冷却系统补水量，游泳池补水量，中水系统补水量，水景用水量，锅炉房用水量，绿化浇洒补水量，道路、停车场（库）地面清洁用水量，管网渗漏水量，未预见水量，洗衣房、卫生洗涤用水量，消防用水标准及一次灭火用水量等）。
（4）给水系统
说明给水系统的划分及组合情况，分质分压供水情况及设备控制方式。当水量、水压不足时采取的措施，所选用调节设施的容量，材质、位置及加压设备选型。扩建工程须说明与原有给水系统的匹配协调措施。
（5）消防系统
说明各种形式消防设施的设计依据，设计参数，供水方式，设备选型及控制方式等。
（6）中水系统
说明系统设计依据，水质要求，设计参数，工艺流程及处理设施，设备选型，宜绘制水量平衡图。
（7）雨水收集利用
说明雨水用途，水质要求，设计重现期，日降雨量，日可回用雨水量，日用水量，系统选型，处理工艺及构筑物设计要求
（8）循环冷却水系统
说明给水设备对水量计量、水质、水温、水压的要求，以及当地的气象参数（如室外空气干湿球温度和大气压力等）。
说明循环冷却水系统的组成，冷却构筑物和循环水泵的参数、稳定水质措施及设备控制方法等。
（9）选用重复用水系统时，应说明系统流程，净化工艺，并且绘制水量平衡图。
（10）管材、接口、敷设方式、设备选用应符合国家规定和节能、节材、节水、节地的环保要求，不得选用淘汰产品和材料。
（11）各类管道系统施工及验收要求符合国家现行规范的要求。
（12）穿过人防区的管道必须符合人防规范的安全可靠性要求。
（13）设计选取的系统工作压力及试压要求应正确无误。
（14）设计参数、计量单位符合使用要求和国家现行规范标准。
（15）设计和施工说明与图纸表述一致。
5. 室外排水
（1）场地现有排水条件
1）下水排入城市市政管道或场外明沟时，应说明管道横断面尺寸大小、坡度、排入口的标高，位置或检查井编号。
2）下水排入场外水体（江河湖海）时应说明排放要求，水体水文情况（水位、流量等）。</td><td></td><td></td><td></td><td></td><td></td></tr>
</table>

续表

工程名称		设计编号：	勘误数量：			
校核内容		说明	自检	校对	审核	审定
二、设计说明	（2）标明采用的排水方式（污水、雨水的分流制或合流制）、排水出路，如需提升时，应说明提升位置、规模、提升设备选型及设计参数，构筑物形式、占地面积、紧急排放措施等。 （3）分别列出生产生活排水系统的排水量，污水处理应说明污水水质处理规模，处理方式、工艺流程、设备选型、构筑物状况，污水处理应达指标和标准要求。 （4）说明雨水、排水计算公式采用的暴雨强度、重现期、雨水排水量等。 （5）管材、接口及敷设方式和选用设备应符合国家环保要求。 6. 室内给水排水 （1）水源：市政或小区管网供水应说明供水干管的方位，接管管径及分支管根数，可供水压等。 （2）列出各项用水量定额，用水单位数，使用时数，小时变化系数，最高日用水量，平均时用水量，最大时用水量。 （3）给水系统：说明给水选择的方式、分质、分压、分区供水措施和要求，计量方式、设备控制、水池、水箱的容量、设置位置、材质设备选型防水质污染、防结露、防腐蚀和保温措施。 （4）消防系统：按相应防火设计规范和消防规范要求，说明各类消防系统（如消火栓、自动喷水、水幕、雨淋喷水、水喷雾、泡沫、消防水枪、细水雾、气体灭火等）的设计依据，设计要求、计算标准、设计参数、系统组成、控制方式、消防水池和水箱的容量、设置位置及主要设备选型等。 （5）热水系统：说明选择的供热方式、供热系统、水温、水质、热源加热方式及最大小时热水量、耗热量，机组供热量等。说明设备选型、保温、防腐的技术措施。利用热源余热或采用太阳能时应说明选用依据、供热能力，系统形式，运行条件及技术措施等。 （6）对水质、水温、水压有特殊要求或设置饮用净水，供应开水时应说明采取的专门技术措施，列出相关的设计参数、工艺流程和设备选型要求。 （7）中水系统：叙述中水系统设计依据、水质要求，工艺流程、设计参数和处理设备、设备选型，宜绘出水量平衡图。 （8）排水系统：说明排水系统的选择、生活或生产污（废）水排水量，室外排水条件。有毒有害污水的局部处理工艺流程及设计数值。屋面雨水的排水系统选择及室外排放条件，选用的降雨强度和重现期。 （9）管材、接口及敷设方式符合国家规范和绿色环保标准。 7. 节水、节能减排措施：说明高效节水、节能减排器具，设备系统，设计采用的技术措施等。 8. 对有隔振及防噪声要求的建筑物，构筑物，说明给排水设施应采取的技术措施。					

续表

<table>
<tr><td>工程名称</td><td></td><td>设计编号：</td><td colspan="4">勘误数量：</td></tr>
<tr><td colspan="2">校核内容</td><td>说明</td><td>自检</td><td>校对</td><td>审核</td><td>审定</td></tr>
<tr><td>二、设计说明</td><td>9. 特殊地区（地震、湿陷性或胀缩土、冻土、软弱地基）的给排水设施以及相应的技术措施。
10. 分期建设的项目，应该说明前期、近期和远期结合的设计原则和依据。
11. 提示在设计审批时解决或确定的主要问题。
12. 施工图阶段需要建设方和其他专业提供的基础资料和设计条件。</td><td></td><td></td><td></td><td></td><td></td></tr>
<tr><td>三、室外给水排水总平面图</td><td>1. 建筑室外给水排水总图
（1）绘出全部建筑物、构筑物的平面位置，道路等，标示重要定位尺寸、坐标、标高、指北针（风向玫瑰图）、比例、图例，应与建筑平面一致。
（2）给水排水管道及构筑物平面位置，标示干管的管径，排水方向，绘出闸门井、消防栓井、消防水泵结合器（井）、水表井、检查井、化粪池和其他给排水构筑物位置，主要尺寸；检查井编号，水流坡向、管径。
（3）室外给水排水管道与城市管道系统连接点的控制标高和位置。
（4）消防、中水、冷却循环水，重复用水、雨水回收等相关系统的管道平面定位，标注干管的管径、连接点标高。
（5）中水、雨水回收系统构筑物位置、管道与构筑物连接点的控制标高。
2. 给水排水专项总图
（1）取水构筑物布置总图。
自备自建水源的取水构筑物，应单独绘出地表水或地下水取水构筑物的平面布置图，各平面图中应标注构筑物平面尺寸定位坐标、标高、方位，绘出工艺流程断面图，标示构筑物间的高差关系。
（2）水处理厂（站）总平面布置
项目设计有净化处理厂（站）（如给水、污水、中水等）时，应单独绘出水处理构筑物总平面和工艺流程断面图。标注构筑物平面尺寸、定位坐标、方位等。工艺流程断面图标注各构筑物水位高差关系，编制建筑物、构筑物一览表，内容为建筑物、构筑物结构形式，设计参数，设计性能技术参数，绘制构筑物平、剖面图</td><td></td><td></td><td></td><td></td><td></td></tr>
<tr><td>四、室内给水排水平面图</td><td>1. 给水排水底层（首层）平面图
（1）建筑轴线、房间名称、室内外标高标注齐全，与建筑平面一致。
（2）标注首层各种管道的干管管径，与轴线的水平距离，标高和坡度；规格型号，管道未穿过影响结构安全和使用安全的部位。
标注检查井、化粪池等与轴线的水平距离、标高、规格、型号，标明其是否有车辆重荷载通过，说明其负荷型号且须符合规范要求。</td><td></td><td></td><td></td><td></td><td></td></tr>
</table>

续表

<table>
<tr><td>工程名称</td><td></td><td>设计编号：</td><td colspan="4">勘误数量：</td></tr>
<tr><td colspan="2">校核内容</td><td>说明</td><td>自检</td><td>校对</td><td>审核</td><td>审定</td></tr>
<tr><td>四、室内给水排水平面图</td><td>（3）室内外消火栓、水泵接合器的位置，喷头、末端试验、湿式报警阀等设计定位符合规范要求、预留孔道与建筑图一致。
（4）合理安排雨水管位置和地下室周边，泵房、室外集水沟位置、尺寸、坡度与土建图一致。
（5）标注构筑物尺寸及详图索引号，图形与图例一致。
2. 地下室底层平面图
标齐地下室车道进口及坡底集水沟、集水井尺寸、坡度、深度、标高、标注地下室集水井、人防、电梯井、泵房集水井尺寸、深度标高、确定容积适当、并与建筑图一致。
标明潜水泵型号、设备位置与其他专业管道无碰撞；管道未穿越影响结构安全的部位，未穿越影响使用的特殊空间。
预留设备吊装孔，运输通道应适合管道设计要求，结构荷载可靠。
3. 标准层平面
各种管线位置编号无错漏，各层立管位置一致。局部大样有索引，卫生洁具预备孔尺寸适当，大样比例恰当。标明室内外引入管和排出管平面位置、管径等。
4. 屋面平面
标明雨水斗与雨水管管径、位置与建筑图首层给排水图一致，标示屋面排水沟、坡度、尺寸与建筑图一致。
5. 管道设备技术层平面
标示设备位置，注明由专业公司深化设计的范围，预备孔洞、设备与管道接口尺寸、标高。
标示引入管和排出管平面布置尺寸、各类管径坡度等
6. 水池、水箱平剖面图
标明进水管、出水管、溢流管、放空管等管径大小、位置及高度、防水套管管径、最高水位、消防安全水位等。
7. 机房平面图
绘制水泵房、热交换站、水处理间、游泳池、水景池、冷却塔热泵热水、太阳能和屋面雨水收集设备平面图和进出管线布置图</td><td></td><td colspan="4"></td></tr>
<tr><td>五、给排水系统原理图</td><td>绘制给水排水、消防、循环水、热水、中水、热泵热水、太阳能和屋面雨水收集系统的原理透视图或系统轴测图，标注干管管径、坡度、设备标高，水池、水箱底标高，建筑楼层编号及屋面标高，并与平剖面表达一致，无漏项。
1. 管径标高，用水点标高与其他专业设计无矛盾。
2. 给水主管和用水量多的支管应设检修阀门，减压阀组选合理符合规范要求。
3. 按规定要求设置排水立管检查口（或伸缩节、消能装置）通风帽等距地（板）高度。
4. 排水支管连接多个器具时应设竖向转弯和清扫口或环形透气管。</td><td></td><td colspan="4"></td></tr>
</table>

续表

工程名称		设计编号：	勘误数量：			
校核内容		说明	自检	校对	审核	审定
五、给排水系统原理图	5. 标全各种管道连接的器具，支管，首层（底层）或管道转换层的上一层的排水管是否单独排出，靠近立管底部的排水支管的连接应严格按规范要求，高层建筑架空排出管必须有可靠的承压和防沉降措施。 6. 图中标明器具连接支管的位置、方法、标高等必须符合器具的构造及施工安装规程及其他要求，标明金属软管、伸缩节、固定支架等。 7. 绘出水处理流程图（方框图）					
六、居住小区给水排水	1. 按设计标准和规范要求确定居住小区的各种用水量。 2. 核定居住小区生活饮用水管网供水压力能保证达到建筑最高层用水器具的使用压力、消防供水水压确保达到消防规范要求。 3. 给水方式须适合市政供水管网的水压、水量等供水条件，用水计量设施须按功能分区分别设置。 4. 小区干管应设置成环状，靠近用水量大的地段设置长管线。 5. 管道布置与道路边线、建筑物界线的距离符合规范要求。 6. 给水管埋置深度应区别外部荷载、考虑管材强度和其他管道交叉情况，给水管网中不能与非生活用水管网直接相接。 7. 埋置给水管的基础处理必须稳定安全可靠。 8. 给水管应按地形高差在最高处设排气阀，最低处设供水阀。 9. 根据供水压力状况采取防止倒流的措施。 10. 给水与污水管道布置的水平和竖直间距方位应符合规范。 11. 管道综合中各类管道平面净距和垂直间距应符合规范。 12. 小区给水管道阀门位置设置须安全、方便管理，应按水压、水质、外部荷载、土壤性质、施工维护要求选用管材，选用的管材接口符合规范要求。 13. 按规范要求布置室外消火栓。 14. 用水量计算已计入城市绿地和道路清扫用水。 15. 按规范要求室外消防给水管道须设计成环状。 16. 校核用水量应计算生活用水量和消防给水流量的总和。					
七、竖向设计图表	1. 室外排水管道高程表 将排水管道的主要检查井编号、井距、管径、坡度，设计地面标高、管内底部标高、管道埋深等分列绘制于高程表中。 简单项目，上述内容（管道埋深除外）可直接标示在平面图上，不必列表。 2. 室外排水管道纵断面图 对地形复杂的排水管道或管道交叉较多的给排水管道、应绘制管道纵断面图、表示主要检查井编号、井距、管径、坡度，设计地面标高，管道标高（给水管道注管中心，排水管道注管内底）管道埋深、管材、接口型式，管道基础，管道平面示意；标示交叉管的管径，位置、标高；纵断面图比例为竖向 1：50 或 1：100，横向 1：500（或与总平面图的比例相同）					

续表

工程名称		设计编号：	勘误数量：			
校核内容		说明	自检	校对	审核	审定
八、特种工程图	1. 自备水源取水工程、集中污水处理工程应按《市政公用工程设计文件编制深度规定》要求做专项设计。 2. 雨水收回利用以及各净化建筑物，构筑物平、剖面图和大样节点详图：分别绘制各建筑物，构筑物的平、剖面及详图，图中表示出工艺设备布置。各细部尺寸、标高、构造、管径和管道穿池壁预埋管管径或加套管的尺寸、位置、结构形式和引用详图索引。 3. 水泵房平面、剖面图 （1）平面：绘出水泵基础外框、编号、管道位置、列出设备和主要材料表、标出管径、阀件、起吊设备、计量设备等位置、尺寸。如需设真空泵或其他引水设备时、要标示相关的管道系统、平面布置及排水设备。 （2）剖面：绘出水泵基础剖面尺寸、标高、水泵轴线、管道、阀门安装标高，防水套管位置设标高，简单泵房可用系统轴测图表示，不画剖面图。 （3）管道管径较大时绘制双线图。 4. 水塔（箱），水池配管及详图 绘出水塔（箱）、水池的形状、工艺尺寸、进水、出水、泄水、溢水、透气、水位计、水位信号传输器等平面、剖面图或系统轴测图及详图，标准确管径、标高、最高水位、最低水位、消防储备水位及贮水容积等。 5. 循环水构筑物的平面、剖面及系统图。 设计循环水系统，应该绘出循环冷却水系统的构筑物（包括用水设备、冷却塔等）循环水泵房及各种循环管道的平面、剖面图和系统图（或展开系统原理图），并标注相关设计参数。 当绘制系统轴测图时，可以不绘制剖面图					
九、装配式建筑设计给排水	装配式建筑给排水设计内容： 1. 明确装配式建筑给排水设计的原则和依据。 2. 在建筑预制墙及现浇墙内的预留孔洞、沟槽及管线等应该有预埋做法标注和预埋预留部位的详细定位尺寸。 3. 明确预埋管线、孔洞、沟槽之间的连接构造做法。 4. 墙内预留给排水设备时的隔声及防水措施：管线穿过预制构件部位采取相应的防水、防火、隔声、保温等措施。 5. 明确与相关专业的技术接口要求					
十、留孔交接	1．穿过梁板预留孔洞须经结构和建筑专业交接确认。 2．在结构剪力墙身留孔洞或沟槽必须经结构专业认可。 3．地下室外侧壁穿管时应预埋防水套管定位尺寸与建筑专业商定。 4．人防地下室围护结构的穿管和防护阀门的设置位置应符合人防规范要求并经人防专业的认可。 5．穿越公共空间的管线不宜出现在露明处，须与建筑专业商定					

续表

工程名称		设计编号：	勘误数量：			
校核内容		说明	自检	校对	审核	审定
十一、列表计算书	1. 主要设备器材表、列出设备器材名称、性能参数、计量单位、数量。 2. 标明设备运转情况和器材使用要求。 3. 居住小区给水设计流量和管道水力计算书。 4. 居住小区生活污水和雨水设计流量和管道水力计算书。 5. 建筑物内给水系统的设计流量和管道水力计算（含热水、饮用水）。 6. 建筑物污水设计流量和管道水力计算。 7. 建筑物雨水设计流量和管道水力计算。 8. 中水水量平衡计算。 9. 建筑物自动喷水灭火系统管道水力计算。 10. 气体、泡沫灭火系统的计算。 11. 建筑物灭火器配置的设计计算。 12. 设备选型和构筑物尺寸计算					

注明：1. 文件或图纸不齐全时应在备注栏中说明原因。

2. 自检栏中填写：√表示通过、○表示无要求。校对、审核、审定各自在相应栏目中填写错漏的数量，具体问题在校审卡中列出。核查数由审核、审定人员填写，表示发现前面校审未发现的问题。

3. 自检由设计人员和专业负责人完成。

第八节 给水排水施工图设计校核审定表

给水排水施工图设计校核审定表 **表8-32**

工程名称		设计编号：	勘误数量：	
	校核内容	说明	审核	审定
审核	1. 核对设计说明、施工要求内容齐全、达到施工图设计深度要求，设计依据可靠，设计范围和内容符合设计任务书、初步设计审批文件及有关管理部门（消防、人防、环保、卫生防疫、国土资源等）的相关要求。 2. 设计系统的选择应该合理、经济、可行、与室外干管最短距离连接，正确布置管网和选择管径，分质供水应有可行的有效的措施防治二次污染 3. 选取的设计参数符合国家规范和使用要求。 4. 卫生器具布置尺寸与建筑图一致，产品应符合环保节水要求。 5. 设置系统的标高、穿孔尺寸位置与建筑、结构专业一致。 6. 标注管径应与计算结果一致。 7. 管道排列尺寸和阀门位置除符合规范要求外尚应便于检修操作。 8. 检查校核记录有无遗漏、核对的问题是否合理解决。 9. 本专业与其他专业交接记录，专业连接部位是否协调到位。 10. 查对选用的规范、标准图、通用图是现行通用的版本，运用得当。			

续表

工程名称		设计编号：	勘误数量：	
	校核内容	说明	审核	审定
审核	11. 不允许有违反安全性和强制性条文的做法。 12. 选用的设备和管材合格，非指定厂家品牌。 13. 采取统一的技术措施。 14. 引进国外技术须对照该国相应技术标准，对可靠性先进性应经有关专业部门评估、鉴定。 15. 符合初步设计审批意见的设计计算必须完整、正确无误			
审定	1. 设置方案是否经过比选优化，评审结论是否落实，审议有无重大技术安全隐患。 2. 设计文件应齐全完备、深度达到规范要求和ISO质量管理规定。 3. 图纸会签栏无差错、遗漏。 4. 抽查校审内容确保准确无误。 5. 审阅总说明内容和选用参数符合规范要求。 6. 查对计算书重要数据的准确性。 7. 检查有无安全性隐患和违反强制性条文的情况。 8. 设计的技术经济指标是否合理、优化比选，采用新材料新产品应认准适用条件和相关要求。 9. 统计校核表错漏情况，对设计质量进行评估			

注：1. 文件或图纸不齐全时应在备注栏中说明原因。
2. 自检栏中填写：√表示通过、○表示无要求。校对、审核、审定各自在相应栏目中填写错漏的数量，具体问题在校审卡中列出。核查数由审核、审定人员填写，表示发现前面校审未发现的问题。
3. 自检由设计人员和专业负责人完成。

第九节 电气施工图设计探讨

一、供配电系统

（一）供电负荷分级：

1. 民用建筑中各类建筑物的主要用电负荷分级应符合《民用建筑电气设计规范》JGJ 16—2015第3.2条规定的负荷分级及供电要求。

2. 民用建筑中消防用电负荷等级的规定见表8-33。

常用用电负荷分级表 表8-33

序号	建筑物名称	用电负荷名称	负荷级别
1	国家级大会堂、国宾馆、国家级国际会议中心	主会场、接见厅、宴会厅照明，电声、录像、计算机系统电源	一级 *
		总值班室、会议室、主要办公室、档案室、客梯电源	一级
2	国家级政府办公建筑	主要办公室、会议室、总值班室、档案室及主要通道照明	一级
3	国家计算中心	计算机系统电源	一级 *
4	国家气象台	气象业务用计算机系统电源	一级 *

续表

序号	建筑物名称	用电负荷名称	负荷级别
5	国家及省级防灾中心、电力调度中心、交通指挥中心	防灾、电力调度及交通指挥计算机系统电源	一级 *
6	省部级办公建筑	客梯电力、主要办公室、会议室、总值班室、档案室及主要通道照明	二级
7	地、市级及以上气象台	气象雷达、电报及传真收发设备、卫星云图接收机及语言广播电源、气象绘图及预报照明	一级
8	电信枢纽、卫星地面站	保证通信不中断的主要设备电源和重要场所的应急照明	一级 *
9	电视台、广播电台	国家及省、市、自治区电视台、广播电台的计算机系统电源	一级 *
		直接播出的电视演播厅、中心机房、录像室、微波设备及发射机房、语音播音室、控制室的电力和照明	一级
		洗印室、电视电影室、审听室、主要客梯电力、楼梯照明	二级
10	剧场	特、甲等剧场的调光用计算机系统电源	一级 *
		特、甲等剧场的舞台照明、贵宾室、演员化妆室、舞台机械设备、电声设备、电视转播、消防设备、应急照明	一级
		甲等剧场的观众厅照明、空调机房及锅炉房电力和照明 乙、丙等剧场的消费设备、应急照明	二级
11	甲等电影院	照明与放映用电	二级
12	大型博物馆、展览馆	安防设备电源；珍贵展品展室的照明	一级 *
		展览用电	二级
13	图书馆	藏书量超过 100 万册以上的图书馆的主要用电设备	二级
14	体育建筑	特级体育场（馆）、游泳馆的比赛场（厅）、主席台、贵宾室、接待室、新闻发布厅、广场及主要通道照明、计时记分装置、计算机房、电话机房、广播机房、电台和电视转播、新闻摄影及应急照明等用电设备电源	一级 *
		甲级体育场（馆）、游泳馆的比赛场（厅）、主席台、贵宾室、接待室、新闻发布厅、广场及主要通道照明、计时记分装置、计算机房、电话机房、广播机房、电台和电视转播、新闻摄影及应急照明等用电设备电源	一级
		特级及甲级体育场（馆）、游泳馆中非比赛使用的电气设备、乙级及以下体育建筑的用电设备	二级
15	大型商场、超市	经营管理用计算机系统电源	一级 *
		应急照明、门厅及营业厅部分照明	一级
		自动扶梯、自动人行道、客梯、空调电力	二级
16	中型百货商场、超市	营业厅、门厅照明，客梯电力	二级
17	银行、金融中心、证交中心	重要的计算机系统和防盗报警系统电源	一级 *
		大型银行营业厅及门厅照明、应急照明	一级
		客梯电力，小型银行营业厅及门厅照明	二级

续表

<table>
<tr><th>序号</th><th>建筑物名称</th><th>用电负荷名称</th><th>负荷级别</th></tr>
<tr><td rowspan="3">18</td><td rowspan="3">民用机场</td><td>航空管制、导航、通信、气象、助航灯光系统设施和台站电源；边防、海关的安全检查设备的电源；航班预报设备的电源；三级以上油库的电源；为飞行及旅客服务的办公用房及旅客活动场所的应急照明</td><td>一级 *</td></tr>
<tr><td>候机楼、外航驻机场办事处、机场宾馆及旅客过夜用房、站坪照明、站坪机务用电</td><td>一级</td></tr>
<tr><td>除一级负荷中特别重要负荷及一级负荷以外的其他用电</td><td>二级</td></tr>
<tr><td>19</td><td>铁路旅客站</td><td>大型站和国境站的旅客站房、站台、天桥、地道的用电设备</td><td>一级</td></tr>
<tr><td rowspan="2">20</td><td rowspan="2">水运客运站</td><td>通信、导航设施</td><td>一级</td></tr>
<tr><td>港口重要作业区、一等客运站用电</td><td>二级</td></tr>
<tr><td>21</td><td>汽车客运站</td><td>一、二级站用电</td><td>二级</td></tr>
<tr><td rowspan="2">22</td><td rowspan="2">汽车库（修车库）、停车场</td><td>Ⅰ类汽车库、机械停车设备及采用升降梯作车辆疏散出口的升降梯用电</td><td>一级</td></tr>
<tr><td>Ⅱ、Ⅲ类汽车库和Ⅰ类修车库用电</td><td>二级</td></tr>
<tr><td rowspan="3">23</td><td rowspan="3">旅馆</td><td>一、二级旅馆的经营及设备管理用计算机系统电源</td><td>一级 *</td></tr>
<tr><td>一、二级旅馆的宴会厅、餐厅、康乐设施、门厅及高级客房、主要通道等场所的照明，计算机、电话、电声和录像设备电源、新闻摄影电源、主要客梯电力</td><td>一级</td></tr>
<tr><td>除上栏所述之外的一、二级旅馆的其他用电设备
三级旅馆的宴会厅、餐厅、康乐设施、门厅及高级客房、主要通道等场所的照明，计算机、电话、电声和录像设备电源、新闻摄影电源、主要客梯电力</td><td>二级</td></tr>
<tr><td rowspan="2">24</td><td rowspan="2">科研院所、高等院校</td><td>重要实验室电源（如：生物制品、培养剂用电等）</td><td>一级</td></tr>
<tr><td>高层教学楼的客梯电力、主要通道照明</td><td>二级</td></tr>
<tr><td rowspan="2">25</td><td rowspan="2">县级以上医院</td><td>急诊部、监护病房、手术部、分娩室、婴儿室、血液病房的净化室、血液透析室、病理切片分析、磁共振、介入治疗用 CT 及 X 光机扫描室、血库、高压氧舱、加速器机房、治疗室及配血室的电力照明，培养箱、冰箱、恒温箱的电源，走道照明
百级洁净度手术室空调系统电源、重症呼吸道感染区的通风系统电源</td><td>一级</td></tr>
<tr><td>除上栏外的其他手术室空调系统电源
电子显微镜、一般诊断用 CT 及 X 光机电源，高级病房、肢体伤残康复病房照明，客梯电力</td><td>二级</td></tr>
<tr><td>26</td><td>一类高层建筑</td><td>消防控制室、消防水泵、消防电梯及其排水泵、防排烟设施、火灾自动报警及联动控制装置、自动灭火系统、火灾应急照明及疏散指示标志、电动防火卷帘、门窗及阀门等消防用电，走道照明、值班照明、警卫照明、障碍照明，主要业务和计算机系统电源，安防系统电源，电子信息设备机房电源，客梯电力，排污泵，变频调速（恒压供水）生活水泵电力</td><td>一级</td></tr>
<tr><td>27</td><td>二类高层建筑</td><td>消防控制室、消防水泵、消防电梯及其排水泵、防排烟设施、火灾自动报警及联动控制装置、自动灭火系统、火灾应急照明及疏散指示标志、电动防火卷帘、门窗及阀门等消防用电，主要通道及楼梯间照明，客梯电力，排污泵，变频调速（恒压供水）生活水泵电力</td><td>二级</td></tr>
</table>

注：1. 负荷级别表中“一级*”为一级负荷中特别重要负荷。

2. 各类建筑物的分级见现行的有关设计规范。

（二）交流电压为 10（6）kV 及以下的配变电所

1．配变电所的位置

配变电所的位置应深入或接近负荷中心运行方便，场址安全，无污染、无积水的场地。可以单独设置或设在建筑物内。设在地下室的配变电所不宜设在最低层，应按环境要求加设机械通风、除湿设备或空气调节设备。当地下只有一层时应采取防止积水浸渍的措施。

（1）高层建筑或大型民用建筑宜设室内配变电所。

（2）多层住宅小区宜设户外预装式变电所，也可以设置室内或外附式配变电所。

2．配电变压器

设置在民用建筑中的变压器，应选择干式、气体绝缘或非可燃性液体绝缘的变压器。当单台变压器油量为 100kg 及以上时，应设置单独的变压器室。

3．主接线及电器

配变电所电压为 10（6）kV 及 0.4kV 的母线，宜采用单母线或单母线分段接线形式。

配变电所电压 10（6）kV 电源进线开关宜采用断路器或带熔断器的负荷开关。当无继电保护和自动装置要求，且供电容量较小、出线回路数少、无须带负荷操作时，也可采用隔离开关或隔离触头。

由总配变电所用放射式向分配变电所供电的同一用电单位，分配变电所的电源进户线的开关应符合下述规定：

（1）电源进户线开关宜采用能带负荷操作的开关电器，当有继电保护要求时，应采用断路器。

（2）总配变电所与分配变电所相邻或位于同一建筑平面内，且两所之间无其他阻隔而能直接相通，当无继电保护要求时，分配变电所的电源进线可不设开关电器。

4．室内配变电所的布置

建筑室内配变电所不宜设置裸露带电导体或装置，不宜设置带可燃油的电气设备和变压器，室内配变电所应按下列要求布置：

（1）不带可燃油的 10（6）kV 配电装置、低压配电装置和干式变压器等可设置在同一房间内。具有符合 IP3X 防护等级外壳的不带可燃油的 10（6）kV 配电装置、低压配电装置和干式变压器，可以相互靠近布置（IP3X 防护等级外壳指符合《低压电器外壳防护等级规定》，能防止直径大于 2.5mm 固体异物进入壳内）。

（2）电压为 10（6）kV 可燃性油浸电力电容器应设置在单独的房间内。

5．内设可燃性油浸变压器的独立配变电所的防火间距

内设可燃性油浸变压器的独立配变电所的防火间距，必须符合《建筑设计防火规范》GB 50016—2014（2018 年版）第 3.4.1 条的要求，并符合下列规定：

（1）变压器应分别设在单独的房间内，配变电所宜为单层建筑，两层布置时，变压器应设在底层。

（2）正常运行的变压器，应能安全方便地观察油位、油温和抽取油样。

（3）变压器的进线可采用电缆，出线可采用电缆或封闭式母线。户外预装式变压器的进、出线均宜采用电缆。

（4）变压器室的门应向外开启，门前应有运输通道，室内可不设吊芯检修。

（5）变压器室应设置储存变压器全部油量的事故储油设施。

6．配电装置的设置

（1）同一配变电所供给一级负荷用电的两回路电源的配电装置应分列设置，当不能分列设置时，其母线分段处应设置防火隔板或隔墙。供给一级负荷用电的两回路电缆不宜敷设在同一电缆沟内，当无法分开时，宜采用耐火类电缆。当采用绝缘和护套均为非延燃性材料的电缆时，电缆应分别设置在电缆沟的两侧支架上。

（2）电压 10（6）kV 和 0.4kV 的配电装置室内，应留有相应配电装置的备用位置。0.4kV 的配电装置还应留有适当的备用回路。

（3）人员值班室与低压配电装置室合并时，值班人员工作的一端，配电装置与墙的净距不应小于 3.0m。

7．设置变压器的空间尺寸

室内变压器外轮廓（防护外壳）与墙体的净距不应小于表 8-34 的规定。

室内变压器外轮廓（防护外壳）与墙体（门）的净距（m）　　表8-34

项目 \ 变压器容量（kVA）	100～1000	1250～2500
油浸变压器外轮廓与后墙壁、侧墙壁净距	0.6	0.8
油浸变压器外轮廓与门的净距	0.8	1.0
干式变压器带有 IP2X 及以上防护等级金属外壳与后墙壁、侧墙壁净距	0.6	0.8
干式变压器带有 IP2X 及以上防护等级金属外壳与门的净距	0.8	1.0

注：1．表中数值不适用于制造厂的成套产品。

2．IP2X指防止手指（直径12.5mm及以上固体外来物）接近危险部件，不要求防水等级。

3．变压器外轮廓之间的最小净距见《民用建筑电气设计规范》JGJ 16—2008第4.5.10条。

8．配电装置室内空间高度和通道的净宽

室内配电装置距房屋顶板的距离不宜小于 0.8m，当有梁时，距梁底不宜小于 0.6m。配电装置室内通道的净宽见表 8-35 的规定。

配电装置室内通道的净宽（m）　　表8-35

开关柜布置方式	柜后维护通道	柜前操作通道	
		固定式	手车式
单排布置	0.8	1.5	单车长度 +1.2
双排面对面布置	0.8	2.0	双车长度 +0.9
双排背对背布置	1.0	1.5	单车长度 +1.2

注：1．固定式开关柜为靠墙布置时，柜后与墙净距应大于0.05m，侧面与墙净距应大于0.2m。

2．通道宽度在建筑物的墙面遇有柱类局部凸出时，凸出部位的通道宽度可减少0.2m。

9．低压配电装置

当成排布置的配电屏长度大于 6m 时，屏后面的通道应设有两个出口。当两个出口之间的距离大于 15m 时，应增加出口。成排布置的配电屏，其屏前屏后的通道净宽不应小于表 8-36 的规定。

配电屏前后的通道净宽（m）　　表8-36

装置种类 \ 布置方式	单排布置		双排对面布置		双排背对背布置	
	屏前	屏后	屏前	屏后	屏前	屏后
固定式	1.5	1.0	2.0	1.0	1.5	1.5
抽屉式	1.8	1.0	2.3	1.0	1.8	1.0
控制屏（柜）	1.5	0.8	2.0	0.8	—	—

注：1．当建筑物的墙面遇有柱类局部凸出时，凸出部位的通道宽度可减少0.2m。

2．各种布置方式，屏端通道净宽不应小于0.8m。

10．配变电所的防火设计要求

（1）配电装置建筑的耐火等级

可燃油油浸电力变压器室的耐火等级应为一级。

非燃或难燃介质的电力变压器室、电压为 10（6）kV 的配电装置室和电容器室的耐火等级不应低于二级。

低压配电装置室和电容器室的耐火等级不应低于三级。

（2）配变电所的门应为防火门

配变电所防火门的适用范围　表8–37

甲级防火门	乙级防火门
1．配变电所位于高层建筑（或裙房）内时，通往其他相邻房间的门应为甲级防火门	1．配变电所位于高层建筑（或裙房）内时通往过道的门应为乙级防火门
2．配变电所位于多层建筑的二层或更高层时，通往其他相邻房间的门应为甲级防火门	2．配变电所位于多层建筑的二层或更高层时，通往过道的门应为乙级防火门
3．配变电所位于地下层或下面有地下层时，通往相邻房间或过道的门应为甲级防火门	3．配变电所位于多层建筑的一层时，通往相邻房间或过道的门应为乙级防火门
4．配变电所附近堆有易燃物品或通向汽车库的门应为甲级防火门	

注：配变电所直接通向室外的面应为丙级防火门。

（3）室内配变电所的最小空间尺度

配电装置室及变压器室门的宽度宜按最大不可拆卸部件宽度加 0.3m，高度宜按最大不可拆卸部件高度加 0.5m。

（4）室内配变电所的环境安全

1）大气环境

配变电所各房间经常开启的门、窗，不宜直通含有酸、碱、蒸气、粉尘和噪声严重的场所。当配变电所与上、下或贴邻的居住、办公房间仅有一层楼板或墙体相隔时，配变电所内应采取屏蔽、降噪等措施。

2）窗户设防

电压 10（6）kV 的配电室和电容器室，宜装设不能开启的自然采光窗，窗台距室外地坪不宜低于 1.8m。临街的一面不宜开设窗户。变压器室、配电装置室、电容器室等应设置防止雨、雪和小动物进入屋内的设施。

3）出口、开门

大于 7m 的配电装置室应设两个出口，并宜布置在配电室两端。当配变电所采用双层布置时，位于楼上的配电装置室应至少设一个通向室外的平台或通道的出口。

变压器室、配电装置室、电容器室的门应向外开，并应装锁。相邻配电室之间设门时，门应向低电压配电室开启。

11．配变电所的防水和暖通设计要求

（1）配变电所的通风防热

1）地上配变电所内的变压器室宜采用自然通风，地下配变电所内的变压器室应设机械送排风系统，夏季的排风温度不宜高于 45°，进风和排风的温差不宜大于 15°。地下配变电所内的控制室、值班室应确保通风空调的工作条件。

2）电容器室应有反映室内温度的指示装置，室内应有良好的自然通风，夏季排风温度不超过电容器允许的最高环境空气温度。

3）当变压器室、电容器室采用机械通风或配变电所位于地下层时，其专用的通风管道应采用非燃烧材料制作。空气质量差时，宜在进风口处加空气过滤器。装有六氟化硫（SF_6）设备的配电装置室应设底部排风口。

4）在采暖地区的控制室、值班室应采暖，其计算温度为18°。在严寒地区，当配电室内温度影响电气设备元件和仪表正常运行时应有采暖措施。控制室、配电装置室的采暖装置应防止渗漏，不应有法兰、螺纹接头和阀门等。

5）在炎热地区的配变电所，应作隔热屋面。控制室、值班室宜通风除湿，纳入空调系统。

6）变压器室、电容器室、配电装置室、控制室内不应有其他无关的管道通过。

7）电气专业箱体不宜在建筑物的外墙内侧嵌入式安装，不然的话在箱体预留孔外墙侧应加保温或隔热层。

（2）配变电所的防水

1）配变电所的电缆沟和电缆室，应有防水排水措施。配变电所设置在地下层时，进出地下层的电缆口必须采取有效的防水措施。

2）地下配变电所内的控制室、值班室在高潮湿环境地区还应设置吸湿机或在装置内加装去湿电加热器，在地下层应有排水和防进水措施。

（三）低压（民用建筑工频交流电压1000V及以下）配电

1．低压配电系统的设计要求

（1）变压器二次侧至用电设备之间的低压配电级数不宜超过三级；各级低压配电箱宜留有备用回路。

（2）由市电引入的低压电源线路，应在电源箱的受电端设置具有隔离作用和保护作用的电器；由本单位配变电所引入的专用回路，在受电端可装设不带保护的开关电器；对于树干式供电系统的配电回路，各受电端均应装设带保护的开关电器。

（3）由建筑物外引入的配电线路，在进线点应装设隔离电器，当多路进线时，每路都应装设隔离电器，以便在维修设备或线路时断开电源确保人身安全。见《低压配电设计规范》GB 50054—2011第3.1.3条和《供配电系统设计规范》GB 50052—2009第7.0.10条的条文说明。

（4）水泵房内同时设置消防泵、喷淋泵和生活泵，消防泵、喷淋泵必须采用专用供电回路与生活泵分开供电。当用电设备确定为二级负荷时，可采用共用的双电源供电或采用互为备用的双电源PC级（第四代）自动转换开关（ATSE），但从分配电室配电装置至消防水泵、喷淋水泵的配电线路应与其他动力、照明配电线路分开，在这种混合负荷的供电系统中，不能采用CB级（第二代）自动转换开关（ATSE）。消防水泵房的潜水泵可以和消防水泵共用电源线路和配电箱。

（5）消防用电设备应采用专用的供电回路，当生产、生活用电被切断时，应仍能保证消防用电。其配电设备应有明显标志。

各类建筑的消防控制室、消防水泵、消防电梯、防烟排烟风机房的消防用电设备，应在其配电线路的最末一级配电箱处设置自动切换装置。

一类高层建筑自备发电设备，应设有自动启动装置，并能在30s内供电。

二类高层建筑自备发电设备，采用自动启动装置有困难时，可以采用手动启动装置。

（6）突然断电比过负荷造成的损失更大的线路，应符合《低压配电设计规范》GB 50054—2011第6.3.6条的规定，其过负荷保护不应切断线路，可作用于信号。

消防设备电动机主回路的过载保护应按《通用用电设备配电设计规范》GB 50055—2011 第 2.4.6 条的规定：1）运行中容易过载的电动机，起动或自起动条件困难而要求限制启动时间的电动机应装设过载保护；但断电导致损失比过载更大时，不宜装设过载保护或使过载保护动作于信号。2）短时工作或断续周期工作的电动机，可不装设过载保护，当电动机运行中可能堵转时，应装设保护电动机堵转的过载保护。

2. 低压配电导体

（1）低压配电导体截面的选择应符合下列要求。

1）按敷设方式、环境条件确定的导体截面，其导体载流量不应小于预期负荷的最大计算电流和按保护条件所确定的电流。

2）线路电压损失不应超过允许值。

3）导线应满足动稳定与热稳定的要求。

4）导体最小截面应满足机械强度的要求，配电线路每一相导体截面不应小于表 8–38 的要求。

导体最小允许截面　　表8–38

布线系统形式	线路用途	导体最小截面（mm^2）	
		铜	铝
固定敷设的电缆和绝缘电线	电力和照明线路	1.5	2.5
	信号和控制线路	0.5	—
固定敷设的裸导体	电力（供电）线路	10	16
	信号和控制线路	4	—
用绝缘电线和电缆的柔性连接	任何用途	0.75	—
	特殊用途的特低压电路	0.75	—

（2）配电的保护中性线 PEN

1）TN–C、TN–C–S 系统中的 PEN 导体应满足下列要求。

① 必须有耐受最高电压的绝缘。

② TN–C–S 系统中的 PEN 导体从某点分为中性导体和保护导体后，不得再将这些导体互相连接。

TN–C 系统为整个系统的中性线与保护性是合一的三相四线制配电系统。适用于三相负荷平衡，未设剩余电流保护器的配电系统。由于采用 PEN 做设备接地，无法实施电气隔离，不能保证检修人员安全，现较少采用。

TN–C–S 系统是电源中性直接接地，有部分中性线与保护线是合一的三相四线制配电系统，适用于小区住宅配电。

2）外界可导电部分，严禁用作 PEN 导体。在 TN–C 系统中，严禁断开 PEN 导体，不得装设断 PEN 导体的电器。

3）TN–S 系统中性线与保护线是分开的。适用于大中型公共建筑配电。

（3）低压配电线路的保护

1）配电线路的短路保护应在短路电流对导体和连接件产生的热效应和机械力造成危险之前切断短路电流。

2）配电线路的过负荷保护，应在过负荷电流引起的导体温升对导体的绝缘、接头、端子或导体周围的物质造成损害前切断负荷电流，对于突然断电比过负荷造成的损失更大的线路的过负荷保护应作用于信号而不应切断电流。

（4）TN 系统配电线路的接地故障保护

对于相导体对地标称电压为 220V 的 TN 系统配电线路的接地故障保护，其切断故障回路的时间应符合下列要求：

1）对于配电线路或仅供给固定式电器设备用电的末端线路，不应大于 5s。

2）供电给手持式电气设备和移动式电器设备用电的末端线路或插座回路，不应大于 0.4s。

3）配电系统采用 TN、TT、IT 三种接地型式。

在三相四线制中 TN 接地型式的 T 表示电源中性点工作接地，N 表示相线负载侧的接地，负载保护接地与系统工作接地相连。TN 系统是电源端中性点直接接地，把设备金属外壳、用保护线 PE 与中性点连接。

在三相四线制的 TT 接地型式中，电力系统有一个直接接地点，电器设施的外露可导电部分用保护线 PE 接至电气中与该系统接地点无关联的接地极。

在三相三线制中 IT 接地型式不引出中性线，I 表示带电零件与地面绝缘或由某一点经阻抗接地，T 表示电气外壳保护接地与电源接地无关。适用于不间断供电要求高和对接地故障电压有严格限制的场所，如应急电源、消防、胸腔手术室等场所。

4）《建筑电气工程施工质量验收规范》GB 50303—2011 第 19.1.6 条规定，当灯具距地面高度小于 2.4m 时，灯具的可接近裸露导体必须接地（PE）或接零（PEN）可靠，并应有专用接地螺栓，且有标识。

5）《低压配电设计规范》GB 50054—2011 第 7.1.3 条规定，除规范规定的线路外，其他回路的线路不应穿于同一根管路内。

（5）供电半径

变电所低压配出干线的供电半径不大于 200m；配电间的末级配电箱或控制箱的末端配电半径为 30～50m 均为经验数据，用电设备容量大超出上述半径长度应验算电压损失。

（6）天棚（天花、吊顶、闷顶、顶棚）内配电线路的敷设

1）可采用阻燃塑料管布线的规定如下。

《建筑防火设计规范》GB 50016—2014（2018 年版）第 10.2.3 规定配电线路敷设在有可燃物的闷顶、吊顶内时，应采取穿金属管，采用封闭式金属线槽盒等防火保护措施。

2）不可采用阻燃塑料管布线的规定如下。

①《低压配电设计规范》GB 50054—2011 第 7.2.8 条规定，在建筑物闷顶内有可燃物时，应采用金属管、金属槽盒布线。

②《办公建筑设计规范》JGJ 67—2006 第 7.3.3 条规定，办公建筑电气管线应暗敷，管材及线槽应采用非燃烧材料。

建议设计时，在吊顶内不可采用阻燃塑料管布线，应防止小动物咬断线材，造成安全事故。

（四）电气竖井

1. 电气竖井的设置

（1）电气竖井宜靠近电负荷中心。

（2）电气竖井不应和电梯井、其他管道井共用同一竖井。

（3）邻近电气竖井不应有烟道、热力管道及其他散热量大或潮湿的设施。

（4）电气竖井宜仅量避免与电梯井及楼梯间相邻设置。

（5）电气竖井的大小除应满足布线间隔及端子箱、配电箱所需尺寸外，在箱体前宜留有 0.8m 的维护距离，或利用公共走道维护作业。

2. 电气竖井的布线

（1）电气竖井内垂直布线，应考虑如下因素。

1）电气顶部最大变位和层间变位对干线的影响。

2）电线、电缆及金属保护导管、保护罩等自重所带来的荷重影响及其固定方式。

3）垂直干线与分支干线的连接方法。

（2）电气竖井内的设施

1）电气竖井内高压、低压和应急电源的电气线路之间应保持不小于0.3m的距离或采取隔离措施，并且高压线路应设有明显标志。

2）电力和电信线路宜分别设置竖井或者应分别布置在竖井的两侧或采取隔离措施。

3）电气竖井内应设电气照明及三孔电源插座。

4）电气竖井内应敷设接地干线和接地端子。

5）电气竖井内不应有其他管道通过。

二、火灾自动报警系统

（一）火灾自动报警系统设计图要求

火灾自动报警系统设计包括如下要求：

1. 火灾自动报警及消防联动控制系统图、施工说明、报警及联动控制要求。

2. 自动报警系统各层平面图应包括设备及器件布点、连线、线路型号、规格及敷设要求。

3. 电气火灾自动报警系统，应绘制系统图，以及各监测点名称、位置等。

（二）设置火灾自动报警系统的建筑

应该设置火灾自动报警系统的建筑如下：

1. 高层建筑见《建筑设计防火规范》GB 50016—2014（2018年版）第8.4.1条和第8.4.2条的规定如下。

（1）建筑高度大于100m的住宅，其他高层住宅或有消防联动控制要求的一、二类高层住宅的公共场所。

（2）其他一类高层公共建筑。

2. 其他建筑和场所

（1）任一层建筑面积，大于1500m^{2}或总建筑面积大于3000m^{2}的制鞋、制衣、玩具、电子等类似用途的厂房。

（2）每座占地面积大于1000m^{2}的棉、毛、丝、麻、化纤及其制品的仓库，占地面积大于500m^{2}或总建筑面积大于1000m^{2}的卷烟仓库。

（3）任一层建筑面积大于1500m^{2}或总建筑面积大于3000m^{2}的商店、展览、财贸金融、客运和货运等类似用途的建筑，总建筑面积大于500m^{2}的地下或半地下商店。

（4）图书或文物的珍藏库，每座藏书超过50万册的图书馆，重要的档案馆。

（5）地市级及以上广播电视建筑、邮政建筑、电信建筑、城市或区域性电力、交通和防灾等指挥调度建筑。

（6）特等、甲等剧场，座位数超过1500个的其他等级的剧场或电影院，座位数超过2000个的会堂或礼堂，座位数超过3000个的体育馆。

（7）大、中型幼儿园的儿童用房等场所，老年人照料设施，任一层建筑面积大于1500m^{2}或总建筑面积大于3000m^{2}的疗养院的病房楼、旅馆建筑和其他儿童活动场所，不少于200床位的医疗门诊楼、病房楼和手术部等。老年人用房及其公共走廊、均应设置火灾探测器和声警报装置或消防广播。

（8）歌舞娱乐放映游艺场所。

（9）净高大于2.6m且可燃物较多的技术夹层，净高大于0.8m且有可燃物的闷顶或吊顶内。

（10）电子信息系统的主机房及其控制室、记录介质库、特殊贵重或火灾危险性大的机器、仪表、仪器设备室、贵重物品库房。

（11）二类高层公共建筑内建筑面积大于 50m^2 的可燃物品库房和建筑面积大于 500m^2 的营业厅。

（12）设置机械排烟、防烟系统，雨淋或预作用自动喷水灭火系统，固定消防水炮灭火系统、气体灭火系统等需与火灾自动报警系统联锁动作的场所或部位。

3. 地下民用建筑

（1）地下铁道、车站、Ⅰ、Ⅱ类地下汽车库。

（2）地下影剧院、礼堂。

（3）地下商场、医院、旅馆、展览厅、歌舞娱乐厅、放映游艺场所。

（4）地下重要的实验室、图书库、资料库、档案库。

4. 建筑高度超过 250m 的民用建筑的火灾自动报警系统设计，应由国家消防主管部门组织专题研究论证。

（三）可燃气体浓度报警装置

1.《建筑设计防火规范》GB 50016—2014（2018 年版）第 5.4.17 条规定，建筑采用瓶装液化石油气瓶组供气时，应设置独立的瓶组间，应设置可燃气体浓度报警装置。

2.《建筑设计防火规范》GB 50016—2014（2018 年版）第 8.4.3 条规定建筑内可能散发可燃气体、可燃蒸气的场所应设可燃气体报警装置。如燃气调压间、加油、加气站，石油化工天然气行业要求设置的场所。室内可燃气体检测器的有效半径宜为 7.5m，室外可燃气体检测器的有效半径宜为 15m。

3.《城镇燃气设计规范》GB 50028—2006 第 10.5.3 条规定，商业用气设备在地下室、半地下室（液化石油气除外）或地上密闭房间内时“用气房间应设燃气浓度检测报警器，并由管理室集中监控；宜设烟气一氧化碳浓度检测报警器”。

《城镇燃气设计规范》GB 50028—2006 第 10.8.1 条规定如下。

在下列场所应设燃气浓度检测报警器：

（1）建筑内专用的封闭式燃气调压、计量间。

（2）地下室、半地下室和地上密闭的用气房间。

（3）燃气管道竖井。

（4）地下室、半地下室引入管穿墙处。

（5）有燃气管道的管道层。

《城镇燃气设计规范》GB 50028—2006 第 10.4.3 条规定，居民住宅厨房内宜设排气装置和可燃气体报警器。

4.《洁净厂房设计规范》GB 50073—2013 第 9.3.6 条规定，洁净厂房中储存、使用易燃易爆气体的场所，管道入口处，管道阀门等气体易泄漏的地方，应设可燃气体浓度报警器。

5.《锅炉房设计规范》GB 50041—2008 第 11.1.7 条和第 11.1.9 条规定，燃气调压间，燃气锅炉间和油泵间，应设可燃气体浓度报警装置。每个可燃气体检测器的探测面积为 10～20m^2 。

三、消防联动控制

（一）消防联动控制设计

1. 消防联动控制对象

（1）各类自动灭火设施。

（2）通风及防烟、排烟设施。

（3）防火卷帘、防火门、水幕。

（4）电梯。

（5）非消防电源的断电控制。

（6）火灾应急广播、火灾警报、火灾应急照明、疏散指示标志的控制等。

火灾应急广播线路，不应和火警信号、联动控制线路等其他线路同导管或同线槽敷设。火灾应急广播用扬声器不宜加开关或设有音量调节器时，应采用三线式配线，强制火灾应急广播开放。火灾应急广播馈线电压不宜大于 110V。

2. 消防联动控制方式

（1）集中控制。

（2）分散控制与集中控制相结合。

（二）消防控制中心（室）

1. 消防控制中心（室）的设置范围

（1）设有火灾自动报警和消防联动控制系统的建筑物应设消防控制室。

（2）建筑物仅有火灾自动报警系统且无消防联动控制功能时，可以只设消防值班室。

（3）需要集中控制的建筑群，消防规模大和建筑高度超过 100m 的高层民用建筑，应设消防控制中心。

（4）大空间建筑，当建筑内设有消防水炮灭火系统时，其消防控制室应按《固定消防炮灭火系统设计规范》GB 50338—2016 的要求设置。

（5）封闭段长度超过 1000m 的隧道宜设置消防控制室。

（6）消防控制中心（室）可以和建筑设备监控系统、安全防范系统合建。

2. 消防控制中心（室）的位置

（1）消防控制中心（室）应设置在建筑的首层或地下一层，设在首层应有直通室外的安全出口，设在地下一层时，其与通往室外安全出入口的距离不应大于 20m。

（2）应设在交通方便和消防人员容易发现和接近的部位。

（3）应设在火灾时不易延烧的部位。

（4）宜与防灾监控、广播、通信设施用房合建或邻建，方便布线。

（5）消防控制中心（室）应远离强磁场干扰场所，其四周不应设置变压器室、配电室。

（6）消防控制中心（室）宜远离振动源、噪声源，或者采取隔振、消声和隔声措施。

（7）消防控制中心（室）应远离粉尘、油烟、有害气体以及生产或储存有腐蚀性、易燃、易爆物品的场所。

（8）消防控制中心（室）不应建在厕所、浴室或其他潮湿、易积水场所的正下方或贴邻布置。

（9）消防控制中心（室）的门应向疏散方向开启，且消防控制室入口处应有明显标志。

四、安全技术防范系统监控中心

安全技术防范系统监控中心宜设在建筑的首层（一层），可与消防、建筑设备自动化系统 BAS 等控制室合用或邻接，合用时监控中心宜位于防护体系的中心区域。

系统监控中心应设置为禁区，应有保证自身安全的防护措施和进行内外联络的通信手段，并应设置紧急报警装置和留有向上一级接警中心报警的通信接口。

五、防雷设计

（一）防雷设计的部分强制性规定

1. 在防雷装置与其他设施和建筑物内人员无法隔离的情况下，装有防雷装置的建筑物，应采取等电位联接。

2．不得利用安装在接收无线电视广播的共用天线的杆顶上的接闪器保护建筑物。

3．当采用敷设在钢筋混凝土中的单根钢筋或圆钢作为防雷装置时，钢筋或圆钢的直径不应小于 10mm。

（二）防雷设计问题探讨

1．防雷引下线的间距

防雷引下线之间的间距有的设计人员认为是物理间距，有的著作理解为电气间距，理由是雷电流经屋顶避雷带及防雷引下线时，其经过的必定是电气路径。也就是说女儿墙上弯曲的避雷带应按直线距离计算电气间距，从而计算防雷引下线的间距[29]。

2．天井避雷带的设置

中空天井或屋面大跨度构架，如果尺度大于避雷网格规定的尺寸，那么中空部位的周围设有闭合的避雷带后，可以不再设跨接的避雷带。

3．屋顶避雷带的暗埋敷设

屋顶避雷带应明装而不宜暗埋敷设。第三类防雷建筑的屋顶避雷带暗埋敷设于建筑的抹灰层内，暗敷的避雷带外表的水泥抹灰层厚度不应大于 20mm。

4．防雷接地及保护接地的电阻

通常接地分为功能性接地，如工作接地、直流接地、屏蔽接地、信号接地等；又分为保护接地，如防电击接地、防雷接地、防静电接地、防电化学腐蚀接地等。

按照《民用建筑电气设计规范》JGJ 16—2008 的有关规定，通常情况下接地电阻有如下要求：

（1）低压系统中，配电变压器中性点的接地电阻不宜超过 4Ω。

（2）配电变压器位于建筑物外部时，低压电缆在引入该建筑处的接地电阻为：

对于 TN-S 或 TN-C-S 系统，保护线 PE 或保护中性线 PEN 应重复接地，接地电阻不宜超过 10Ω。对于 TT 系统，有一保护线 PE 单独接地，接地电阻不宜超过 4Ω。

（3）在第二、三类防雷建筑物中，设置专引人工防雷引下线时（极少设置），每根引下线的冲击电阻分别不宜大于 10Ω、30Ω。如果利用自然防雷引下线时，每根引下线的冲击电阻尚无具体规定，宜现场测试后取安全值。

（4）除另有规定要求外，电子、信息和计算机设备接地电阻值不宜超过 4Ω。

建筑内是否有电子、信息和计算机设备，通常以设置有主机设备（电源设备）或设备机房为判别依据。

（5）如果采取共用接地方式，其接地电阻应以各种接地系统中要求接地电阻最小的数值为依据。除另有规定要求外，各种接地系统与防雷接地系统共用接地体时，接地电阻值不应大于 1Ω。

5．专门设置的接闪网格尺寸

《建筑物防雷设计规范》GB 50057—2010 第 5.2.12 条规定设置接闪器网格尺寸见表 8-39。

接闪器网格尺寸 表8-39

建筑物防雷类别	滚球半径 hr（m）	接闪网格尺寸（m）
第一类防雷建筑物	30	≤5×5 或 6×4
第二类防雷建筑物	45	≤10×10 或 12×8
第三类防雷建筑物	60	≤20×20 或 24×16

注意：规定是对网格的长、宽尺寸的限制，不能折合面积计算。

六、特殊场所的电气安全防护

在浴室、游泳池和喷水池及其周围，由于人身电阻降低和身体结触地电位而增加了电击危险，需设置电气安全防护措施。

（一）浴室的电气安全防护

1．浴室的电气安全防护应按照《民用建筑电气设计规范》JGJ 16—2008 附录 D 规定中划分的 0、1 和 2 区域范围，采取相应的电气安全防护措施。

2．建筑物应采取 MEB 总等电位联接和 SEB 辅助等电位联接。辅助等电位联接应把 0、1 和 2 区内所有外界可导电部分与位于这些区内的外露可导电部分的保护导体连接起来。

3．在 0 区内应采用标称电压不超过 12V 的安全特低电压供电，其安全电源应设于 2 区以外的地方。

4．除安装在 2 区内的防溅型剃须插座外，各区内所选用的电气设备的防护等级应符合下列规定：

（1）在 0 区内应至少为 IPX7。

（2）在 1 区内应至少为 IPX5。

（3）在 2 区内应至少为 IPX4，在公共浴池内应为 IPX5。

5．开关和控制设备

（1）在 0、1 和 2 区内，不应装设开关设备及线路附件，在 2 区外安装插座时，其供电应符合下列条件：

1）可由隔离变压器供电。

2）可由安全特低电压供电。

3）由剩余电流保护器保护的线路供电，其额定电流值不应大于 30mA。

（2）开关和插座距预制淋浴间的门口不得小于 0.6m。

（二）游泳池的电气安全防护见《民用建筑电气设计规范》JGJ 16—2008 第 12.9.3 条。

（三）喷水池的电气安全防护见《民用建筑电气设计规范》JGJ 16—2008 第 12.9.4 条。

第十节　电气施工图设计校对表

电气施工图设计校对表　　　　**表8–40**

编号：

工程名称		设计编号：	勘误数量：			
项目	校核内容	说明	自检	校对	审核	审定
一、图纸要求	1. 建筑电气专业设计文件应包括图纸目录，设计说明，设计图，主要设备表，计算书。 2. 图纸目录应按图纸序号排列，先列绘制的设计图纸，后列重复利用图和标准图。 3. 设计说明和文字表达的内容符合国家现行规范、标准应无疏漏失误和错别字。 4. 设计图中工程名称、设计编号等表述正确并与建筑图统一。 5. 设计图中图纸表述应符合制图标准，设计内容应达到国家规定的设计文件编制深度要求。 6. 采用的图例与专业标准的统一图例，线型与规定要求相符。 7. 计量单位正确，字体比例适当。					

续表

工程名称		设计编号：	勘误数量：			
项目	校核内容	说明	自检	校对	审核	审定
一、 图纸 要求	8. 修改图应说明修改内容，修改部位，修改原因及依据，注明作废图纸的图名，图号和版次。 9. 本专业图与相关专业接合部分措施得当，与设计要求符合					
二、 设计 说明	1. 工程概况：叙述初步设计（方案）已审批定案的各项设计指标，建筑的类型特点。 2. 设计依据、设计范围、设计内容、建筑电气系统主要指标 （1）上阶段设计文件批复意见。 （2）依据的现行规范、标准（名称、编号、年号、版次） （3）建设方提供有关部门批文（供电、消防、通讯、公安）认定的设计基础资料，任务书等设计要求。 （4）相关专业提供的设计条件专业要求，分工界面。 （5）建筑类型特点。 ★（6）建筑电气规定指标 3. 各系统的施工要求，注意事项（如线路选型、布线、设备安装）。 ★ 4. 各项设备的主要技术要求（可标示在相应图纸上）。 5. 防雷及接地保护等系统的要求（可标示在相应图纸上）。 ★ 6. 电气节能和环保措施禁用淘汰产品。 7. 绿色建筑电气设计的目标，技术措施和所达到的绿色建筑技术指标 8. 智能化系统设计概况、各系统的供电、防雷及接地要求、与其他专业设计的分工界面、接口要求 9. 相关专业之间的技术接口界面要求。 10. 对专项设计、深化设计的概况、相互分工界面、接口条件。 11. 包括设备选型、规格及安装内容的图例符号					
三、 电气总 平面图	1. 单体设计时，无须出总图。 2. 电气总平面图应标示建筑物，构筑物名称，编号，层数，标高，道路，地形等高线和用户安装容量。 3. 标注变、配电站位置、编号，变压器台数、容量，发电机台数，容量，室外配电箱的编号、型号，室外照明灯具的规格、型号、容量。 4. 架空线路应注明：线路规格及走向、回路编号、杆位编号、档数、挡距、杆高、拉线、重复接地、避雷器等，列出标准图集选择表。 5. 电缆线路应标注：线路走向、回路编号、敷设方式、人（手）孔型号、位置。 6. 标示比例、指北针。 7. 须统一表述的附图、补充说明					
四、变 配电站 （房） 设计图	1. 高低压配电系统图（一次线路图） 图中应标明母线的型号、规格，变压器，发电机的型号、规格，开关、断路器、互感器、继电器、电工仪表（含计量仪表）等的型号、规格、整定值。					

续表

工程名称		设计编号：	勘误数量：			
项目	校核内容	说明	自检	校对	审核	审定
四、变配电站（房）设计图	2. 图下方表格标注：开关柜编号、开关柜型号，回路编号，设备容量，计算电流，导体型号及规格，敷设方式，用户名称，二次原理图方案号（选用分格式开关柜时，可增加小室高度或模数等相应栏目）。 ★正确选择高压配电系统的结线，运行方式，继电保护，操作电源等。 3. 按不同负荷等级合理选择供电方案，合理布置低压系统结线，联络主备用电源之间的切换及应急母线的结线。 4. 核对选择低压系统的电容补偿是否正确。 5. 平、剖面图，应按比例绘出变压器、发电机、开关柜、控制柜、直流及信号柜，补偿柜，支架、地沟、接地装置等平面布置、安装尺寸，绘出变配电站（房）的典型剖面，采用标准图时应标明标准图编号、页次、进出线回路编号，敷设方式等。 ★ 6. 布置变配电站发电机房应预留发展余地，各层电气管井无遗漏，面积恰当；配电干线与其他管线布置无冲突，间距尺寸符合规定。 7. 核对开关柜型号、编号、设备元件、仪表选型无误。 8. 正确选用电缆型号和规格。 9. 室内配电设备安装尺寸、设备间距、电缆沟布置应符合规范要求。 10. 继电保护和信号二次方案宜选用标准图、通用图。修改时，只绘制修改部分图，说明修改要求，图中控制柜直流电源及信号柜、操作电源等应选用企业标准产品，并标清产品型号、规格和适用要求。 11. 核对高低压系统图配电柜的排序应与配电室平面布置一致。 12. 标清楚变配电室接地干线规格尺寸和接地装置。 13. 正确标示高低压进线预备孔和套管位置、标高、尺寸，发电机房预留进出风口的大小恰当，无漏孔数。 14. 竖向配电系统：按建筑物位置，自电源点开始到终端配电箱为止，按设备相应配置楼层标示变配电站变压器台数、容量、发电机台数、容量、各终端配电箱编号，自电源点引出的回路编号、应与系统图一致，附相应说明					
五、配电设计图	1. 按比例绘制配电平面图应包括建筑门窗、墙体、轴线、主要尺寸、标准工艺设备编号及容量，布置配电箱，控制箱，标明编号；绘制线路、始、终点位置（含控制线路），标注回路规格、编号、敷设方式，凡需专项设计时，配电和控制设计图随专项设计，但在配电平面图上应标注预留配电箱、预留容量。 2. 应按不同负荷合理选择配电方式（放射式、树干式、环网式、混合式）。 3. 配电箱（控制箱）系统图，应标示配电箱编号、型号、进线回路编号，标注各元器件型号、规格、整定值，配出回路编号、					

续表

工程名称		设计编号：	勘误数量：			
项目	校核内容	说明	自检	校对	审核	审定
五、配电设计图	导线型号、负荷名称等（单相负荷应标明相别），要求受控制的回路应提供控制原理图或控制要求。对重要负荷供电回路宜标明用户名称。如配电箱（控制箱）在平面图可标注齐全的、不必出单独的配电箱（控制箱）系统图。 4. 校对配电系统进线回路与低压配电系统图出线回路编号相一致、系统图中各种电器元件、仪表选型正确。 ★ 5. 正确选择自动开关额定电流，脱扣器型号，规格和脱扣器电流，注意消防电源回路有无联动配合，有无设置分励脱扣器，消防设备的过负荷电源回路保护应符合规范要求。 6. 保护装置上下级的配合应恰当，插座回路应设置 30mA 漏电开关。 7. 正确选择电缆、电线型号规格、保护管（线槽）的选材、规格、敷设方式，配电线路较长时应校验电压降数值符合规范要求					
六、照明设计图	★ 1. 按比例绘制照明平面图应包括建筑门窗、墙体、轴线、主要尺寸、标注房间名称；绘制配电箱、灯具、开关、插座、线路等平面布置、标明配电箱编号、干线、分支线回路编号；需要二次装修部位另出装修设计图、但配电或照明平面图上应相应标注预留的照明配电箱，并标注预留容量；标注有代表性场所的设计照度值和设计功率密度值。 2. 按不同照明类型正确选择供电方案，选用灯具、安装高度和安装方式。 3. 选用光源、灯具和附件应采用节能产品，符合规范要求。 4. 正确选择每一照明回路的开关、导线、保护管（线槽）。 5. 确认每一单相回路不超过 16A，灯具数量不超过 25 个。 6. 按规范要求设置事故照明，疏散指示照明和应急照明，确认供电源无误。 7. 确认是否预留景观道路照明，航空障碍标志灯及人防报警等用电电源					
七、电气消防	1. 电气火灾监控系统 （1）绘制系统图标示各监测点名称、位置等。 （2）一次部分绘制标注在配电箱系统图上。 （3）平面图上标注或说明监控线路型号、规格及敷设要求。 2. 消防设备电源监控系统 （1）绘制系统图，标示各监测点名称、位置等。 （2）绘制电气火灾探测器并标注在配电箱系统图上。 （3）平面图上标注或说明监控线路型号、规格及敷设要求。 3. 防火门监控系统 （1）防火门监控系统图、施工说明。 （2）各层平面图、应包括设备及器件布点、连线、线路型号、规格及敷设要求					

续表

工程名称		设计编号：	勘误数量：			
项目	校核内容	说明	自检	校对	审核	审定
七、电气消防	4. 火灾自动报警系统 （1）火灾自动报警及消防联动控制系统图、施工说明、报警及联动控制要求。 （2）各层平面图、包括设备及器件布点、连线、线路型号、规格及敷设要求。 5. 消防应急广播 （1）消防应急广播系统图、施工说明 （2）各层平面图、包括设备及器件布点、连线、线路型号、规格及敷设要求					
八、智能化各系统设计	1. 智能化各系统及其子系统的系统框图 2. 智能化各系统及其子系统的干线桥架走向平面图 3. 智能化各系统及其子系统竖井布置分布图					
九、防雷、接地安全设计图	1. 绘制建筑物顶层平面、按比例标注轴线号、尺寸、标高、避雷针、避雷带、引下线位置，注明材料型号、规格、相应尺寸所采用标准图的编号、版本、页次等。 2. 按比例绘制接地平面图（可与防雷顶层平面重合）标示接地线、接地极、测试点，断接卡等的平面位置，材料型号、规格、相应尺寸、采用标准图编号、版本、页次（利用自然接地装置时此图可省略）。 3. 利用建筑物（构筑物）钢筋混凝土内的钢筋作为防雷接闪器、引下线、接地装置时，应标注连接点、接地电阻测试点、预埋件位置及敷设方式，采用标准图的编号、版次、页次。 4. 图中说明内容：防雷类别和采取的防雷措施（含防侧击雷、防雷击电磁脉冲、防高电位引入）；接地装置型式、接地极材料要求、敷设方式、接地电阻值等应符合规范要求；利用桩基、基础内钢筋做接地极时，应说明采取的技术措施。 5. 校核防雷击电磁脉冲措施、引下线和接地装置的材料、规格、安装要求。 6. 其他电气系统的工作或安全接地要求，如电源接地型式，直流接地，局部等电位、总等电位等如果采用公用接地装置应在接地平面图中标示。 7. 须按规范要求划分建筑物防雷等级。 8. 按防雷等级合理选择防直击雷和侧击雷措施，按规范和标准图要求选择接闪器、引下线和接地装置的材料、规格、安装要求					
十、建筑设备监控系统/系统集成设计图	1. 监控系统方框图绘至DDC站为止。 2. 图中应说明相关建筑设备监控（测）要求、点数、DDC站位置。 3. 协助承包方了解建筑设备情况和技术要求，审核承包方提交的深化设计图纸。					

续表

工程名称		设计编号：	勘误数量：			
项目	校核内容	说明	自检	校对	审核	审定
十、建筑设备监控系统/系统集成设计图	4. 绘制热工检测和自动调节系统。 （1）普通工程宜选用定型产品，仅列出工艺要求。 （2）绘制专项设计的自动控制系统图。 热工检测及自动调节原理系统图、自动调节方框图仪表盘及台面布置图、端子排接线图、仪表盘配电系统图、仪表管路系统图、锅炉房仪表平面图、主要设备材料表、设计说明					
十一、网络通信综合布线	1. 预备发展余地满足建设方要求、合理配置用户电话线路。 2. 确认电话插座位置合适、安装尺寸符合标准。 3. 设置电话交换机机房位置应适当、面积大小符合要求。 4. 按电信局要求预留安放进线箱的位置。 5. 确认预埋线管、型号和敷设方式正确					
十二、电气设备表	设备表注明电器设备名称、型号、规格、单位、数量					
十三、装配式建筑电气设计	1. 明确装配式建筑电器设备的设计原则及依据。 2. 预埋在建筑预制墙及现浇墙内的电气预埋箱、盒、孔洞、沟槽及管线等应有做法标注及详细定位。 3. 说明预埋管、线、盒及预留孔洞、沟槽及电气构件间的连接做法。 4. 墙内预留电气设备时的隔声及防火措施：设备管线穿过预制构件部位采取相应的防水、防火、隔声、保温等措施。 5. 采用预制结构柱内钢筋做防雷引下线时、应绘制预制结构柱内防雷引下线间连接大样，标注所采用防雷引下线钢筋、连接线规格及详细的构造作法					
十四、计算书	1. 补充初步设计未计算部分计算书。 2. 修改设计变更后重新计算的部分。 3. 核对初步设计电气计算书。 （1）用电设备负荷计算。 （2）变压器选型计算。 （3）电缆选型计算。 （4）系统短路电流计算。 （5）防雷类别的选取及计算，避雷针保护范围计算。 （6）照度值和照明功率密度值计算。 （7）各系统计算结果应标示在设计说明或相应图纸中。 （8）初步设计留下未计算的内容是否已补算					

注：1. 文件或图纸不齐全时应在备注栏中说明原因。
2. 自检栏中填写：√表示通过、○表示无要求。校对、审核、审定各自在相应栏目中填写错漏的数量，具体问题在校审卡中列出。核查数由审核、审定人员填写，表示发现前面校审未发现的问题。
3. 自检由设计人员和专业负责人完成。
4. 加★者为重点校对内容。

第十一节 电气施工图设计校核审定表

电气施工图设计校核审定表　　表8-41

编号：

工程名称		设计编号：	勘误数量：			
项目	核定内容	说明	自检	校对	审核	审定
审核	1. 设计应符合国家规范、合同约定，初步设计文件审查及有关部门（消防、人防、环保、国土、卫生防疫）的审批要求。 2. 设计文件齐全、达到施工图深度要求，设计依据充分，设计范围和内容符合设计任务书和合同要求。 3. 合理确定供电原则，正确计算负荷和选择变压器、发电机容量。 4. 确认变电房设备布置合理，平、剖面图达到施工图深度，设备配置选择得当（无多余设置），设备选型、选用材料恰当符合节能要求，无指定厂家产品情况。 5. 消防设计应符合规范和消防部门的批文。 6. 确认电气设计达到其他专业要求的技术条件、各专业分工明确。 7. 选用现行版本的规范、标准图、通用图得当。 8. 计算书齐全，计算公式、数据取值、计算结果正确。 9. 重点检查带★内容，避免违反强制性条文。 10. 校审记录、设计评审资料齐全，校对的问题已解决					
审定	1. 设计方案应经过评审、施工图按评审意见实施，无原则性安全性错误。 2. 执行ISO质量管理规定，设计文件完整，达到规定深度要求。 3. 图纸会签、设计、校对、审核等会签齐全。 4. 抽查校对、审核内容、纠正遗误。 5. 抽查总说明内容和设计参数。 6. 查验计算书选择的重要数据准确可靠。 7. 核定无违反强制性条文情况。 8. 设计应经过技术经济比选，积极采用新技术和国家推荐的节能产品。 9. 统计评价校核表，列出常见错漏，提出改进措施					

注：1. 文件或图纸不齐全时应在备注栏中说明原因。
2. 自检栏中填写：√表示通过、○表示无要求。校对、审核、审定各自在相应栏目中填写错漏的数量，具体问题在校审卡中列出。核查数由审核、审定人员填写，表示发现前面校审未发现的问题。
3. 自检由设计人员和专业负责人完成。

第十二节 供暖通风与空调施工图设计探讨

建筑的通风形式包括自然通风、机械通风、复合通风等系统的布置和风道、风管的设计。建筑的空调设计需要解决空调系统的负荷计算、气流组织和空气处理等问题。

设计最小通风量应符合以下规定：

1. 公共建筑主要房间每人所需最小新风量应符合表8-42的规定。

公共建筑主要房间每人所需最小新风量［m^3/（h·人）］　　表8-42

建筑房间类型	新风量
办公室	30
客房	30
大堂、四季厅	10

2．设置新风系统的居住建筑和医疗建筑，所需最小新风量宜按换气次数确定。

3．高密度人群建筑每人所需最小新风量应按人员密度确定。见《民用建筑供暖通风与空气调节设计规范》GB 50736—2012 第 3.0.6 条规定。

一、通风要求

在建筑大气环境比较好的地方，应优先采用自然通风以消除建筑室内余热、余湿和减少室内污染物的浓度。在室外空气污染，噪声大的地区，不宜采用自然通风。应采用机械通风，或自然通风和机械通风相结合的复合通风。

《民用建筑供暖通风与空气调节设计规范》GB 50736—2012 第 6.1.8 条规定。

如有下列情况之一时，应单独设置排风系统：

1．两种或两种以上的有害物质混合后能引起燃烧或爆炸时；

2．混合后能形成毒害更大或腐蚀性的混合物、化合物时；

3．混合后易使蒸汽凝结并聚积粉尘时；

4．散发剧毒物质的房间和设备；

5．建筑物内设有储存易燃易爆物质的单独房间或有防火或防爆要求的房间；

6．有防疫的卫生要求时。

（一）自然通风

1．自然通风的适用场所

（1）排除室内的余热、余湿或污染物时，应充分利用自然通风。

（2）厨房、厕所、盥洗室、浴室等宜利用自然通风。

（3）住宅的卧室、起居室（厅堂）和办公室宜采用自然通风。

2．自然通风的建筑布局和设计

（1）组织建筑室内穿堂风时，其迎风面与夏季最多风向宜成 60°～90° 角，且不应小于 45°，同时应利用春秋季风。

（2）错列式、斜列式的建筑组团布置有利于自然通风。

（3）自然通风的进风口：

夏季通风口的下缘距室内地面的高度不宜大于 1.2m，通风口应远离污染源 3m 以上。

冬季通风口的下缘距室内地面的高度小于 4m 时，宜采取防止冷风吹入的措施。

（4）散发热量的工业建筑，其通风量应根据热压作用按《民用建筑供暖通风与空气调节设计规范》GB 50736—2012 附录 F 参照多层和高层建筑的渗风量计算。

（5）当热源靠近工业建筑的一侧外墙布置，且外墙与热源之间无工作场所时，该侧外墙上的进风口，宜布置在热源的间断处。

（6）利用天窗排风的工业建筑，符合下列条件之一时，应采用避风天窗。

1）夏热冬冷和夏热冬暖地区，室内散热量大于 $23W/m^3$。

2）其他地区，室内散热量大于 $35W/m^3$。

3）不允许气流倒灌时。

（7）工业建筑采用避风天窗的挡风板、风帽与邻接建筑的高度、进深和间距的比例关系，应按工业建筑厂房的设计要求设置。

3. 自然通风开口的有效面积

生活、工作用房的通风开口有效面积不应小于该房间地板面积的5%。厨房的通风开口有效面积不应小于该房间地板面积的10%，且不得小于0.60m^2。

4. 自然通风量的计算

自然通风量的计算应同时考虑热压和风压的作用。

（1）宜按如下方法确定热压作用的通风量。

室内发热量均匀的单层大空间可采用简化计算方法；住宅、办公楼各楼层、各房间之间的通风可采用多区域网络法计算；体形复杂室内发热量不均匀的建筑可以按计算流体动力学（CFD）数码模拟方法确定。

（2）宜按如下原则确定热压作用的通风量。

1）分别计算过渡季及夏季的自然通风量，并按其最小值确定。

2）室外风向按计算季节中的当地最多风向确定。

3）室外风速按基准高度室外最多风向的平均风速确定。当采用计算流体动力学（CFD）数码模拟方法时，应考虑当地地形条件及其梯度风、遮挡物的影响。

4）当建筑迎风面与计算季节最多风向成60°～90°角时，该面上的外窗或有效开口利用面积可作为进风口进行计算。

5. 被动式自然通风技术

（1）当常规自然通风不能提供足够风量时，可采用捕风装置加强通风。

（2）当常规自然通风不能排除室内的余热、余湿或污染物时，可采用屋顶无动力风帽，其接口直径应与连接的风管直径一致。

（3）当建筑利用风压受到限制或热压不足时，可以采用太阳能诱导等通风方式。

（二）机械通风

1. 机械通风的适用场所

（1）不能利用自然通风的厨房、厕所、盥洗室、浴室等不能满足室内卫生要求的封闭场所，应进行机械通风。民用建筑的厨房、卫生间宜设置竖向排风道。竖向排风道应具有防火、防倒灌、防串味及均匀排气的功能。住宅建筑无外窗的卫生间，应设置机械排风，使废气排入有防回流设施的竖向排风道，且应留有必要的进风面积。

（2）有集中采暖和机械排风的建筑物，如果采用自然补风不能满足室内卫生条件、生产工艺要求或技术经济不合理时，宜设置机械送风系统。

2. 机械通风的进风口的设置

机械送风系统的进风口位置：

（1）应设在室外空气较清洁的地方。

（2）应避免进风、排风短路。

（3）进风口的下缘距室外地坪不宜小于2m，当设在绿化带时，不宜小于1m。

3. 建筑物全面排风系统吸风口的布置

建筑物全面排风系统吸风口的布置，应符合下列规定：

（1）位于房间上部区域的吸风口，用于排除余热、余温和有害气体时（含氢气时除外），吸风口上缘至顶棚平面或屋顶的距离不大于0.4m。

（2）用于排除氢气与空气的混合物时，吸风口上缘至顶棚平面或屋顶的距离不大于0.1m。

（3）用于排出密度大于空气的有害气体时，位于房间下部区域的排风口，其下缘至地板距离不大于 0.3m。

（4）因建筑结构造成有爆炸危险排出的死角处，应设置导流设施。

4．设备机房通风

（1）柴油发电机房宜设置独立的送、排风系统。其送风量应为排风量与发电机组燃烧所需的空气量之和。

（2）变配电室宜设置独立的送、排风系统。设在地下的变配电室送风气流宜从高低压配电区流向变压器区，从变压器区排至室外。排风温度不宜高于 40℃。当通风无法保障变配电室设备工作要求时，宜设置空调降温系统。

（3）设备机房应保持良好的通风，不能自然通风时应设机械通风满足不同设备的工艺要求。

5．事故通风装置的设置

（1）可能突然放散大量有害气体或有爆炸危险气体的场所，应设置事故通风。事故通风应根据放散物的种类、安全及卫生浓度要求，按全面排风计算确定，且换气次数不应小于 12 次 /h。

（2）事故通风应根据放散物的种类，设置相应的检测报警及控制系统。事故通风的手动控制装置应在室内外便于操作的地点分别设置。

（3）放散有爆炸危险气体的场所，应设置防爆通风。

（4）事故通风宜由日常通风系统和事故通风系统共同保障，当事故通风量大于经常使用的通风系统所要求的风量时，宜设置双风机或变频调速风机，但在事故时必须保障事故通风要求。

（5）事故排风系统室内吸风口和传感器位置应根据放散物的位置及密度合理设计。

（6）事故排风的室外排风口应符合下列规定：

1）室外排风口不应布置在人员经常停留或经常通行的地点以及邻近窗户、天窗、房门等设施的位置。

2）室外排风口与机械送风系统的进风口的水平距离不应小于 20m。当水平距离不足 20m 时，排风口应高出进风口，高差不宜小于 6m。

3）当排气中含有可燃气体时，事故通风系统排风口应远离火源 30m 以上，距可能火花溅落地点应大于 20m。

4）室外排风口不应朝向室外空气动力阴影区，不宜朝向空气正压区。

（三）复合通风

1．复合通风的适用场所

（1）大空间建筑以及住宅、办公室、教室等易于在外墙上开窗并通过室内人员自行调节实现自然通风的房间，宜采用自然通风和机械通风结合的复合通风。

（2）大空间建筑的室内高度大于 15m 而采用复合通风系统时，宜考虑温度分层问题。

2．复合通风的设计要求

（1）复合通风中的自然通风量不宜低于联合运行风量的 30%。复合通风系统设计参数及运行控制方案应经技术经济及节能综合分析后确定。

（2）复合通风系统应具备工况转换功能，并符合下列规定：

1）优先使用自然通风。

2）当控制参数不能满足要求时，启用机械通风。

3）设置空调系统的房间，当复合通风系统不能满足要求时，关闭复合通风系统，启动空调系统。

（四）风管设计

风管的截面尺寸宜按《通风与空调工程施工质量验收规范》GB 50243—2016 第 4.6.3 的要求，采用圆形、扁圆或矩形截面。金属风管规格应以外径或外边长为准，非金属风管和风道规格以内径或内边长为准。

（五）通风工程施工图设计要求

1. 设计文本封面、目录、说明、设计图纸、工程概算书。

2. 设计说明包括概况和设计参数，如热源、热媒、负荷指标、系统总阻力、系统形式、控制方法等，施工说明应列出使用材料和附件，系统工作压力和试压要求，施工安装要求，设计图例，设计分工，设备表，设备型号、规格、技术参数等。

3. 设计图纸

（1）设计图纸通常包括图例、系统流程图、系统图、主要平面图。

（2）通风工程平面图。

1）绘制建筑轮廓线、标出主要轴线号、轴线尺寸、室内外地面标高、房间名称，底层平面标指北针。

2）通风平面图中用双线绘出风管、风口和设备，标注尺寸和标高等。

（3）通风剖面图

在风管（风道）与设备交叉连接的地方，应绘制标注尺寸的剖面图。

（4）系统图

比较复杂的通风系统应用单线绘出流程图和系统控制原理图。

（5）详图

通风系统采用的设备、零部件应标明标准图、通用图的图名、图号和版次，独立设计的设备、零部件应绘制详图。

（6）计算书

1）电算计算书应注明软件名称、计算简图、输入数据。

2）通风工程的计算项目有：通风量、局部排风量、选择排风装置，空气量平衡及热量平衡，风系统阻力，通风系统设备选型。

绘制通风工程 AutoCAD 设计图纸和设计计算常采用 THvac8.0 天正暖通设计软件。

二、空气调节要求

（一）设置空调调节的要求

1. 应设置空气调节的条件

符合下列条件之一时，应设置空气调节：

（1）采用供暖通风达不到人体舒适、设备等对室内环境的要求，或条件不允许、不经济时。

（2）采用供暖通风达不到工艺对室内温度、湿度、洁净度等要求时。

（3）对提高工作效率和经济效益有显著作用时。

（4）对身体健康有利，或对促进康复有效果时。

2. 空调区的空气压力

（1）舒适性空调，空调区与室外或空调区之间有压差要求时，其压差值宜取 5Pa，最大不应超过 30Pa。

（2）工艺性空调，应按空调区环境要求确定。

3. 空调负荷计算

（1）除在方案设计或初步设计阶段可使用热，冷负荷指标进行必要的估算外，施工图设计阶段应对空调区的冬季热负荷和夏季逐时冷负荷进行计算。

（2）空调区的夏季冷负荷，应按空调区各项逐时冷负荷的综合最大值确定。

空调系统的夏季冷负荷，应按下列规定确定：

1）末端设备设有温度自动控制装置时，空调系统的夏季冷负荷按所服务各空调区逐时冷负荷的综合最大值确定。

2）末端设备无温度自动控制装置时，空调系统的夏季冷负荷按所服务各空调区冷负荷的累计值确定。

3）应计入新风冷负荷、再热负荷以及各项有关的附加冷负荷。空调系统的夏季附加冷负荷，宜确定空气通过风机、风管温升引起的附加冷负荷，冷水通过水泵、管道、水箱温升引起的附加冷负荷。

4）应计入所服务各空调区的同时使用系数。

（二）空气调节系统的选择要求

空气调节系统的类型按负担室内负荷的介质可分为全空气系统、全水系统、空气—水系统、制冷剂系统四类。

1. 空气调节风系统

符合下列情况之一的空调区，宜分别设置空调风系统，需要合用时，应对标准要求高的空调区作处理。

（1）分别设置空调风系统

1）使用时间不同。

2）温湿度基数和允许波动范围不同。

3）空气洁净度标准要求不同。

4）噪声标准要求不同，以及有消声要求和产生噪声的空调区。

5）需要同时供热和供冷的空调区。

（2）应独立设置空调风系统

空气中含有易燃易爆或有毒有害物质的空调区应独立设置空调风系统。

2. 全空气定风量空调系统

下列空调区，宜采用全空气定风量空调系统：

（1）空间较大，人员较多。

（2）温湿度允许波动范围小。

（3）噪声或洁净度标准高。

3. 全空气变风量空调系统

（1）下列情况下，技术经济条件允许时，可采用全空气变风量空调系统：

1）服务于单个空调区，且部分负荷运行时间较长时，采用区域变风量空调系统。

2）服务于多个空调区，且各区负荷变化相差大，部分负荷运行时间较长并要求温度独立控制时，采用带末端装置的变风量空调系统。

（2）全空气变风量空调系统设计规定

1）应根据建筑模数、负荷变化情况等对空调区进行划分。

2）系统形式，应根据所服务空调区的划分、使用时间、负荷变化情况等，通过技术经济比较确定。

3）变风量末端装置，宜选用压力无关型。

4）空调区和系统的最大送风量，应根据空调区和系统的夏季冷负荷确定，空调区的最小送风量，应根据负荷变化情况、气流组织等确定。

5）应采取保证最小新风量要求的措施。

6）风机应采用变速调节。

7）空调区的送风方式和送风口选型应符合下列规定：

① 宜采用百叶、条缝型等风口贴附侧送；当侧送气流有阻碍或单位面积送风量大，且人员活动区的风速要求严格时，不应采用侧送。

② 设有吊顶时，应根据空调区的高度及对气流的要求，采用散流器或孔板送风。当单位面积送风量较大，且人员活动区内的风速或区域温差要求较小时，应采用孔板送风。

③ 高大空间宜采用喷口送风、旋流风口送风或下部送风。

④ 变风量末端装置，应保证在风量改变时，气流组织满足空调区环境的基本要求。

⑤ 送风口表面温度应高于室内露点温度。低于室内露点温度时，应采用低温风口。

8）空调区允许温湿度波动范围或噪声标准要求严格时，不宜采用全空气变风量空调系统。

4. 全空气空调系统设计规定

全空气空调系统是室内负荷全部由处理过的空气负担的低速单风系统，可分为一次回风和二次回风方式。

（1）一般情况下，在全空气空调系统（包括定风量和变风量系统）中宜采用单风管系统，不应采用分别送冷热风的双风管系统。双风管系统易发生冷热量互相抵消现象，不节能且造价较高。

（2）允许采用较大送风温差时，不使用再热的前提下，应采用系统简单，易于控制的一次回风式系统。

（3）送风温差较小、相对湿度要求不严格时（如使用下送风方式或洁净室空调系统，按洁净要求确定的风量，往往大于用负荷和允许送风温差计算出的风量，其允许送风温差都较小，应避免系统采用再热方式所产生的冷热量抵消现象），可以采用二次回风式系统。

（4）除温湿度波动范围要求严格的空调区外，为避免冷热量互相抵消，同一个空气处理系统中，不应有同时加热和冷却过程。

5. 风机盘管加新风空调系统

（1）适用范围

风机盘管系统各空调区的温度可以单独调节，使用灵活，比全空气空调系统占用建筑空间少，比变风量空调系统造价低。适用于空调区较多，层高较低且各区温度要求独立控制的建筑，如旅馆客房、办公室等场所。

普通风机盘管加新风空调系统，由于不能严格控制室内温湿度的波动范围且常年使用的冷却盘管外部因为有冷凝水而滋生微生物和病菌，使室内空气恶化等原因，对于温湿度波动范围和卫生等要求严格的空调区，应限制使用。

由于风机盘管对空气进行循环处理，无特殊过滤装置，所以不宜安装在厨房等油烟较多的空调区。否则会增加盘管风阻力，影响其传热。

（2）风机盘管加新风空调系统设计规定

1）新风宜直接送入人员活动区。

2）空气质量标准要求较高时，新风宜负担空调区的全部散湿量。

3）通常风机盘管机组的换热盘管位于送风机出风侧，高出口余压的风机盘管机组会引发较严重的漏风、噪声、能耗等问题。因此，宜选用出口余压低的风机盘管机组。

6. 多联机分体空调系统

一台室外空气源制冷或热泵机组配置多台室内机，通过改变制冷剂流量适应各房间负荷变化的直接膨胀式空气调节系统即多联机空调系统。

（1）适用范围

适用于技术经济合理的中小型空气调节。不宜用于空调区内振动较大、油污蒸汽较多以及产生电磁波或高频波等场所。

（2）多联机分体空调系统设计要求

1）多联机分体空调系统应根据建筑的负荷特征、气候因素等进行选择。仅用于建筑供冷时，可选用单冷型。建筑需要按季节变化供冷、供热时，可选用热泵型。同一多联机分体空调系统中需要同时供冷、供热时，可选用热回收型。负荷特征相差较大的空调区应划为不同的系统以利节能。

2）室内、外机之间以及室内机之间的最大管长和最大高差，应符合产品技术要求。

3）系统冷媒管等效长度应满足对应制冷工况下满负荷的性能系数不低于 2.8。如果产品技术资料无法满足核算要求时，系统冷媒管等效长度不宜超过 70m。

4）为了防止设备间的互相干扰，室外机变频设备，应与其他变频设备保持合理距离。

7. 低温送风空调系统

当采用冰蓄冷空气调节冷源或有低温冷媒可利用时，宜采用低温送风空调系统。特别适用于空调负荷增加而不能加大风管、降低房间净高的改造工程。但是，空气相对湿度或送风量较大的空调区，如植物温室、手术室等不宜采用低温送风空调系统。

8. 温湿度独立控制空调系统

空调区散湿量较小，单位面积的散湿量不超过30g/（m^2·h）时，在技术经济合理的情况下宜采用温湿度独立控制空调系统。

9. 蒸发冷却空调系统

夏季空调室外设计露点温度低于16℃的地区，如新疆、内蒙古、青海等干热气候区采用蒸发冷却空调系统利于节能。

10. 直流式（全新风）空调系统

直流式（全新风）空调系统是指不使用回风，采用全新风直流运行的全空气空调系统。一般全空气空调系统不应采用冬夏季能耗较大的直流式（全新风）空调系统，而应采用有回风的空调系统。下列情况下，应采用直流式（全新风）空调系统。

（1）夏季空调系统的室内空气比焓大于室外空气比焓。（焓指空气中含有的总热量。1kg或1mol工质的焓称比焓，用h表示，单位为J/kg或者J/mol）。

（2）系统所服务的各空调区排风量大于按负荷计算出的送风量。

（3）室内散发有毒有害物质，以及防火防爆等要求不允许空气循环使用。

（4）卫生条件或工艺要求采用直流式（全新风）空调系统。

（三）气流组织

空调区的气流组织设计，应根据空调区的温湿度参数，允许风速、噪声标准、空气质量、温度梯度以及空气分布特性指标（ADPI）等要求，结合室内布置确定空调区的送风方式、送风口类型和位置。复杂空间空调区的气流组织设计，宜采用计算流体动力学（CFD）数值模拟计算。

空调区的送风方式有贴附侧送风、孔板送风、喷口送风、散流器送风、置换通风、地板送风、分层空调等。

回风口的位置应符合下列规定：

1. 不应设在送风射流区内和人员长期停留的地点，采用侧送时，宜设在送风口的同侧下方。

2. 兼做热风供暖、房间净高较高时，宜设在房间的下部。

3. 有条件时宜采用集中回风或走廊回风，但走廊的断面风速不宜过大。

4. 采用置换送风、地板送风时，应设在人员活动区的上方。

（四）空气处理

1. 空气冷却采用天然冷源时，使用过的地下水应全部回灌到同一含水层，并不得造成污染。

2. 空调系统不得采用氨作制冷剂的直接膨胀式空气冷却器。

（五）冷源

1. 空调冷（热）水和冷却水系统中的冷水机组、水泵、末端装置等设备和管路及部件的工作压力不应大于其额定工作压力。

2. 选择水冷电动压缩式冷水机组类型时，宜按单机名义工况制冷量范围综合比选。名义工况指水温度7℃，冷却水温度30℃。水冷、风冷式冷水机组选型应采用名义工况制冷性能系数（COP）较高的产品，同时考虑满负荷和部分负荷因素，其性能系数应符合《公共建筑节能设计标准》GB 50189—2015的规定。

3. 电动压缩式冷水机组的总装机容量，应根据计算的空调系统冷负荷值直接选定，不另作附加。在设计条件下，当机组的规格不能符合计算冷负荷的要求时，所选择机组的总装机容量与计算冷负荷的比值不得超过1.1。

4．采用氨作制冷剂时，应采用安全性、密闭性能良好的整体式氨冷水机组。

5．氨制冷机房的设置，还应符合下列条件：

（1）氨制冷机房应单独设置且远离建筑群。

（2）机房内严禁采用明火供暖。

（3）机房应有良好的通风条件，同时应设置事故排风装置，换气次数每小时不少于12次，排风机应选用防爆型。

（4）制冷剂室外泄压口应高于周围50m范围内最高建筑屋脊5m，并采取防雷击，防止雨水或杂物进入泄压管的装置。

（5）设置紧急泄氨装置。当发生事故时，能把机组氨液溶于水中，并排入经有关部门批准的储管或水池。

6．制冷机房的设备布置

（1）机组与墙之间的净距不小于1m，与配电柜的距离不小于1.5m。

（2）机组与机组或其他设备之间的净距不小于1.2m。

（3）宜留有不小于蒸发器、冷凝器或低温发生器长度的维修距离。

（4）机组与其上方管道、烟道或电缆桥架的净距不小于1m。

（5）机房主要通道的宽度不小于1.5m。

（六）热泵

1．地埋管地源热泵系统设计规定

（1）应通过工程场地状况调查和对浅层地能资源的勘察，确定地埋管换热系统实施的可行性与经济性。

（2）当应用建筑面积在5000m² 以上时，应进行岩土热响应试验，并应利用岩土热响应试验结果进行地埋管换热器的设计和各项计算。

（3）冬季冰冻地区，地埋管应有防冻措施。

2．地下水地源热泵系统设计的强制性规定

应对地下水采取可靠的回灌措施，确保全部回灌到同一含水层，且不得对地下水资源造成污染。

（七）空调热水管道设计

1．当空调热水管道利用自然补偿不能满足要求时，应设置补偿器。

2．空调热水管道坡度：供回水支、干管的坡度宜采用0.003，不得小于0.002；
立管与散热器连接的支管，坡度不得小于0.01；
供回水干管（包括水平单管串联系统的散热器连接管）
局部无坡敷设时，该管道内的水流速不得小于0.25m/s；
对于汽水逆向流动的蒸汽管，坡度不得小于0.005。

（八）储热设施：储热水池不应与消防水池合用。锅炉房及换热机房，应设置供热量控制装置。

（九）计量与保护

1．锅炉房、换热机房、制冷机房的能量计量

（1）应计量燃料的消耗量。

（2）应计量耗电量。

（3）应计量集中供热系统的供热量。

（4）应计量补水量。

（5）应计量集中空调系统冷源的供冷量。

（6）循环水泵耗电量宜单独计量。

（7）锅炉房、换热机房，应设置供热量控制装置。

2. 电加热器

空调系统的电加热器应与送风机连锁，并应设无风断电、超温断电保护装置。电加热器必须采取接地及剩余电流保护措施。

电加热器应与送风机连锁可避免系统中无风电加热器单独工作而导致火灾。无风断电、超温断电保护装置有利于电加热器的安全运行。接地及剩余电流保护措施可避免因漏电引起触电事故。

（十）空调工程施工图设计要求

1. 设计文本封面、目录、说明、设计图纸、工程概算书。

2. 设计说明包括概况和设计参数，如热源、热媒、负荷指标、系统总阻力、系统形式、控制方法等，施工说明应列出使用材料和附件，系统工作压力和试压要求，施工安装要求，设计图例，设计分工，设备表，设备型号、规格、技术参数等。

3. 设计图纸

（1）设计图纸通常包括图例、系统流程图、系统图、主要平面图。

（2）空调工程平面图。

1）绘制建筑轮廓线、标出主要轴线号、轴线尺寸、室内外地面标高、房间名称，底层平面标指北针。

2）空调平面图中用双线绘出风管、风口和设备，标注尺寸和标高等。

（3）空调剖面图

在风管（风道）与设备交叉连接的地方，应绘制标注尺寸的剖面图。

（4）系统图

比较复杂的空调系统应用单线绘出流程图和系统控制原理图。

（5）详图

空调系统采用的设备、零部件应标明标准图、通用图的图名、图号和版次，独立设计的设备、零部件应绘制详图。

（6）计算书

1）电算计算书应注明软件名称、计算简图、输入数据。

2）空调工程的计算项目有风量及装置的选择计算，空气量平衡及热量平衡计算，风（水）系统阻力计算，空调系统的设备选型。

绘制通风工程 AutoCAD 设计图纸和设计计算常采用 THvac8.0 天正暖通设计软件[30]。

第十三节　供暖通风与空调施工图设计校对表

通风空调施工图设计校对表　　　　**表8-43**

编号：

工程名称		设计编号：	勘误数量：			
项目	校核内容	说明	自检	校对	审核	审定
一、图纸要求	1. 供暖通风与空气调节专业设计文件应包括图纸目录、设计说明、施工说明、设备表、设计图纸、计算书。 2. 图纸目录应先列绘制的设计图、再列重复利用图和标准图。 3. 设计说明、施工说明应符合国家现行的规范规程的要求，规范、标准的名称、编号、版本应准确无误，表达内容无疏漏和错别字。 4. 图纸表达符合制图标准，达到国家规定的设计文件编制深度。					

续表

工程名称		设计编号：	勘误数量：			
项目	校核内容	说明	自检	校对	审核	审定
一、 图纸 要求	5．图标中工程名称、设计号、图名、图号与图纸目录相符，与建筑图无矛盾。 6．图例统一、符合专业标准。 7．计量单位正确、字体比例适当。 8．修改图应说明修改内容，修改部位，修改原因及依据，注明作废原图的图名、图号和版次。 9．本专业图与相关专业接合部分相协调，措施符合规定要求					
二、 设计 和 施工 说明	1．设计说明 （1）设计依据 1）有关空调专业的设计批准文件、建设方提出的符合国家法规、标准的设计要求。 2）适用于空调专业执行的现行的法规、标准（注明名称、编号、年号和版本号）。 3）相关专业提供的设计条件、技术资料、设计范围。 （2）施工说明 概述工程建设地点、规模、使用功能、层数、建筑高度等。 （3）设计内容和范围 说明本专业设计任务书有关内容范围和设计分工 （4）暖通空调室内外设计参数 1）室外空气计算参数。 2）室内空气设计参数：夏季和冬季的设计温度和相对湿度，基准值，设计精度，新风量标准，噪声标准。 （5）供暖：供暖热负荷、折合耗热量指标及系统总阻力、空调热冷负荷、折合冷热量指标、系统水处理方式、补水定压方式、定压值气压罐定压时注明工作压力值、指补水泵启泵压力，补水泵停泵压力、电磁阀开启压力盒安全阀开启压力。 （6）供暖房和供暖系统形式、管道敷设方式； （7）空调 1）空调冷、热负荷、折合耗冷量、耗热量指标； 2）空调冷、热源设置，热媒、冷媒及冷却水参数。系统工作压力等； 3）空调系统水处理方式、补水定压方式、定压值（气压罐定压时注明工作压力值）等； 4）各空调区域的空调方式，空调风系统简述等； 5）空调水系统设备配置形式和水系统制式，水系统平衡、调节手段等； 6）洁净空调净化级别及空调送风方式。 （8）通风 1）设置通风的区域及通风系统形式； 2）通风量或换气次数； 3）通风系统设备选择和风量平衡。					

续表

工程名称		设计编号：	勘误数量：			
项目	校核内容	说明	自检	校对	审核	审定
二、设计和施工说明	（9）防排烟 1）设置防排烟的区域及其方式； 2）防排烟系统风量确定及设施配置； 3）防排烟的控制方式； 4）供暖通风与空调系统的防火措施。 （10）空调通风系统的防火、防爆措施 （11）供暖通风与空调系统的设备降噪、减震要求、管道和风道减震做法要求等，废气排放处理措施； （12）系统的监测与控制要求，自动监控时，确定各系统自动监控原则（就地或集中监控），说明系统的使用操作要点等。 （13）节能设计 节能设计采用的各项措施，技术指标；有关节能设计标准中的强制性条文要求。 （14）绿色设计 说明采取绿色设计的目标，采用的主要绿色建筑技术和措施。 （15）对专项设计的二次深化设计的内容提出设计要求。 2. 施工说明 （1）设计采用的管道、风道、保温等材料选型及做法。 （2）设备表和图例中未列出或未标性能参数的仪表，管道附件选型。 （3）系统工作压力和试压要求。 （4）说明图中尺寸和标高的标注方法。 （5）施工安装要求，大型设备安装与土建施工配合，设备基础尺寸应与到货设备尺寸相核对，设备或材料避免集中在楼板上以防楼面超载，利用梁柱起吊设备，必须复核梁柱结构强度。 （6）标示采用的标准图、施工和验收依据。 3. 正确标注图例 4. 项目由多个单位承担时，应明确分工范围，交接配合界面要求					
三、设备表	列出设备编号，设备名称，性能参数详细列出技术数据；并注明锅炉的额定热效率、冷热源机组能效比或性能系数、多联式空调（热泵）机组制冷综合性能系统、风机效率、水泵在设计工作点的效率、热回收设备的热回收效率及主需设备的噪声值等安装位置，注明主要设备的安装位置					
四、平面图	1. 空调布置图 （1）建筑平面、轴线号、轴线尺寸、室内外地面（楼面）标高、房间名称，首层标指北针，删除与空调专业无关的内容。 （2）多层建筑的标准层也可作为采暖通风的标准层平面，但应分别标注各层的散热器数量，风道口编号、标高等。 （3）采暖平面绘出散热器位置，注明片数或长度，采暖干管及立管位置、编号、管道的阀门、放气、泄水、固定支架、伸缩器、入口装置、减压装置、疏水器、管沟及检查孔位置，注明管道管径及标高。					

续表

工程名称		设计编号：	勘误数量：			
项目	校核内容	说明	自检	校对	审核	审定
四、平面图	（4）通风、空调、防排烟风道平面用双线绘出风道，标注风道尺寸、主风道定位尺寸、标高及风口尺寸，标注各种设备和风口安装的定位尺寸和编号、消声器、调节阀、防火阀等各种部件位置，标注风口设计风量、三通应顺气流设置。 （5）设备、管道、送风。回风口等的尺寸和定位标注基点正确（圆形、风管、水管应标管中、矩形风管水平标注管边，垂直标管底，标注齐全无遗漏） （6）正确标注冷凝水管走向及坡度（或标高），核准冷凝水落差对建筑净高无影响，排放合理。 （7）风道平面应标出防火分区，排烟风道平面应标出防烟分区。 （8）合理设置新风井、排风井、排烟井、加压送风井、水管井的位置和尺寸。 （9）正确设置进排风百叶位置，保持进排风口的规定间距防止气流短路，开口面积适当。 （10）防火阀设置符合防火规范要求，选定动作温度正确。正确设置各种防火阀、排烟阀、加压送风阀、余压阀等。 （11）合理设置风量调节阀、消声器、静压箱等。 （12）空调管道平面单线绘出空调冷热水、冷媒、冷凝水等管道，绘编立管编号和位置，标注管道阀门、放气、泄水、固定支架、伸缩器等，标明管径、标高和定位尺寸；多联式空调系统应绘制冷媒管和冷凝水管。 （13）各种标注字体清晰、无重叠现象。 （14）需要二次装修的部位、风道可绘出单线图不标注详细定位尺寸，由装修施工图设计并予以审核。 2．通风、空调、制冷机房平面图 （1）应按大比例绘出通风、空调、制冷设备（冷水机组、新风机组、空调器、冷热水泵、冷却水泵、通风机、消声器、水箱等）的轮廓位置和编号，注明设备外形尺寸和设备基础距离墙身或轴线的距离。 （2）核对各层设备面积，高度。应留有合理的安装、检修空间。如何设置排烟风机、补风机（在机房内还是在室外天面），无法设置独立机房时应有防火板隔断分隔。 （3）绘出连接设备的风道、管道及走向、标示管道尺寸、定位尺寸、标高、绘制管道附件（各种仪表、阀门、柔性短管、过滤器等）。 （4）标注设备编号、容量、核对其应与系统图的设备相符。 （5）标注应采取的防雨、防鼠、防虫、防火、防盗安全措施					
五、剖面图	1．剖面图比例尺寸表达应与平面相符、标注尺寸一致、设备编号、索引号正确。 2．剖面图应绘出对应平面、机房设备、设备基础、管道、附件注明设备和附件编号、详图索引编号，标示竖向尺寸、标高，平面图标示不出的设备、风道管道尺寸应在剖面中标注。					

续表

工程名称		设计编号：	勘误数量：			
项目	校核内容	说明	自检	校对	审核	审定
五、 剖面图	3. 设计应按规范要求考虑与其他工种交叉时的安全间距，消防阻燃隔热间距，各种管道（风管、水管）与其他工种管道无碰撞。 4. 预留各种管道（风管、水管等）支架，吊架的合理尺寸					
六、 系统图 流程图 立管或 竖风道图	1. 系统复杂、平面不能表达时应绘制系统透视图与平、剖面图比例表达一致，按 45° 或 30° 轴测投影绘制。多层、高层建筑的集中采暖系统应绘制供暖立管图、编号与平、剖面一致。应注明管道的管径、走向、坡度、标高、散热器型号和数量无漏项、漏注 2. 冷热源系统、空调水泵系统、复杂项目、平面难表达的风系统应绘制系统流程图，流程图应标注设备、阀门、计量和现场观测仪表、配件、介质流向、管径和设备编号管路分支与设备的连接顺序应与平面图一致。 3. 校核冷冻水管道上各种阀门，计量元件、测量元件、感应元件、膨胀水箱等连接适当，放空阀、排污阀设置齐全。 4. 空调冷热水分支水路采用竖向输送时，应绘制立管图、注明立管编号、管径、标高和所连接的设备编号。 5、供暖、空调冷热水立管图应合理设置伸缩器（膨胀节）和立管固定支架的位置。 6. 空调制冷系统有自动监控要求时，宜绘出控制原理图，按图例标出设备、传感器及执行器位置，说明控制要求和控制参数。 7. 建筑物层数较高、分段加压、分段排烟或中间竖井转换的防排烟系统或系统复杂平面难于表达竖向关系的风系统，应绘出系统示意或竖风道图					
七、 通风空调 剖面图	1. 风道或管道与设备连接交叉部位，应绘出剖面图或局部剖面。 2. 绘出风道、管道、风口、设备等与建筑梁、板、柱及地面的尺寸。 3. 注明风道、管道、风口等尺寸和标高，气流方向及详图索引号。 4. 供暖、通风、空调制冷系统的各种设备及零部件施工安装，应注明采用的标准图、通用图的图名图号。 5. 需表达设计意图无现成图纸选用的，须绘出详图或引出局部详图					
八、 预留孔图	1. 应设计设备安全进入机房的路径，确认大型设备吊装孔位置和尺寸准确。 2. 管径位置和尺寸应该与平面图一致。 3. 穿越混凝土墙体处应预留孔洞，位置和尺寸无误。 4. 穿越混凝土梁的位置和尺寸应经结构专业确认无误。 5. 各种孔井有特殊要求应标注清楚，如埋管、埋件、双层隔热隔冷、光滑、防水、消声等。 6. 正确布置管沟的走向，坡降和合理确定尺寸。					

续表

工程名称		设计编号：	勘误数量：			
项目	校核内容	说明	自检	校对	审核	审定
八、预留孔图	7．合理设计设备基础和排水浅沟的位置和尺寸。 8．确认设备基础是否有结构配筋要求，须与结构商定。 9．校核预埋件、预埋管的位置和尺寸应准确无误。 10．地下室外侧壁穿管应预埋防水套管。 11．天面留孔应做防水上翻圈梁。 12．所有留孔及重大荷载都应征得结构专业同意认可					
九、室外管网图	1．总平面图、绘出建筑红线范围内的总图，标注建筑物、构筑物、道路、坡坎、水泵等，定位尺寸或坐标，指北针，室内±0.00绝对标高、室外区域的绝对标高；标注各单体建筑的热（冷）负荷、阻力及入口调压装置的相关参数。 2．管道布置平面图：标注补偿器、固定支架、阀门、检查井、排水井等，标示管道、设备、设施的定位尺寸或坐标、管段编号（节点编号）、管道规格、管线长度及管道介质代号，补偿器类型、补偿量（方形补偿器标注尺寸）、固定支架编号等。 3．纵断面图（比例纵向1：500或1：1000，竖向1：50），复杂地形应绘制管道纵断面展开图。 （1）地沟敷设管道，应标注管段编号（节点编号），设计地面标高，沟顶标高、沟底标高、管道标高、地沟断面尺寸，管段长度，坡度和坡向。 （2）架空敷设管道，应标注管段编号（节点编号），设计地面标高，柱顶标高、管道标高、管段长度、坡度、坡向。 （3）直埋敷设，应标出管段编号（节点编号），设计地面标高、管道标高、填砂沟底标高，管段长度，坡度和坡向。 （4）管道纵断面图还应标示关断阀、放气阀、泄水阀、疏水装置和就地安装测量仪表等。（简单项目、平坦地段可不绘制管道纵断面图，只需在平面控制点标注或列表说明） 4．横断面图 （1）地沟敷设：管道横断面图应标注管道直径，保温层厚度，地沟断面尺寸，管中心间距，管道与沟壁、沟底距离，支座尺寸及覆土深度等。 （2）架空敷设：管道横断面图应标注管道直径，保温层厚度、管中心间距、支座尺寸。 （3）直埋敷设：管道横断面图应标示管道直径、保温层厚度、填砂沟槽尺寸、管中心间距、填砂层厚度及埋深等。 （4）采用标准图、通用图应注明图名和索引图号、图名。 5．节点详图应绘制检查井、分支节点、管道及附件节点大样图					
十、计算书	1．采用计算程序计算时，计算书应注明软件名称、版本及鉴定情况，打印出相应简图，输入数据和计算结果文件，必须满足节能要求。 2．供暖计算书 （1）每间供暖房的耗热量计算和建筑物采暖总耗热量计算，热源设备选择计算。					

续表

工程名称		设计编号：	勘误数量：			
项目	校核内容	说明	自检	校对	审核	审定
十、计算书	（2）空调房间冷热负荷计算（冷负荷按逐项逐时计算），并应有各项输入值及计算汇总表；建筑物供暖供冷总负荷计算，冷热源设备选择计算。 （3）供暖系统的管径和水力计算，循环水泵选择计算 （4）空调冷热水系统最不利环路管径及水力计算，循环水泵选择计算。 （5）供暖系统设备附件等选用计算，如散热器，膨胀水箱或定压补水装置，伸缩器，疏水器等。 ★ 3．通风防排烟设计计算 （1）通风、防排烟风量计算。 （2）通风、防排烟系统阻力计算。 （3）通风、防排烟系统设备选型计算。 （4）加压送风系统设计计算。 （5）加压送风余压阀计算。 （6）压差旁通阀计算等计算书无错误。 4．空调设计计算 （1）空调冷热负荷计算（冷负荷逐项逐时计算，各项指标取值合理、热工参数与建筑节能一致）。 （2）空调系统末端设备及附件（空气处理机组、新风机组、风机盘管、变制冷剂流量室内机、变风量末端装置，空气热回收装置，消声器等）的选用计算、膨胀水箱或定压补水装置、冷却塔等。 （3）空调系统冷（热）水、冷却水系统水力计算。 （4）水系统最不利管路计算、水力平衡计算、输入（水量、管径、管长、局部阻力）计算正确。 （5）空调系统必要的气流组织设计与计算，系统阻力计算、输入数据正确（风量、风管尺寸、管长、局部阻力）。 （6）大空间送风气流组织计算、取值应合理。 （7）空调系统的冷（热）水机组、冷（热）水泵、冷却水泵、定压补水设备、冷却塔、水箱、水池等设备选用计算 5. 供暖通风与空调设计必须满足项目所在省、市有关部门要求的节能设计计算，绿色建筑设计计算内容					
十一、装配式建筑专项设计	1. 明确装配式建筑暖通空调设计的原则及依据。 2. 对预埋在建筑预制墙板及现浇墙内的预留风管、孔洞、沟槽等要有做法标注及详细定位。 3. 预埋风管、线、孔洞、沟槽间的连接做法。 4. 墙内预留暖通空调设备时的隔声设防水措施；管线穿过预制构件部位采取相应的防水、防火、隔声、保温等措施。 5. 与相关专业的技术接口要求					

注：1．文件或图纸不齐全时应在备注栏中说明原因。

2．自检栏中填写：√表示通过、○表示无要求。校对、审核、审定各自在相应栏目中填写错漏的数量，具体问题在校审卡中列出。核查数由审核、审定人员填写，表示发现前面校审未发现的问题。

3．自检由设计人员和专业负责人完成。

4．加★者为重点校对内容。

第十四节 供暖通风与空调施工图设计校核审定表

通风空调施工图设计校核审定表 **表8-44**

编号：

工程名称		设计编号：	勘误数量：	
项目	核定内容	说明	审核	审定
审核	1．通风空调设计应符合国家规范、合同要求、符合扩初审批文件和有关主管单位（消防、人防、环保、卫生防疫）的规定和要求。 2．设计依据充分、设计范围和内容达到设计任务书要求，设计和施工说明齐全，达到规定的设计深度要求。 3．各专业设计之间的分工明确，界定很清楚。 4．选取的设计参数符合规范和用户要求。 5．符合节能设计标准。 6．正确选用风管厚度，保温厚度，消防排烟风管（风道）厚度。 7．明确有无自控要求。 8．设计系统合理、分区恰当，设施布置无误、符合规范要求。 9．适当留有余地配置设备和选取设备参数、选用材料。 10．空调通风系统有可靠的防火措施。 11．对有可能散发大量有害气体或有爆炸危险气体的房间应安排事故通风设施、室外进风口、排风口的距离应符合规范要求。 12．设有气体灭火的房间应设置火灾后排气系统，合理齐全布置相关的控制阀门。 13．恰当布置新风井、排风排烟井、加压送风井、水管井等。 14．管道设计应经济合理、美观且便于施工和检修。 15．气流组织合理、经济、顺畅符合规定要求。 16．消防防排烟系统设计符合规范、风量计算正确。 17．加压风机应布置在安全区域，有安全防护措施，确保火灾时运行正常可靠。 18．空调通风设备安装、吊装、隔声、减震、降噪声等措施符合要求。 19．查阅校审记录、核查的问题确认已解决。 20．核对本专业设计措施与其他专业设计相协调。 21．选用现行有效的标准图、通用图。 22．不允许存在违犯强制性条文的设计做法。 23．不得指定设备生产厂家和供应商。 24．计算书齐全、计算公式、数据、结果正确			
审定	1．设计经过评审、符合评审要求、无安全性原则性错误。 2．设计文件符合 ISO 质量管理要求，文件齐全、达到深度要求。 3．设计、校对、审核等图纸会签齐全。 4．抽查审核内容无误。 5．总说明参数和表述内容正确。 6．抽查计算书重要数据。 7．核对有无违反强制性条文。 8．审查设计采用新技术、新工艺、新材料应符合国家推荐节能要求。 9．对校对表统计评价、对常见错漏碰缺提出改进措施			

注：1．文件或图纸不齐全时应在备注栏中说明原因。

2．自检栏中填写：√表示通过、○表示无要求。校对、审核、审定各自在相应栏目中填写错漏的数量，具体问题在校审卡中列出。核查数由审核、审定人员填写，表示发现前面校审未发现的问题。

3．自检由设计人员和专业负责人完成。

第十五节　采暖和热能动力施工图设计探讨

一、供暖空气设计参数

（一）供暖室内设计温度

供暖室内设计温度应符合《民用建筑供暖通风与空气调节设计规范》GB 50736—2016 第 3.0.1 条的规定。

1. 严寒和寒冷地区主要房间应采用 18～24℃。

2. 夏热冬冷地区主要房间应采用 16～22℃。

3. 辅助用房：更衣室、浴室应采用 25℃，办公室、休息室、食堂应采用 18℃，盥洗室、厕所应采用 12℃。

（二）供暖室外设计温度

供暖室外设计温度应采用历年平均不保证 5 天的日平均温度。

二、设计计算用供暖期天数

设计计算用供暖期天数，应按累计年日平均温度稳定低于或等于供暖室外临界温度的总日数确定。一般民用建筑供暖室外临界温度宜采用 5℃。

三、供暖设施的设置

（一）设置供暖设施的累年日平均温度稳定低于或等于 5℃的日数大于或等于 90 天的地区，宜设置供暖设施，并宜采用集中供暖。

居住建筑的集中供暖应按连续供暖进行计算。设置供暖的建筑，其围护结构的传热系数应符合现行节能设计标准的规定。

（二）符合下列条件之一的地区，宜采用集中供暖。

其中的幼儿园、养老院、中小学校、医疗机构等建筑宜采用集中供暖：

1. 累年日平均温度稳定低于或等于 5℃的日数为 60～89d。

2. 累年日平均温度稳定低于或等于 5℃的日数不足 60d，但累年日平均温度稳定低于或等于 8℃的日数大于或等于 75d。

四、值班供暖

（一）严寒或寒冷地区设置供暖的公共建筑，在非使用时间内，室内温度应保持在 0℃以上。当利用房间蓄热量不能满足要求时，应按保证室内温度 5℃设置值班供暖。

（二）工业建筑当工艺有特殊要求时，应按工艺要求确定值班供暖温度。

五、热负荷

（一）供暖系统的设计计算要求：集中供暖系统的施工图设计，必须对每个房间进行热负荷计算。

（二）冬季供暖通风系统的热负荷计算应根据建筑物下列散失和获得的热量确定。

1. 围护结构的耗热量，围护结构的耗热量应包括基本耗热量和附加耗热量。

2. 加热由外门、窗缝隙渗入室内的冷空气耗热量。

3. 加热由外门开启时经外门进入室内的冷空气耗热量。

4. 通风耗热量。

5．通过其他途径散失或获得的热量。

六、散热器供暖

（一）散热器供暖的水热媒

散热器供暖系统应采用热水作为热媒，散热器集中供暖系统最优方案的二次网设计参数应取 75℃ / 50℃，其次按 85℃ /60℃连续供暖进行设计为宜，且供水温度不宜大于 85℃，供回水温差不宜小于 20℃。

（二）散热器供暖的制式

1．居住建筑室内供暖系统的制式宜采用垂直双管系统利于节能或共用立管的分户独立循环双管系统，也可以采用垂直单管跨越式系统以调节室温，公共建筑供暖系统宜采用双管系统，也可采用单管跨越式系统，应该使分区热量的计量更方便灵活。

2．垂直单管跨越式系统的楼层层数不宜超过 6 层，水平单管跨越式系统的散热器组数不宜超过 6 组。

3．管道有冻结危险的场所，散热器的供暖立管或支管应单独设置。散热器前不得设置调节阀。

（三）选择散热器的规定要求

使用的散热器应便于清扫。

1．应根据供暖系统的压力要求，确定散热器的工作压力，选择达标的散热器。

2．相对湿度较大的房间应采用耐腐蚀的散热器。

3．选用钢制散热器，应满足产品对水质的要求，在非供暖季节供暖系统应充水保养。

4．选用铝制散热器应为内防腐型，且满足产品对水质的要求。

5．安装热量表和恒温阀的热水供应系统不宜采用水流通道内含有粘砂的铸铁散热器。

6．高大空间供暖不宜单独采用对流型散热器。

（四）散热器的布置

1．散热器宜安装在外墙窗台下，困难情况下也可以靠内墙安装。

2．为防止散热器被冻坏，两道外门之间的门斗内，不应设置散热器。

3．楼梯间的散热器，应尽量布置在底层或分布在建筑下部各层。

4．除幼儿园、老年人和特殊功能要求（精神病院、法院审查室等）的建筑外，散热器应明装。幼儿园、老年人和特殊功能要求的建筑的散热器必须明装或加防护罩。必须暗装时，装饰罩应有合理的气流通道、足够的通道面积，并方便维修，散热器的外表面应刷非金属性涂料。

七、热水辐射供暖

（一）热水地面辐射供暖

1．热水地面辐射供暖的热媒水温

热水地面辐射供暖系统的供水温度宜采用 35～45℃，不应大于 60℃。

供回水温差不宜大于 10℃，且不宜小于 5℃。

毛细管网辐射系统的供水温度宜满足表 8-45 的规定要求，供回水温差宜采用 3～6℃。

毛细管网辐射系统的供水温度（℃）　　表8-45

设置位置	宜采用温度	温度上限值
顶棚	25～35	40
墙面	25～35	40
地面	30～40	50

2. 辐射体的表面平均温度宜符合表 8-46 的规定。

辐射体的表面平均温度（℃） 表8-46

设置位置	宜采用温度	温度上限值
人员经常停留的地面	25～27	29
人员短期停留的地面	28～30	32
无人停留的地面	35～40	42
房间高度 2.5～3.0m 的顶棚	28～30	—
房间高度 3.1～4.0m 的顶棚	33～36	—
距地面 1m 以下的墙面	35	—
距地面 1m 以上 3.5m 以下的墙面	45	—

热水地面辐射供暖在地板内敷设盘管采暖，常用于民用建筑内，工作压力不宜大于 0.8MPa。

毛细管网辐射系统的工作压力不宜大于 0.6MPa，否则应该采取相应措施。

（二）热水地面辐射供暖系统的地面构造

热水地面辐射供暖系统的地面构造应符合下列规定：

1. 直接与室外空气接触的楼板、与不供暖房间相邻的地板为供暖地面时，必须设置绝热层。
2. 与土壤接触的底层，应设置绝热层。应设置绝热层时，绝热层与土壤之间应设置防潮层。
3. 潮湿房间，填充层上或面层下应设置隔离层。

（三）热水地面辐射供暖塑料加热管材的要求

热水地面辐射供暖塑料加热管的材质和壁厚的选择，应根据工程的耐久年限、管材的性能以及系统的运行水温、工作压力等条件确定。

八、热水吊顶辐射板供暖

热水吊顶辐射板供暖，可用于层高为 3～30m 的建筑局部或全部供暖。热水工作压力应满足辐射板设计参数的要求。

（一）热水吊顶辐射板的供水温度宜采用 40～140℃的热水，应满足辐射板对水质的要求，在非供暖季节供暖系统应充水保养。

（二）热水吊顶辐射板供暖时，当屋顶耗热量大于房间总耗热量的 30% 时，应加强屋面的保温措施。减少屋面的散热量，增加有效供热量。为保证辐射板达到设计散热量，管内流量不得低于紊流状态的最小流量。如果达不到所要求的最小流量，辐射板的散热量应乘以 1.18 的安全系数。热水吊顶辐射板倾斜安装时，辐射板的有效散热量随角度变化，应根据角度修正总散热量。

（三）热水吊顶辐射板最高平均水温

热水吊顶辐射板最高平均水温应根据辐射板安装高度和其面积占顶棚面积的比例按表 8-47 确定，辐射板安装高度应适合人们使用的舒适度。

热水吊顶辐射板最高平均热水温度（℃） 表8-47

最低安装高度（m）	热水吊顶辐射板占顶棚面积的百分比					
	10%	15%	20%	25%	30%	35%
3	73	71	68	64	58	56

续表

最低安装高度（m）	热水吊顶辐射板占顶棚面积的百分比					
	10%	15%	20%	25%	30%	35%
4	—	—	91	78	67	60
5	—	—	—	83	71	64
6	—	—	—	87	75	69
7	—	—	—	91	80	74
8	—	—	—	—	86	80
9	—	—	—	—	92	87
10	—	—	—	—	—	94

注：1. 表8-47中的安装高度是指地面到板中心的垂直距离（m）。
　　2. 人员短暂停留的通道、附属建筑内的最高平均热水温度可适当提高。

（四）热水吊顶辐射板的设置

设置全面供暖的热水吊顶辐射板装置，应使室内人员活动区辐射照度均匀，且应符合下列规定：

1. 宜沿最长的外墙平行安装热水吊顶辐射板。
2. 设置在外墙边的吊顶辐射板规格应大于室内的吊顶辐射板，以补偿外墙处的热损失。
3. 建筑层高小于 4.0m 的建筑物，宜选择比较窄的热水吊顶辐射板，避免辐射照度过大。
4. 应沿房间长度方向预留热水吊顶辐射板热膨胀的空间。
5. 热水吊顶辐射板的装置不应设置在对热敏感的设备附近。

九、电加热供暖

（一）采用电加热供暖的限制条件

除符合下列条件之一的情况外，其他建筑不得采用电加热供暖。

1. 供电政策支持。
2. 无集中供暖和燃气源，且煤或油的使用受到环保或消防严格限制的建筑。
3. 采用蓄热式电散热器、发热电缆在夜间低谷电进行蓄热，且不在用电高峰与平段时间启用的建筑。
4. 由可再生能源发电设备供电，且其发电量能够满足自身电加热量需求的建筑。
5. 远离集中热源的独立建筑。

（二）采用电加热供暖的设计要求

1. 采用电加热供暖的发热电缆辐射供暖宜采用地板式，低温电热膜辐射供暖宜采用顶棚式。辐射体表面平均温度应符合表 8-46 的规定。

2. 根据不同的使用条件，电供热系统应设置不同类型的温控装置。

3. 采用发热电缆地面辐射供暖方式时，发热电缆的线功率不宜大于 20W/m，且布置时应考虑家具位置的影响。当面层采用带龙骨的架空木地板时，必须采取散热措施，且发热电缆的线功率不宜大于 10W/m。

4. 安装于距地面高度 180cm 以下的电供暖元器件，必须采取接地及剩余电流保护措施。

十、燃气红外线辐射供暖

公共建筑的高大空间宜采用辐射供暖方式。

（一）燃气红外线辐射供暖设计要求

1. 采用燃气红外线辐射供暖时，必须采取相应的现行规范要求的防火和通风换气等安全措施。

2. 燃气红外线辐射器的安装高度不宜低于 3m。

3. 燃气红外线辐射器用于局部供暖时，不应少于两个，且应安装在人体不同方向的侧上方。

4. 设置全面燃气红外线辐射供暖时，沿四周外墙、外门处的燃气红外线辐射器的散热量不宜少于总热负荷的 60%。

5. 由室内供应空气的空间应能保证燃烧器所需要的空气量。当燃烧器所需要的空气量超过该空间 0.5 次/h 的换气次数时，应由室外供应空气。

（二）燃气红外线辐射供暖系统的室外进风口

燃气红外线辐射供暖系统采用室外供应空气时，进风口的设置应符合下列规定：

1. 进风口设在室外空气洁净区，距地面高度不低于 2m。

2. 进风口距离排风口水平距离大于 6m，当处于排风口下方时垂直距离不小于 3m，当处于排风口上方时垂直距离不小于 6m。

3. 进风口应安装过滤网。

（三）燃气红外线辐射供暖系统的室外排风口

无特殊要求时，燃气红外线辐射供暖系统的尾气应排至室外。排风口应符合下列规定：

1. 排风口设在人员不经常通行的地方时，距地面高度不低于 2m。

2. 水平安装的排气管，其排风口伸出墙面的长度不少于 0.5m。

3. 垂直安装的排气管，其排风口高出半径为 6m 以内的建筑物最高点不少于 1m。

4. 排气管穿越外墙或屋面处，应加装金属套管。

十一、户式燃气炉

户式燃气炉供暖：当居住建筑利用燃气供暖时，宜采用户式燃气炉供暖。发达国家普遍采用冷凝式的户式燃气炉，价格较高，国内应用少。

1. 户式燃气炉应采用全封闭式燃烧、平衡式强制排烟型，排烟口应畅通，避开人群和新风口。

2. 户式燃气炉供暖时，热负荷可考虑地理区域、建筑特点、生活习惯等因素附加。

十二、热空气幕

（一）设置热空气幕的场所

1. 严寒地区或寒冷地区的公共建筑和工业建筑中，不设门斗和前室而经常开启的外门内侧处。应设置热空气幕阻止冷风渗入室内。

2. 公共建筑和工业建筑中，当生产或使用要求不允许降低室温应设置热空气幕合适的场所。

（二）设置热空气幕的设计要求

1. 公共建筑热空气幕送风方式宜采用由上向下送风。

2. 热空气幕的送风温度应根据计算确定。对于公共建筑的外门，不宜高于 50℃；对于高大外门，不宜高于 70℃。

3. 热空气幕的出口风速应通过计算确定。对于公共建筑的外门，不宜大于 6m/s；对于高大外门，不宜大于 25m/s。

十三、热风采暖

（一）热风采暖的场所

工业建筑符合下列情况之一时，应采用热风采暖：

1. 能与机械送风合并的场合。

2．利用循环空气采暖技术经济较合理且符合《工业企业设计卫生标准》GB 21—2010的规定要求时，可采用热风采暖。

3．防火防爆和卫生要求必须采用全新风的热风采暖的场所。

（二）热风采暖暖风机的选择

1．小型暖风机

（1）工厂车间，风道应保持一定的截面速度，使车间的温度场均匀，选择暖风机应验算车间内的空气循环次数，通常应不小于15次/h。

（2）应按厂房内几何形状、工艺设备流程和气流作用范围等环境条件，布置暖风机。暖风机的设计数量，位置安排，宜使暖风机的射流互相衔接，使采暖空间形成一个总的空气环流。

（3）暖风机不应布置在外墙上垂直向室内吹送。

（4）暖风机底部的安装标高应符合下列要求：当出口风速小于或等于5m/s时，取2.5～3.5m；当出口风速大于5m/s时，取4.0～5.5m。

（5）暖风机的射程X可以按下式估算：

$$X = 11.3 v_0 D \tag{8-5}$$

式中：X——暖风机的射程（m）。

v_0——暖风机的出口风速（m/s）。

D——暖风机出口的当量直径（m）。

（6）暖风机的送风温度不宜低于35℃，不应高于70℃。

（7）蒸汽热媒的暖风机，每台暖风机应单独设置阀门和疏水装置。

2．大型暖风机

（1）由于大型暖风机采暖的出口速度和风量都很大，所以暖风机应沿车间长度方向布置。出风口离侧墙的距离不宜小于4m，气流射程不应小于车间采暖区的长度。

（2）在气流射程区域内不应有构筑物或高大设备，其出风口离地面的高度应符合下列要求：当厂房屋架下弦≤8m时，宜取3.5～6.0m；当厂房屋架下弦＞8m时，宜取5～7.0m。

（3）大型暖风机不应布置在车间大门附近，吸风口底部距地面的高度不宜大于1.0m，也不应小于0.3m。

十四、热水散热器供暖管道设计

（一）热水散热器供暖系统在热力入口处的管道设置

热水散热器供暖系统的供水和回水管道应在热力入口处与下列系统分开设置：

1．通风与空调系统。

2．热空气幕系统。

3．热水供应系统。

（二）集中供暖系统的建筑物热力入口设计规定

在建筑物热力入口的供水、回水管道上应分别设置、温度计、压力表。

并应在回水管道上设置静态水力平衡阀。

（三）供暖管道热膨胀及补偿

当供暖管道利用自然补偿不能满足要求时，应设置补偿器。供暖管道由于热媒温度的变化引起热膨胀，应通过计算选型设置补偿器，并应在需要补偿管段的适当位置上设置固定支架对管道进行热补偿和固定，应符合下列要求：

1．布置水平干管或总立管固定支架，应保证分支干管连接处的最大位移量不大于40mm。连接散热器的立管，应保证管道分支接点由管道伸缩引起的最大位移量不大于20mm。无分支管接点的管段接点间距应保证伸缩量不大于补偿器或自然补偿吸收的最大补偿率。

2．计算管道膨胀量时，管道的安装温度应按冬季环境温度考虑，一般可取0～5℃。

3．供暖系统供回水管道应充分利用自然补偿，常用的自然形式有L型、Z型两种。管道的自然补偿不能满足要求时，应设置补偿器，并优先采用方形或Z形补偿器。

4．确定固定点的位置时，应使固定支架安装可靠。

5．垂直双管系统及跨越管与立管同轴的单管系统的散热器立管，当连接散热器立管的长度小于20m时，可在立管中间设固定卡；长度大于20m时，应采取补偿措施。

6．采用套筒补偿器或波纹管补偿器时，应设置导向支架。当管径大于等于*DN*50时应进行固定支架的推力计算，验算支架的强度。

7．户内长度大于10m的供回水立管与水平干管相连接时，以及供回水支管与立管相连接处，应设置2～3个过渡弯头或弯管，避免“T”形连接。

（四）供暖系统水平管道的坡度

供暖系统水平管道设置坡度应有利于排除管内空气和泄水。

供回水支、干管的坡度宜采用0.003，不得小于0.002。

立管与散热器连接的支管，坡度不得小于0.01。

当供回水干管（包括水平单管串联系统的散热器连接管），只能采取局部无坡敷设时，管内水的流速不得小于0.25m/s。对于汽、水逆向流动的蒸汽管，坡度不得小于0.005。

（五）供暖系统管道设置的构造要求

1．供暖系统管道穿越建筑物基础、变形缝（伸缩缝、沉降缝、防震缝）的供暖管道和埋在建筑物内的立管，应采取预防建筑下沉的措施，防止管道受损坏。如在管道穿墙处埋设大口径套管内填弹性材料等。

2．供暖系统管道穿越防火墙时，应预埋钢套管，并在穿墙处一侧设置固定支架，管道与套管之间的缝隙应采用耐火材料封堵。

3．供暖管道不得与输送蒸汽燃点低于或等于120℃的可燃液体或可燃腐蚀性气体的管道在同一条管沟内平行或交叉敷设。

（六）集中供暖系统的热计量

集中供暖的新建建筑和既有建筑节能改造必须设置热量计量装置，并具备室温调控功能。用于热量结算的热量计量装置必须采用热量表。

（七）热水散热器供暖管道设计要求

1．民用建筑和室内温度要求严格的工业建筑中的非保温管道，明装时应计算管道的散热量对散热器数量的折减，暗装时应计算管道内水的冷却对散热器数量的增加。

2．南北向的房间宜分环设置集中采暖系统，即公用立管，分户独立循环供暖。

3．建筑的热水采暖系统高度超过50m时，宜竖向分区设置。

4．有冻结危险的场所，应由单独的立、支管供暖。在散热器前不得设置调节阀。

5．安装在装饰罩内的恒温阀必须采用外置传感器，其位置应能正确反映房间温度。

（八）热水散热器采暖方式管道的分类

热水散热器采暖方式管道的分类　　表8-48

采暖方式	管道系统名称	管道系统特点
重力循环	单管上供下回式	系统包括：锅炉、膨胀水箱、散热器和供回水管道。 在锅炉内加热的热水向上升至水平干管，再通过立管向下，流至散热器，然后经散热器散热冷却后流至锅炉。

续表

采暖方式	管道系统名称	管道系统特点
重力循环	单管上供下回式	依靠水的重度差，采用单立管进行循环
	双管上供下回式	建筑物各层的散热器都并联在供回水立管间，把热水直接分配到各层散热器，冷却水经回水支管由立管干管流回锅炉。供热水管在上，回水管在下，依靠水的重度差，采用双立管进行循环
	单户式	用于单层房屋单户或多户使用的采暖方式，其供水干管设在顶棚下或天棚内，回水干管敷设在地沟或地板内
机械循环采暖系统	双管上供下回式	系统包括：锅炉、膨胀水箱、散热器和供回水管道，还有循环水泵、排气装置。供热水管在上，回水管在下，采用双立管进行循环
	双管下供下回式	供回水干管均敷设在地下室的平顶下或地沟内，管道的空气通过上层散热器上部的放气阀排除，采用双立管
	双管中供式	在建筑中间层设供热水平干管，上下供热，用双立管
	单管上供下回式	供热干管在上，回水管在下，采用单立管
	单管水平串联式	设一根水平干管，此一根水平干管与散热器水平串联
	双管水平串联式	设两根水平干管，此两根水平干管与散热器水平串联
	单管水平跨越式	设一根水平干管，此水平干管与散热器水平跨越连接
	双管水平跨越式	设两根水平干管，此水平干管与散热器水平跨越连接
	双管下供上回式	供热水管在下，回水管在上，水的流向自下而上与系统内空气的流向一致空气容易排除；回水干管在顶层，所以无效热损失小，采用双立管
	混合式	下供上回式与上供下回式的系统组合。上部为下供上回式，下部为上供下回式，采用单立管
高层建筑采暖系统	分层式	在垂直方向分成两个或两个以上的采暖系统
	双水箱分层式	采暖系统中有两个水箱而形成两个系统

注：表8–48摘自姜湘山、班福忱主编参考书目［30］P8。

十五、建筑采暖方式的热媒要求

（一）集中采暖方式选择热媒的依据

集中采暖方式热媒的选择，应依据当地的气候特点、建筑的性能、供热条件等因素，通过技术经济比选综合评定，进行选择。

（二）集中采暖热媒选择的要求

1. 民用建筑应采用热水作为热媒。

2. 工业建筑厂区只有采暖用热或以采暖用热为主时，宜采用高温水作热媒。

厂区生产工艺采用蒸汽为主，在符合节能、卫生、技术要求的条件下可以采用蒸汽热媒。利用余热或天然热源采暖的热媒及其参数应具体分析确定。辐射采暖的热媒应符合规范的有关要求。

3. 改建、扩建的建筑、原有热网连接的新建筑，应满足规范的要求，根据原有建筑的情况采取相应的技术措施。

4. 集中采暖的热媒选择参见表 8–49。

集中采暖的热媒选择　　表8–49

建筑类型		适宜选择	允许选择
民用建筑	居住建筑、医院、幼儿园等	不超过95℃的热水	不超过110℃的过热水
	办公楼、学校、展览馆等	不超过95℃的热水	不超过110℃的过热水
	车站、食堂、商业建筑等	不超过110℃的过热水	
	俱乐部、会所、影剧院等	不超过110℃的过热水	不超过130℃的过热水
工业建筑	不散发粉尘或只散发非燃烧性、非爆炸性粉尘的生产车间	·低压或高压蒸汽 ·不超过110℃的过热水	不超过130℃的过热水
	散发非燃烧性、非爆炸性有机无毒、易升华粉尘的生产车间	·低压蒸汽 ·不超过110℃的过热水	不超过130℃的过热水
	散发非燃烧性、非爆炸性的易升华有毒粉尘、气体及蒸汽的车间	须经卫生主管部门审议商定	
	散发燃烧性、爆炸性的有毒粉尘、气体及蒸汽的生产车间	须经主管部门专门审批确定	
	辅助建筑（不限规模）	·不超过110℃的过热水 ·低压蒸汽	高压蒸汽
	设在单独建筑内的门诊所、药房、托儿所、保健站等	不超过95℃的热水	·低压蒸汽 ·不超过110℃的过热水

注：1. 表8–49摘自姜湘山、班福忱主编参考书目［30］P3～4。
2. 低压蒸汽为压力≤70kPa的蒸汽。
3. 必须经过技术经济论证，在经济合理时，才能采用蒸汽作热媒。

十六、建筑采暖设计计算要求

（一）热水采暖系统的压力损失包括沿程压力损失和局部压力损失。局部阻力通常为散热器、锅炉、突大突小、直流三通、旁流三通、合流三通、分流三通、直流四通、分流四通、套管补偿器、方形补偿器、截止阀、旋塞、斜杆截止阀、闸阀、90°弯头、摵弯及乙字管、括弯、急弯双弯头和缓弯双弯头等。

（二）热水采暖系统最不利环路的比摩阻要求的范围是80～120Pa/m。

（三）热水采暖系统水平干管的末端管径应大于或等于20mm。

（四）机械循环热水采暖系统计算中拟把沿程压力损失和局部压力损失粗略地各按50%分配计算。

（五）低压蒸汽采暖系统计算中拟把沿程压力损失和局部压力损失粗略地分别按60%和40%分配计算。

十七、建筑采暖设计计算方法

（一）热水采暖系统水力计算方法

热水采暖系统水力计算通常有等温降法、变温降法、等压降法三种。

（二）等温降法的计算步骤为：流量计算、管径计算、环路压力计算三部分。

（三）变温降法的计算步骤为：求最不利环路单位管长沿程压力损失值，用于查表。假设最远立管的温降，一般按设计温降加2～5℃。根据假设温降，参照已求得的沿程压力损失值，在建议的流速范围内查表求得最远立管的计算流量和压力损失。根据各立管环路之间压力平衡的要求，由远至近，依次计算其他立管的计算流量、温降及压力损失。已求得各立管计算流量之和与由温降所求得的实际流量和不一致时，计算流量、温降及压力损失应分别乘调整系数，求出立管的实际流量、温降及压力损失。

（四）等压降法的计算步骤为：根据负荷、散热器连接形式选择支管立管的管径。按管径从表中查出各立管的计算流量。按流量、压降的调整系数调整流量、压降求出实际值。再根据实际流量值算出实际温降，计算散热器。供回水干管按一般方法选用管径，只要同立管之间的供、回水管之间的压差不超过10%，即可满足设计要求。

十八、锅炉的设计和选型

（一）锅炉的设计容量计算公式：

$$Q = K_0(K_1Q_1 + K_2Q_2 + K_3Q_3 + K_4Q_4) + K_5Q_5 \tag{8-6}$$

式中：Q_1、Q_2、Q_3、Q_4——采暖、通风、生产、生活的最大负荷（t/h）。

Q_5——锅炉房自用热负荷（t/h）。

K_0——室外热网热损失系数，可以从《锅炉房设计手册》中查出，一般按1.02计算。

K_1、K_2、K_3、K_4、K_5——采暖、通风（空调）、生产、生活和锅炉房自用热负荷的同时使用系数见表8-50。

同时使用系数K_1、K_2、K_3、K_4、K_5　　表8-50

项目	K_1	K_2	K_3	K_4	K_5
推荐值	1.0	0.8～1.0	0.7～1.0	0.5	0.8～1.0

注：生活用热负荷同时使用系数0.5，如果生活用热和生产用热时间错开，则$K_4 = 0$。

（二）锅炉的选型

锅炉选型的依据如下：

1. 优选国家公布的节能锅炉。
2. 所选锅炉应满足供热负荷及热媒介质参数的要求。
3. 所选锅炉应适应所用燃料。
4. 所选锅炉应具有较高热效率。
5. 锅炉运行状态良好。
6. 所选锅炉消烟除尘效果好。
7. 设置的锅炉能够节省建设投资。

（三）锅炉的数量

通常采暖、通风和生活热负荷为主的锅炉房，一般不设置备用锅炉，能满足热负荷和检修要求，可以只设一台锅炉。如果需要满足热负荷调度和检修扩建的要求，一般应设置不少于2台锅炉。

十九、鼓风机、引风机的配置

（一）单独配置

容量大于等于2t/h的锅炉的鼓风机、引风机宜单炉成套配置，容量小于2t/h的锅炉的鼓风机、引风机可按要求单独或集中配置。

单炉配置风机时，通常风量的富余量为10%，风压的富余量为20%。

（二）集中配置

集中配置风机时，鼓风机、引风机应各设两台，风机应符合并联运行的要求，每台风机的风量和风压应能满足全部锅炉负荷的60%～70%。

集中配置时，每台锅炉与总风道、总烟道的连接处应设置密闭阀门。

（三）鼓风机、引风机的性能

鼓风机、引风机应尽量选择风机在最高效率点运行，风机的转速不宜超过1450r/min；采用出厂锅炉配套的鼓风机、引风机时，应验算介质流速及阻力，并按当地的大气压进行设计调整。

二十、膨胀水箱的容积

膨胀水箱的容积计算与采暖系统的水容量有关。膨胀水箱的水容积按下列公式计算：

（一）70～95℃的采暖系统

$$V=01031V_C \tag{8-7}$$

（二）70～110℃的采暖系统

$$V=0.038\,V_C \tag{8-8}$$

（三）70～130℃的采暖系统

$$V=0.038\,V_C \tag{8-9}$$

（四）空调冷冻水系统

$$V=0.014\,V_C \tag{8-10}$$

式中：V——膨胀水箱的有效容积（L）。

V_C——供暖系统的水容量（L），见表8-51。

供给每1kW热量所需设备的水容量V_C值（L）　　表8-51

设备名称	供暖系统设备和附件	V_C	供暖系统设备和附件	V_C
锅炉设备	KZG1—8	4.7	KZG1.5—8	4.1
	SHZ2—13A	4.0	GZG^{-8}_{-13}	3.7
	KZL4—13	3.0	KZFH2—8—1	4.0
	SZP6.5—13	2.0	KZZ4—13	3.0
	SZP10—13	1.6	SZP10—13	2.0
	RSG120—8/130	1.4	RSG60—8/130—1	1.4
散热器	四柱640型	8.37	M—132型	9.49
	四细柱500型	5.1	四柱760型	8.3
	四细柱600型	5.2	四柱460型	8.88
	弯肋型	7.03	四细柱600型	5.2
	钢串片	3.6	六细柱700型	5.2
	扁管	4.8	辐射对流型（TFD_2）	5.24
	板式	4.1	钢柱	14.5
管道系统	室内机械循环管路	7.8	室外机械循环管路	5.9
	室内自然循环管路	15.6		

二十一、采暖系统附属设备的选择

（一）补偿器

选择补偿器，须计算补偿器对管道的热伸长量。

$$\Delta X=0.012(t_1-t_2)L \tag{8-11}$$

式中：ΔX——管道的热伸长量（mm）。

t_1——热媒温度（℃）。

t_2——管道安装时的温度（℃），一般按 -5℃计算，当管道架空敷设于室外时，应按采暖室外温度计算。

L——计算的管道长度（m）。

0.012——钢管的线膨胀系数［mm/(m·℃)］。

（二）集气罐

集气罐口的直径应大于或等于干管直径的 1.5～2.0 倍，集气罐中水的流速不超过 0.05m/s。

（三）分气缸

蒸汽压力 0.6MPa 以下的分气缸的筒身直径按下式计算。

$$D=0.595\left(\frac{G}{vp}\right)^{\frac{1}{2}} \tag{8-12}$$

式中：D——分气缸的筒身直径（mm）。

G——通过分气缸的蒸汽总流量（t/h）。

v——筒身蒸汽流量（m/s），一般取 10～15m/s。

p——蒸汽密度（kg/m^3）。

分气缸的筒身直径也可以通过查表法求得。

（四）分水器、集水器

分水器、集水器的筒身直径可以按截面流速 0.1m/s 确定或按经验估算。

$$D=(1.5\sim3.0)\,d_{\max} \tag{8-13}$$

式中：D——分水器、集水器的筒身直径（mm）。

$d_{\max}$——支管中的最大管径（mm）。

公式 8-13 也近似适用于分气缸。

（五）换热器

1. 换热器的使用场合

（1）固定管板的壳管式汽 - 水换热器适用于温差小，压力不高及结构内结垢不严重的场合。

（2）U 形壳管式汽 - 水换热器适用于温差大，管内流体干净的场合。

（3）喷嘴换热器加热快、壳体小、安装方便，适用于加热温差大、噪声大的场合。

（4）螺旋板式换热器造价低、体积小，但易蹿水，适用于供暖换热。

（5）不锈钢板式换热器热效率高，拆装方便，但造价高，易堵塞，适用于空调水系统换热。

（6）波纹管系列换热器承受压力高，不易堵塞，耐腐蚀，换热效率高，适用于区域供暖。

（7）浮动盘管系列汽 - 水换热器热效率较高，能自动除去附着在管外的脆性水垢，适用于水质较差的供暖系统。

2. 换热器换热面积的计算

换热器换热面积的计算构式：

$$F=\frac{Q}{KB\Delta t_{\mathrm{pj}}} \tag{8-14}$$

式中：F——换热器的传热面积（m^2）。

Q——换热量（W）。

B——水垢系数。

Δt_{pj}——对数平均温度差（℃）。

K——换热器的传热系数［W/（m^2·℃）］。

（六）采暖系统管件的选用要求

采暖管道通常采用焊接钢管、镀锌钢管、耐热塑料管和铝塑复合管。

1. 焊接钢管应采用同质的焊接管件。

2. 镀锌钢管应采用同质的用螺纹连接的镀锌管件。

3. 耐热塑料管应采用同质的管件，用于热熔连接或胶粘接等。

4. 铝塑复合管应采用同质的专用管件连接。

（七）采暖系统阀门的选用

1. 关闭管道：高压蒸汽系统用截止阀，低压蒸汽系统、热水系统用闸阀。

2. 调节流量：采用截止阀、对夹式蝶阀。

3. 管道放水：采用旋塞或闸阀。

4. 管道排气：恒温自动排气阀、自动排气阀、钥匙汽阀、旋塞或手动防风门等。

（八）采暖管道的敷设要求

1. 室内热水采暖管道的敷设

（1）室内热力管道与其他管道和电气设备之间的最小净距应符合有关规范的要求。

（2）室内热水采暖管道的设置

1）干管的设置

① 上供式采暖中，供水干管应沿墙敷设在窗过梁以上，顶棚以下，不妨碍窗户开启的地方。

② 管道距顶棚的间距应满足利于排气，不小于 0.003 的坡度和集气罐安装要求。

③ 干管与梁、板、墙面等结构构件平行敷设时，通常距构件表面不小于 100mm。

④ 干管暗装在天棚或专用管槽内时，顶棚内的暗管应绝热且距外墙 1～1.5m。

⑤ 干管设置在室内地沟内时，地沟净高为 1m，宽度不应小于 0.8m。干管绝热层与地沟壁净距不应小于 100mm，并应合理设置检修入孔。

⑥ 干管最高标高处应设排气装置，干管最低标高处应设泄水装置。

2）立管的设置

① 明装立管应布置在外墙内角和窗间墙位置。

② 面对设置的双立管，供水立管应布置在右侧，回水立管应布置在左侧，供水和回水两立管中心的间距宜为 80mm。无论是明装还是暗装立管与墙面或管槽内壁的距离应符合规定要求。

3）管道配件的设置

① 阀门的设置：采暖系统供回水入口总干管上应设置系统开闭用的闸板阀。各分支管道上应设置供开关和调节用的截止阀。各分支立管上、下端均应设置供开关、调节、检修用的阀门。

② 集气罐及排气装置：上供式热水采暖系统的最高标高处应设置集气罐或自动排气装置。采暖系统内的各个环路应单独设置集气罐，两个环路不允许合用 1 个集气罐。下供式及水平串联式系统均利用各层散热器上设置的手动放气阀排气。

③ 补偿器的设置：当受热管道弯曲部件的自然补偿达不到要求，管道中应设置补偿器。对带有支管的供暖干管不需要设补偿器的最大长度，热力管道固定支架和自然补偿器的最大允许间距应通过计算，达到规定要求。

④ 管道系统入口的设置：入口应有压力计、温度计等测量仪表和阀门、流量孔板等控制配件。入口装置的供回水管之间，应设有连通管并加装循环阀门。入口装置内应设置除污器。入口装置的最低标高

处应安装泄水阀。

⑤ 室内采暖管道的安装：安装前对进场的材料、设备的规格、型号、质数应按设计要求进行检验。穿过基础、墙身、楼板等建筑构件时应设定准确的预留孔洞位置，穿越基础的预留孔洞应有适应沉降变形的措施。穿过墙壁和楼板的管道应设金属套管，穿过楼板的套管顶面应高出板面20mm，底部应与楼板底面平齐。穿过墙壁的套管两端面应与墙壁装饰面平齐。钢制采暖管道，管径*DN*不大于32mm时，宜采用螺纹连接，管径*DN*大于32mm时，宜采用焊接或法兰连接。

安装水平干管绝对不准出现反坡。管道支架距邻近的焊口净距应大于50mm，焊口位于两个支架间距1/5的位置更加合理。

2．室内低压蒸汽采暖管道的敷设

（1）室内低压蒸汽水平管道的坡度：蒸汽干管（汽水同向流动时）坡度应大于或等于0.002～0.003。蒸汽干管（汽水逆向流动时）坡度应大于或等于0.005。凝结水干管的坡度应大于或等于0.002～0.003。散热器支管的坡度为0.01～0.02。蒸汽单管坡度为0.04～0.05。水平敷设的供汽干管，每隔30～40m宜设抬管泄水装置。

（2）室内低压蒸汽管道系统必须设计疏水装置的部位

1）水平供汽干管向上抬管处。

2）室内每组散热器的凝结水出口处。

3）上供下回式系统的每根立管下端。

（3）为保持蒸汽的干度（每千克湿蒸汽中所含干蒸汽质量的百分比），供气立管应从供汽干管的上方一侧接出，使干管产生的冷凝水通过干管末端的凝结水立管和疏水装置排除。

（4）在单管系统中应在每组散热器的1/3高度位置安装自动排气阀。

（5）干式凝结水干管局部翻入过门地沟（上部无雨篷）的情况，应按国家图集03R411-1、03R411-2的规定要求敷设。

（6）蒸汽干管的末端管径应符合如下要求：

1）当干管入口处管径大于或等于50mm时，末端管径不应小于*DN*32mm。

2）当干管入口处管径小于50mm时，末端管径不应小于*DN*25mm。

3）当干管入口处负荷不大时，末端管径可以采用*DN*20mm。

3．地板埋管敷设低温热水辐射采暖管道的设置

（1）地板敷设低温热水辐射采暖管道的热媒温度，民用建筑中的供水温度不应超过60℃，供、回水温差宜小于或等于10℃。

（2）采暖塑料管道应埋在地面不小于30mm厚度的混凝土垫层内，用聚苯乙烯塑料板作绝缘层，绝缘层厚度不宜小于30mm。

（3）集水器、分水器从上到下按中心轴200mm的间距排列在嵌入墙底的箱体内。

（4）加热盘管的设置

1）加热盘管的排列有平行排管、回形盘管、蛇形盘管三种形式。

2）加热盘管的施工要求

① 加热盘管的施工环境温度宜在5℃以上，且应防止油漆、沥青或其他化学溶剂接触盘管。

② 加热盘管出地面与集水器、分水器相连接的管段穿过地面构造层的部分应加装硬质套管。

③ 安装在混凝土填充层内的加热盘管上，禁止安装可以拆卸的接头。

④ 应把锚固件固定加热盘管，固定点之间的距离，直线段不应大于1000mm，弯曲管道不应大于350mm。

⑤ 填充层的细石混凝土强度不应低于C15，细石的粒径不应大于12mm。掺加防止混凝土龟裂的适当

比例的添加剂。

⑥ 细石混凝土填充层应采取防止膨胀的构造措施。地板面积超过 30m² 或地板边长超过 6m 时，每隔 5～6m 细石混凝土填充层应留 5～10mm 宽的伸缩缝，伸缩缝内应填可压缩的弹性材料。

⑦ 填充层的细石混凝土应在加热盘管试压合格后进行浇捣，浇捣细石混凝土时加热盘管内应保持不低于 0.4MPa 的压力，待 48h 以上时间养护后加热盘管内才能卸压。

⑧ 加热盘管的隔热材料应符合以下要求：热导率不应大于 0.05W/(m・K)，抗压强度不应小于 100kPa，吸水率不应大于 6%。氧指数不应小于 32%。当采用聚苯乙烯泡沫塑料板作隔热层时，其密度不应小于 20kg/m³ 。

（九）采暖安装工程的质量检验标准

1. 散热器安装工程的质量检验：散热器组对后或整组出厂的散热器在安装前应作水压试验，试验压力通常应为工作压力的 1.5 倍，且不小于 0.6MPa。水压试验时间为 2～3min，压力应保持不降，且不渗不漏。散热器组对应平直紧密，辅助设备和组对后散热器的平直度允许偏差和安装间距应符合规范和产品说明书的要求。

2. 金属辐射板安装工程的质量检验：金属辐射板安装前应作水压试验，当设计无要求时，试验压力通常应为工作压力的 1.5 倍，且不小于 0.6MPa。试验压力下 2～3min 内，压力应保持不降，且不渗不漏。

3. 地板低温热水辐射采暖安装工程的质量检验。

（1）地面下敷设的加热盘管部分不应该有接头。加热盘管弯曲部分不得有硬折弯，塑料管的曲率半径不应小于管外径的 8 倍，复合管不应小于管外径的 5 倍。

（2）加热盘管在隐蔽前必须进行水压试验，试验压力通常应为工作压力的 1.5 倍，且不小于 0.6MPa。试验要求在稳压 1h 内，盘管内的压力降不大于 0.05 MPa，且不渗不漏。

4. 采暖系统的质量检验

在采暖系统安装完毕，管道保温之前应进行水压试验和系统调试，试验压力应符合设计要求和下列规定。

（1）蒸汽、热水采暖系统：应以系统顶点工作压力加 0.1MPa 进行水压试验，试验时系统顶点的试验压力不小于 0.3MPa。

（2）高温热水采暖系统：试验压力应为系统顶点工作压力 0.4 MPa。

（3）采用塑料管和复合管的热水采暖系统：应以系统顶点工作压力加 0.2 MPa 进行水压试验，试验时系统顶点的试验压力不小于 0.4MPa。

采暖系统的质量检验方法：使用钢管和复合管的采暖系统应在试验压力下 10min 内压力降不大于 0.02 MPa，降至工作压力后检查应不渗不漏。使用塑料管的采暖系统应在试验压力下 1h 内，压力降不大于 0.05 MPa，然后降至工作压力 1.15 倍，稳压 2h，压力降不大于 0.03 MPa，且管道所有连接处不渗不漏。

（十）采暖工程施工图设计要求

1. 设计文本封面、目录、说明、设计图纸、工程概算书。

2. 设计说明包括概况和设计参数，如热源、热媒、负荷指标、系统总阻力、系统形式、控制方法等；施工说明应列出使用材料和附件，系统工作压力和试压要求，施工安装要求；设计图例；设计分工；设备表；设备型号、规格、技术参数等。

3. 设计图纸

（1）设计图纸通常包括图例、系统流程图、主要平面图、各种管道绘制单线图。

（2）采暖平面图

1）绘制建筑轮廓线、标出主要轴线号、轴线尺寸、室内外地面标高、房间名称。底层平面标指北针。

2）标示出散热器的位置，注明片数或长度，采暖干管和立管的位置、编号，管道的阀门、放气阀、泄水阀、固定支架、补偿器、入口装置、疏水器、管沟及检查孔位置，注明干管管径及标高。

3）二层以上的多层建筑，其建筑平面相同的，采暖平面二层至顶层可以合用一张图，但散热器的数量应分层标注。

（3）系统图、立管图

分户热计量的户内采暖系统或小型采暖系统，当平面图难于表达时，应按 45° 或 30° 轴测投影绘制与平面图比例一致的透视图，多层、高层建筑的集中采暖系统，应绘制采暖立管图并加予编号。上述图纸应标明管径、坡向、散热器型号和数量。

（4）详图

采暖系统采用的设备、零部件应标明采用标准图、通用图的图名、图号和版次。独立设计的设备、零部件应绘制详图。

4．计算书

（1）电算计算书应注明软件名称、计算简图、输入数据。

（2）采暖工程的计算内容有：

1）建筑围护结构耗热量。

2）散热器和采暖设备的选择。

3）采暖系统的管径和水力计算。

4）采暖系统的构件或装置选择计算，例如，系统补水与定压装置、补偿器、疏水器等。

绘制通风工程 AutoCAD 设计图纸和设计计算常采用 THvac8.0 天正暖通设计软件[30]。

（十一）热能动力施工图设计要求

按第十六节热能动力施工图设计文件校对要求。

第十六节 热能动力施工图设计校对表

热能动力施工图设计校对表 表8-52

编号：

工程名称		设计编号：	勘误数量：			
项目	校核内容	说明	自检	校对	审核	审定
一、图纸要求	1．工程名称、设计项目及设计编号与总平面一致。 2．图纸目录顺序：新绘制设计图、选用标准图、通用图、重复利用图。 3．图纸目录中的图名、图号、图纸规格与图纸一致。 4．图面表达应符合制图标准、图例规范、字体比例适当。 5．图中使用计量单位准确、符合国家统一标准。 6．图纸设计内容达到国家设计文件编制深度要求。 7．本专业图纸与其他专业提供的设计条件、技术要求、空间尺寸协调一致。 8．设备表、材料表、备注说明文字表述无疏漏、无错别字。 9．修改图应说明修改内容、修改部位、修改原因及依据，注明作废图的原图号					

续表

工程名称		设计编号：	勘误数量：			
项目	校核内容	说明	自检	校对	审核	审定
二、设计说明和施工说明与运行控制说明	一、设计说明 ★ 1．设计依据 （1）热能动力设计执行的现行法规和技术标准（注明法规标准的名称、编号、年号和版本号）。 （2）热能动力设计依据的批准文件和基础资料（水质分析、地质状况、地下水位、冻土深度、燃料种类等）。 （3）其他专业提供的设计资料（总平面布置图、供热分区图、热负荷及介质参数、发展要求）。 （4）当施工图设计与初步设计（或方案设计）有较大变动时应说明变动原因和调整的内容。 2．设计范围 ★（1）确认设计任务书和调整后初步设计批文等技术资料，说明热能动力专业设计范围和合作设计的各自分工内容。 （2）未来发展为扩建所作的安排。 （3）改建、扩建项目应说明对原有建筑、结构、设备等的利用情况。 3．概述系统设计 说明热力系统运行要求和维护管理注意事项，列出系统设计技术指标：各类供热负荷及各种气体用量、设计容量、运行介质参数、燃料消耗量、灰渣量、水电用量等。 4．说明热能动力所采用的图例符号。 ★ 5．节能设计 说明热能动力设计采用的节能措施、节能标准、规范中相关强制性条文，规范中“必须”和“应”等用语的条文要求。 6．进行绿色设计所要求的专项措施 ★ 7．环保、消防等安全措施 明确说明排烟、除尘、除渣、排污、减噪等方面的各项环保措施。明确锅炉房、可燃性气体站房及可燃气体、液体、防爆、泄压、消防等安全措施。说明设计中有关法规、规范、标准的强制性条文和“必须”、“应”等规范用语的条文规定。 二、施工说明 ★ 1．设备安装 必须与土建施工配合，核对订货设备尺寸是否与设备基础尺寸相符合，设备和材料在楼板堆放时须复核荷载设计，避免在楼面集中以防止楼板超载，利用梁柱起吊设备时，必须要求复核梁柱的结构强度；安装大型设备时，提出预留安装通道的要求。 2．管道安装 明确管道的安装要求，说明工艺管道、风道、烟道的管材及附件的选用要求，管道的连接方式，管道的安装坡度、坡向，管道弯头的选用，管道滑动支吊架的间距表，管道补偿器，建筑物入口装置。管道施工配合土建预埋件、预留孔洞、预留套管等要求。 3．系统的工作压力和试压要求					

续表

工程名称		设计编号：	勘误数量：			
项目	校核内容	说明	自检	校对	审核	审定
二、设计说明和施工说明与运行控制说明	4．说明设备的防腐、保温、保护、涂色要求，说明管道的防腐、保温、保护、涂色要求。 5．说明图纸中的尺寸、标高等的标注方法。 6．列出热能动力图的图例。 7．列出本项目采用的施工及验收规范等法规依据					
三、分项设计图纸	一、锅炉房设计 （一）设计说明 ★ 1．说明热负荷的确定依据及锅炉房形式的选择。 确定计算热负荷、列出各热用户的热负荷表。 确定供热介质和参数。 确定锅炉房形式、规格、台数、冬夏季运行台数、备用情况等。 2．燃料系统说明内容 燃料种类、燃料低位发热量、燃料来源及烟气排放。 煤燃料种类、煤燃料处理设备、计量设备及输送设备、烟气除尘、脱硫设备、除渣设备。 油燃料的种类、燃油系统、油罐大小、位置、数量、存油时间和运输方式。 气燃料的种类、确定燃气压力、确定调压站位置。 3．列出技术指标 建筑面积、供热量、供气量、燃料消耗量、灰渣排放量、软化水消耗量、自来水消耗量、电容量。 （二）设计图纸 1．热力系统图 系统表达：热水循环、蒸汽及凝结水、水处理、排污、给水、定压补水方式。 标明：图例、管径、介质流向及设备编号（与设备表编号一致）、现场安装测量仪表位置。 ★ 2．设备平面布置图 绘制锅炉房、辅助间及烟囱等平面图，注明建筑轴线编号、尺寸、标高和房间名称。 设备布置图：注明设备定位尺寸和设备编号（应与设备表一致）。 较大型锅炉房：标示锅炉房、煤场、渣场、灰场（池）、室外油罐、气罐等区域布置图。 ★ 3．管道布置图 绘制工艺管道、风道、烟道平面布置图、注明阀门、补偿器固定支架的安装位置和就地安装一次测量仪表的位置，注明各种管道尺寸；（简单管道系统可与设备平面合图） ★ 4．剖面图 绘制工艺管道、风道、烟道及设备剖面、注明阀门、补偿器固定支架的安装位置和就地安装一次测量仪表的位置，注明各种管道的管径，安装标高、安装坡度和坡向，注明设备定位尺寸及设备编号（应与设备表编号一致）。					

续表

工程名称		设计编号：	勘误数量：			
项目	校核内容	说明	自检	校对	审核	审定
三、分项设计图纸	5. 其他图纸 按不同项目技术要求分别绘出机械化运输平、剖面布置图，设备安装详图，水箱开孔图，油箱开孔图，非标准设备制造图。 二、其他动力站房 （一）设计说明 1. 热交换站 ★说明加热、被加热介质及参数。 确定供热负荷。 简述热力系统：包括热水循环系统、蒸汽及凝结水系统、水处理系统、定压补水方式等。 确定换热器及辅助配套设备。 2. 柴油发电机房 ★说明供油系统及排烟方式。 3. 燃气调压站 说明调压站的位置。 确定燃气用量。 叙述调压站流程。 ★确定调压器前后参数。 选择调压器规格型号数量。 4. 气体站房 ★说明各种气体的用途、用量和参数。 简述供气系统。 选择气站设备。 5. 气体瓶组站 确定气体用途、用量。 叙述调压和供气方式。 叙述瓶组站流程。 ★确定调压器前后参数。 确定瓶组容量及数量。 （二）其他动力站房设计图纸 1. 管道系统图 （1）热交换站 （2）柴油发电机房 （3）气体站房 以上应绘制系统图比照锅炉房设计内容和深度 2. 透视图 （1）燃气调压站 （2）气体瓶组站 以上应绘制透视图并注明标高。 3. 设备及管道平面图 比照锅炉房设计图内容深度。 4. 设备及管道剖面图 比照锅炉房设计图纸内容深度。					

续表

工程名称		设计编号：	勘误数量：			
项目	校核内容	说明	自检	校对	审核	审定
三、分项设计图纸	三、室内管道图 （一）设计说明 说明各种介质负荷及其参数。 说明管道和附件的选用要求。 说明管道的敷设方式。 确定管道的保温及维护材料。 （二）室内管道图 1．管道系统（透视）图 标注各种管道管型，各种附件，就地测量仪表、管径、坡度、坡向和管道标高。 2．平面图 建筑平面标注轴线编号、尺寸、标高、房间名称。 绘出有关设备外形轮廓尺寸及编号。 绘制动力管道、入口装置及各种附件、标注管径尺寸。 有补偿器、固定支架应绘制其安装位置定位尺寸。 ★ 3．安装详图 采用标准图、通用图应在目录中列出图册名称、索引图名、图号，详图应标注节点做法、尺寸、用材和安装要求。 四、室外管网 （一）设计说明 确定各种介质负荷和其参数。 明确管道接口位置、管道布置走向和敷设方式。 说明管材和附件的选型和消防安全措施。 说明管材和附件的防腐方式。 选择管材的保温和保护材料。 （二）室外管网设计图 1．平面图 建筑红线范围的总图标注 建筑物、构筑物 道路、坡坎 水系 标注名称、定位尺寸和坐标 标指北针 标建筑物室内 ±0.00 与绝对标高数值关系 室外地面入口和道路交叉点、变坡点绝对标高 2．管道布置平面 布置补偿器 固定支架 阀门 检查井 排水井					

续表

工程名称		设计编号：	勘误数量：			
项目	校核内容	说明	自检	校对	审核	审定
三、分项设计图纸	标注管道、设备、设施的定位尺寸、坐标 管段编号（节点编号） 管道规格 管线长度及管道介质代号 标注补偿器类型 补偿器补偿量（方形补偿器尺寸） 固定支架编号 3．纵断面图（比例 1∶500 或 1∶1000） 绘制沿管道走向的纵断面展开图（复杂地形）。 （1）地沟敷设 标注管段编号（节点编号） 设计地面标高 沟顶标高 管道标高 地沟断面尺寸 管段平面长度、坡度及坡向 （2）架空敷设 标注管段编号（节点编号） 设计地面标高 柱顶标高 管道标高 管段平面长度、坡度及坡向 （3）直埋敷设 标注管段编号（节点编号） 设计地面标高 管道标高 填砂沟底标高 管段平面长度、坡度及坡向 （4）纵断面图中应标注 关断阀 放气阀 泄水阀 疏水装置 就地安装测量仪表 平地简单项目可在管道平面主要控制点直接标注或把以上数据列表说明 4．横断面图（采用标准图、通用图、只需注明图名图号索引） （1）地沟敷设标注 管道直径 保温层厚度 地沟断面尺寸					

续表

工程名称		设计编号：	勘误数量：			
项目	校核内容	说明	自检	校对	审核	审定
三、分项设计图纸	管中心间距 管道与沟壁、沟底的距离 支座尺寸 覆土深度 （2）架空敷设标注 管道直径 保温层厚度 管道中心间距 支座尺寸 （3）直埋敷设标注 管道直径 保温层厚度 填砂沟槽尺寸 管道中心间距 填砂层厚度及埋深 （4）节点详图 按项目要求绘制检查井、分支节点、管道及附件节点大样					
四、设备材料表	列出设备和材料 名称性能参数 单位和数量 备用要求 锅炉设备的效率值					
五、计算书	（一）锅炉房计算内容 1. 热负荷计算 2. 设备选型计算 3. 管道管径及水力 4. 管道固定支架推力 5. 水、电、气、燃料消耗量的计算 6. 炉渣量 7. 煤、渣、油料等存放场地面积、荷重计算。 （二）其他动力站房计算要求 1. 各种介质的负荷量 2. 设备选型 3. 管道管径及水力计算 （三）室内管道计算要求 1. 选择计算草图，计算管径和水力 2. 附件选型 3. 高温介质时计算管道固定支架的推力。					

续表

工程名称		设计编号：	勘误数量：			
项目	校核内容	说明	自检	校对	审核	审定
五、计算书	（四）室外管网计算 1. 确定计算草图，计算管径和水力 2. 按水力计算结论绘制水压图 3. 调压设备选型 4. 架空和地沟敷设管道的不平衡支架的受力 5. 直埋敷设时管道对固定墩的推力 6. 管道热膨胀计算和选择补偿器 7. 直埋供热管道预处理时，预拉伸、预热计算					

注：1. 文件或图纸不齐全时应在备注栏中说明原因。
2. 自检栏中填写：√表示通过、○表示无要求。校对、审核、审定各自在相应栏目中填写错漏的数量，具体问题在校审卡中列出。核查数由审核、审定人员填写，表示发现前面校审未发现的问题。
3. 自检由设计人员和专业负责人完成。
4. 加★者为重点校对内容。

第十七节　热能动力施工图设计校核审定表

热能动力施工图设计校核审定表　　**表8–53**

编号：

工程名称		设计编号：	勘误数量：	
	校核内容	说明	审核	审定
审核	1. 核对设计说明、施工要求内容齐全、达到施工图设计深度要求，设计依据可靠，设计范围和内容符合设计任务书、初步设计审批文件及有关管理部门（消防、人防、环保、卫生防疫、国土资源等）的相关要求，符合节能设计标准。 2. 热能动力设计系统的选择应该合理、经济、可行，正确布置管网和选择管径。 3. 设备的设计参数符合国家规范和使用要求。 4. 设备布置尺寸与建筑图一致，设备和附件应符合环保节能要求。 5. 设置系统的标高、穿孔尺寸位置与建筑、结构专业一致。 6. 标注管径应与计算结果一致。 7. 管道排列尺寸和阀门位置除符合规范要求外尚应便于检修操作。 8. 检查校核记录有无遗漏、核对的问题是否合理解决。 9. 本专业与其他专业交接记录，专业连接部位是否协调到位。 10. 查对选用的规范、标准图、通用图是现行通用的版本，运用得当。 11. 不允许有违反安全性和强制性条文的做法。 12. 选用的设备和管材合格，非指定厂家品牌 13. 采取统一的技术措施。 14. 引进国外技术须对照该国相应技术标准，对可靠性先进性应经有关专业部门评估、鉴定。 15. 设计计算必须完整、正确无误			

续表

工程名称		设计编号：	勘误数量：	
	校核内容	说明	审核	审定
审定	1．设置方案是否经过比选优化，评审结论是否落实，审议有无重大技术安全隐患。 2．设计文件应齐全完备、深度达到规范要求和ISO质量管理规定。 3．图纸会签栏无差错、无遗漏。 4．抽查校审内容确保准确无误。 5．审阅总说明内容和选用参数符合规范要求。 6．查对计算书重要数据的准确性。 7．检查有无安全性隐患和违反强制性条文的情况。 8．设计的技术经济指标是否合理、优化比选，采用新材料新产品应认准适用条件和相关要求。 9．统计校核表错漏情况，对设计质量进行评估			

注：1．文件或图纸不齐全时应在备注栏中说明原因。

2．自检栏中填写：√表示通过、○表示无要求。校对、审核、审定各自在相应栏目中填写错漏的数量，具体问题在校审卡中列出。核查数由审核、审定人员填写，表示发现前面校审未发现的问题。

3．自检由设计人员和专业负责人完成。

第九章　建筑项目的园林工程设计校对

建筑项目的园林工程既有建筑周边外环境的园林绿化工程，如居住区绿地规划和景观设计，厂区绿化工程，城市设计公共绿地、现代园林景观等市政工程。也有建筑表皮的绿化设施，如屋面栽培，入户花园的配植，墙体绿化等建筑绿化项目。

第一节　建筑外环境的园林工程

一、居住区内园林绿地的设置要求

（一）居住区园林绿地的类型：居住区内绿地，应包括公共绿地、宅旁绿地、配套公建所属绿地和道路绿地，其中包括了满足当地植树绿化覆土要求、方便居民出入的地下或半地下建筑的屋顶绿地。

（二）公共绿地指满足规定的日照要求，适合于安排游憩活动设施的、供居民共享的集中绿地，包括居住区公园、小游园和组团绿地及其他块状带状绿地等。按《城市居住区规划设计规范》GB 50180—93（2016 年版）第 7.0.4 条要求。

1. 集中的中心绿地的设置应符合表 9-1 的规定。设置项目可以按具体工程选择设计。

各级中心绿地设置规定　　表9-1

中心绿地名称	设置项目内容	设置要求	最小规模（hm^2）
居住区公园	花木草坪、花坛水池、凉亭、小卖茶座老幼设施、停车场地、雕塑、铺装地面	园内布局应有明确的功能划分	1.00
小游园	花木草坪、花坛水池、雕塑、儿童设施、铺装地面	园内布局应有一定的功能划分	0.40
组团绿地	花木草坪、桌椅、简易儿童设施	灵活布局	0.04

（1）中心绿地至少应有一个边与相应级别的道路相邻。

（2）绿化面积（含水面）不宜小于 70%。

（3）为便于居民活动使用，宜采用开敞式，以绿篱或通透式构件分隔。

（4）组团绿地的设置应满足有 1/3 的绿地面积在标准的建筑日照阴影线范围之外的要求，并便于设置儿童游戏设施和适用于成人游憩活动。

其中院落式组团绿地的设置应满足表 9-2。

院落式组团绿地的设置规定　　表9-2

封闭型绿地		开敞型绿地	
南侧多层楼房	南侧高层楼房	南侧多层楼房	南侧高层楼房
$L \geqslant 1.5L_2$ $L \geqslant 30m$	$L \geqslant 1.5L_2$ $L \geqslant 50m$	$L \geqslant 1.5L_2$ $L \geqslant 30m$	$L \geqslant 1.5L_2$ $L \geqslant 50m$

续表

封闭型绿地		开敞型绿地	
南侧多层楼房	南侧高层楼房	南侧多层楼房	南侧高层楼房
$S_1 \geqslant 800m^2$	$S_1 \geqslant 1800m^2$	$S_1 \geqslant 500m^2$	$S_1 \geqslant 1200m^2$
$S_2 \geqslant 1000m^2$	$S_2 \geqslant 2000m^2$	$S_2 \geqslant 600m^2$	$S_2 \geqslant 1400m^2$

注：1. L—— 南北两楼的正面间距（m）。

L_2—— 当地住宅的标准日照间距（m）。

S_1—— 北侧为多层楼房的组团绿地的面积（m^2）。

S_2—— 北侧为高层楼房的组团绿地的面积（m^2）。

2. 组团绿地面积计算的起止界限。

小区路或组团路与建筑外墙之间的间距应大于等于 10m。组团绿地边缘距建筑外墙按 1.5m 计算；组团绿地边缘距宅间小路和组团路边缘按 1.0m 计算。

2. 其他块状带状公共绿地应符合下列要求：

（1）块状带状公共绿地的宽度应不小于 8m，面积不小于 $400m^2$。

（2）绿地至少应有一个边与相应级别的道路相邻。

（3）绿化面积（含水面）不宜小于 70%。

（4）为便于居民活动使用，宜采用开敞式，以绿篱或通透式构件分隔。

（5）绿地的设置应满足有 1/3 的绿地面积在标准的建筑日照阴影线范围之外的要求，并便于设置儿童游戏设施和适用于成人游憩活动。

（6）绿地面积计算的起止界限：

绿地边缘距建筑外墙按 1.5m 计算；绿地边缘距宅间路和组团路边缘按 1.0m 计算。

（三）居住区内公共绿地的总指标，应根据人口规模分别达到：组团不少于 $0.5m^2$/人，小区（含组团）不少于 $1m^2$/人，居住区（含小区与组团）不少于 $1.5m^2$/人，并应根据居住区规划布局形式统一安排、灵活使用。旧区改建可酌情降低，但不得低于相应指标的 70%。

（四）宅旁绿地面积计算的起止界限：宅旁绿地边缘距建筑外墙按 1.5m 计算。

（五）居住区绿地的绿地率要求：新区建设不应低于 30%，旧区改建不宜低于 25%。

《绿色建筑评价标准》GB/T 50378—2014 中建筑室外环境评分项目要求，新区和公共建筑的绿地率不低于 30%。旧城改造的居住建筑的住区绿地率不低于 25%。

二、公共建筑的园林绿地设置要求

（一）公共建筑的园林绿地设置应根据建筑类型和当地气候条件提出的规划要点以及公共建筑《绿色建筑评价标准》GB/T 50378—2014 中场地设计与场地生态要求，合理采用屋顶绿化、垂直绿化等方式，选择适宜当地气候和土壤的乡土植物，设置乔灌花、乔灌草的复层绿化，确定绿化面积。

（二）按《城市道路交通规划设计规范》GB 50220—95 第 7.5 条城市广场的规定。

1. 城市游憩集散广场的用地面积，可按规划人口指标 0.13～$0.40m^2$/人计算，市级广场宜为 4 万～10 万 m^2，区级广场宜为 1 万～3 万 m^2。

2. 一般公共建筑的公共广场的集中成片绿地不宜小于广场用地面积的 25%，宜为开放式集中绿地。

3. 城市公共交通建筑的集散广场的用地总面积，可按规划人口指标 0.07～$0.10m^2$/人计算，集散广场的人流密度宜为 1.0～1.4 人/m^2。

4. 城市公共交通建筑，车站、码头、机场等的集散广场中集中成片绿地不宜小于广场用地面积的10%。

三、道路的绿地率指标

按《城市道路绿化规划与设计规范》CJJ 75—1997 第3.1.2条的规定：

（一）规划道路红线宽度，应同时确定道路绿地率。

1. 道路红线宽度大于50m的道路绿地率不得小于30%。

2. 道路红线宽度在40～50m之间的道路绿地率不得小于25%。

3. 道路红线宽度小于40m的道路绿地率不得小于20%。

（二）园林景观路绿地率不得小于40%。

四、工业企业厂区内园林绿地的规定

国土资源部《工业项目建设用地控制指标》规定：工业项目的建筑系数应不低于30%，行政办公生活服务设施的用地面积不得超过总用地面积的7%。严禁在工业项目建设用地范围内兴建成套住宅、专家楼、招待所、培训中心等非生产性配套设施。

（一）工业企业内部原则上不得安排绿地。

（二）因生产工艺的需要安排绿地的厂区，其绿地率不得超过20%。改建、扩建的工业企业的绿地率宜控制在15%以内。因生产安全等特殊要求的企业，也可以按项目的具体情况执行当地的规划控制要求。

（三）工业企业厂区内园林绿地的选择

1. 应充分利用厂区内非建筑地段，零星空地作园林绿地。

2. 应充分利用管架、栈桥、架空线路等设施下面及地下管线带上面的场地作园林绿地。

3. 应满足生产、检修、运输、安全、卫生、防火、采光、通风的要求，应避免与建筑物（构筑物）以及地下设施的布置发生冲突。

（四）布置的园林绿地不应妨碍水冷却设施的冷却效果。

9.1.4.4 工业企业厂区内布置园林绿地的重点场所

《工业企业总平面设计规范》GB 50187—2012 第9节对以下场所的绿化布置提出要求。

1. 厂区出入口及厂区主干道两侧的场景绿地。

2. 厂区的行政办公、生活服务区周围的园林绿地。

3. 洁净度要求高的生产车间、生产装置、建筑物的相关区域。

4. 散发有害气体、粉尘及产生高噪声的生产车间、生产装置、堆场的分隔场地。

5. 受到西晒的生产车间、建筑物的西侧地段。

6. 易受雨水冲刷而发生水土流失的地段。

7. 厂区内面临城镇主要道路的沿围墙的地带。

五、工业企业厂区内园林绿地的有关设置间距和面积计算

（一）厂区内园林绿地的树木与建（构）筑物和地下管线的最小间距应符合表9-3的规定。

树木与建（构）筑物和地下管线的最小间距（m） 表9-3

建（构）筑物和管线的名称	至乔木中心最小间距	至灌木中心最小间距
建筑物有窗外墙	3.0～5.0	1.5
建筑物无窗外墙	2.0	1.5
挡土墙顶内或挡土墙墙脚外	2.0	0.5

续表

建（构）筑物和管线的名称	至乔木中心最小间距	至灌木中心最小间距
2m 及 2m 以上高度的围墙	2.0	1.0
标准轨距铁路中心线	5.0	3.5
窄轨铁路中心线	3.0	2.0
道路路面边缘	1.0	0.5
人行道边缘	0.5	0.5
排水明沟边缘	1.0	0.5
给水管	1.5	—
排水管	1.5	—
热力管	2.0	2.0
煤气管	1.5	1.5
氧气管、乙炔管、压缩空气管	1.5	1.0
电缆	2.0	0.5

注：1. 表中间距除注明以外，建（构）筑物自最外边轴线算起，城市道路自路面边缘算起，公路自路肩边缘算起，管线自管壁或防护设施外缘算起，电缆按最外一根算起。

2. 树木至建筑有窗外墙的距离，当树冠直径小于5m时，采用3m；当树冠直径大于等于5m时，采用5m。

3. 树木至铁路、道路弯道内侧的间距还应满足会车视距的要求。

（二）厂区内园林绿地用地面积的计算规定：

1. 乔灌花、乔灌草混植的大面积绿地和草坪，应按绿地和草坪的周边边缘界限所围合的面积计算。

2. 花坛按其外围的大小计算用地面积。

3. 乔木、灌木的用地面积应按表 9–4 的规定计算。

乔木、灌木的用地计算面积（m^2）　　表9–4

植物类别	绿地用地计算面积
单株乔木	2.25
单行乔木	$1.5L$
多行乔木	$(B+1.5)L$
单株大灌木	1.0
单株小灌木	0.25
单行绿篱	$0.5L$
多行绿篱	$(B+0.5)L$

注：表9–4中 L—— 绿化带的长度（m）；B —— 配植植物的总行距（m）。

（三）工业企业厂区的绿地率

$$绿地率=\frac{绿化用地面积}{厂区用地面积}\times 100\% \tag{9–1}$$

第二节　建筑外环境园林工程的设计

一、园林工程的地景设计

园林工程的地景设计应在场地总平面的基础上，依据场地的设计基础资料，对地景分类分区。

（一）园林地景的设计基础资料分析

1．气象环境资料分析

（1）年（月）平均降雨量、降雨天数；不同频率的年降雨强度；降雨的冲蚀指数。

根据降水情况分析对雨量的适应性：水、旱灾情，水资源的利用，集水、蓄水、灌溉方式。户外避雨防水设施，防洪排涝工程，防止地面塌陷和土壤流失的措施。

（2）年（月）日照时数和日照百分率；年平均气温，最热（冷）月平均气温，极端最高（低）气温；无霜期天数，有无冷湖区域。

根据日照，气温资料分析场地的朝向，按场地方位相应配植阳性、阴性、中性的植物，确定干旱分区和分期以及防冻、保温、节能措施。

（3）夏（冬）季最多风的风向、风频、风速；全年最多（少）风的风向、风频、风速；热带风暴的路径。

根据风向资料采取通风、防风措施，稀释污染空气。

（4）相对湿度，蒸发量，年积雪天数，年降雪天数，最大冻土深度。

根据以上资料考虑园林工程场地的适应性，确定基础设施的埋置深度。

2．地质资料分析

场地的岩性：种类、软硬度、孔隙率。地层：年代、断层、褶皱、倾斜、走向。场地的稳定性评估：崩塌滑坡、风化、湿陷、水土流失、岩溶等地质灾害的防治措施。

3．地形地貌：等高线地形图、地质断面图。

根据等高线地形图、地质断面图分析场地的坡度、坡向，集水区，向阳背阴区。

4．土壤的质地：土质类型、pH 值等级、阳离子交换能力、有机质含量、含水率、渗水率、土壤冲蚀指数、土层厚度、地基承载能力。

根据土壤的质地资料，确定植物配植，保水、补水措施，防止地面冲刷和土质利用。

5．水文水质资料：地表水分布形式，江河湖泊、湿地，集水区储水量、流速、流量；丰水期、枯水期水位图，水质；地下水水位，出水量；补水水源。

根据水文水质资料了解水源涵养，水资源保护，洪水频度，防洪排涝措施。

6．生物的种属资料：植物的组群种类，品种的分布，环境适应性。动物种类和栖息地，迁徙地，迁移途径。

根据生物的种属资料制定生物多样性的保护措施，防止病虫害和疫情传染。

（二）园林地貌的分类[31]

1．平原地貌：在地面水流域范围内当地表切割深度只小于 25m 时，可称为微分割的平原。

平原地貌平地的径流速度最慢，应高度重视地面排水。按绿地设置经验：草坪的适用坡度宜 1%～3%；花坛、林木种植带的适用坡度宜 0.5%～2%；硬地铺装的适用坡度宜 0.3%～1%。

2．丘陵和山地：当地表切割深度在 20～200m 之间，断面坡度在 50% 以下是丘陵地形；当地表切割深度在 200m 以上，断面坡度在 50% 以上则属于山地。只适合竖向设置园林。

3．岩溶地貌：地表水和地下河长期对石灰岩的溶解、侵蚀、冲刷、积淀而形成的地貌。在石灰岩地区广泛分布的岩溶，自然景观丰富，市政园林工程尺度宜小，外来材料要少，利用地势宜巧。

4．水系地貌：小流量的动水形成的地表面形态有雨裂隙、冲沟（雏形谷）、坳沟（谷）、汇水沟、分水岭；大水势的河谷、峡谷、河漫滩、河曲、天然堤岸、江心洲、河心滩、沙洲、河流台地、河口冲积扇、三角洲、湖泊、池渊、水潭、水库等。理水既要观水势，更要重水质。

5．海蚀和海积地貌：由海浪潮汐常年冲刷，水蚀形成的陡峭海岸；由海水运动和海洋生物代谢堆积的岛礁。如海滩、海岸沙堤、离岸沙坝、沙嘴、连岛沙洲、海岸堆积阶地、珊瑚礁。园林工程可以把观光景点结合体育运动设施统筹规划。

6．其他地貌：如草甸草原、湿地、黄土塬地、沙丘林带、冰川雪原、地热温泉等。

（三）园林绿地的场地设计要求

1．园林场地地面构成的因素

通常地面是由两个方向相反的坡面相接而成的线状地带，坡面构成的分水线和汇水线是地面构成的两个基本因素。自然界的带形水系和线状的岩土边界可以看作变形的汇水线和分水线，如带形的河谷、溪涧、坳沟，线形的山脊、峭壁、堤坝。

一般平地园林的地形坡度不大于3%，在山水园林中，平地是山水之间的过渡区域。平缓渐变场地的坡率可以按20%、10%、5%的坡度设置坡地与坡度不大于3%的平地相接，滨水平地以0.3%的缓坡或堤岸临水。

2．园林绿地的坡度

园林绿地的坡度在3%～10%之间时，建筑和道路的设置不受地形的限制；坡度在10%～25%之间时，有2～3m的高差的中坡地，建筑外地坪标高不同通常须设置梯级道路，这种地形也为园林绿地的设置提供了空间层次和视点的变化。坡度在25%以上的陡坡地段建筑和道路的设置受地形的限制大。适宜建小型简易点景设施，往往会出现变形路。

山地又分为急坡地和悬坡地，急坡地的坡度为50%～100%，悬坡地的坡度在100%以上。一般在排除地质灾害隐患以外，应保留原有地貌和山地植被。

3．园林绿地的竖向设计

（1）根据总平面设计要求调整园林绿地的场地和地面的标高，使其与建（构）筑物的标高相适应。

（2）应用设计等高线法、纵横断面设计法比选确定园林叠山、理水、小品、配植等场地改造的相应标高和高程。

（3）依据总平面图制定园林绿地的排水组织方式，出水口标高，排水坡度，确保防洪排涝设施安全。

（4）计算土方量，力求平衡土方，减少余土外运量。

（5）在改造地形填挖土方时，应避让基地内的古树名木，并留足保护范围（树冠投影外3～8m），应有良好的排水条件，且不得随意更改树木根茎处的地形标高。

（6）绿地内山坡、谷地等地形必须保持稳定。当土坡超过土壤自然安息角呈不稳定时，必须采用挡土墙、护坡等技术措施，防止水土流失或滑坡。

（7）土山堆置高度应与堆置范围相适应，并应做承载力计算，防止土山位移、滑坡或大幅度沉降而破坏周边环境。

（8）若用填充物堆置土山时，其上部覆盖土厚度应符合植物正常生长的要求。

（9）竖向设计软质地表的排水坡度宜按下列要求，见表9-5。

软质地表的排水坡度（%）　　**表9-5**

地表类型	最大坡度	最小坡度	适用坡度
草地	33	1.0	1.5～10
运动草地	2	0.5	1.0
栽植草地	—	0.5	3～5

注：表9-5摘自《公园设计规范》CJJ 48—92。

（10）人工修剪机修剪的草坪坡度不应大于25%。

4. 园林绿地的造山

园林的地景除了利用天然的坡地和山丘作为依托或屏障外，还常常通过人工造山工程对场地进行改造，用于分隔和组景。采用堆土、叠山、垒石的方式，营造组景构筑型、自然仿真型、小品盆景型的人工地景。

现代园林石山地景利用变化的地形夯土砌石，配植高地植物、灌木和一、二年生花草构建模拟自然的人工山体。中式古典的叠山受文人诗画的影响，偏重写意组景。构筑成环透式、层叠式、竖立式的假山。

作为园林点景配置的垒石因不同石材的质地而有不同的鉴别角度。清代李渔提出山石的美，在于透、漏、瘦，透指路径相通透，漏指石体玲珑漏空可以通视，瘦则要求形体高耸屹立，不倚不靠。通常用来鉴赏江南园林的太湖石。除太湖石以外，中式园林四大石材首推灵璧石，其次是太湖石、昆石和英石。对于这几种石材北宋的画家米芾曾提出“透、漏、瘦、皱”的鉴别准则，皱指纹路节理的层级变化。灵璧石有金石之音，古代的打击乐石磬就用灵璧石中的音石（八音石）制作。北方园林多用于照壁厅堂作安居宁宅的镇物。北方园林常用房山石组景。江南的昆石主要成分是二氧化硅耐普通酸，其他三种石主要成分是碳酸钙不耐酸。昆石色白晶莹可模拟雪景，乌峰石作石笋、石柱。华南地区造园除用英石外，现在多用黄蜡石，色泽光亮可作铭石。其他还有云母片石、青石、黄石、水秀石、宣石、钟乳石等景石。

盆景中的观赏石按画理组景，可以表现深远、高远、平远的空间意境。单石的造型多为金型（圆顶）、木型（立条型）、水型（石顶连续曲面）、土型（石顶平缓面）。一般不采用石顶尖峰林立的火型石材。

现代园林绿地的叠山、垒石也采用人工塑石的方法，如金属骨架外敷金属网喷射混凝土仿石，模塑玻璃钢仿石工艺等。叠山、垒石的设计应对石质、色彩、纹理、形态、尺度有明确的设计要求。

5. 园林绿地的场地设计和校对

由于山石的形状是多维和分维的物体用三维的截面法难于整体上表达其空间形态，用模型表现、计算机模拟或 3D 打印技术会有更好的效果。

园林绿地的场地设计和校对参见本书第二章中的第三节和第四节的有关内容。

二、园林工程的理水设计

水是生命之源，水是园林的命脉。在确保建设区域水资源生态安全的前提下，园林的理水项目，水工、水利、灌溉工程应因地制宜，因势利导，有度开发，合理利用。园林的水体包括自然有机水和机械循环水。

（一）园林工程的自然有机水体

1. 自然水体包括海洋、江河、湖泊、池塘、溪涧、潭渊、涌泉、滩荡、飞瀑等。这类水体一般水量充沛，有机物含量高，除西部高原、东北部林区、草原水系外的多数水系因水土流失，使得水质的浑浊度高，有不同程度的污染。自然水体的生物多样性受到损害。

2. 自然有机水体的水景设计应严格按当地的防洪标准和要求，合理局部整治，使河床平顺通畅，加强泄洪，稳定河势，护滩保堤。通常拓宽和浚深河槽，裁弯取直急弯水道，清除河障。

3. 根据当地的要求和水文气象资料，确定最高洪水位、最高潮位、常水位、枯水位高程。

4. 设定自然水体的进水口、排水口、溢水口和水闸门的标高，应满足水位泄洪、清淤的要求。水体的常水位与池岸顶边的高差宜在 0.3m 左右，不宜超过 0.5m。可设闸门或溢水口控制水位。

5. 自然水体可供划船的水面最小面积为 2.5ha，最小水深为 0.7m。

6. 开放的园林绿地内，水体岸边 2m 范围内的水深不得大于 0.7m，当达不到此要求时，必须设置安全防护设施。

7．未经处理或处理不达标的生活污水和生产废水不得排入绿地水体。在污染区及其邻近地区不得设置水体。

8．整治自然水体应以原土构筑池底并采用种植水生植物、养鱼等生物措施，促进水体自净化。

（二）园林工程的人工水体

1．人工水体除模拟自然水系的溪流、池沼、运河、人工瀑等以外，还可以与建（构）筑物组合制作水墙、水柱、水帘、水幕、喷泉等复合水体。

2．公共建筑应根据环境设计要求，空间位置可以采取临水、滨水、枕水、居水、萦回环绕水等理水方式。居住建筑附近的水体应限制流水音响和水湿、水雾对安居的影响。

3．人工水体的设置位置、规模、形式应通过景观视线分析合理安排。

4．采用机械循环的人工水体，水质清澈。静止的水体生物的多样性受限，为防止滋生蚊虫宜适当放养鱼类。机械循环水可以采用冷却水、中水处理水以节水节能。机械循环水应采用过滤、循环、净化、充氧等处理措施，使之符合卫生和观赏要求。

5．硬底人工水体近岸 2.0m 范围内水深不得大于 0.7m，否则应设护栏。无护栏的园桥、汀步附近 2.0m 范围内水深不得大于 0.5m。

6．人工溪涧水流缓流坡度为 0.3%～0.5%，急流坡度约为 3%。可涉入的人工溪涧水深不应大于 0.3m，底部砌石不要太光滑。

7．人工水体的进水口、排水口、溢水口、泵坑、集水坑、过滤装置等宜设置在隐蔽的位置，但应便于清理和维修。

8．人工水体应采用防水和防渗材料，刚性池壁应按规定要求设置变形缝，寒冷地区应采取防冻措施。

9．园林工程的室外游泳池宜服务配套。应符合游泳池建筑设计规范要求。儿童游泳池的水深 0.5～1.0m 为宜，成人游泳池水深 1.2～2.0m 为宜。池底和池岸应防滑，池壁应光滑平整，池岸应做园角边线。

10．一般养鱼池深度为 0.8～1.0m，应采取确保养殖水质的措施。

11．水生植物种植池深度，浮水植物（睡莲、红菱等）水深在 0.5～2.0m 之间，挺水植物如荷花、水竹、莎草等水深要求在 1.0m 左右。

12．喷泉池的水体可与山石、雕塑、音响组景，选择不同的喷头可以呈现各种射流形态。喷泉设计应以每天运行为前提，与环境相协调。

13．景观水体必须采用过滤、循环、净化、充氧等技术措施，保持水质洁净。与游人接触的喷泉不得使用再生水。

14．旱喷泉在喷洒范围内不宜设置道路，地面铺装应有防滑措施。

15．安装在水池内、旱喷泉内的水下灯具必须采用防触电等级为Ⅲ类、防护等级为 IPX8 的加压水密型灯具，电压不得超过 12V。旱喷泉内禁止直接使用电压超过 12V 的潜水泵。

以上第 5 条，第 13 条，第 15 条等内容见《城市绿地设计规范》GB 50420—2007。

16．瀑布应根据使用功能，结合地形，精心安排。瀑布的进水口处应设置水槽，进水口切忌外露。水槽的容量应满足落水量的规模，重落、离落、布落型的瀑布水槽的流量应该达到约 $1.0m^3/s$，流量只有 $0.1m^3/s$ 的水槽只能用于传落、丝落型的线型瀑布，如龙瀑。布面型的瀑布面高宽比按 6：1 为宜[32]。

（三）园林工程的驳岸和护坡

园林工程的驳岸是沿水体边缘地面以上防止堤岸坍塌，冲刷的构筑物。大型水面通常采用石砌，混凝土浇筑的整体直立的驳岸，中、小型水域多采用自然式边坡。

1．人工砌石或混凝土浇筑的边坡式驳岸，边坡的坡度一般为 1：1 或 1：1.5，并应有良好的透水构造。驳岸和护坡的基础应在冰冻线以下，并应有防止土层受冻膨胀的措施。

2. 素土边坡式驳岸从岸顶到水底的坡度小于 1：1 的应采用植被覆盖，坡度大于 1：1 的应有固土防冲刷的技术措施。

3. 水位稳定的小型水面常采用岩石驳岸或配植植物的缓坡驳岸。岩石驳岸可以按造山叠石的方法做成崖、矶、岫、台等造型，或泊水，或拍水，或高悬临风，或虚位迎水。与游人亲水平台组景，须设置安全措施。

三、园林建筑和小品[33]

（一）园林建筑

不论现代式的园林建筑还是古典式的园林建筑其规模不宜过大，造型应与环境协调，形式不拘一格，在安全的前提下可以使用各种耐气候材料。可以按第五章建筑设计要求进行设计校对。

（二）园林小品

园林小品应与园林建筑协调配套，功能到位，造型与配植环境相适应。

1. 园林小品类

（1）景门：用于限定、疏导、标识园林空间。通常与景墙、门庑、门屋、门鏊、门礅、门饰、门联、门匾、漏窗等构件组景、框景。

（2）景墙：用于铭文、教化、宣示、告白的照壁、影壁是留驻区的景牌；用室内构件室外化的手法可以制作屏风式的组景墙；围而不隔的漏花窗墙用于借景，换景，形成步移景随的景观效果，景墙的花瓦压顶可用于防盗警示。围墙、挡土墙可与雕塑、碑刻、壁画组景。墙顶无支承点的景墙应作稳定验算，增加墙身刚度，墙高在 0.8～2.2m 为宜，单面平墙每隔 3.6～4.2m 应设抗风柱、构造柱。

（3）景窗：用于通风、通视、营造光影动景，使景区通而不透，隔而不断的园林风格的构件。固定窗与分隔构件组景用于分隔空间，支摘窗（和合窗）的开启扇开启后不应阻碍室外配植和人员通行。

（4）景柱：包括门柱、廊柱、纪念柱、装饰柱、标识柱、图腾柱等。立柱应计算风荷载，基础埋置深度应作抗倾覆验算。

（5）园林小品建筑：用于园林点景，是规模小、形式灵活的景区休憩或管理建筑。如亭、台、廊、榭、轩、篠、棚、篷、复廊、望山（观）楼等。小品建筑既是园区景点，又是园区设施，须配置简易坚固的休憩家具，桌凳、靠椅扶手等。座凳高 0.35～0.45m，凳面倾角 6°～7°，凳面宽 0.40～0.60m。靠背椅的靠背与凳面的夹角 98°～105°，椅的靠背高 0.35～0.65m，凳面宽 0.40m×0.40m。常用四人桌的高度按 0.65～0.70m，桌面宽为 0.70～0.80m。开放的园林绿地应设置观景、向阳庇荫、避风遮雨的园林座凳，数量宜 20～50 个 /ha。休息座凳旁边应按不小于 10% 的座位比例设置轮椅停留位置。

（6）园林构筑物

1）桥梁：水上桥有平板桥、悬臂（虹）桥、拱桥、吊索桥、曲桥，廊桥、亭桥、敞肩桥、双曲拱桥等；水面桥有浮桥、汀步桥；水下桥有漫水桥。

① 园林桥梁一般不通行载重车，通行机动车的桥梁应按公路二级荷载的 80% 计算，桥两端应设置限载标志。

② 行人交通的桥梁，其桥面的活荷载应按 3.5kN/m² 计算，桥头须设置车障。设栏杆的竖向力和栏杆顶端的水平荷载均按 1.0kN/m 计算。

③ 不设护栏的桥梁、亲水平台等临水岸边，必须设置宽 2.00m 以上的水下安全区，其水深不得超过 0.70m。汀步两侧水深不得超过 0.50m。

④ 通游船的桥梁，其桥底与常水位之间的净空高度不应小于 1.50m。

2）园林路：

① 园林绿地的主干路应构成环路，并应通行机动车。园林主干路宽度不应小于 3.00m。通行消防车

的主干路宽度不应小于 3.50m。人行小道宽度不应小于 0.80m。游园变形路如汀步、浪桥、索道下面应设软质地面，高出地面 0.06～0.30m。汀步间距 0.25～0.35m。

② 园林路应因地制宜。主干路纵坡不宜大于 8%，山地主干路纵坡不宜大于 12%。支路、小路纵坡不宜大于 18%，当纵坡大于 18% 时，应设不少于 2 级的台阶。台阶的踏步高应不大于 0.15m，并不宜小于 0.10m，踏步的宽度不小于 0.30m，踏步间的平台宽度不小于 1.5m。

③ 园林路面铺装应采用透水、透气、防滑的构造作法。园林道路广场用地的透水面积应占用地面积的 50% 以上。

④ 园林路侧面临空，高差大于 0.7m 时，应设置高度大于 1.05m 的防护栏杆。

2．园林设施类

（1）园林标志：包括记事、说明和识别用的铭牌、铭石、图标、图式，指引导向的标牌、标杆、路牌、景区图，告示、警戒类的标识，景牌、法定图例等。城市绿地中涉及游人安全处必须设置相应警示标识。

（2）停车设施：移动式或固定式的路限、路障，金属拦柱约高 0.50～0.70m。柱间间距约 0.60m，混凝土或石制的球礅、鼓礅等路礅，高度约 0.30～0.50m。停车定位的车横杠、斜面礅。只允许单向行车而起伏于路面的金属道刺等。

（3）饮水设施；非接触式饮水喉，饮水台水喉向上喷水，台高 0.80～1.0m。儿童饮水台约高 0.65m，侧位的洗手盆约高 0.50m。下水口设水箅和水盘。

（4）垃圾箱的垃圾应分类设置，高度为 0.60～0.80m。主干路边每百米设一个。人员密集场所适当增加或集中设置垃圾房。

（5）限制外人进入的栅栏应高度不小于 1.8m，与植物之间的距离约 0.50m，网球场的栏网高度应大于 3.0～4.0m。

（6）花台、花池、盆栽的容器应留过滤囊、泄水孔，大小应得体。

（7）旗杆：无论埋入式还是基座式的旗杆都应计算风荷载，基础作抗倾覆验算。旗杆间的间距，杆高 5.0～6.0m 时，旗杆的间距约 1.5m；杆高 7.0～8.0m 时，旗杆的间距约 1.8m；杆高 9.0m 以上时，旗杆的间距按 2.0m 计。

（8）城市开放绿地的出入口、主要道路、主要建筑等应进行无障碍设计，并与城市道路无障碍设施连接。

（三）园林雕塑

无论是纪念性的还是益智性的园林雕塑都要注意位置的背景、背光、面光、视线、视距、视角、造型、色彩等设计因素。

第三节　园林植物的配置

一、园林植物配植的规定

（一）园林植物的配植应优先选择符合当地自然条件的适生植物。引入外地植物新品种应避免有害物种入侵。建设部《关于印发创建“生态园林城市”实施意见的通知》建城［2004］98 号文要求，本地植物指数不小于 0.7，即本地植物种植面积应占全部种植面积的 70% 以上。

（二）复层种植的上下层植物应符合生态习性要求，避免植物之间的相互不良影响，园林绿地土壤的理化性能应符合种植植物所要求的土壤标准。

（三）园林植物的配植应统筹规划，处理好主景和配景、背景和前景、林相和季相、绿地率和疏密度、郁闭度和视线通道可视度、基调和应季等乔、灌、草（花）、苔藓地衣之间不同层次的配植关系。

（四）园林植物的配植应以乔木为主，使常绿树与落叶树各得其所，速生树与慢生树按比例适度种植。使园林植物的配植既有景观效果又有生态效益。

按照《绿色建筑评价标准》GB/T 50378—2014 第 4.2.15 条的要求场地环境绿化应栽植多种类型植物，乔灌草结合构成复层绿化，每 100m^2 居住建筑绿地上配植不少于 3 株乔木。

（五）城市绿地范围内的古树名木必须原地保留。园林绿地范围内的原有树木也宜保留利用。只能在非正常移栽期移植时，应有可靠措施确保成活。胸径在 250mm 以上的慢长树种应原地保留。

二、园林植物配植的间距规定

（一）园林绿带行道树定植株距，应以树种壮年期冠幅为准，最小种植株距应为 4m，行道树树干中心至路缘石外侧最小距离宜为 0.75m。

（二）种植行道树其苗木的胸径：快长树不得小于 5cm，慢长树不宜小于 8cm。广场种植的乔木，树木枝下的净空应大于 2.2m。

（三）停车场内宜结合停车间距种植行道树种乔木。其树木枝下的净空高度应按停车位净高的规定：小型汽车 2.5m，中型汽车 3.5m，载重汽车 4.5m。

（四）单行整形绿篱的生长空间距离建议如表 9-6。

单行整形绿篱的生长空间距离（m） 表9-6

类型	地上空间高度	地上空间宽度
树墙	＞1.6	＞1.5
高绿篱	1.2～1.6	1.2～2.0
中绿篱	0.5～1.2	0.8～1.5
矮绿篱	0.5	0.3～0.5

注：双行种植时，其宽度增加0.3～0.5m。

（五）树木与架空电力导线的最小垂直距离见表 9-7。

树木与架空电力导线的最小垂直距离（m） 表9-7

电压（kV）	1～10	35～110	154～220	330
最小垂直距离 m	1.5	3.0	3.5	4.5

注：摘自《城市道路绿化规划与设计规范》CJJ 75—97第6.1.2条。

（六）树木与建（构）筑物外缘最小水平距离见表 9-8。

树木与建（构）筑物外缘最小水平距离（m） 表9-8

名称	新栽乔木	现存乔木	灌木或绿篱外缘
楼房	5.0	5.0	1.5
平房	2.0	5.0	—
地上杆柱	2.0	2.0	—
测量水准点	2.0	2.0	1.0
挡土墙	1.0	3.0	0.5
围墙（高度＜2m）	1.0	2.0	0.75
排水明沟	1.0	1.0	0.5

（七）树木与地下管线最小水平距离见表 9-9。

树木与地下管线最小水平距离（m）　　表9-9

管线名称		新栽乔木（中心）	现存乔木（中心）	灌木或绿篱外缘（中心）
电力电缆		1.5（1.0）	3.5（1.0）	0.5（1.0）
电信电缆	直埋	1.5（1.0）	3.5（1.0）	0.5（1.0）
	管道	1.5（1.5）	1.5（1.5）	0.5（1.0）
给水管		1.5（1.5）	2.0（1.5）	—
排（污）水管		1.5（1.5）	3.0（1.5）	—
热力管		2.0（1.5）	5.0（1.5）	2.0（1.5）
燃气管道（低中压）		1.2（1.2）	3.0（1.2）	1.0（1.2）
消防龙头		1.2（—）	2.0（—）	1.0（—）
排水暗（盲）沟		1.5（1.0）	3.0（1.0）	—

注：1．表9-8和表9-9（除括号内容以外）均摘编自《公园设计规范》GB 51192—2016第7.1.8条和第7.1.7条。乔木与建（构）筑物和地下管线的距离指乔木树干基部外缘与建（构）筑物和地下管线的外缘的净距。灌木或绿篱与建（构）筑物和地下管线的距离指地表处分蘖枝干基部外缘与建（构）筑物和地下管线的外缘的净距。
2．表9-9括号内的数值适用于城市道路的绿化配植。行道树下方不得敷设管线。表9-9括号内的数值摘编自《城市道路绿化规划与设计规范》CJJ 75—97。第6.2.1条

第四节　植物系统与建筑的环境保护功能

一、植物系统的生态功能

（一）植物系统可以调节建筑的热环境，成为“绿色空调”。

城市中绿化覆盖率在 45% 以上的公园，盛夏的气温比其他地区低 4℃左右，热岛强度明显降低[34]。植物能够遮蔽阳光，吸收太阳能，降低建筑和地面的温度，减少建筑对外界能源的消耗，实现建筑节能。

（二）植物系统的滞尘降噪功能

大片绿地生长季节最佳减尘率达 61.1%，非生长期减尘率约为 25%。建筑与噪声源之间设置茂密的合理配植的复合林带可起到良好的声屏障作用。

（三）植物系统的空气净化功能

植物具有吸收空气中 SO_2、Cl_2、氟化物等污染物的能力。室内植物能减少苯、甲醛、氯仿等微量有机化合物的浓度，去除空气中挥发性有机化合物 VOCs，它们是许多微量污染物的代谢渠道，可以减少室内空气污染。

（四）植物系统的空气调节功能

植物系统能够增加空气中的负离子，呼吸负离子含量高的空气，可以调节人体神经系统，改善心肌功能，促进血液循环，提高免疫能力。治疗冠心病、肺气肿、神经衰弱、降血压等功效。因此，植物系统产生的负离子也被称为“空气维生素”和“空气生长素”。

（五）植物系统的杀菌驱虫功能

植物能分泌杀菌素和杀虫素。1hm^2 圆柏在 24h 内能分泌 30kg 的杀菌素，松柏林、杉木林能杀灭结核菌、螺状菌，桃树、杜鹃花能杀灭黄色葡萄球菌等，柳杉林、桉树林、木芙蓉等能驱虫灭蚊。

（六）植物系统的保健功能

植物通过花瓣、腺体释放带香味的植物挥发物 VOCs，植物香气通过人体的嗅觉可以调节人的生理机能，如玫瑰、茉莉、柠檬、甜橙等；植物的营养器官根、茎、叶也能释放植物挥发物 VOCs，如柠檬香茅、牛至、茴香、艾草等；传统药用植物如青蒿、火炬松、薄荷等能释放萜类，单萜化合物。利用植物

系统的保健功能可以设置森林浴、芳香疗法等保健设施。

（七）植物系统的污水净化功能

植物与土壤、微生物形成生物系统的污水过滤器，植物提供微生物菌落的形成和附着场所，根部释放的氧气可分解根际的沉降物，废水主要由微生物菌落净化。有些植物根部还能释放抗生素灭菌，如湿地植物灯芯草可以消灭大肠杆菌、沙门氏菌属和肠球菌类。湿地竹也能净化工业污水。

（八）植物系统的防火功能

通常配植树脂含量少，含水多，叶表皮厚，木栓层发达，枝叶稠密，不易着火的树木组成防火林。如银杏、女贞、珊瑚树、栎树、朴树、山茶、苏铁等。种植间距 3m 时，两行三角形排列和三行三角形排列以及三行相对平行排列的防火林都能达到 90% 以上的防火效果。种植间距为 6m 或 9m 时，三行三角形排列的防火林都能达到 90% 以上的防火效果。

二、植物系统的防护和防灾

不论在林园还是在花园中配置植物不仅是造园组景的手法，也是环境保护，生态复苏，污染防护，城市防灾，建筑减灾的重大措施。

（一）植物系统的防风配置

植物系统的防风配置包括下述内容：林带结构，林带宽度，林带高度，林带朝向，防风树种等。

1．林带结构

林带结构是指林带树木的密集程度，分布状况，林带内树木数量，空间空隙（垂直郁闭度）的大小。可分为紧密型、通风型、疏密型三种。

紧密型防风林带垂直郁闭度接近 1。乔、灌、草、攀缘植物、地被植物种植密度大，林带前后防风效果明显。适用于居住区和道路的防护林建设，防风区范围比较小。

疏密型防风林带乔、灌、草、攀缘植物、地被植物种植密度比紧密型防风林带种植密度小，垂直郁闭度比通风型林带大，降低风速比通风型林带显著，其有效防风距离比紧密型防风林带大，应用范围广泛。

2．林带宽度

在合理的林带结构下，一定高宽比的林带中，林带宽度越宽，防风的效果越好。我国防风林带通常采用 5～8m 林带宽，按三角定点种植 3 行至 5 行树木排列的防风林。

3．林带高度

林带高度决定防风空间的范围。一般防风林的有效防风范围在上风侧防风深度可以达到树高的 6～10 倍；在下风侧防风深度可以达到树高的 25～30 倍。防风效果最明显的地段在下风侧树高的 3～5m 处。

4．林带朝向

林带防风的朝向主要取决于须阻挡的侵害风的方向。林带与侵害风的方向夹角为 60°～90° 时防风的效果相差不大，也可以沿建筑分散设置防风树林。

林带受风的方向在建筑迎风面产生正压，在地表产生逆流，背风面出现负压，产生尾波。须注意在高层建筑迎风面有低层建筑时，在低层部分会出现较大的逆流。

5．防风树种

防风树种以叶片小，树冠尖塔形或柱状形的树木为宜。常绿树比落叶树防风效果好，如黑松、圆柏、马尾松、榆树、枫杨、榉木、水杉、池杉、落羽杉、垂柳、乌桕、木麻黄、柽柳、白蜡、假槟榔、台湾相思树等。

（二）植物系统的防噪声配置

采用兴建防音林的方式比配置树丛、树林的方式其减噪效果更好。林带的结构形态，其长度、宽度、高度的变化都会影响隔声效果。一般认为防音林的长度应为音源与被防护建筑之间垂直距离的两倍，林带的宽度、高度均与隔声效果呈正相关数理关系。认为设计结构合理的林带，平均减少噪声值约0.2～0.5dB/m。林带结构为乔灌木组合的12m宽的林带可降低噪声3～5dB，乔灌藤本树木组合的40m宽的林带可降低噪声10～15dB。林带配植的实践表明厚密的林带减噪的效果好。隔音效果比较好的树种如樟树、悬铃木、梧桐、水杉、云杉、雪松、龙柏、冬青、女贞等。

（三）防火林的设置

在生产和储存甲、乙类火灾危险性物品的场地须采取隔火措施。可以利用道路、广场，结合堤挡、路堑配植防火树种，兴建防火林带。常绿的树种如珊瑚树、厚皮香、山茶、罗汉松、夹竹桃、海桐、女贞；落叶树如银杏、樟树、乌桕、麻楝、白杨、悬铃木、泡桐、柳树、枫香等；华南地区有榕树、水翁、青冈栎、朴树、棕榈等。

其中珊瑚树和银杏的耐火性能最好。珊瑚树叶即使烧焦也不会产生火焰，银杏树的叶片烧尽都还能再生长[35]。一般采用乔灌草混交配置乔木株行距1～2m，种植点品字形排列，林带宽度至少10m，主导风方向还要加大林宽。

（四）防治环境污染的林木配植

《全国民用建筑工程设计技术措施 规划·建筑·景观》2009年版的附录1列出了常用绿化植物名录。《公路环境保护设计规范》JTGB 04—2010在条文说明7绿化设计中列出了植物抗污染的性能和生长习性，现摘表如下：

常绿乔木　　表9-10

名称	生长地区	生长环境		高度（m）	环保作用生长习性	景观特征
		温度、湿度、阳光	土壤			
罗汉松	华东、中南	温暖、多湿处	沙质酸性土	16～25	防污染、抗二氧化硫性能好	园景
白皮松	西北、华北西南	阳性树、略耐半阴	酸性、中性黄土、肥沃钙质土	25～30	防烟尘、抗二氧化硫性能好	苍翠挺拔
油松	东北、西北华北	向阳、耐盐碱，水湿，干旱	酸性、中性土	25～30	防风除尘，易受二氧化硫侵害	园景树
雪松	华北以南	弱阳性，稍耐寒	—	15～25	抗污染强，锥形树冠	园景树
云松	西北、华北	喜凉冷、湿润	微酸性土	20	抗污染，吸尘降噪好	风景林
黑松	华东沿海	强阳性，防海风	—	20～30	防潮林，林荫行道树	
湿地松	东北	强阳性、喜温耐湿	—	25	林荫行道树	
马尾松	长江以南	强阳性、喜温耐湿	酸性土	30	绿化造林树	
白扦	华北	耐阴、喜湿冷	—	15～25	圆锥形，粉蓝色针叶	慢生林
红皮云杉	东北、华北	耐阴、耐寒	—	15～30	圆锥形树冠	快生林
侧柏	华北、华东华南	喜阳光，喜温湿在8～16℃生长好	适合各种土壤	20	抗污染	园林树
松柏	华北、华东四川	喜阳光，耐干旱耐高温	—	20	抗污染，吸尘降噪好	园林树
龙柏	黄河、长江流域	喜阳光，喜温暖潮湿气候	湿润土壤	8	抗污染，吸尘降噪好	园景树

续表

名称	生长地区	生长环境		高度（m）	环保作用 生长习性	景观特征
		温度、湿度、阳光	土壤			
桉树	华东、华南、西南	喜阳光，喜温暖潮湿气候	酸性、微碱性土，忌石灰质土	38	抗污染性中等，深绿叶面，圆形树冠	园林树
银桦	华东、西南	阳性、喜温耐湿	酸性土	20	抗污染吸收污染气体	园林树
细叶榕	华东、华南、西南	喜阳光，喜温暖潮湿多雨气候	酸性土	15～20	抗污染、吸收污染气体，树冠树形大	园林树
杉木	长江中下游、华南	中性、喜温湿气候，速生材	酸性土	25	圆锥形树冠，造林树	园景树
圆柏	东北南部、华北、华南	中性、耐寒、稍耐湿，耐修剪	酸、碱性土	2～4	幼树冠窄圆锥形，用于列植绿篱	园景树
杜松	东北，华北	阳性、耐寒干贫瘠土	碱性土	6～10	窄圆锥树冠抗海潮风列植、丛植绿篱	园景树
樟树	长江及珠江流域	弱阳性、喜温暖湿润气候，耐水湿	酸性土	15～20	卵圆形树冠	林荫树 行道树
桂花树	长江及珠江流域	阳性、喜温暖湿润气候	酸性土	2～5	丹桂9月开浓香黄、白色花，丛植、盆栽	园景树
棕榈	长江及珠江流域	阳性、喜温湿气候	酸性土	5～19	抗毒气，对质、丛植	行道树
广玉兰	长江及珠江流域	阳性、喜温湿气候	酸性土	15～25	抗污染，6～7月开白色大花	林荫树 行道树
白玉兰	长江及珠江流域	阳性、喜温湿气候	酸性土	8～15	怕寒5～9月开香白花	林荫树 行道树
羊蹄甲	华南	阳性、喜温湿气候	酸性土	7～10	怕寒9～11月开粉红花	行道树
洋紫荆	华南	阳性、喜温湿气候	酸性土	6～8	怕寒、春末开粉红花	园景树
榕树	华南	阳性、喜温湿气候	酸性土	20～25	树冠形大呈圆形	林荫树
白千层	华南	阳性、喜温湿气候	酸性土	20～30	耐干旱、耐水湿	防护林
假槟榔	华南	阳性、喜温湿气候	酸性土	15	不耐寒，丛植	行道树 园景树
王棕	华南	阳性、喜温湿气候	酸性土	15～20	不耐寒，丛植	行道树 园景树
蒲葵	华南	阳性、喜温湿气候	酸性土	8～15	抗有毒气体、丛植、对植	行道树 园景树
木麻黄	华南	阳性、喜温湿气候	碱性土	20～25	耐盐碱土，干瘠土	防风林 行道树
大叶桉	华南、西南	阳性、喜温湿气候	酸性土	25	速生林	防风林 行道树

落叶乔木 表9-11

名称	生长地区	生长环境		高度（m）	环保作用 生长习性	景观特征
		温度、湿度、阳光	土壤			
旱柳	全国各地	耐干旱、耐水湿、喜阳光	透气良好的沙质土	20	抗烟尘，吸收空气有害物质，能固沙防风	风景林 防护林
槐树	全国各地	耐干冷、喜阳光	排水好的沙质土	8～15	抗污染，吸收有害气体	行道树
臭椿	全国各地	适应性强、喜阳光	—	20～30	吸尘降噪，抗二氧化硫弱	风景林 防护林

续表

名称	生长地区	生长环境		高度（m）	环保作用 生长习性	景观特征
		温度、湿度、阳光	土壤			
刺槐	全国各地	耐干旱、喜阳光	排水好的沙质土	10～15	抗污染强，吸收有害物质，吸滞尘埃	风景林防护林
白蜡		耐温湿、耐寒、弱阳性	宜石灰质土，适于碱性、中性土壤	10～15	抗烟尘，抗二氧化硫强，秋季叶为黄色	
榆树		阳性，适应性强	肥沃湿润沙质土，不耐水湿	25	抗污染、耐烟尘、吸滞尘埃	
白桦	北方、高原	耐寒冷、喜阳光	酸性土，适应性强	15	树冠长圆柱形	
杨树	北方地区	耐干、寒，喜阳光	肥沃沙质土	12～30	抗二氧化硫能力强	
毛白杨	黄河流域	喜温湿、喜阳光	—	20～30	抗污染强，吸收有害物质，吸滞尘埃	
馒头柳	北方地区	耐寒冷、喜阳光	透气好的沙质土	15	抗烟尘，适应性强	
新疆杨	西北、华北	耐干旱、喜阳光	盐渍土	20～25	圆柱形树冠	
青杨	西北、北部	耐干冷、喜阳光	—	30	速生林	
乌桕	黄河以南	喜温湿、喜阳光	排水好湿润厚土	15	抗二氧化硫、二氧化氮性能好，球形冠，秋天紫色叶	
泡桐	东北、西北、华北、华东	喜温湿、喜阳光耐旱，不耐水和盐碱	肥沃、湿润、疏松、透气好的土壤	20	抗污染，吸收空气中有害物质，4月开香花	
胡桃	西北、华北	阳性、耐干冷	盐碱土	15～25	不耐湿热，5月开花	干果树
合欢	华北、四川、长江以南	阳性，适应气候耐涝，不耐寒	适应土壤，干旱贫瘠沙质土均可	15	抗污染，可改土固沙扁形盛夏开粉红色花	风景林防护林
加杨	华北至长江流域	阳性喜温凉气候，耐水湿	盐碱土	25～30	春天开花，花期只有2～3天	行道树防护林
银杏	沈阳以南，华北至华南	阳性、耐寒冷	—	20～30	抗多种有毒气体，防火，秋叶金黄色	
悬铃木	华北南部至长江流域	喜温湿、喜阳光、耐修剪	—	15～25	抗污染，树冠叶大，树荫浓密	行道树林荫树
梧桐	华北南部至长江流域	阳性，喜温湿、怕内涝	—	10～15	抗污染，干青、叶大、树荫浓密	
杜仲	华北南部至长江流域	阳性，喜温热气候比较耐寒	酸性至微碱性土，排水好	15～20	药材，春花秋实	
池杉	华北南部至长江流域	强阳性，喜温暖、极耐湿	喜松厚酸性湿润沙质土	15～25	不耐寒，树冠窄圆锥形，可列植丛植	风景林
丝棉木	东北南部至长江流域	中性，耐寒，耐水湿	适应各类土	6～8	抗二氧化硫能力中等，花季5～6个月秋果红色	
沙枣	东北、西北、华北	阳性，耐干旱	低湿，盐碱土	5～10	银白色叶，7月开黄花	
火炬树	东北南部至华北、西北	阳性，抗旱，适应性强	耐盐碱土，贫瘠土	4～6	秋叶红，速生材，固沙护坡，防火林	荒山育林树种

续表

名称	生长地区	生长环境		高度（m）	环保作用 生长习性	景观特征
		温度、湿度、阳光	土壤			
元宝枫	东北南部至华北	弱阳性，耐半阴、喜温凉，抗风	适应各类土	6～10	5月开黄绿色花秋叶黄转红，抗二氧化硫抗氟化氢强	行道树 林荫树
栾树	辽宁，华北至长江流域	阳性、较耐寒、耐干旱	—	10～12	抗烟尘，6～7月金色花	
绒毛白蜡	华北	阳性，抗低洼湿地	耐盐碱土	8～12	抗污染	行道树
垂柳	华北、陕西，长江流域	阳性，适应性强	湿润沙土	18	抗污染，能吸收空气有害物质	风景林
水杉	华东，中南，西南	阳性，喜温湿气候	肥沃沙质土，微酸性土	30～40	降噪，抗二氧化硫弱，树形挺拔	行道树 风景林
枫杨	南方地区	阳性，喜温湿气候	肥沃深厚的油沙土，酸性及微碱性土	30	抗污染	风景林
金钱松	长江流域	喜光不耐炎热	酸性沙质土	40	抗二氧化硫弱，世界五大公园树之一	风景林
枫香	长江流域及其以南地区	阳性，喜温湿气候，耐干瘠	成树不耐寒，耐水湿，不耐盐碱干旱	30	秋叶红，耐火	林荫树 防火林
凤凰木	两广南、滇南	阳性，喜温湿气候，不耐寒，速生材	耐旱，酸性和有盐分的土壤能生长	15～20	5～8月开针状红花，耐腐蚀	林荫树 风景林
木棉	华南	阳性，喜温热气候，耐干旱，速生材	保水强的微酸性土壤	10～20	2～4月开大红花	风景林
无患子	长江流域及其以南地区	弱阳性，喜温湿气候，耐寒，抗风	适应性强，耐干旱保水土	15～20	抗二氧化硫、二氧化碳强	林荫树 行道树
大花紫薇	华南	阳性，喜温热气候，不耐寒	石灰质土壤	8～25	耐腐蚀，花大叶大 观赏期7个月	风景林 行道树

常绿灌木与小乔木　　表9-12

名称	生长地区	生长环境		高度（m）	环保作用 生长习性	景观特征
		温度、湿度、阳光	土壤			
冬青	全国各地	喜温湿、耐寒、耐修剪	肥沃酸性土	13	抗二氧化碳强，列植、盆栽	观赏树
女贞	华北、西北、西南	阳性，喜温湿气候，耐寒，不耐贫瘠	肥沃湿润沙土	25	抗污染，吸收有害气体，吸滞尘埃，药材	绿篱树
夹竹桃	华北以南	阳性，喜温湿	肥沃中性土	2	抗污染，吸收各种有害气体，有毒性	观赏木
南天竹	华北南部至华南	阴性，喜温湿耐寒	中性沙质土	1～2	2～4月开花，秋冬红果	
凤尾兰		阳性，不耐严寒，喜温湿	疏松沙质土	1～5	吸收各种有害气体，抗污染性能强	
丝兰			适应各种土壤	0.5～2		
铺地柏	华北，长江流域	阳性，耐寒、耐荫	石灰质干沙土	0.3～0.7	抗烟尘，吸收有害气体	匍匐灌木

续表

名称	生长地区	生长环境		高度（m）	环保作用 生长习性	景观特征
		温度、湿度、阳光	土壤			
枸骨	长江流域	弱阳性，生长慢	—	1.5～3	抗有害气体，叶绿、果红	丛植 盆栽
大叶黄杨	长江流域及其以南地区	阳性，喜温湿气候	肥沃湿润微酸、微碱性土壤	1～5	抗污染，吸收各种有害气体	绿篱 盆栽
雀舌黄杨	长江流域及其以南地区	弱阳性，喜温暖，不耐寒，生长慢	肥沃排水好的沙土	3～4	抗污染	观赏木
苏铁	华南、西南	中性，喜温湿气候	酸性土	3	吸收各种有害气体	
石楠	华东、中、西南	弱阳性喜温暖气候	干旱瘠薄土	3～5	略抗烟尘和有害气体	观红叶
枇杷	南方各地	弱阳性喜温湿气候	弱酸性土	4～10	叶大荫浓、初夏果黄	观果木
棕竹	华南、西南	阳性，不耐寒	湿润酸性土	1.5～3	9月须遮阴	观叶
海桐	长江以南	阳性，喜温湿气候	湿润土壤	3	吸收各种有害物质	庭园观赏

落叶灌木、小乔木与草种 **表9-13**

名称	生长地区	生长环境		高度（m）	环保作用 生长习性	景观特征
		温度、湿度、阳光	土壤			
小冠花	全国各地	向阳不耐阴，耐旱怕涝	适应偏酸性、偏碱性土壤	0.2～0.5	抗污染，深根固土，护坡保水，饲料草	花期长 花色多
木槿		向阳喜温湿，耐干旱，怕涝	微酸性，中性土壤	3～5	抗污染，可食用，6～9月开白花紫花	绿篱
紫穗槐	东北、华北、西北	阳性，耐寒、耐旱、耐湿，抗风沙	耐盐碱土，排水良好沙土	3～5	抗污染，吸收有害气体，蜜源植物	固土护坡
黄刺玫		阳性，耐寒、耐旱	肥沃排水良好的酸性土	1.5～2	4～5月开黄花，丛植	庭园观赏
羊胡子草		耐阴，耐寒，不耐踩踏	适应各类土，耐贫瘠	0.14～0.8	绿色期长	草坪
榆叶梅		弱阳性耐寒、耐旱	中性微碱性土	1.5～3	4月开粉红、紫色花	庭园观赏
白梨		阳性，耐寒、耐旱	中性微碱性土	4～5	4月开白花，果树	
连翘			不择土	2～3	3～4月叶前开黄花	
丁香		弱阳性耐寒，忌湿	排水好的疏松土	2～3	4～5月开紫色香花，抗污染，吸收有害气体，蜜源植物	
珍珠梅		耐阴，耐寒	不择土	1.5～2	6～8月开白色小花	
白车轴草	东北、华北、西南	耐半阴，耐寒，耐干旱，喜温暖	酸性土	0.3～0.6	5～6月开白花，保持水土	地被 草坪
结缕草	东北、华北、华南	阳性，耐寒、耐旱耐热，耐践踏	耐盐碱瘠薄土	0.15～0.2	叶宽，坚硬，宜用于游憩运动场地	球场 草坪
红端木	东北、华北、	中性耐干旱、寒湿	肥沃疏松土	1.5～3	血红枝茎，白色果	观赏木

续表

名称	生长地区	生长环境		高度（m）	环保作用 生长习性	景观特征
		温度、湿度、阳光	土壤			
锦带花	东北、华北	阳性耐干寒，怕涝	耐瘠薄碱土	1～2	4～6月开玫瑰红花	观赏木
胡枝子	东北至黄河流域	中性，耐寒，耐干旱，耐阴	耐瘠薄碱土	1～2	7～9月开紫花，蜜源，苕条薪炭，固土固氮饲料林	
山楂	东北南，华北	弱阳性，耐寒、耐干旱	耐瘠薄碱土	3～5	春花白，秋果红，良果木	
二月兰		宜半阴，耐寒、喜湿润	排水好沙土	0.1～0.5	农历二月开蓝紫色花地被	
海棠花	东北南、华北、华东	阳性耐干旱寒冷，忌水湿	不择土	4～6	4～5月多开半重瓣粉红花	
绣线菊	东北南、华北、西北	中性，喜温暖气候	肥沃湿润土	1～1.5	6～8月开白色小花	
碧桃	东北南，华北至华南	阳性，耐干寒，不耐水湿	肥沃排水良好的土壤	3～8	华东3～4月开重瓣粉红花	
桃		阳性，耐干旱，不耐水湿	沙质土、低肥力、忌连作	3～5	华东3～4月开粉红花，果树	
珍珠花		阳性，喜温暖、耐寒	不择土	2～5	3～4月开白色小花	
杏	东北、华北、长江流域	阳性，耐寒，耐干旱不耐涝	不择土	5～8	3～4月开粉红色花，果树	
樱花		阳性，耐寒，不耐烟尘和有害气体	排水良好沙质土，忌盐碱	3～5	3～4月开粉白、粉红色花	
太平花	华北	喜光，耐干旱	肥沃排水良好的土壤	3	抗污染，吸滞粉尘、吸收有害气体，4～6月开乳白花	
黄栌		中性，喜温暖、不耐寒	耐盐碱，怕涝	3～5	抗二氧化硫，霜叶红艳	
月季	华北、西北、华东、西南	阳性，喜温暖	微酸性土	0.4～2	吸收有机物，抗真菌，不耐空气污染，5～10月开花	
迎春	华北、华东、西南	喜湿润，耐寒、耐旱气候适应性强	肥沃微酸性土，耐碱，怕涝	0.3～5	抗污染，2～4月开黄花与梅、水仙、山茶为四雪友	
紫薇	华北以南	喜温暖，可抗寒	宜石灰质土	3～7	抗污染强6～9月开紫花	百日红
玉兰	华北至华南、西南	阳性，耐寒、稍耐阴怕积水	微酸性沙土	4～25	抗污染强，吸收二氧化硫，3～4月开大白香花	观赏
二乔玉兰	华北至华南、西南	阳性，耐寒，喜温暖	宜酸性土，适应弱碱性土	6～10	3～4月开淡紫白花	
火棘	华北、西北、长江流域	阳性，喜温暖，不耐寒	中性，微酸性沙土	2～3	春花白，秋果红，吸尘、抗二氧化硫等有害气体	岩基园
紫叶李	华北至长江流域	弱阳性，喜温湿，较耐寒	疏松沙质土	3～8	3～4月开淡红花，紫红叶	观叶

续表

名称	生长地区	生长环境		高度（m）	环保作用 生长习性	景观特征
		温度、湿度、阳光	土壤			
贴梗海棠	华北至长江流域	弱阳性，喜温湿，较耐寒	忌低洼盐碱土	1～2	皱皮木瓜，3～5月开粉红花，秋天结黄果	盆景十八学士
紫荆	华北、西北至华南	阳性，耐干旱，不耐涝	耐瘠薄碱土	2～3	3～4月叶前开紫红花	观赏木
锦鸡儿	华北至长江流域	中性，耐寒，耐干旱	耐瘠薄碱土	1～1.5	4月开橙黄色花	岩石园盆景
金银木	南北各地	阳性，耐寒，耐旱、萌蘖性强	不择土	3～6	5～6月开黄白花，秋结红果，蜜源树种	庭园观赏
野牛草	北方各地	阳性，耐寒，耐旱、不耐湿	耐瘠薄碱土	0.05～0.25	灰绿色细叶	护坡草坪
龙爪槐	华北各地	阳性，喜湿润气候	肥沃湿润沙质土	2～25	防风，吸收有害气体，伞形树冠，垂枝	庭园观赏
柽柳	华北、华南、西南	弱阳性，喜温湿，较耐寒，耐水湿	不择土，耐盐碱地	3～8	5～8月开粉红花	绿篱
鸡爪槭	华北南至长江流域	中性，喜温暖，怕涝，不耐寒忌西晒	肥沃湿润腐殖质土	2～5	秋叶红，吸烟尘，抗二氧化硫等有害气体	庭园观赏
小檗	华北、西北、长江流域	中性，耐寒，耐旱耐修剪	肥沃排水好的夹沙土	1～2	5月开黄花，秋果红，深秋叶深红	
紫叶小檗		喜阳光，耐寒			常年紫红叶，秋果红	
小叶女贞	华北至长江流域	中性，喜温暖，较耐寒			5～7月开白色小花	
石榴	黄河流域及其以南地区	中性，耐寒，适应性强		2～3	5～6月开红花，红色果	
结缕草	黄河以南地区	喜阳光，耐寒耐旱	适应性强、不择土质	0.1～0.4	耐践踏，根系发达	草坪
狗牙根	华东以南	阳性，喜湿耐热不耐阴			低矮绿叶，耐践踏，游憩运动场地	
杜鹃	长江流域及其以南地区	中性，喜温湿气候	酸性土壤	1～2	4～5月开深红色花	观赏盆栽
小腊		中性，喜温耐寒		2～3	5～6月开小白花	绿篱
天鹅绒草	长江以南	喜温湿，耐践踏	排水好肥沃土	0.05～0.1	匍匐茎发达	草坪
细叶结缕草	长江流域及其以南地区	阳性、耐湿不耐寒耐践踏		0.1～0.15	低矮极细叶，游憩运动场地，固土护坡	
香根草		喜阳光，喜温耐旱	耐盐碱土	1.8～2.5	根系发达，可粗放管理	
地毯草	华南	阳性，喜温湿，扩展性强	抗旱耐碱	0.15～0.5	低养护，抗有害气体好，固土护坡	

藤木及其他植物 表9-14

名称	生长地区	生长环境		高度（m）	环保作用 生长习性	景观特征
		温度、湿度、阳光	土壤			
紫藤	全国各地	阳性，适应气候	排水好肥沃土	3～6	4～5月开紫花，抗污染	垂直绿化
爬山虎		耐阴，耐寒，适应气候	不择土	垂直攀缘	抗污染，吸尘降噪声	
五色苋		阳性、喜温怕寒、宜干燥	肥沃沙质土	0.1～0.2	彩色叶耐修剪、毡式花坛	丛植花
鸡冠花			宜肥忌涝	0.2～0.6	8～10月开各色花、花坛	盆栽花坛
千日红		阳性、喜干热怕寒	肥沃疏松土	0.2～0.6	6～10月开圆仔花、干花	
凤仙花		阳性、喜温热怕寒		0.3～0.8	6～7月开各色花，花篱	
虞美人		阳性喜干燥忌湿热	排水好沙土	0.3～0.6	5～8月开各色丽花，花丛	
半支莲		喜暖不耐寒耐干旱	耐瘠薄土壤	0.15～0.2	6～7月开各色花，镶花边	盆栽花坛
三色堇		阳性，耐半阴耐寒	中性土	0.1～0.4	4～7月开三色花，镶花边	
福禄考		阳性，喜凉不耐寒	忌碱涝	0.15～0.4	5～7月开各色花，镶花边	岩石园
一串红		阳性耐半阴不耐寒	肥沃疏松土	0.7～1.0	7～10月开红花，花带	盆栽
雏菊		阳性，较耐寒	肥沃湿润土	0.3～0.6	4～6月开黄、橙色花	
翠菊		阳性，忌连作水涝		0.2～0.8	6～10月开各色花，切花	
万寿菊		阳性，抗旱霜抗逆伏	忌湿热酷暑	0.2～0.9	7～9月开黄、橙色花	篱垣
菊花		阳性，多喜短日照	排水透气沙土	0.22～2	9～11月开各色花	盆栽
大丽花		阳性，怕热怕阴忌水渍		1.5～2	6～12月开花十大名花之一	花坛
鸢尾		阳性，逆性，水生	弱碱性黏土	0.3～0.6	4～6月开蓝紫色花	
萱草		阳性，耐半阴耐寒	排水好沙土	0.3～0.6	5～7月开黄花，忘忧草	丛植
孔雀草		阳性，喜温耐旱霜	耐旱，中性土	0.15～0.4	5月，10月开带褐斑黄花	镶边
葱兰		阳性，耐半阴	排水好肥沃土	1～2	夏秋开白花，疏林地被	
荷花		阳性，喜温耐寒	有机质肥沃土	1.8～2.5	6～9月开花，水生花	盆栽
睡莲		阳性，温暖通风	肥沃土，静水	浮于水面	6～8月开白花，水生花	切花
千屈草		阳性，耐寒，通风	浅滩、地植	0.8～1.2	7～9月开玫瑰红花	沼泽景
宿根福禄考	华北、西北、华东	阳性，喜温暖	排水好，疏松沃土	0.6～1.2	7～9月开各色花，切花镶边，花境	盆栽
金银花（忍冬）	华北、西北、华东、华南、西南	阳性，耐阴，耐寒耐旱，适应性强		攀缘植物垂直绿化	抗污染，药材，4～10月开黄白色花，花期长	垂直绿化
五叶地锦	东北南至华北	耐阴，耐寒，喜温湿，落叶	中性土，防渍涝	攀缘山墙棚篱花架	6～7月开花，红橙色秋叶五叶爬山虎	
蔷薇	华北以南	阳性，喜温、耐寒	土壤适应性强	3～4	土壤适应性强，抗二氧化硫较弱	
凌霄		中性，喜温稍耐寒		7～9	抗污染，6～7月开橘红花	
旱园竹	华北至长江流域	阳性，喜温湿、较耐寒，耐旱	耐碱土，低洼湿地	6～8	出笋期长，4月开始出笋	观赏竹

续表

名称	生长地区	生长环境		高度（m）	环保作用 生长习性	景观特征
		温度、湿度、阳光	土壤			
常青藤	西北、中南、西南	喜温暖湿润气候	土壤适应性强	攀缘植物	抗污染，春季防牙虫，干旱防红蜘蛛	垂直绿化
薜荔	长江流域及其以南地区	耐阴，喜温暖湿润气候，不耐寒		攀附树木	凉粉果，鬼馒头，常青叶	攀缘绿化
扶芳藤					抗有害气体，变叶须防虫	
络石				攀缘墙面	5 月开白香花，常绿	
沿阶草	我国中、南部	喜温暖湿润气候，	耐瘠薄土	0.3	耐阴湿，耐干旱，耐寒 书带草，麦冬，药材	地被
炮仗花	华南	中性，喜温不耐寒	酸性土壤	攀缘植物 7～8	夏季橙红色花，攀棚架	攀缘绿化

第五节　建筑的园林配置

除建筑外环境的园林工程以外，与建筑的表皮（屋面、墙面等）和建筑室内空间的植物配置等相关的园林工程也是绿色建筑设计的重要内容。一般绿色建筑设计要求合理采用屋顶绿化、垂直绿化等方式，选择适宜当地气候和土壤条件的乡土植物，采用包含乔木、灌木的复层绿化，合理利用地下空间，保护环境，控制生存条件的恶化。

1982 年德国屋顶绿化立法，符合绿化要求的屋面可减少 50%～80% 的排水费，裸露的屋面收取全额排水费。2008 年美国纽约立法，屋面绿化 50% 以上的建筑可减免地产税。这些立法措施促进了建筑绿化技术的发展。

有的地方还鼓励在建筑顶层种植农作物、水果、蔬菜，采取有土栽培或无土栽培的方式建立绿色产业基地。

一、建筑顶层的园林工程

建筑顶层是指地上建筑的屋面和地下建筑顶板以上的地上部分。建筑顶层种植屋面分为仅栽培地被植物和低矮灌木的复盖式简单种植屋面。在屋面设置可移动组合的容器、模块种植作物的栽培屋面。还有除种植地被植物、低矮灌木、小乔木以外还设置园林路，园林小品设施的花园式种植屋面。

1．种植屋面的园林工程设计要求

（1）建筑种植屋面的工程设计应在安全、环保、节能、经济、因地制宜的前提下，统筹解决屋面防水、排水、蓄水和植物配植的问题。

（2）种植屋面工程结构设计时应计算种植荷载。既有建筑屋面改造为种植屋面前，应对原结构进行鉴定。确认结构安全可行后再按种植屋面的要求进行改造。

（3）绝热层设置在防水层之上的倒置式屋面不宜设置为种植屋面，倒置式屋面可采用容器种植的方法处理屋面种植的问题。

（4）屋面坡度在 2%～10% 之间按平屋面要求作种植屋面的工程设计；屋面大于 10% 而小于 50% 坡度的按坡屋面作种植屋面的工程设计中，当屋面坡度大于 20% 时，绝热层、防水层、排水层、蓄水层、种植土层等均应采取防滑措施。屋面坡度大于等于 50% 情况下不宜设置种植屋面。

（5）种植屋面的工程设计应符合国家标准建筑防火以及建筑防雷的相应规定要求。

2．种植屋面的工程材料

（1）建筑种植屋面的绝热层应选择密度小、压缩强度大、导热系数小、吸水率低的隔热材料。

（2）建筑种植屋面的找坡层材料应符合下列要求：

1）找坡层材料应选择密度小并具有一定抗压强度的材料。

2）当屋面坡长小于4m时，宜采用水泥砂浆作找坡材料。

3）当屋面坡长为4～9m时，可采用加气混凝土、轻质陶粒混凝土、水泥膨胀珍珠岩、水泥蛭石等作找坡填充材料，或者采用结构找坡。

4）当屋面坡长大于9m时，应采用结构找坡。

（3）建筑种植屋面的绝热层材料

1）种植屋面的绝热材料可选择喷涂硬泡聚氨酯、硬泡聚氨酯板、挤塑聚苯乙烯泡沫塑料保温板、硬质聚异氰脲酸酯泡沫塑料保温板、酚醛硬泡保温板等轻质绝热材料。种植屋面的绝热层不得采用散状绝热材料。

2）种植屋面保温隔热材料的密度不宜大于100kg/m³，压缩强度不得低于100kPa，压缩强度在100kPa以下，压缩比不得大于10%。

（4）建筑种植屋面的耐根穿刺防水材料

1）种植屋面的耐根穿刺防水材料应具有耐霉菌腐蚀的性能。

2）种植屋面的改性沥青类耐根穿刺防水材料应含有化学阻根剂。弹性体或塑性体改性沥青防水卷材产品包括复合铜胎基、聚酯胎基的卷材，其厚度不应小于4.0mm。

3）耐根穿刺的聚氯乙烯、热塑性聚烯烃、高密度聚乙烯土工膜、三元乙丙橡胶等防水卷材的厚度不应小于1.2mm。

4）耐根穿刺的聚乙烯丙纶防水卷材的聚乙烯膜层厚度不应小于0.6mm。聚合物水泥胶结料复合耐根穿刺防水材料，聚合物水泥胶结料的厚度不应小于1.3mm。

5）耐根穿刺的喷涂聚脲防水涂料的厚度不应小于2.0mm。

6）耐根穿刺防水材料及其配套底涂料、涂层修补材料、层间搭接剂、防水卷材搭接胶带的性能都应该符合现行行业标准的相关规定。

（5）种植屋面的排（蓄）水和过滤材料

1）种植屋面的排（蓄）水层应选用抗压强度大、耐久性好的轻质材料。

2）种植屋面的凹凸型排（蓄）水板和网状交织排水板的主要性能应符合《种植屋面工程技术规程》JGJ 155—2013备案号J 683—2013第4.4.1.1和第4.4.1.2表列的要求。

3）级配碎石的粒径宜为10～25mm，卵石的粒径宜为25～40mm，铺设厚度均不宜小于100mm。

4）陶粒的粒径宜为10～25mm，堆积密度不宜大于500kg/m³，铺设厚度不宜小于100mm。

5）过滤材料宜选用聚酯无纺布，单位面积质量不小于200g/m²。

（6）种植屋面的种植容器

1）容器的性能应达到产品标准的要求，并出具专业生产的产品合格证书。

2）容器的材质使用年限不应低于10年。

3）容器应具有排水、蓄水、阻根、过滤的功能。

4）容器的高度不应小于100mm。

（7）种植屋面的种植土

1）种植土应具有质量轻、养分适度、清洁无毒和安全环保等性能。

2）改良土有机材料体积掺入量不宜大于30%。有机质材料应进行充分的腐熟灭菌处理。

3）常用种植土有田园土、改良土、无机种植土、配置营养液、配置复合土等。

（8）种植设施材料

1）种植屋面应按《喷灌工程技术规范》GB/T 50085—2007和《微灌工程技术规范》GB/T 50485—2009的规定选择滴灌、喷灌、微灌设施。

2）种植屋面应按《低压电气装置第 7–705 部分：特殊装置或场所的要求　农业和园艺设施》GB 16895.27—2012 和《民用建筑电气设计规范》JGJT 16—2016 的规定选用电气和照明材料。

3. 种植屋面的构造

（1）建筑种植屋面的绿化指标见表 9–15。

种植屋面的绿化指标　　表9–15

种植屋面类型	绿化种植面积与屋顶面积的比例项目	百分比 %
简单式	绿化屋顶面积占屋顶总面积	≥ 80
	绿化种植面积占绿化屋顶面积	≥ 90
花园式	绿化屋顶面积占屋顶总面积	≥ 60
	绿化种植面积占绿化屋顶面积	≥ 85
	铺装园路面积占绿化屋顶面积	≤ 12
	园林小品面积占绿化屋顶面积	≤ 3

（2）建筑种植屋面的设计永久荷载除满足屋面结构荷载外，还应该符合下列规定：

1）简单式种植屋面荷载不应小于 $1.0kN/m^2$，花园式种植屋面荷载不应小于 $3.0kN/m^2$，均应纳入屋面结构永久荷载。

2）种植土的荷重应按饱和水密度计算。

3）花园式种植屋面的布局应与屋面结构相适应。乔木类植物和亭台、水池、假山等荷载较大的设施应设在结构承重构件，梁、墙、柱的上面。

4）建筑种植屋面结构宜采用现浇钢筋混凝土屋面。

5）种植屋面的植物荷载应包括初栽植物荷重和植物生长期增加的可变荷载。初栽植物荷重应符合表 9–16 的规定。

初栽植物荷重　　表9–16

项目	小乔木（带土球）	大灌木	小灌木	地被植物
植物高度、面积	2.0～2.5m	1.5～2.0m	1.0～1.5m	$1.0m^2$
植物荷重	0.8～1.2kN/ 株	0.6～0.8kN/ 株	0.3～0.6kN/ 株	$0.15～0.3kN/m^2$

（3）建筑种植屋面的防水，耐根穿刺、排水、蓄水、过滤层的设计

1）种植屋面的防水层应满足一级防水等级设防要求，且必须至少设置一道具有耐根穿刺性能的防水材料。

2）种植屋面的防水层应采用不少于两道防水设防，上道应为耐根穿刺防水材料。两道防水层应相邻铺设且防水层的材料应该相容。

3）普通防水层一道防水设防的最小厚度应符合表 9–17 的规定。

普通防水层一道防水设防的最小厚度　　表9–17

材料名称	最小厚度（mm）
改性沥青防水卷材	4.0

续表

材料名称	最小厚度（mm）
高分子防水卷材	1.5
自粘聚合物改性沥青防水卷材	3.0
高分子防水涂料	2.0
喷涂聚脲防水涂料	2.0

4）耐根穿刺防水层

① 聚乙烯丙纶防水卷材和聚合物水泥胶结料复合耐根穿刺防水材料应采用双层卷材复合作为一道耐根穿刺防水层。

② 防水卷材搭接缝应采用与卷材相容的密封材料封严。内增强高分子耐根穿刺防水卷材搭接缝应采用密封胶封闭。

③ 耐根穿刺防水材料应符合国家现行标准的要求，排水、蓄水材料不得作为耐根穿刺防水材料使用。

5）耐根穿刺防水层上的保护层

① 简单式种植屋面和容器种植宜采用体积比为 1：3、厚度为 15～20mm 的水泥砂浆作保护层。

② 花园式种植屋面宜采用厚度为不小于 40mm 的细石钢筋混凝土作保护层。

③ 采用水泥砂浆和细石混凝土作保护层时，保护层下面应设置隔离层。

④ 采用土工布或聚酯无纺布作保护层时，单位面积质量不应小于 300g/m²。种植坡屋面不宜采用土工布等软质保护层，屋面坡度大于 20% 时，应采用细石钢筋混凝土保护层。

⑤ 采用聚乙烯丙纶复合防水卷材作保护层时，芯材厚度不应小于 0.4mm。

⑥ 采用高密度聚乙烯土工膜作保护层时，厚度不应小于 0.4mm。

6）排水、蓄水层的设计

① 排水、蓄水层的材料应符合国家现行标准的要求。

② 排水、蓄水系统应结合找坡层作泛水构造设计。

③ 排水、蓄水层应通过设置排水沟进行分区。

④ 年蒸发量大于降水量的地区，宜选用蓄水功能强的排水、蓄水的材料。

⑤ 种植屋面应按种植形式和汇水面积，确定落水口数量、落水管直径，并应设置雨水收集系统。

7）过滤层的设计

① 过滤层的材料应符合国家现行标准的要求。

② 过滤层材料的搭接宽度不应小于 150mm。

③ 过滤层应沿种植挡土墙向上铺设，并且应高于种植土厚度。

4. 种植屋面的植物配置

（1）屋面种植的植物中绿篱、色块、藤本类植物宜选用 3 年生以上的苗木。

（2）屋面种植植物中的乡土植物不宜小于 70%。

（3）屋面种植的地被植物宜选用多年生草本植物和覆盖能力强的木本植物。随着建筑高度的升高，屋面的风速会加大，屋面种植须选择抗风的植物。

（4）《种植屋面工程技术规程》JGJ 155—2013 备案号 J 685—2013 列举了北方和南方地区种植屋面常用的植物，本书转摘于书后见附录 A。

（5）这里着重介绍几种适用于轻型覆盖屋面的草花类植物供参考：

1）佛甲草（Sedum lineare Thunb）：景天科景天属地被植物。高度约 100～150mm，耐高温达 70℃，

抗寒至 -10℃。吸尘能力是同类植物的 8.5 倍，养护成本低，不浇水其他杂草会枯萎，而佛甲草可耐干旱，一个月还能继续生长。种植佛甲草一般只需要 30mm 厚的生长基质土，在蔽阴度 70% 的树下它也能生长。

2）绿景天（Sedum Sp.）：景天科景天属地被植物，匍匐生长高度约 20～40mm 后就伏地蔓延，耐热、耐高温达 70℃，抗寒至 -10℃、耐干旱、耐贫瘠，节水，虫害少，可以食用。晚上吸收 CO_2，白天放出 O_2，释氧量是同类植物的 30 倍。荷载轻，后期可粗放管理。

另一种黄花景天也适用于屋面种植，但要求种植屋面通风排水良好。

3）丝兰（Yucca filament Easa L.）：耐旱、耐干湿、耐贫瘠土，适应半阴环境。

4）太阳花（Portusaca qrandiflora）：马齿苋科，又称大花马齿苋。高度约 100～150mm，俗称晒不死，不耐干旱，上午开花，过午谢，可药用。

5. 种植屋面植被层

（1）种植屋面应根据植物种类确定种植土层的厚度，应符合表 9-18 的要求。

种植土层的厚度（mm） 表9-18

植物种类	草坪、地被	小灌木	大灌木	小乔木	大乔木
种植土层厚度	≥100	≥300	≥500	≥600	≥900

（2）屋面种植的栽培的植物应符合下列规定：

1）不宜种植高大乔木、速生乔木。

2）不宜种植根系发达的植物和根状茎植物。

3）高层建筑屋面和屋面坡度大于 10% 以上的坡屋面只宜种植草坪和地被植物。

4）大小乔木和灌木定植点与边墙的安全距离应大于树高。

5）草坪块、草坪卷的规格应一致，边缘平整，杂草数量不得多于 1%，草坪块土层厚度宜为 30mm，草坪卷土层厚度宜为 18～25mm；

6）屋面种植应根据不同地区的风荷载和植物高度采取植物抗风固定措施，屋面种植的乔木和灌木高于 2.0m 时，应采取符合规定要求的加固措施。

6. 种植屋面的种植构造要求

（1）既有屋面改造的种植屋面

既有屋面经结构安全鉴定符合改造为种植屋面时，宜采用容器种植。当采用覆土种植时，构造设计应符合下列规定：

1）有檐沟的屋面应砌筑种植土挡墙。挡墙应高出种植土 50mm，挡墙距离檐沟的边缘不宜小于 300mm。

2）挡墙应设排水孔。

3）种植土和挡墙之间应设置卵石缓冲带，缓冲带宽度宜大于 300mm。

4）既有屋面改造的种植屋面原有防水层仍具有防水能力的屋面，应在其上增加一道耐根穿刺防水层，否则既有屋面的防水层、保护层、排水层、蓄水层、过滤层等应按种植屋面要求重做。

（2）种植屋面细部构造要求

1）种植屋面的女儿墙、周边泛水和屋面檐口部位，应设置缓冲带，缓冲带可结合卵石带、园林路或排水沟设置，其宽度不应小于 300mm。种植屋面应采用外排水方式，落水口应结合缓冲带布置。落水口位于种植绿地内时，落水口上方应设置雨水观察井口，并应在观察井周边设置不小于 300mm 的卵石缓冲带。落水口位于屋面硬质铺装层时，硬质铺装层应设置合理的排水坡度坡向设在铺装层的低洼处的落水口，落水口上设雨箅子四周防水与屋面基层防水层连成一体。屋面排水沟侧应留泄水孔排水，沟上宜设盖板。

2）种植屋面防水层的泛水高度高出种植土不应小于 250mm。

3）竖向穿过屋面的管道，应在结构层内预埋套管，套管高出种植土不应小于250mm。

4）种植坡屋面的檐口端部应设种植挡墙，挡墙应留出排向檐沟的排水孔或排水管，挡墙与檐沟应铺设连成一体的防水层。

5）按《屋面工程技术规范》GB 50345—2012设置的变形缝墙应高于种植土50mm以上。变形缝墙上的盖板可作为园林路，不应堆土种植。

（3）种植屋面的设施

1）种植屋面的水设施：小型种植屋面可设取水点，人工灌溉。大面积种植屋面宜采用固定式自动微喷或滴灌、渗灌等节水措施并应设计雨水回收利用系统。

2）种植屋面的电器照明设施：花园式种植屋面应有照明设施。景观灯应配置市政线路，选用太阳能灯具。

3）种植屋面的透气孔应高出种植土面不小于250mm，与屋面通风口或其他设施周围应设置装饰性屏蔽。

4）种植屋面宜设置指引标识，标示进出口、安全疏散口、取水点、雨水观察井、消防设施、水电警示等部位。

5）水电管线等宜铺设在防水层之上，种植植物不应遮挡太阳能采光设施。

6）屋面设置的园林小品，棚架、亭台应按抗风荷载设计，安全固定。

二、地下建筑顶板以上地面的园林工程

（一）地下建筑顶板种植设计应符合《地下工程防水技术规范》GB 50108—2008的规定。顶板应为现浇防水钢筋混凝土。地下建筑顶板种植应按永久性绿化设计。

（二）地下建筑顶板的耐根穿刺防水层应采用厚度不小于70mm的细石混凝土作保护层。覆土厚度小于2.0m时应按种植屋面构造设计要求设置排水层、蓄水层、过滤层。覆土厚度大于2.0m时可不设置排水层、蓄水层、过滤层。

（三）地下建筑顶板种植土与周边地面相连时，宜设置盲沟排水。地下建筑顶板为反梁结构或坡度不足时，应设置排水管或采用陶粒、级配细石等渗排水措施。

（四）地下建筑顶板面积在1万m^2以上时，建筑顶板放坡高差太大，应分区设置落水口、盲沟、渗排水管等内排水及雨水收集系统。下沉式种植时应设置自流排水系统。

（五）地下建筑顶板防水层的泛水高度应高出种植土不小于500mm。

三、建筑墙体的园林工程

（一）建筑墙体的绿化，也称为垂直绿化或立体绿化。墙体的园林工程对改善建筑热环境，降低室内温度，提高空气相对湿度效果显著。在气温为38℃时，深灰色建筑外墙面的温度可达50℃以上，采用墙体绿化的外墙面温度可降至27℃，空气相对湿度可提高10%～20%。

寒冷地区的墙体绿化选用爬山虎类，冬季会落叶可满足冬季日照，其他季节长出的绿叶可以保温隔热；夏热冬冷地区可选用爬山虎与常青藤或景天属植被混植；夏热冬暖地区可选用爬山虎、常青藤、石络、凌霄、金银花、扶芳藤、羊肾蕨等植物。这些攀缘植物通常适应中性和微酸性土壤。

（二）百度网2011年12月30日百度文库www.wenku.baidu.com列举了六种墙面绿化的类型和附图，这里摘录如下：

1. 模块类墙面绿化：绿化模块是由种植构件（盒）、种植基质材料、植物三部分组成。种植构件除了满足植物生长所需要的养分、水、空气条件外，还应具有固定根系、排水、蓄水、空气循环等功能。同时还应满足种植构件与建筑墙体悬挂固定的安全要求。将不同几何形状的绿化模块搭接或绑扎在不锈钢或木质骨架上，适用于大面积难度大的墙面种植，可采用浇灌和微灌的补水方式，见图9-1。

2. 铺贴类墙面绿化：在墙面直接铺贴种植植物的生长基质材料或模块与植物组成栽培面或采用喷播方式形成墙面种植系统。由于墙面种植系统直接附贴在墙面，不需要另外加做钢构架，且墙面种植系统厚度只有 100～150mm，具有防水阻根功能，方便施工，可用于弧形曲墙面。利用雨水浇灌可以降低成本，见图 9-2。

3. 攀爬或垂吊类墙面绿化：在墙下或墙面吊盆中种植攀爬或垂吊类植物，墙面挂牵引线或附挂细钢丝网供爬山虎、常青藤、石络、扶芳藤、绿萝等藤本植物垂直蔓延。此类墙面绿化普及面广。其透光透气性好，可利用雨水浇灌，建造方便，成本也比较低，见图 9-3。

4. 组合拼接类垂直绿化：采用金属、钢筋混凝土和其他耐气候性材料拼接成垂直种植花架或直接在墙面安装人工基质穴盘，如卡盆、包囊、箱框、镶嵌盒实施盆栽。在人工基盘中用微灌设施进行滴灌或雾喷。适用于临时绿墙、绿柱、花柱、花基、花坛造景，见图 9-4。

5. 袋式垂直绿化：这是在铺贴类墙面绿化系统发展起来的工艺类型。先在完成防水处理的墙面上直接铺设软性植物生长载体，如毛毡、椰丝纤维、无纺布等，然后在这些载体上缝制装填有植物生长基质材料的种植袋，在种植袋中生长植物。适用于需要水土保持的边坡种植和倾斜墙面的垂直绿化，见图 9-5。

6. 板槽类垂直绿化：在墙面时按一定距离安装 V 型板槽，在 V 型板槽内装填轻质的种植基质材料，再在种植基质材料中种植植物，见图 9-6。

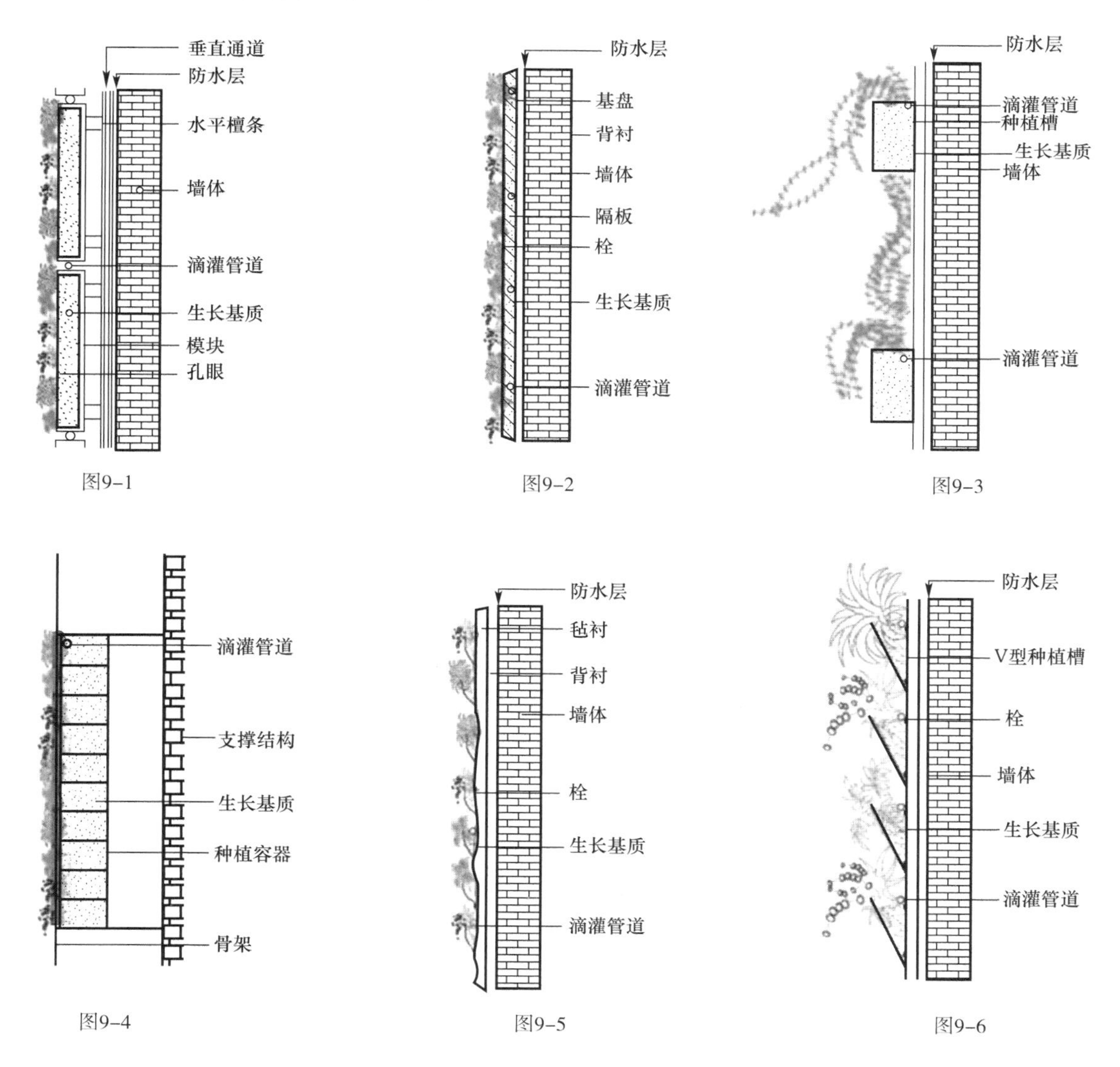

四、阳台、窗台、入户平台的园林工程

（一）阳台园艺

1．阳台的空间环境

阳台是室内外的过渡空间。有一面、两面或三面对外开敞的不同形式。多数阳台的位置都背风向阳，朝南或面东、面西防晒。处于建筑永久阴影区的北向阳台其实是凉台。

一般的阳台空间都比较小，阳光照射面随季节变化，风速随楼房高度的增加而增大，相对湿度随楼房高度的增加而减少。夏秋季日照强，阳台吸热多，散热慢，蒸发量大，气温干热。冬春季雨雪多，开敞的阳台风寒水冷。阳台的空间环境不同于露天的室外场地。

建筑工程设计一般不包含阳台的园林工程，只是预留种植槽，花基、花池类构件由用户在室内装饰设计时完成园林配置。

2．阳台的园林布置方式

（1）悬垂式：一种是利用吊蓝、顶盘把枝叶下垂的植物，如吊兰、吊金钱、秋海棠、蟹爪莲、彩叶草等悬挂在阳台顶板上；另一种在阳台栏杆压顶边缘预留种植槽或设置固定悬挂的容器构架栽植悬挂在阳台外的藤蔓类植物。

（2）攀藤篱排式：在凸阳台的边角竖立棚栅，篱排，固定成荫棚或荫篱供攀爬植物，如金银花、葡萄、瓜果类植物牵引蔓生。

（3）附壁式：在阳台侧墙，栏杆内外配植常青藤、凌霄、爬山虎等垂直绿化植物。

（4）格构柜架式：在阳台内墙、侧墙设置格构架、博物架，陈列盆花、盆景。

（5）组合型：把上述四种布置方式因势利导，因地制宜进行组合布置。 阳台的植物因离开地面栽培，因此必须利用花盆、花槽、花基作容器种植。

3．阳台的植物配置

（1）南向、东向阳台：宜种植喜光耐旱的阳性观花尝果类植物，如天竺葵、秋海棠、茉莉、米兰、石榴、含笑、矮牵牛、太阳花、茑萝、扶桑、迎春、杜鹃、月季、凤梨朱蕉、紫鸭跖草、小铁树和盆栽的松柏、榕树、金橘、葡萄以及仙人掌等。

（2）北向阳台：宜种植春、夏、秋观花、观叶的耐阴植物，如文竹、八仙花、玉簪、花叶常青藤类、万年青类、椒草类、喜林芋类、春芋、合果芋、银苞芋、旱伞草、吊兰、君子兰、蕨类、龟背竹、南天竺、吊竹梅、四季梅、观叶秋海棠、袖珍椰子等。

（3）西向阳台：须选择防暴晒耐高温的植物，如藤本茑萝、凌霄、牵牛、扶桑、三角花、五色梅等。

（4）阳台植物的配置可以按四季气候的变化选择种植。

春季配植： 迎春、碧桃、丁香、牡丹、春兰、郁金香、君子兰、紫罗兰、叶子花、杜鹃、朱顶红、三色堇、倒挂金钟等。

夏季配植： 月季、蔷薇、玫瑰、芍药、栀子花、白兰花、玉簪花、马蹄莲、茉莉、紫薇、米兰、万年青、石榴、石竹、合欢、百合、金边花、夹竹桃、美人蕉、桔梗、金银花、凤仙花、仙人球、扶桑、山丹、四季海棠、令箭荷花等。

秋季配植：桂花、菊花、大丽花、一串红、枫来红、藏红花、木鞭榕、晚香玉、鸡冠花、唐菖蒲等。

冬季配植：文竹、水竹、龟背竹、一品红、天门冬、水仙、腊梅、山茶、金橘、蟹爪兰、仙客来等。

如果建筑周围有积水容易滋生蚊虫，可以在阳台配植夜来香，吊挂猪笼草防蚊灭虫。

（二）窗台园艺

窗台下的种植槽又称浅阳台、假阳台，其园林设置与阳台类似。

窗台的园艺配置建议以下：

1. 窗台下的种植槽宜与墙体一起建造，并预留泄水管接至落水管，种植槽内靠泄水管口应作过滤层，防止给植物浇水时溅落到首层院内。种植槽的标高应考虑花草生长高度不妨碍窗扇开启。

2. 后装的可移动的挂盘、吊盆、花槽底部应设托盘引水到雨水管。其与墙体的连接必须牢固稳妥，采取防止脱落的措施。

3. 向阳的窗台下应种植耐干旱的植物，如太阳花、矮牵牛、天竺葵等。

4. 种植基质土宜选用专用花草肥料。

（三）入户平台的园林工程

入户平台与户内玄关不同，入户平台是半开敞玄关和进户阳台，既有收纳、通行的功能，又有通风纳阳的作用。按入户平台的面积大小宜分别采用不同的组合种植方式。种植规模应以不妨碍安全疏散和出入交通为宜。按入户平台的朝向选择阳台植物配植。

五、建筑室内的园林配置

建筑室内空间的园林配置，对于公共建筑的内庭、门厅可以因地制宜把室内空间模拟室外场景进行设计，植物配植应选用阴性或半耐阴的植物。居住建筑室内的植物设置应考虑以改善室内空气质量，消除室内污染为重，适当利用边角静态空间以不影响日常使用为宜。

室内装饰设计也有采用人工材料制作仿真植物组景的模拟园林的造景方式。

第六节　建筑园林工程的设计校对

一、建筑外环境园林工程的设计校对

（一）建筑外环境园林工程的地景设计校对

建筑外环境园林工程的地景设计是以不同的地形地貌为依据，如平原、草甸、丘陵、岩溶、山地、溪涧、河浦、江湖、滩涂、海岸、岛屿等。无论哪种地形地貌的地景设计都必须核准场地的基准标高、最高（最低）标高，最高（最低）水位，道路的标高、曲线，场地排水的坡度、坡向，竖向设计布置、管线综合等内容。

这些建筑外环境的地景设计内容和总图或场地设计的内容是一致的，因此，可以按第二章总图设计校对的第四节和第五节的内容和方法进行校对和校审。

只是对于地形复杂的山居地景、多维形象的叠山，滨水、理水的地景在总图和大样详图的表达方面，除了采用传统的制图方法以外，更适合采用模型放样和三维打印技术，便于直观地检验设计效果。

（二）园林建筑的设计校对

园林建筑的总平面图、平面图、立面图、剖面图和大样节点图可以按本书的建筑设计校对内容和方法进行校对和校审。

园林建筑设计中出现的随机曲线，曲率变化的异形曲面一般采用方格网坐标控制定位。

（三）建筑外环境园林植物配植的检验

1. 检验建筑园林配植的植物与建筑的空间尺度是否符合有关绿化规范规定的间距要求。配植的植物是否有利于建筑的日照、采光、通风、安全、环保和防灾的要求；植物配置的方式，乔灌花、乔灌草、视线走廊和郁闭度是否符合景观要求。

2. 检验建筑园林配植的植物是否适应建筑外环境的小气候、日照的阴晴、温度的冷暖、湿度的燥润、海拔的高低。根据建筑外环境的小气候选择向阳或耐阴的植物，耐温或耐寒的植物，耐干旱宜水湿的植物是否得当，选择的当地植物是否符合规定的比例。

3．检验建筑园林配植的植物是否适应当地的土质、土壤的类别、酸碱度，肥力、含水率、颗粒结构等是否与配植的植物属性相适应。

4．检验建筑园林配植的植物是否对人们生活产生不良影响，如一些植物的花粉会成为过敏源，夜来香不宜放在上风向，树干有刺的木棉树不能种在儿童活动场所等。

二、建筑工程园林配植的设计校对

（一）种植屋面和地下室顶板园林配植的设计校对

1．校核种植屋面和地下室顶板工程结构设计的安全性。

种植屋面工程结构的荷载计算应包括种植荷载，其中植物荷载包括初栽植物荷重和生长期增加的可变荷载，取值应准确。既有建筑屋面改造为种植屋面前，有无经过有资质的单位对原结构进行鉴定。

2．校核种植屋面和地下室顶板工程设计是否采用现行的国家标准和规范：

种植屋面工程设计应执行建筑设计和其他专业相关设计规范，如：

《绿色建筑评价标准》GB/T 50378—2014

《民用建筑设计通则》GB 50352—2005

《种植屋面工程技术规程》JGJ 155—2013 备案号 J 683—2013

《屋面工程技术规范》GB 50345—2012 等。

（二）建筑墙体的园林配植的设计校对

1．校核建筑墙体园林配植的网线支架、植物种植袋、池槽构件锚固的可靠性且不影响外墙防水。符合《建筑外墙防水工程技术规程》JGJ/T 235—2011 备案号 J 1166—2011 的规定。

2．校核建筑墙体朝向方位与竖直配植植物的适应性，如不同朝向墙体表皮的干热、酷热、背阴、受风等气候环境下植物的耐受性。

第十章　建筑工程概预算校对

第一节　建筑工程初步设计概算校对单

建筑工程初步设计概算校对单　　表10-1

编号：

工程名称		设计编号：	勘误数量：	
校对内容		说明	自校	审核
一、概算文本	概算文本单独成册编排次序 1. 封面 标明项目名称、编制单位、编制年月。 2. 扉页 编制单位法定代表人（签名） 技术总负责人（签名） 项目总负责人（签名） 各专业总负责人（签名） 单位授权盖章 3. 文本目录 4. 编制说明 5. 建设项目总概算表 6. 其他费用表 7. 单项工程综合概算表 8. 单位工程概算书			
二、编制说明	1. 工程概况 简述项目的建设地点、建设规模、建设类型（新建、扩建、改建）、项目特征。 2. 编制依据 （1）工程设计图纸。 （2）国家和当地政府关于建设和造价管理的法律、法规和规程。 （3）当地主管部门现行概算指标或定额标准（或综合概算定额）、单位估价表类似工程造价指标、材料及构配件概算价格、工程费用定额和有关费用的规定文件。 （4）人工、设备和材料、机械台班价格依据。 （5）建设单位提供的有关概算资料。 （6）工程项目其他费用计算依据。 （7）项目计费相关文件、合同、协议。 3. 概算编制范围 4. 特定情况说明 5. 概算综述 （1）列出概算总金额、工程费用、其他费用和概算总投资中相关的费用。 （2）技术经济指标。 （3）主要材料消耗指标			

续表

工程名称		设计编号：	勘误数量：	
校对内容		说明	自校	审核
三、总概算表	1．工程费用 由各单项工程综合概算表汇总。 2．其他费用 建设用地费 场地准备及临时设施费 建设单位管理费 勘察设计费 设计咨询费 施工图审查费 配套设施费 研究试验费 前期工作费 环境影响评价费 工程监理费 招标代理费 工程保险费 办公和生活家居购置费 人员培训费 联合试运转费 3．预备费 基本预备费 价差预备费 4．概算总投资相关费用 建设期贷款利息 铺底流动资金 固定资产投资方向调节税			
四、其他费用	1．列出项目名称 2．项目费用名称 3．费用计算基数 4．费率 5．金额 6．取费依据（政府文件、文号）			
五、单项工程综合概算	汇总各单位工程概算书成表列出技术经济指标 1．计量指标单位 2．工程数量 3．单位造价			
六、单位工程概算书	通常由建筑（土建）工程、装饰工程、机电设备及安装工程、室外工程等专业的工程概算书汇总，一般应包括零星工程费用。 1．建筑工程概算书 编制依据（见编制说明内容） 分部工程			

续表

工程名称		设计编号：	勘误数量：	
	校对内容	说明	自校	审核
六、单位工程概算书	分项工程 计价规定 2．机电设备的安装概算书 （1）建筑电气 （2）给水排水 （3）采暖通风与空调 （4）热能动力 各专业概算书依据见编制说明，由分部分项内容组成按规定计价。 3．室外工程概算书 （1）土石方 （2）道路 （3）广场工程 （4）围墙 （5）大门 （6）室外管线 （7）园林绿化 各项目依据编制说明规定计价			
概算审核	各单位造价的总额与各单位项目人工和材料数量分析计算的总额相比对，误差在允许比例之内。			
概算审定	概算总投资不超出批准概算的规定的比例			

注：1．文件或图纸不齐全时应在备注栏中说明原因。

2．自检栏中填写：√表示通过、○表示无要求。校对、审核、审定各自在相应栏目中填写错漏的数量，具体问题在校审卡中列出。核查数由审核、审定人员填写，表示发现前面校审未发现的问题。

3．自检由设计人员和专业负责人完成。

第二节　建筑工程施工图预算校对单

建筑工程施工图预算校对单　　　　表10–2

编号：

工程名称		设计编号：	勘误数量：			
	校核内容	说明	自校	校对	审核	审定
一、预算文本	1．封面标注 （1）项目名称 （2）预算单位名称 （3）项目预算编号 2．扉页 （1）设计阶段 （2）编制单位法定代表人，技术总负责人和项目总负责人（签名盖章）。 （3）预算完成日期					

续表

工程名称		设计编号：	勘误数量：			
	校核内容	说明	自校	校对	审核	审定
一、预算文本	3. 目录 4. 编制说明 5. 项目总预算表 6. 单项工程综合预算表 7. 单位工程预算书					
二、编制说明	1. 工程概况 项目建设地点，设计规模，建设性质（新建、扩建、改建），项目特征 2. 编制依据 （1）设计图纸 （2）政府建设造价管理的法规文件、规程要求 （3）建设主管部门现行预算（综合）定额 单位估价表 材料及构配件预算价格 有关取费的文件规定 （4）人工、设备及材料、机械台班价格依据 （5）建设单位有关预算资料 （6）有关文件、合同、协议 （7）建设场地的自然条件、施工条件 3. 编制范围 4. 其他特别说明的问题 5. 汇总技术经济指标					
三、项目总预算表	建设项目总预算表 汇总各单项工程综合预算表					
四、单项工程综合预算表	单项工程综合预算表 汇总各单位工程预算书					
五、单位工程预算书	单位工程预算由建筑（土建）、 装饰、机电设备及安装、室外工程等预算书组成					
施工图预算审核						
审核	各单项、单位工程项目费用总额与各单项、单位工程人工、材料、机械台班费用分析的总和相比较，误差控制在允许范围内					
审定	施工图预算审定 投资总额不超过概算批准文件的10%或在投标标底 容许数额范围之内					

注：1. 文件或图纸不齐全时应在备注栏中说明原因。

2. 自检栏中填写：√表示通过、○表示无要求。校对、审核、审定各自在相应栏目中填写错漏的数量，具体问题在校审卡中列出。核查数由审核、审定人员填写，表示发现前面校审未发现的问题。

3. 自检由设计人员和专业负责人完成。

第三节 建设工程计价文件的编制

建设工程计价文件的编制原则和方法应该依据《建设工程工程量清单计价规范》GB 50500—2013 的规定。主管部门按照不同的工程类别还颁布了九种配套的国家标准，分述如下：

1.《房屋建筑与装饰工程工程量计算规范》GB 50845—2013。

2.《仿古建筑工程工程量计算规范》GB 50855—2013。

3.《通用安装工程工程量计算规范》GB 50856—2013。

4.《市政工程工程量计算规范》GB 50857—2013。

5.《园林绿化工程工程量计算规范》GB 50858—2013。

6.《矿山工程工程量计算规范》GB 50859—2013。

7.《构筑物工程工程量计算规范》GB 50860—2013。

8.《城市轨道交通工程工程量计算规范》GB 50861—2013。

9.《爆破工程工程量计算规范》GB 50862—2013。

各地建设主管部门对于建筑工程计价文件的编制都颁布了相应的概算定额和预算定额，对于贯彻《建设工程工程量清单计价规范》GB 50500—2013 也提出了各项实施意见，制定了地方标准。

通常编制概算的软件有广联达云计价平台 GCCP5.0；易达清单大师 2013。编制预算的软件有广联达云计价平台 GCCP5.0；易达清单大师 2013；殷雷工程计价软件；斯维尔计价软件等。其中广联达云计价平台 GCCP5.0 软件可以识别 CAD 图纸，能够依据相应定额标准编制计价文件。

《全国统一建筑工程预算工程量计算规则》GJD GZ—101—95，采用手算编制计价文件时，按照统筹方法计算的“三线一面”，即外墙中心线；外墙外边线；内墙净长线和建筑的各层面积的数值可以和电算数值对照。

第十一章　专项工程设计与校对

专项工程设计按《建筑工程设计文件编制深度规定》（2016版）规定进行设计与校对，校核和审定表格可参阅书中相应专业要求。

第一节　建筑幕墙设计

本节规定适用于建筑幕墙中的玻璃幕墙、金属幕墙、石材幕墙等工程的设计。其他类型幕墙的设计可参照本节规定执行。

一、初步设计

（一）在初步设计阶段，幕墙设计文件包括设计说明书、设计图纸、力学计算书，其编排顺序为：封面、扉面、目录、设计说明书、设计图纸、力学计算书。

1. 封面：写明项目名称、编制单位、编制年月；

2. 扉页：写明编制单位法定代表人、技术总负责人、项目总负责人的姓名，并经上述人员签署或授权盖章；

3. 设计文件目录；

（二）设计说明书；

1. 工程概况：包括工程地点、工程建设单位、建筑设计单位、主体结构形式、幕墙工程概述、幕墙结构设计使用年限；

2. 设计依据：建设单位提供的建筑、结构设计文件、风洞试验报告（列项）、所执行的主要法规和采用的主要标准（包括标准的名称、编号、年号和版本号）；

3. 主要荷载（作用）取值：竖向荷载、风荷载、活荷载、地震作用；

4. 主要材料：包括铝型材、钢材、石材、玻璃、金属板、人造板材、五金材料、密封材料等的主要物理性能参数及技术要求；

5. 设计指标：设计指标：包括幕墙的抗风压性能、水密性能、气密性能、综合传热系数、遮阳系数、可见光反射比等热工和光学指标要求、防火、防雷等级及做法，可开启面积比的控制值的说明。

6. 幕墙结构形式描述，相关设备对幕墙的使用要求。

（三）设计图纸；

1. 平面图：主要包括主要轴线、主体结构柱、梁等的轮廓线及幕墙边缘轮廓线、标明幕墙编号、幕墙平面所在层数、标高等关键信息；

2. 立面图：主要包括：主要立面、主要控制轴线编号、主要立面分格尺寸、各楼层及建筑顶底标高、立面分格与楼层标高之间的控制尺寸、开启窗位置、消防逃生窗的位置等、幕墙类型、幕墙材料、有关大样索引。

3. 剖面图：主要包括：幕墙表面弧度、转折等定位尺寸、与主体结构之间的关系、不同幕墙类型之间的关系、与内部装饰之间的关系、剖切位置的轴线号、有关节点详图索引。

4. 大样图：反映主要幕墙系统局部立面；

5. 节点构造图：反映主要幕墙系统的构造作法、装配关系、外形尺寸和与主体结构的连接方式及相互关系。

（四）力学计算书。

1．主要类型幕墙的力学计算；

2．各类型幕墙的支反力。

二、施工图设计

（一）在施工图设计阶段，幕墙设计文件包括设计说明书、设计图纸、计算书，其编排顺序为：封面、扉面、目录、设计说明书、设计图纸、计算书。

1．封面：写明项目名称、编制单位、编制年月；

2．扉页：写明编制单位法定代表人、技术总负责人、项目总负责人的姓名，并经上述人员签署或授权盖章；

3．设计文件目录；

（二）设计说明书；

1．工程概况；

（1）工程名称、工程地点、工程建设单位、建筑设计单位、建设监理单位（如确定）；建筑物栋数、幕墙顶标高、建筑层数、幕墙面积、主要幕墙类型描述等；幕墙结构设计使用年限；

（2）主体结构形式。

2．设计依据；

（1）建设单位提供的建筑、结构、节能等的设计文件；

（2）风洞试验报告（列项）；

（3）本专业设计所执行的主要法规和采用的主要标准（包括标准的名称、编号、年号和版本号）

3．建筑所在地的基本风压值、雪荷载值、地震设防烈度、地面粗糙度。

4．主要材料；

（1）主要材料应说明材质、规格、主要物理性能参数及技术要求。

（2）选用的新材料，则必须在图纸中详细注明该材料的技术要求。

5．主要性能指标。

包括幕墙的抗风压性能、水密性能、气密性能、平面内变形性能、综合传热系数、遮阳系数、可见光反射比等热工和光学指标要求，以及可开启面积比的控制值；明确幕墙的隔声、耐撞击、承重力等幕墙相关规范规定的幕墙性能指标要求。

6．防火设计；

7．防雷设计，

8．预埋件或后置埋件要求；

9．设计对施工工艺的要求；

10．幕墙使用及维护要求。

（三）设计图纸；

1．平面图；

（1）标注出建筑轴线，主体结构柱位置、主体边梁及与幕墙相关的结构梁的轮廓线及清晰的幕墙边缘轮廓线；

（2）注明主要建筑功能的平面布局、房间使用功能等与幕墙相关的信息；

（3）详细标注轴线总尺寸、轴线间尺寸、幕墙外轮廓尺寸、门窗或洞口尺寸等；

（4）表示幕墙平面所在层数、标高等关键信息，对于标准层平面可共用一张平面图，但须表明层次范围与标高；

（5）标注幕墙平面分格尺寸、幕墙与主体结构的定位关系，标注出轴线、柱、结构梁、主要坐标控制点等位置的控制尺寸；

（6）图纸名称、比例。

2．立面图；

（1）应绘制所有幕墙立面图，标注主要幕墙材料名称、材质及规格（或代号）；

（2）立面图应标明两端轴线编号和主要控制轴线编号；

（3）立面转折较多且造型复杂的立面，应绘制立面展开图，在转折位置应注明转折线及转折角度等信息，并准确注明转角处或关键部位的轴线与立面交接的位置；

（4）应反映各幕墙系统的立面分格、开启窗位置、通风百叶窗位置、消防逃生窗的位置、清洗辅助装置位置等等；

（5）应反映立面外轮廓线及突出幕墙的雨篷、格栅、装饰条等的轮廓位置；

（6）应准确标注建筑总高度、楼层位置辅助线、楼层数和标高以及关键控制标高；

（7）可根据复杂性，必要时另附立面图的大样索引图；

（8）图纸名称、比例。

3．剖面图；

（1）剖视位置应选在层高不同、层数不同、内外部空间比较复杂、具有代表性的部位；建筑空间局部不同处以及平面、立面均表达不清的部位，可绘制局部剖面；

（2）应准确绘制幕墙、墙、柱、轴线、轴线编号等信息；

（3）应准确标注建筑总高度、楼层位置辅助线、楼层数和标高以及关键控制标高；

（4）节点详图索引；

（5）图纸名称、比例。

4．局部大样图；

（1）包括各类幕墙系统的局部大样；防火分区、变形缝区、转角等重要部位的局部大样；复杂立面根据需要可全部展开局部大样；

（2）局部大样图应包含局部立面展开图，局部的平面图，墙身详图；

（3）应准确绘制幕墙的平立面分格，标注幕墙材料名称、材质及规格（或代号）；

（4）应准确标注幕墙的外形尺寸、与主体结构的关系尺寸、与轴线及建筑层高的定位尺寸，异形幕墙可由空间坐标尺寸定位；

（5）节点详图索引；

（6）图纸名称、比例。

5．节点详图；

（1）包含不限于各类幕墙系统节点构造、幕墙与主体结构连接的节点详图、不同幕墙的交接处的节点详图、上下收口、阴阳转接处节点详图、开启窗、百叶窗的节点详图、幕墙防火、防雷节点详图、变形缝构造节点详图等，复杂部位宜以三维图补充表达构造细部；

（2）标注各部件外型尺寸、主要的装配尺寸及定位控制尺寸，标注材料名称、材质及规格（或代号）；

（3）图纸名称、比例。

6．型材截面图；

（1）主要铝合金型材的外形尺寸，厚度尺寸；

（2）注明铝合金型材的密度、材质及表面处理方式；

（3）图纸名称、比例。

7. 计算书。

（1）幕墙计算书包含结构计算书和节能计算书两部分；

（2）幕墙结构计算结果应准确并满足规范各项限值的要求，内容应完整齐全，条理分明，各项计算应列出计算步骤，计算书中的文字和图表要清晰明了，计算书应整理成册。

（3）结构计算书中，应相应绘出幕墙计算单元示意图、计算简图，型材截面列出起控制作用部位的荷载取值及荷载或内力组合值。

（4）可采用软件进行分析计算。在设计计算书中注明所采用计算程序的名称、版本号等信息。

（5）设计计算书应校审，并由设计、校对、审核人（必要时包括审定人）在计算书封面上签字，作为技术文件进行审查和归档。

第二节　基坑与边坡工程设计

一、初步设计

在初步设计阶段，深基坑专项设计文件中应有设计说明、设计图纸。

（一）基坑工程设计说明应包括以下内容。

1. 工程概况。

2. 设计依据：

（1）建筑用地红线图，场地地形图及地下工程建筑初步设计和结构初步设计图；

（2）场地岩土工程（初勘）勘察报告；

（3）基坑周边环境资料；

（4）建设单位提出的与基坑有关的符合有关标准、法规以及甲方特殊约定的书面要求；

（5）本专业设计所执行的主要法规和所采用的主要标准（包括标准的名称、编号、年号和版本号）。

（6）基坑支护设计使用年限。

3. 基坑分类等级。

（1）基坑设计等级；

（2）基坑支护结构安全等级。

4. 主要荷载（作用）取值。

（1）土压力、水压力；

（2）基坑周边在建和已有的建（构）筑物荷载；

（3）基坑周边施工荷载和材料堆载；

（4）基坑周边道路车辆荷载。

5. 设计计算软件：基坑设计计算所采用的程序名称和版本号。

6. 基坑设计选用主要材料要求。

（1）混凝土强度等级；

（2）钢筋、钢绞线，型钢等材料的种类、牌号和质量等级及所对应的产品标准，各种钢材的焊接方法及对所采用的焊材的要求；

（3）水泥型号、等级；

7. 支护方案的比选和技术经济比较。

8. 地下水控制设计。

9. 施工要点。
10. 基坑的监测要求。
11. 支护结构质量的检测要求。
12. 基坑的应急预案。
13. 对基坑周边环境影响的评估。
（二）设计图纸应包括以下内容。
1. 基坑周边环境图。
（1）注明基坑周边地下管线的类型、埋置深度及管线与开挖线的距离；
（2）注明基坑周边建（构）筑物结构形式、基础形式、基础埋深和周边道路交通负载量；
（3）注明地下室外墙线与红线、基坑开挖线及周边构筑物的关系。
2. 基坑周边地层展开图。
3. 基坑平面布置图。
（1）绘制支护结构与主体结构基础边线的位置关系、支护计算分段等；
（2）绘制内支撑的定位轴线和内支撑位置，标注必要的定位尺寸；
（3）绘制支护体系的支护类型。
4. 主要的基坑剖面图和立面图。
5. 支撑平面布置图。
6. 基坑降水（排水）平面布置图、降水井构造图。
7. 基坑监测点平面布置图

二、施工图设计

在施工图阶段，基坑支护设计文件应包括设计说明、设计施工图纸和计算书。
（一）基坑施工图设计说明应包括以下内容。
1. 工程概况。
2. 设计依据。
（1）建筑用地红线图，场地地形图及地下工程建筑施工图和结构施工图；
（2）场地岩土工程详细勘察报告；
（3）基坑周边环境资料；
（4）建设单位提出的与基坑有关的符合有关标准、法规的书面要求；
（5）设计所执行的主要法规和主要标准（包括标准的名称、编号、年号和版本号）。
（6）基坑支护设计使用年限。
3. 工程地质与水文地质条件。
（1）岩土工程条件；
（2）工程勘察报告中用于基坑设计的各岩土层的物理力学指标；
（3）水文地质参数。
4. 基坑分类等级。
（1）基坑设计等级；
（2）基坑支护结构安全等级。
5. 主要荷载（作用）取值。
（1）土压力、水压力；
（2）基坑周边在建和已有的建（构）筑物荷载；

（3）基坑周边施工荷载和材料堆载；
（4）基坑周边道路车辆荷载。
6. 设计计算程序：基坑设计计算所采用的程序名称和版本号。
7. 基坑设计选用主要材料要求。
（1）混凝土强度等级、防水混凝土的抗渗等级的基本要求；
（2）钢筋、钢绞线、型钢等材料的种类、牌号和质量等级及所对应的产品标准，各
（原文：钢筋、钢绞线种类、钢材牌号和质量等级及所对⋯⋯）
种钢材的焊接方法及对所采用的焊材的要求；
（3）水泥型号、等级
8. 地下水控制设计。
9. 基坑施工要点及应急抢险预案。
（1）土方开挖方式、开挖顺序、运输路线、分层厚度、分段长度、对称均匀开挖的必要性；
（2）施工注意事项，施工顺序应与支护结构的设计工况相一致。
（3）根据基坑设计及地质资料对施工中可能发生的情况变化分析说明，制定切实可行的应急抢险方案。
10. 基坑监测要求：说明监测项目、监测方法、监测频率和允许变形值及报警值。
11. 支护结构质量检测要求。
（二）基坑设计施工图应包括以下内容：
1. 基坑周边环境图。
（1）注明基坑周边地下管线的类型、埋置深度与截面尺寸以及管线与开挖线的距离；
（2）注明基坑周边建（构）筑物结构形式、基础形式、基础埋深和周边道路交通负载量；
（3）注明地下室外墙线与红线、基坑开挖线及周边建（构）筑物的关系。
2. 基坑周边地层展开图。
3. 基坑平面布置图。
（1）绘制支护结构与主体结构基础边线的位置关系，标注支护结构计算分段；
（2）绘制内支撑和立柱的定位轴线，标注必要的定位尺寸，支撑截面尺寸，并标注内支撑梁面标高。
4. 基坑支护结构剖面图和立面图。
5. 支撑平面布置图。
有换撑时，应提供换撑平面图：注明换撑材料和做法，有后浇带时应注明后浇带换撑做法。
6. 构件详图。
7. 基坑监测布置图：注明监测点位置和监测要求。
8. 基坑降水（排水）平面图：
注明降水井的平面位置、降水井数量和单井出水量，降水井和观测井、排水沟和集水坑大样图。
9. 其他图纸（必要时提供）。
（1）预埋件。应绘制其平面、侧面或剖面，注明尺寸、钢材和锚筋的规格、型号、性能和焊接要求。
（2）栈桥结构图。应绘制栈桥平面布置图、纵剖面、横剖面和构件大样。
（3）土方开挖图。应绘制基坑出土顺序和出土走向。
（4）施工工序流程图。
（三）施工图阶段的计算书，应包含以下内容：
1. 说明主要计算内容。
2. 应注明所采用的计算软件名称、代号和版本。
3. 应注明各技术参数及其取值依据，列出计算公式，给出计算结果；软件计算应注明原始输入数

据、打印计算成果；

4．计算书整理成册后并签字盖章。

第三节　建筑智能化设计

智能化专项设计根据需要可分为方案设计、初步设计、施工图设计及深化设计四个阶段。

1．方案设计、初步设计、施工图设计各阶段设计文件编制深度应符合2016年版规定的深度要求；

2．深化设计应满足设备材料采购、非标准设备制作、施工和调试的需要；

3．设计单位应配合深化设计单位了解系统的情况及要求，审核深化设计单位的设计图纸。

一、方案设计文件

（一）在方案设计阶段，建筑智能化设计文件应包括设计说明书、系统造价估算。

（二）设计说明书。

1．工程概况：

（1）应说明建筑类别、性质、功能、组成、面积（或体积）、层数、高度以及能反映建筑规模的主要技术指标等；

（2）应说明本项目需设置的机房数量、类型、功能、面积、位置要求及指标。

2．设计依据：

（1）建设单位提供有关资料和设计任务书；

（2）设计所执行的主要法规和所采用的主要标准（包括标准的名称、编号、年号和版本号）。

3．设计范围：本工程拟设的建筑智能化系统，内容一般应包括系统分类、系统名称，表述方式应符合《智能建筑设计标准》GB 50314层级分类的要求和顺序；

4．设计内容：内容一般应包括建筑智能化系统架构，各子系统的系统概述、功能、结构、组成以及技术要求。

二、初步设计文件

（一）在初步设计阶段，建筑智能化设计文件一般应包括图纸目录、设计说明书、设计图纸。

（二）图纸目录。

应按图纸序号排列，先列新绘制图纸，后列选用的重复利用图和标准图。先列系统图，后列平面图。

（三）设计说明书。

1．工程概况：

2．设计依据：

（1）已批准的方案设计文件（注明文号说明）；

（2）建设单位提供有关资料和设计任务书；

（3）本专业设计所采用的设计所执行的主要法规和所采用的主要标准（包括标准的名称、编号、年号和版本号）；

（4）工程可利用的市政条件或设计依据的市政条件；

（5）建筑和有关专业提供的条件图和有关资料。

3．设计范围：

（1）设计内容：各子系统的功能要求、系统组成、系统结构、设计原则、系统的主要性能指标及机房位置；

（2）节能及环保措施；

（3）相关专业及市政相关部门的技术接口要求。

4. 设计图纸。

（1）封面、图纸目录、各子系统的系统框图或系统图；

（2）智能化技术用房的位置及布置图；

（3）系统框图或系统图应包含系统名称、组成单元、框架体系、图例等；

（4）图例应注明主要设备的图例、名称、规格、单位、数量、安装要求等。

5. 系统概算。

（1）确定各子系统规模；

（2）确定各子系统概算，包括单位、数量、系统造价。

三、施工图设计文件

（一）设计文件

1. 工程概况；见 5.3.3 初步设计。

2. 智能化专业设计文件应包括封面、图纸目录、设计说明、设计图及点表。

3. 图纸目录；见 5.3.3 初步设计。

（二）设计说明。

1. 工程概况；

（1）应将经初步（或方案）设计审批定案的主要指标录入；

（2）见 5.3.3 初步设计。

2. 设计依据：

（1）已批准的初步设计文件（注明文号或说明）；

（2）见 5.3.3 初步设计。

3. 设计范围：见 5.3.3 初步设计。

4. 设计内容：应包括智能化系统及各子系统的用途、结构、功能、设计原则、系统点表、系统及主要设备的性能指标；

5. 各系统的施工要求和注意事项（包括布线、设备安装等）；

6. 设备主要技术要求及控制精度要求（亦可附在相应图纸上）；

7. 防雷、接地及安全措施等要求（亦可附在相应图纸上）；

8. 节能及环保措施；

9. 与相关专业及市政相关部门的技术接口要求及专业分工界面说明；

10. 各分系统间联动控制和信号传输的设计要求；

11. 对承包商深化设计图纸的审核要求。

12. 凡不能用图示表达的施工要求，均应以设计说明表述；

13. 有特殊需要说明的可集中或分列在有关图纸上。

（三）图例。

1. 注明主要设备的图例、名称、数量、安装要求。

2. 注明线型的图例、名称、规格、配套设备名称、敷设要求。

（四）主要设备及材料表。

分子系统注明主要设备及材料的名称、规格、单位、数量。

（五）智能化总平面图。

1．标注建筑物、构筑物名称或编号、层数或标高、道路、地形等高线和用户的安装容量；

2．标注各建筑进线间及总配线间的位置、编号；室外前端设备位置、规格以及安装方式说明等；

3．室外设备应注明设备的安装、通信、防雷、防水及供电要求，宜提供安装详图；

4．室外立杆应注明杆位编号、杆高、壁厚、杆件形式、拉线、重复接地、避雷器等（附标准图集选择表），宜提供安装详图；

5．室外线缆应注明数量、类型、线路走向、敷设方式、人（手）孔规格、位置、编号及引用详图；

6．室外线管注明管径、埋设深度或敷设的标高，标注管道长度；

7．比例、指北针；

8．图中未表达清楚的内容可附图作统一说明。

（六）设计图纸。

1．系统图应表达系统结构、主要设备的数量和类型、设备之间的连接方式、线缆类型及规格、图例；

2．平面图应包括设备位置、线缆数量、线缆管槽路由、线型、管槽规格、敷设方式、图例；

3．图中应表示出轴线号、管槽距、管槽尺寸、设计地面标高、管槽标高（标注管槽底）、管材、接口型式、管道平面示意，并标出交叉管槽的尺寸、位置、标高；纵断面图比例宜为竖向 1∶50 或 1∶100，横向 1∶500（或与平面图的比例一致）。对平面管槽复杂的位置，应绘制管槽横断面图。

4．在平面图上不能完全表达设计意图以及做法复杂容易引起施工误解时，应绘制做法详图，包括设备安装详图、机房安装详图等；

5．图中表达不清楚的内容，可随图作相应说明或补充其他图表。

（七）系统预算。

1．确定各子系统主要设备材料清单；

2．确定各子系统预算，包括单位、主要性能参数、数量、系统造价。

（八）智能化集成管理系统设计图。

1．系统图、集成型式及要求；

2．各系统联动要求、接口型式要求、通信协议要求。

（九）通信网络系统设计图。

1．根据工程性质、功能和近远期用户需求确定电话系统形式；

2．当设置电话交换机时，确定电话机房的位置、电话中继线数量及配套相关专业技术要求；

3．传输线缆选择及敷设要求；

4．中继线路引入位置和方式的确定；

5．通信接入机房外线接入预埋管、手（人）孔图；

6．防雷接地、工作接地方式及接地电阻要求。

（十）计算机网络系统设计图。

1．系统图应确定组网方式、网络出口、网络互连及网络安全要求。建筑群项目，应提供各单体系统联网的要求；

2．信息中心配置要求；

注明主要设备图例、名称、规格、单位、数量、安装要求。

3．平面图应确定交换机的安装位置、类型及数量。

（十一）布线系统设计图。

1．根据建设工程项目的性质、功能和近期需求、远期发展确定布线系统的组成以及设置标准；

2．系统图、平面图；

3. 确定布线系统结构体系、配线设备类型，传输线缆的选择和敷设要求；

（十二）有线电视及卫星电视接收系统设计图。

1. 根据建设工程项目的性质、功能和近期需求、远期发展确定有线电视及卫星电视接收系统的组成以及设置标准；

2. 系统图、平面图；

3. 确定有线电视及卫星电视接收系统组成，传输线缆的选择和敷设要求；

4. 确定卫星接收天线的位置、数量、基座类型及做法；

5. 确定接收卫星的名称及卫星接收节目，确定有线电视节目源；

（十三）公共广播系统设计图。

1. 根据建设工程项目的性质、功能和近期需求、远期发展确定系统设置标准；

2. 系统图、平面图；

3. 确定公共广播的声学要求、音源设置要求及末端扬声器的设置原则；

4. 确定末端设备规格，传输线缆的选择和敷设要求；

（十四）信息导引及发布系统设计图。

1. 根据建设工程项目的性质、功能和近期需求、远期发展确定系统功能、信息发布屏类型和位置；

2. 系统图、平面图；

3. 确定末端设备规格，传输线缆的选择和敷设要求；

4. 设备安装详图；

（十五）会议系统设计图。

1. 根据建设工程项目的性质、功能和近期需求、远期发展确定会议系统建设标准和系统功能；

2. 系统图、平面图；

3. 确定末端设备规格，传输线缆的选择和敷设要求；

（十六）时钟系统设计图。

1. 根据建设工程项目的性质、功能和近期需求、远期发展确定子钟位置和形式；

2. 系统图、平面图；

3. 确定末端设备规格，传输线缆的选择和敷设要求；

（十七）专业工作业务系统设计图。

1. 根据建设工程项目的性质、功能和近期需求、远期发展确定专业工作业务系统类型和功能；

2. 系统图、平面图；

3. 确定末端设备规格，传输线缆的选择和敷设要求；

（十八）物业运营管理系统设计图。

根据建设项目性质、功能和管理模式确定系统功能和软件架构图。

（十九）智能卡应用系统设计图。

1. 根据建设项目性质、功能和管理模式确定智能卡应用范围和一卡通功能；

2. 系统图；

3. 确定网络结构、卡片类型。

（二十）建筑设备管理系统设计图。

1. 系统图、平面图、监控原理图、监控点表；

2. 系统图应体现控制器与被控设备之间的连接方式及控制关系；

3. 平面图应体现控制器位置、线缆敷设要求，绘至控制器上；

4. 监控原理图有标准图集的可直接标注图集方案号或者页次，应体现被控设备的工艺要求、应说明监测点及控制点的名称和类型、应明确控制逻辑要求，应注明设备明细表，外接端子表；

5. 监控点表应体现监控点的位置、名称、类型、数量以及控制器的配置方式；

6. 监控系统模拟屏的布局图；

7. 图中表达不清楚的内容，可随图作相应说明；

8. 应满足电气、供排水、暖通等专业对控制工艺的要求。

（二十一）安全技术防范系统设计图。

1. 根据建设工程的性质、规模确定风险等级、系统架构、组成及功能要求；

2. 确定安全防范区域的划分原则及设防方法；

3. 系统图、设计说明、平面图、不间断电源配电图；

4. 确定机房位置、机房设备平面布局，确定控制台、显示屏详图；

5. 传输线缆选择及敷设要求；

6. 确定视频安防监控、入侵报警、出入口管理、访客管理、对讲、车库管理、电子巡查等系统设备位置、数量及类型；

7. 确定视频安防监控系统的图像分辨率、存储时间及存储容量；

8. 图中表达不清楚的内容，可随图做相应说明；

9. 应满足电气、给排水、暖通等专业对控制工艺的要求。

注明主要设备图例、名称、规格、单位、数量、安装要求。

（二十二）机房工程设计图。

1. 说明智能化主机房（主要为消防监控中心机房、安防监控中心机房、信息中心设备机房、通信接入设备机房、弱电间）设置位置、面积、机房等级要求及智能化系统设置的位置；

2. 说明机房装修、消防、配电、不间断电源、空调通风、防雷接地、漏水监测、机房监控要求；

3. 绘制机房设备布置图，机房装修平面、立面及剖面图，屏幕墙及控制台详图，配电系统（含不间断电源）及平面图，防雷接地系统及布置图，漏水监测系统及布置图、机房监控系统系统及布置图、综合布线系统及平面图；

4. 图例说明；

注明主要设备名称、规格、单位、数量、安装要求。

（二十三）其他系统设计图。

1. 根据建设工程项目的性质、功能和近期需求、远期发展确定专业工作业务系统类型和功能；

2. 系统图、设计说明、平面图；

3. 确定末端设备规格，传输线缆的选择和敷设要求；

4. 图例说明：注明主要设备名称、规格、单位、数量、安装要求。

（二十四）设备清单。

1. 分子系统编制设备清单；

2. 清单编制内容应包括序号、设备名称、主要技术参数、单位、数量及单价。

（二十五）技术需求书。

1. 技术需求书应包含工程概述、设计依据、设计原则、建设目标以及系统设计等内容；

2. 系统设计应分系统阐述，包含系统概述、系统功能、系统结构、布点原则、主要设备性能参数等内容。

第四节　预制混凝土构件加工图设计

一、设计文件

（一）预制构件加工图设计文件。

1. 图纸目录及数量表、设计说明；

2. 合同要求的全部设计图纸；

3. 与预制构件现场安装相关的施工验算。计算书不属于必须交付的设计文件，但应归档保存。

4. 预制构件加工图由施工图设计单位设计，也可由他其他单位设计经施工图设计单位审核通过后方可实施。设计文件按本规定相关条款的要求编制并归档保存。

（二）封面标识内容。

1. 项目名称；

2. 设计单位名称；

3. 项目的设计编号；

4. 设计阶段；

5. 编制单位授权盖章；

6. 设计日期（即设计文件交付日期）。

（三）图纸目录

1. 图纸目录应按图纸序号排列，先列新绘制图纸，后列通用图纸和标准图；

2. 图纸目录中预制构件部分宜列出构件的所在楼栋、构件轮廓尺寸、构件数量、体积、重量、混凝土强度等级、构配件数量的相关参数。

二、设计说明

（一）工程概况

1. 工程地点、结构体系；

2. 预制构件的使用范围及预制构件的使用位置；

3. 单体建筑所包含的预制构件类型；

4. 工程项目外架采用的形式；

5. 工程项目选用的模板体系。

（二）设计依据

1. 构件加工图设计依据的工程施工图设计全称；

2. 建设单位提出的与预制构件加工图设计有关的符合有关标准、法规的书面要求；

3. 设计所执行的主要法规和所采用的主要标准（包括标准的名称、编号、年号和版本号）；

（三）图纸说明

1. 图纸编号按照分类编制时，应有图纸编号说明；

2. 预制构件的编号，应有构件编号及编号原则说明；

3. 宜对图纸的功能及突出表达的内容做简要的说明；

（四）预制构件设计构造

1. 预制构件的基本构造、材料基本组成；

2. 标明各类构件的混凝土强度等级、钢筋级别及种类、钢材级别、连接的方式；

3. 各类型构件表面成型处理的基本要求；

4．防雷接地引下线的做法；

（五）预制构件主材要求

1．混凝土

（1）各类构件混凝土的强度等级，且应注明各类构件对应楼层的强度等级；

（2）预制构件混凝土的技术要求；

（3）预制构件采用特种混凝土的技术要求及控制指标；

2．钢筋

（1）钢筋种类、钢绞线或高强钢丝种类及对应的产品标准，有特殊要求单独注明；

（2）各类构件受力钢筋的最小保护层厚度；

（3）预应力预制构件的张拉控制应力、张拉顺序、张拉条件、对于张拉的测试要求等；

（4）钢筋加工的技术要求及控制重点；

（5）钢筋的标注原则。

3．预埋件

（1）钢材的牌号和质量等级，以及所对应的产品标准；有特殊要求应注明对应的控制指标及执行标准；

（2）预埋铁件的除锈方法及除锈等级以及对应的标准，有特殊用途埋件的处理要求（如埋件镀锌，及禁止锚筋冷加工等）；

（3）钢材的焊接方法及相应的技术要求；

（4）注明螺栓的种类、性能等级，以及所对应的产品标准；

（5）焊缝质量等级及焊缝质量检查要求；

（6）其他埋件应注明材料的种类、类别、性能、有耐久性要求的应标明使用年限，以及执行的对应标准；

（7）应注明埋件的尺寸控制偏差或执行的相关标准；

4．其他

（1）保温材料的规格、材料导热系数、燃烧性能等要求；

（2）夹心保温构件、表面附着材料的构件，应明确拉接件的材料性能、布置原则、锚固深度以及产品的操作要求；需要拉接件生产厂家补充的内容应明确技术要求，确定技术接口的深度；

（3）对钢筋采用套筒灌浆连接的套筒和灌浆料及钢筋浆锚搭接的约束筋和其采用的水泥基灌浆料提出要求。

（六）预制构件生产技术要求

1．应要求构件加工单位根据设计规定及施工要求编制生产加工方案，内容包括生产计划和生产工艺，模板方案和模板计划等；

2．模具的材料、质量要求、执行标准；对成型有特殊要求的构件宜有相应的要求或标准。面砖或石材饰面的材料要求；

3．构件加工隐蔽工程检查的内容或执行的相关标准；

4．生产中需要重点注意的内容，预制构件养护的要求或执行标准，构件脱模起吊的要求；

5．预制构件质量检验执行的标准，对有特殊要求的应单独说明；

6．预制构件成品保护的要求。

（七）预制构件的堆放与运输

1．应要求制定堆放与运输专项方案；

2．预制构件堆放的场地及堆放方式的要求；

3．构件堆放的技术要求与措施；

4．构件运输的要求与措施；

5．异形构件的堆放与运输应提出明确要求及注意事项。

（八）现场施工要求

1．预制构件现场安装要求

（1）现浇部位预留埋件的埋设要求；

（2）构件吊具、吊装螺栓、吊装角度的基本要求；

（3）安装人员进行岗前培训的基本要求；

（4）构件吊装顺序的基本要求（如先吊装竖向构件再吊装水平构件，外挂板宜从低层向高层安装等）；

2．预制构件连接

（1）主体装配的建筑中，钢筋连接用灌浆套筒、约束浆锚连接，以及其他涉及结构钢筋连接方式的操作要求，以及执行的相应标准。

（2）装饰性挂板，以及其他构件连接的操作要求或执行的标准。

3．预制构件防水做法的要求

（1）构件板缝防水施工的基本要求；

（2）板缝防水的注意要点（如密封胶的最小厚度，密封胶对接处的处理等）；

三、设计图纸

（一）预制构件平面布置图

1．绘制轴线，轴线总尺寸（或外包总尺寸），轴线间尺寸（柱距、跨距）、预制构件与轴线的尺寸、现浇带与轴线的尺寸、门窗洞口的尺寸；当预制构件种类较多时，宜分别绘制竖向承重构件平面图、水平承重构件平面图、非承重装饰构件平面图、屋面层平面图、预埋件平面布置图；预制构件部分与现场后浇部分应采用不同图例表示；

2．竖向承重构件平面图应标明预制构件（剪力墙内外墙板、柱、PCF 板）的编号、数量、安装方向、预留洞口位置及尺寸、转换层插筋定位、楼层的层高及标高、详图索引；

3．水平承重构件平面图应标明预制构件（叠合板、楼梯、阳台、空调板、梁）的编号、数量、安装方向、楼板板顶标高、叠合板与现浇层的高度、预留洞口定位及尺寸、机电预留定位、详图索引；

4．非承重装饰构件平面图应标明预制构件（混凝土外挂板、空心条板、装饰板等）的编号、数量、安装方向、详图索引；

5．屋面层平面与楼层平面类同；

6．埋件平面布置图应标明埋件编号、数量、埋件定位、详图索引；

7．复杂的工程项目，必要时增加局部平面详图；

8．选用图集节点时，应注明索引图号；

9．图纸名称、比例。

（二）预制构件装配立面图

1．建筑两端轴线编号；

2．各立面预制构件的布置位置、编号、层高线。复杂的框架或框剪结构应分别绘制主体结构立面及外装饰板立面图；

3．埋件布置在平面中表达不清的，可增加埋件立面布置图；

4．图纸名称、比例。

（三）模板图

1．绘制预制构件主视图、俯视图、仰视图、侧视图、门窗洞口剖面图，主视图依据生产工艺的不同可绘制构件正面图，也可绘制背面图；

2．标明预制构件与结构层高线或轴线间的距离，当主要视图中不便于表达时，可通过缩略示意图的方式表达；

3．标注预制构件的外轮廓尺寸、缺口尺寸、看线的分布尺寸、预埋件的定位尺寸；

4．各视图中应标注预制构件表面的工艺要求（如模板面、人工压光面、粗糙面），表面有特殊要求应标明饰面做法（如清水混凝土、彩色混凝土、喷砂、瓷砖、石材等）有瓷砖或石材饰面的构件应绘制排版图；

5．预留埋件及预留孔应分别用不同的图例表达，并在构件视图中标明埋件编号；

6．构件信息表应包括构件编号、数量、混凝土体积、构件重量、钢筋保护层、混凝土强度；

7．埋件信息表应包括埋件编号、名称、规格、单块板数量；

8．说明中应包括符号说明及注释；

9．注明索引图号；

10．图纸名称、比例。

（四）配筋图

1．绘制预制构件配筋的主视图、剖面图，当采用夹心保温构件时，应分别绘制内叶板配筋图、外叶板配筋图。

2．标注钢筋与构件外边线的定位尺寸、钢筋间距、钢筋外露长度。钢筋连接用套灌浆套筒、浆锚搭接约束筋及其他钢筋连接用预留必须明确标注尺寸及外露长度，叠合类构件应标明外露桁架钢筋的高度；

3．钢筋应按类别及尺寸不同分别编号，在视图中引出标注；

4．配筋表应标明编号、直径、级别、钢筋加工尺寸、单块板中钢筋重量、备注。需要直螺纹连接的钢筋应标明套丝长度及精度等级。

5．图纸名称、比例、说明。

（五）通用详图

1．预埋件图

（1）预埋件详图。绘制内容包括材料要求、规格、尺寸、焊缝高度、套丝长度、精度等级、埋件名称、尺寸标注；

（2）埋件布置图。表达埋件的局部埋设大样及要求，包括埋设位置、埋设深度、外露高度、加强措施、局部构造做法；

（3）有特殊要求的埋件应在说明中注释；

（4）埋件的名称、比例。

2．通用索引图

（1）节点详图表达装配式结构构件拼接处的防水、保温、隔声、防火、预制构件连接节点、预制构件与现浇部位的连接构造节点等局部大样图；

（2）预制构件的局部剖切大样图、引出节点大样图；

（3）被索引的图纸名称、比例。

（六）其他图纸

1．夹心保温墙板应绘制拉接件排布图，标注埋件定位尺寸；

2．不同类别的拉接件应分别标注名称、数量；

3．带有保温层的预制构件宜绘制保温材料排版图，分块编号，并标明定位尺寸；

（七）计算书

1. 预制构件在翻转、运输、存储、吊装和安装定位、连接施工等阶段的施工验算；
2. 固定连接的预埋件与预埋吊件、临时支撑用预埋件在最不利工况下的施工验算；
3. 夹心保温墙板拉接件的施工及正常使用工况下的验算。

附件 A　种植屋面常用植物

A-1　北方地区屋面种植的植物可按表 A-1 选用。

北方地区选用植物　　表A-1

类别	中　名	学　名	科　目	生物学习性
乔木类	侧柏	*Platycladus orientalis*	柏科	阳性，耐寒，耐干旱、瘠薄，抗污染
	洒金柏	*Platycladus orientalis cv. aurea. nana*		阳性，耐寒，耐干旱，瘠薄，抗污染
	铅笔柏	*Sabina chinensis var. pyramidalis*		中性，耐寒
	圆柏	*Sabina chinensis*		中性，耐寒，耐修剪
	龙柏	*Sabina chinensis cv. kaizuka*		中性，耐寒，耐修剪
	油松	*Pinus tabulae formis*	松科	强阳性，耐寒，耐干旱、瘠薄和碱土
	白皮松	*Pinus bungeana*		阳性，适合干冷气候，抗污染
	白杆	*Picea meyeri*		耐阴，喜湿润冷凉
	柿子树	*Disopyroskaki*	柿树科	阳性，耐寒，耐干旱
	枣树	*Ziziphus jujuba*	鼠李科	阳性，耐寒，耐干旱
	龙爪枣	*Ziziphus jujuba var. tortuosa*		阳性，耐干旱、瘠薄，耐寒
	龙爪槐	*Sophora japonica cv. pendula*	蝶形花科	阳性，耐寒
	金枝槐	*Sophara japonica "Golden Stem"*		阳性，浅根性，喜湿润肥沃土壤
	白玉兰	*Magnolia denudata*	木兰科	阳性，耐寒，稍耐阴
	紫玉兰	*Magnolia liliflora*		阳性，稍耐寒
	山桃	*Prunus davidiana*	蔷薇科	喜光，耐寒，耐干旱、脊薄，怕涝
灌木类	小叶黄杨	*Buxus sinica var. parvi fotia*	黄杨科	阳性，稍耐寒
	大叶黄杨	*Buxus megistophylla*	卫矛科	中性，耐修剪，抗污染
	凤尾丝兰	*Yucca gloriosa*	龙舌兰科	阳性，稍耐严寒
	丁香	*Syringa ablata*	木樨科	喜光，耐半阴，耐寒，耐旱，耐瘠薄
	黄栌	*Cotinus coggygria*	漆树科	喜光、耐寒，耐干旱、瘠薄
	红枫	*Acer palmatum "Atropurpureum"*	槭树科	弱阳性，喜湿凉，喜肥沃土壤，不耐寒
	鸡爪槭	*Acer palmatum*		弱阳性，喜湿凉，喜肥沃土壤，稍耐寒
	紫薇	*Lagerstroemia indica*	千屈菜科	耐旱，怕涝，喜湿暖潮润，喜光，喜肥
	紫叶李	*Prunns cerasifera "Atropurpurea"*	蔷薇科	弱阳性，耐寒，耐干旱、瘠薄和盐碱
	紫叶矮樱	*Prunus cistena*		弱阳性，喜肥沃土壤，不耐寒
	海棠	*Malus. spectabilis*		阳性，耐寒，喜肥沃土壤
	樱花	*Prunus serrulata*		喜光，喜温暖湿润，不耐盐碱，忌积水
	榆叶梅	*Prunus triloba*		弱阳性，耐寒，耐干旱
	碧桃	*Prunus. persica "Duplex"*		喜光，耐旱，耐高温，较耐寒，畏涝怕碱
	紫荆	*Cereis chinensis*	豆科	阳性，耐寒，耐干旱、瘠薄
	锦鸡儿	*Caragana sinica*		中性，耐寒，耐干旱、瘠薄
	沙枣	*Elaeagnus angusti folia*	胡颓子科	阳性，耐干旱、水湿和盐碱

续表

类别	中　名	学　名	科　目	生物学习性
灌木类	木槿	*Hiriscus sytiacus*	锦葵科	阳性，稍耐寒
	蜡梅	*Chimonanthus praecox*	蜡梅科	阳性，耐寒
	迎春	*Jasminum nudiflorum*	木樨科	阳性，不耐寒
	金叶女贞	*Ligustrum vicaryi*		弱阳性，耐干旱、瘠薄和盐碱
	连翘	*Forsythia suspensa*		阳性，耐寒，耐干旱
	绣线菊	*Spiraea spp.*		中性，较耐寒
	珍珠梅	*Sorbaria kirilowii*		耐阴，耐寒，耐瘠薄
	月季	*Rosa chinensis*	蔷薇科	阳性，较耐寒
	黄刺玫	*Rosa xanthina*		阳性，耐寒，耐干旱
	寿星桃	*Prunus spp.*		阳性，耐寒，耐干旱
	棣棠	*Kerria japonica*		中性，较耐寒
	郁李	*Prunus japonica*		阳性，耐寒，耐干旱
	平枝栒子	*Cotoneaster horizontalis*		阳性，耐寒，耐干旱
	金银木	*Lonicera maackii*	忍冬科	耐阴，耐寒，耐干旱
	天目琼花	*Viburnum sargentii*		阳性，耐寒
	锦带花	*Weigela florida*		阳性，耐寒，耐干旱
	猥实	*Kolkwitzia amabilis*		阳性，耐寒，耐干旱、瘠薄
	荚蒾	*Viburmum farreri*		中性，耐寒，耐干旱
	红瑞木	*Cornus alba*	山茱萸科	中性，耐寒，耐干旱
	石榴	*Punica granatum*	石榴科	中性，耐寒，耐干旱、瘠薄
	紫叶小檗	*Berberis thunberggii "Atroputpurea"*	小檗科	中性，耐寒，耐修剪
	花椒	*Zanthoxylum bungeanum*	芸香科	阳性，耐寒，耐干旱、瘠薄
	枸杞	*Pocirus tir foliata*	茄科	阳性，耐寒，耐干旱、瘠薄和盐碱
地被	沙地柏	*Sabina vulgaris*	柏科	阳性，耐寒，耐干旱、瘠薄
	萱草	*Hemerocallis fulva*	百合科	耐寒，喜湿润，耐旱，喜光，耐半阴
	玉簪	*Hosta plantaginea*	百合科	耐寒冷，性喜阴湿环境，不耐强烈日光照射
	麦冬	*Ophiopogon japonicus*		耐阴，耐寒
	假龙头	*Physostegia virginiana*	唇形科	喜肥沃、排水良好的沙壤，夏季干燥生长不良
	鼠尾草	*Salvia farinacea*		喜日光充足，通风良好
	百里香	*Thymus mongolicus*		喜光，耐干旱
	薄荷	*Mentha haplocalyx*		喜湿润环境
	藿香	*Wrinkled Gianthyssop*		喜温暖湿润气候，稍耐寒
	白三叶	*Trifolium repens*	豆科	阳性，耐寒
	苜蓿	*Medicago sativa*		耐干旱，耐冷热
	小冠花	*Coronilla varia*		喜光，不耐阴，喜温暖湿润气候，耐寒
	高羊茅	*Festuca arundinacea*	禾本科	耐热，耐践踏

续表

类别	中　名	学　名	科　目	生物学习性
地被	结缕草	*Zoysia japonica*		阳性，耐旱
	狼尾草	*Pennisetum alo pecuroides*		耐寒，耐旱，耐砂土贫瘠土壤
	蓝羊茅	*Festuca glauca*		喜光，耐寒，耐旱，耐贫瘠
	斑叶芒	*Miscanthus sinensis Andress*		喜光，耐半阴，性强健，抗性强
	落新妇	*Astibe chinensis*	虎耳草科	喜半阴，湿润环境，性强健，耐寒
	八宝景天	*Sedum spectabile*	景天科	极耐旱，耐寒
	三七景天	*Sedum spetabiles*		极耐旱，耐寒，耐瘠薄
	脱脂红景天	*Sedum spurium "Coccineum"*		耐旱，稍耐瘠薄，稍耐寒
	反曲景天	*Sedum reflexum*		耐旱，稍耐瘠薄，稍耐寒
	佛甲草	*Sedum lineare*		极耐旱，耐瘠薄，稍耐寒
	垂贫草	*Sedum sarmentosum*		耐旱，耐瘠薄，稍耐寒
	风铃草	*Campanula punctata*	桔梗科	耐寒，忌酷暑
	桔梗	*Platycodon grandiflorum*		喜阳性，怕积水，抗干旱，耐严寒，怕风害
	蓍草	*Achillea sibirca*	菊科	耐寒，喜温暖，湿润，耐半阴
	荷兰菊	*Aster novi-belgii*		喜温暖湿润，喜光、耐寒、耐炎热
	金鸡菊	*Coreopsis basalis*		耐寒耐旱，喜光，耐半阴
	黑心菊	*Rudbeckia hirta*		耐寒，耐旱，喜向阳通风的环境
	松果菊	*Echinacea purpurea*		稍耐寒，喜生于温暖向阳处
	亚菊	*Ajania trilobata*		阳性，耐干旱、瘠薄
	耧斗菜	*Aquilegia vulgaris*	毛茛科	炎夏宜半阴，耐寒
	委陵菜	*Potentilla aiscolor*	蔷薇科	喜光，耐干旱
	芍药	*Paeonia lactiflora*	芍药科	喜温耐寒，喜光照充足、喜干燥土壤环境
	常夏石竹	*Dianthus plumarius*	石竹科	阳性，耐半阴，耐寒，喜肥
	婆婆纳	*Veronica spicata*	玄参科	喜光，耐半阴，耐寒
	紫露草	*Tradescantia reflexa*	鸭跖草科	喜日照充足，耐半阴，紫露草生性强健，耐寒
	马蔺	*Iris lactea var. chinensis*	鸢尾科	阳性，耐寒，耐干旱，耐重盐碱
	鸢尾	*Iris tenctorum*		喜阳光充足，耐寒，亦耐半阴
	紫藤	*Weateria sinensis*	豆科	阳性，耐寒
	葡萄	*Vitis vinifera*	葡萄科	阳性，耐旱
	爬山虎	*Parthenocissus tricuspidata*		耐阴，耐寒
	五叶地锦	*Parthenocissus quinquefolia*		耐阴，耐寒
	蔷薇	*Rosa multiflora*	蔷薇科	阳性，耐寒
	金银花	*Lonicera orbiculatus*	忍冬科	喜光，耐阴，耐寒
	台尔曼忍冬	*Lonicerra tellmanniana*		喜光，喜温湿环境，耐半阴
藤本植物	小叶扶芳藤	*Euonymus fortunei var. radicans*	卫矛科	喜阴湿环境，较耐寒
	常春藤	*Hedera helix*	五加科	阴性，不耐旱，常绿
	凌霄	*Campsis grandiflora*	紫葳科	中性，耐寒

A-2　南方地区屋面种植的植物可按表 A-2 选用。

南方地区选用植物　　表A-2

类别	中名	学名	科目	生物学习性
乔木类	云片柏	*Chamaecyparis obtusa*"*Bre viramea*"	柏科	中性
	日本花柏	*Chamaecyparis pisifera*		中性
	圆柏	*Sabina chinensis*		中性，耐寒，耐修剪
	龙柏	*Sabina chinensis*"*Kaizuka*"		阳性，耐寒，耐干旱、瘠薄
	南洋杉	*Araucaria cunninghamii*	南洋杉科	阳性，喜暖热气候，不耐寒
	白皮松	*Pinus bungeana*	松科	阳性，适应干冷气候，抗污染
	苏铁	*Cycas revoluta*	苏铁科	中性，喜温湿气候，喜酸性土
	红背桂	*Excoecaria bicolor*	大戟科	喜光，喜肥沃沙壤
	刺桐	*Erythrina variegana*	蝶形科	喜光，喜暖热气候，喜酸性土
	枫香	*Liquidanbar fromosana*	金缕梅科	喜光，耐旱，瘠薄
	罗汉松	*Podocarpus macrophyllus*	罗汉松科	半阴性，喜温暖湿润
	广玉兰	*Magnolia grandiflora*	木兰科	喜光，颇耐阴，抗烟尘
	白玉兰	*Magnolia denudata*		喜光，耐寒，耐旱
	紫玉兰	*M. liliflora*		喜光，喜湿润肥沃土壤
	含笑	*Michelia figo*		喜弱阴，喜酸性土，不耐暴晒和干旱
	雪柳	*Fontanesia fortunei*	木樨科	稍耐阴，较耐寒
	桂花	*Osmanthus fragrans*		稍耐阴，喜肥沃沙壤土，抗有毒气体
	芒果	*Mangifera persiciformis*	漆树科	阳性，喜暖湿肥沃土壤
	红枫	*Acer palmatum*"*Atropurpureum*"	槭树科	弱阳性，喜湿凉、肥沃土壤，耐寒差
	元宝枫	*Acer truncatum*		弱阳性，喜湿凉、肥沃土壤
	紫薇	*Lagerstroemia indica*	千屈菜科	稍耐阴，耐寒性差，喜排水良好石灰性土
	沙梨	*Pyrus pyrifolia*	蔷薇科	喜光，较耐寒，耐干旱
	枇杷	*Eriobotrya japonica*		稍耐阴，喜温暖湿润，宜微酸、肥沃土壤
	海棠	*Malus spectabilis*		喜光，较耐寒，耐干旱
	樱花	*Prunus serrulata*		喜光，罗耐寒
	梅	*Prunus mume*		喜光，耐寒，喜温暖潮湿环境
	碧桃	*Prunus persica*"*Duplex*"	蔷薇科	喜光，耐寒，耐旱
	榆叶梅	*Prunus triloba*		喜光，耐寒，耐旱，耐轻盐碱
	麦李	*Prunus glandulosa*		喜光，耐寒，耐旱
	紫叶李	*Prunus cerasifera*"*Atropurpurea*"		弱阳性，耐寒、干旱、瘠薄和盐碱
	石楠	*Photinia serrulata*		稍耐阴，较耐寒，耐干旱、瘠薄
	荔枝	*Litchi chinensis*	无患子科	喜光，喜肥沃深厚、酸性土
	龙眼	*Dimocarpus longan*		稍耐阴，喜肥沃深厚、酸性土
	金叶刺槐	*Robinia pseudoacacia*"*Aurea*"	云实科	耐干旱、瘠薄，生长快
	紫荆	*Cercis chinensis*		喜光，耐寒，耐修剪
	羊蹄甲	*Bauhinia variegata*		喜光，喜温暖气候、酸性土

续表

类　别	中　名	学　名	科　目	生物学习性
乔木类	无忧花	*Saraca indica*	云实科	喜光，喜温暖气候、酸性土
	柚	*Citrus grandis*	芸香科	喜温暖湿润，宜微酸、肥沃土壤
	柠檬	*Citrus limon*		喜温暖湿润，宜微酸、肥沃土壤
灌木类	百里香	*Thymus mogolicus*	唇形科	喜光，耐旱
	变叶木	*Codiaeum variegatum*	大戟科	喜光，喜湿润环境
	杜鹃	*Rhododendron simsii*	杜鹃花科	喜光，耐寒，耐修剪
	番木瓜	*Carica papaya*	番木科	喜光，喜暖热多雨气候
	海桐	*Pittosporum tobira*	海桐花科	中性，抗海潮风
	山梅花	*Philadelphus coronarius*	虎耳草科	喜光，较耐寒，耐旱
	溲疏	*Deutzia scabra*		半耐阴，耐寒，耐旱，耐修剪，喜微酸土
	八仙花	*Hydrangea macrophylla*		喜阴，喜温暖气候、酸性土
	黄杨	*Buxus sinia*	黄杨科	中性，抗污染，耐修剪
	雀舌黄杨	*Buxus bodinieri*		中性，喜温暖湿气候
	夹竹桃	*Nerium indicum*	夹竹桃科	喜光，耐旱，耐修剪，抗烟尘及有害气体
	红檵木	*Loropetalum chinense*	金缕梅科	耐半阴，喜酸性土，耐修剪
	木芙蓉	*Hibiscus mutabils*	锦葵科	喜光，适应酸性肥沃土壤
	木槿	*Hiriscus sytiacus*		喜光，耐寒，耐旱、瘠薄，耐修剪
	扶桑	*Hibiscus rosa-sinensis*		喜光，适应酸性肥沃土壤
	米兰	*Aglaria odorata*	楝科	喜光，半耐阴
	海州常山	*Clerodendrum trichotomum*	马鞭草科	喜光，喜温暖气候，喜酸性土
	紫珠	*Callicarpa japonica*		喜光，半耐阴
	流苏树	*Chionanthus*	木樨科	喜光，耐旱，耐寒
	云南黄馨	*Jasminum mesnyi*		喜光，喜湿润，不耐寒
	迎春	*Jasminum nudiflorum*		喜光，耐旱，较耐寒
	金叶女贞	*Ligustrum vicaryi*		弱阳性，耐干旱、瘠薄和盐碱
	女贞	*Ligustrun lucidum*		稍耐阴，抗污染，耐修剪
	小蜡	*Ligustrun sinense*		稍耐阴，耐寒，耐修剪
	小叶女贞	*Ligustrun quihoui*		稍耐阴，抗污染，耐修剪
	茉莉	*Jasminum sambac*		稍耐阴，喜肥沃沙壤土
	栀子	*Gardenia jasminoides*	茜草科	喜光也耐阴，耐干旱、瘠薄，耐修剪，抗 SO_2
	白鹃梅	*Exochorda racemosa*	蔷薇科	耐半阴，耐寒，喜肥沃土壤
	月季	*Rosa chinensis*		喜光，适应酸性肥沃土壤
	棣棠	*Kerria japonica*		喜半阴，喜略湿土壤
	郁李	*Prunus japonica*		喜光，耐寒，耐旱
	绣线菊	*Spiraea thunbergii*		喜光，喜温暖
	悬钩子	*Rubus chingii*		喜肥沃、湿润土壤

续表

类别	中名	学名	科目	生物学习性
灌木类	平枝栒子	*Cotoneaster horizontalis*	蔷薇科	喜光，耐寒，耐干旱、瘠薄
灌木类	火棘	*Puracantha*	蔷薇科	喜光不耐寒，要求土壤排水良好
灌木类	猬实	*Kolkwitzia amabilis*	忍冬科	喜光，耐旱、瘠薄，颇耐寒
灌木类	海仙花	*Weigela coraeensis*	忍冬科	稍耐阴，喜湿润、肥沃土壤
灌木类	木本绣球	*Viburnum macrocephalum*	忍冬科	稍耐阴，喜湿润、肥沃土壤
灌木类	珊瑚树	*Viburnum awabuki*	忍冬科	稍耐阴，喜湿润、肥沃土壤
灌木类	天目琼花	*Viburnum sargentii*	忍冬科	喜光充足，半耐阴
灌木类	金银木	*Lonicera maackii*	忍冬科	喜光充足，半耐阴
灌木类	山茶花	*Camellia japoninca*	山茶科	喜半阴，喜温暖湿润环境
灌木类	四照花	*Dentrobenthamia japonica*	山茱萸科	喜光，耐半阴，喜暖热湿润气候
灌木类	山茱萸	*Cornus officinalis*	山茱萸科	喜光，耐旱，耐寒
灌木类	石榴	*Punica granatum*	石榴科	喜光，稍耐寒，土壤需排水良好石灰质土
灌木类	晚香玉	*Polianthes tuberose*	石蒜科	喜光，耐旱
灌木类	鹅掌柴	*Schefflera octophylla*	五加科	喜光，喜暖热湿润气候
灌木类	八角金盘	*Fatsia jiaponica*	五加科	喜阴，喜暖热湿润气候
灌木类	紫叶小檗	*Berberis thunberggii "Atroputpurea"*	小檗科	中性，耐寒，耐修剪
灌木类	佛手	*Citrus medica*	芸香科	喜光，喜暖热多雨气候
灌木类	胡椒木	*Zanthoxylum "Odorum"*	芸香科	喜光，喜砂质壤土
灌木类	九里香	*Murraya paniculata*	芸香科	较耐阴，耐旱
灌木类	叶子花	*Bougainvillea spectabilis*	紫茉莉科	喜光，耐旱、瘠薄，耐修剪
地被	沙地柏	*Sabina vulgaris*	柏科	阳性，耐寒，耐干旱、瘠薄
地被	萱草	*Hemerocallis fulva*	百合科	阳性，耐寒
地被	麦冬	*Ophiopogon japonicus*	百合科	喜阴湿温暖，常绿，耐阴，耐寒
地被	火炬花	*Kniphofia unavia*	百合科	半耐阴，较耐寒
地被	玉簪	*Hosta plantaginea*	百合科	耐阴，耐寒
地被	紫萼	*Hosta ventricosa*	百合科	耐阴，耐寒
地被	葡萄风信子	*Muscari botryoides*	百合科	半耐阴
地被	麦冬	*Ophiopogon japonicus*	百合科	耐阴，耐寒
地被	金叶过路黄	*Lysimachia nummlaria*	报春花科	阳性，耐寒
地被	薰衣草	*Lawandula officinalis*	唇形科	喜光，耐旱
地被	白三叶	*Trifolium repens*	蝶形花科	阳性，耐寒
地被	结缕草	*Zoysis japonica*	禾本科	阳性，耐旱
地被	狼尾草	*Pennisetum alopecuroides*	禾本科	耐寒，耐旱，耐砂土贫瘠土壤
地被	蓝羊茅	*Festuca glauca*	禾本科	喜光，耐寒，耐旱，耐贫瘠
地被	斑叶芒	*Miscanthus sinensis "Andress"*	禾本科	喜光，耐半阴，性强健，抗性强
地被	蜀葵	*Althaea rosea*	锦葵科	阳性，耐寒
地被	秋葵	*Hibiscus palustris*	锦葵科	阳性，耐寒

续表

类 别	中 名	学 名	科 目	生物学习性
地被	罂粟葵	*Callirhoe involucrata*	锦葵科	阳性，较耐寒
	胭脂红景天	*Sedum spurium* “*Coccineum*”	景天科	耐旱，稍耐瘠薄，稍耐寒
	反曲景天	*Sedum reflexum*		耐旱，耐瘠薄，稍耐寒
	佛甲草	*Sedum lineare*		极耐旱，耐瘠薄，稍耐寒
	垂贫草	*Sedum sarmentosum*		耐旱，瘠薄，稍耐寒
	蓍草	*Achillea sibirica*	菊科	阳性，半耐阴，耐寒
	荷兰菊	*Aster novi-belgii*		阳性，喜温暖湿润，较耐寒
	金鸡菊	*Coreopsis lanceolata*		阳性，耐寒，耐瘠薄
	蛇鞭菊	*Liatris specata*		阳性，喜温暖湿润，较耐寒
	黑心菊	*Rudbeckia hybrida*		阳性，喜温暖湿润，较耐寒
	天人菊	*Gaillardia aristata*		阳性，喜温暖湿润，较耐寒
	亚菊	*Ajania pacifica*		阳性，喜温暖湿润，较耐寒
	月见草	*Oenothera biennis*	柳叶菜科	喜光，耐旱
	耧斗菜	*Aquilegia vulgaria*	毛茛科	半耐阴，耐寒
	美人蕉	*Canna indica*	美人蕉科	阳性，喜温暖湿润
	翻白草	*Potentilla discola*	蔷薇科	阳性，耐寒
	蛇莓	*Duchesnea indica*		阳性，耐寒
	石蒜	*Lycoris radiata*	石蒜科	阳性，喜温暖湿润
	石莲	*Agapanthus africanus*		阳性，喜温暖湿润
	葱兰	*Zephyranthes candida*		阳性，喜温暖湿润
	婆婆纳	*Veronica spicata*	玄参科	阳性，耐寒
	鸭跖草	*Setcreasea pallida*	鸭跖草科	半耐阴，较耐寒
	鸢尾	*Iris tectorum*	鸢尾科	半耐阴，耐寒
	蝴蝶花	*Iris japonica*		半耐阴，耐寒
	有髯鸢尾	*Iris Barbata*		半耐阴，耐寒
	射干	*Belamcanda chinensis*		阳性，较耐寒
藤本植物	紫藤	*Weateria sinensis*	蝶形花科	阳性，耐寒，落叶
	络石	*Trachelospermum jasminordes*	夹竹桃科	耐阴，不耐寒，常绿
	铁线莲	*Clematis florida*	毛茛科	中性，不耐寒，半常绿
	猕猴桃	*Actinidiaceae chinensis*	猕猴桃科	中性，落叶，耐寒弱
	木通	*Akebia quinata*	木通科	中性
	葡萄	*Vitis vinifera*	葡萄科	阳性，耐干旱
	爬山虎	*Parthenocissus tricuspidata*		耐阴，耐寒、干旱
	五叶地锦	*P. quinquefolia*		耐阴，耐寒
	蔷薇	*Rosa multiflora*	蔷薇科	阳性，较耐寒
	十姊妹	*Rosa multifolra* “*Platyphylla*”		阳性，较耐寒
	木香	*Rosa banksiana*		阳性，较耐寒，半常绿

续表

类　别	中　名	学　名	科　目	生物学习性
藤本植物	金银花	*Lonicera orbiculatus*	忍冬科	喜光，耐阴，耐寒，半常绿
	扶芳藤	*Euonymus fortunei*	卫矛科	耐阴，不耐寒，常绿
	胶东卫矛	*Euonymaus kiautshovicus*		耐阴，稍耐寒，常绿
	常春藤	*Hedera helix*	五加科	中性，不耐寒，常绿
	凌霄	*Campsis grandiflora*	紫葳科	中性，耐寒
竹类与棕榈类	孝顺竹	*Bambusa multiplex*	禾本科	喜向阳凉爽，能耐阴
	凤尾竹	*Bambusa multiplex var． nana*		喜温暖湿润，耐寒稍差，不耐强光，怕渍水
	黄金间碧玉竹	*Bambusa vulgalis*		喜温暖湿润，耐寒稍差，怕渍水
	小琴丝竹	*Bambusa multiplex*		喜光，稍耐阴，喜温暖湿润
	罗汉竹	*Phyllostachys aures*		喜光，喜温暖湿润，不耐寒
	紫竹	*Phyllostachys nigra*		喜向阳凉爽的地方，喜温暖湿润，稍耐寒
	箬竹	*Indocalamun latifolius*		喜光，稍耐阴，不耐寒
	蒲葵	*Livistona chinensisi*	棕榈科	阳性，喜温暖湿润，不耐阴，较耐旱
	棕竹	*Rhapis excelsa*		喜温暖湿润，极耐阴，不耐积水
	加纳利海枣	*Phoenix canariensis*		阳性，喜温暖湿润，不耐阴
	鱼尾葵	*Caryota monostachya*		阳性，喜温暖湿润，较耐寒，较耐旱
	散尾葵	*Chrysalidocarpus lutescens*		阳性，喜温暖湿润，较耐寒，较耐旱
	狐尾棕	*Wodyetia bifurcata*		阳性，喜温暖湿润，耐寒，耐旱，抗风

附件B 设计校对质量控制用表

设计任务单 表B–1

项目名称： 编号：

工程项目		建筑规模	m^2	层数	
建设地点		业务号			
建设单位		联系人			
地 址		电 话			
合同编号		建筑类型			
管理等级	院管 □ 所管 □ 托管 □	签订日期			

委托的内容：

1．概念设计 □ 2．方案设计 □ 3．五图一书 □ 4．初步设计 □ 5．报建图 □

6．施工图设计 □：建筑、结构、给排水、消防、电气、照明、防雷、智能、通风、空调、热能动力

7．预算编制 □ 8．其他 □

设计进度要求和提供文件数量详见合同要求

承担部门		生产部主任 / 日期		
业务副院长 / 日期		院总（副总）工程师 / 日期		
院管项目 专业总工（审定）	总负责		建 筑	
	结 构		给水排水	
	电 气		暖 通	
	强电、弱电		动 力	
备 注				

制单日期： 制单人：

工程项目组人员表　　　　**表B–2**

项目名称：　　　　　　　　　　　　　　　　编号：

工程名称			设计号		
管理等级	院管 □　所管 □　托管 □		设计阶段		
工程设计主持人（院管理项目设）：			项目总负责人：		
设计专业	专业负责人	设计人	校对人	审核人	审定人
建　筑					
结　构					
给水排水					
空　调					
电　气					
动　力					
市　政					
园　林					
总　图					
土建预算					
设备预算					

备注：

设计进度计划表

表B-3

（初设□ 施工图□ 阶段）

项目名称：　　　　　　　　　　　　　　　　　　　编号：

<table>
<tr><td>工程项目</td><td colspan="3"></td><td colspan="2">设计号</td></tr>
<tr><td>设计阶段</td><td colspan="2"></td><td>合同要求设计周期</td><td colspan="2">（天）</td></tr>
<tr><td>管理等级</td><td colspan="2">院管□ 所管□ 托管□</td><td>校审日期</td><td colspan="2">确认日期</td></tr>
<tr><td rowspan="3">设计评审方式</td><td>□</td><td>会议评审</td><td rowspan="3">设计评审时机</td><td>□</td><td>设计文件发出前</td></tr>
<tr><td>□</td><td>汇总评审</td><td rowspan="2">□</td><td rowspan="2">设计进行过程中</td></tr>
<tr><td>□</td><td>专业指导评审</td></tr>
</table>

<table>
<tr><td>设计专业</td><td>开工日期</td><td>完成日期</td><td>总天数（自然天）</td><td>实际完成日期</td><td>专业负责人确认</td></tr>
<tr><td>建　筑</td><td></td><td></td><td></td><td></td><td></td></tr>
<tr><td>结　构</td><td></td><td></td><td></td><td></td><td></td></tr>
<tr><td>给水排水</td><td></td><td></td><td></td><td></td><td></td></tr>
<tr><td>电　气</td><td></td><td></td><td></td><td></td><td></td></tr>
<tr><td>空　调</td><td></td><td></td><td></td><td></td><td></td></tr>
<tr><td>动　力</td><td></td><td></td><td></td><td></td><td></td></tr>
<tr><td>园　林</td><td></td><td></td><td></td><td></td><td></td></tr>
<tr><td>市　政</td><td></td><td></td><td></td><td></td><td></td></tr>
<tr><td>总　图</td><td></td><td></td><td></td><td></td><td></td></tr>
<tr><td>设计检验安排</td><td colspan="2"></td><td>设计确认</td><td colspan="2"></td></tr>
<tr><td>备　注</td><td colspan="5"></td></tr>
</table>

<table>
<tr><td>批准人</td><td></td><td>项目总负责人</td><td></td><td>编制日期</td><td></td></tr>
</table>

注：托管指合作设计

方案设计策划、实施表　　　　表B-4

项目名称：　　　　　　　　　　　　　　　　编号：

<table>
<tr><td colspan="3">工程项目</td><td colspan="3"></td><td>设计号</td><td colspan="2"></td></tr>
<tr><td colspan="3">建筑类型</td><td colspan="3"></td><td>管理等级</td><td colspan="2">院管□　所管□　托管□</td></tr>
<tr><td colspan="3">计划进度</td><td>合同（协议）总天数</td><td></td><td>开始时间</td><td></td><td>完成时间</td><td></td></tr>
<tr><td colspan="3">设计评审时机</td><td colspan="3">方案进行中 □　方案交付前 □</td><td>设计确认安排</td><td colspan="2"></td></tr>
<tr><td rowspan="10">人员安排</td><td colspan="2">总负责</td><td colspan="6"></td></tr>
<tr><td colspan="2">总 图</td><td colspan="6"></td></tr>
<tr><td colspan="2">建 筑</td><td colspan="6"></td></tr>
<tr><td colspan="2">结 构</td><td colspan="6"></td></tr>
<tr><td colspan="2">给水排水</td><td colspan="6"></td></tr>
<tr><td colspan="2">电 气</td><td colspan="6"></td></tr>
<tr><td colspan="2">空 调</td><td colspan="6"></td></tr>
<tr><td colspan="2">动 力</td><td colspan="6"></td></tr>
<tr><td colspan="2">市 政</td><td colspan="6"></td></tr>
<tr><td colspan="2">园 林</td><td colspan="6"></td></tr>
<tr><td colspan="2" rowspan="3">设计输入</td><td>设计类型</td><td>□ 规划
□ 建筑</td><td colspan="5">建筑功能：</td></tr>
<tr><td>适用的防火规范</td><td>□ 高规
□ 低规</td><td>设计成果要求</td><td colspan="4">□ 图册　□ 模型
□ 展板　□ 方案介绍
□ 3D 动画</td></tr>
<tr><td colspan="7">设计目标评审意见：

评审人：</td></tr>
<tr><td colspan="2">设计输出</td><td colspan="7">设计成果验证评审意见：

审批人：总建筑师（总工程师）</td></tr>
<tr><td colspan="2">备注</td><td colspan="7"></td></tr>
</table>

设计大纲

表B–5

项目名称：　　　　　　　　　　　　　　　　　　　编号：

<table>
<tr><td>工程项目</td><td colspan="8"></td></tr>
<tr><td>设 计 号</td><td colspan="4"></td><td colspan="2">设计阶段</td><td colspan="2">施工图 □　初步设计 □</td></tr>
<tr><td>总负责人</td><td colspan="2"></td><td colspan="2">编制日期</td><td colspan="2">管理等级</td><td colspan="2">院管 □　所管 □　代审 □</td></tr>
<tr><td rowspan="2">建筑规模</td><td>面积</td><td colspan="2">m^2</td><td rowspan="2">层数</td><td colspan="2">地上　　层</td><td colspan="2" rowspan="2">建筑高度　　m</td></tr>
<tr><td>投资</td><td colspan="2">万元</td><td colspan="2">地下　　层</td></tr>
<tr><td>设计依据</td><td colspan="8">现行有关规范 □　规划局设计要点 □　环评报告 □　风洞实验 □　地形图 □　抗震评估 □　超限审查 □
地质资料 □　政府用地批文 □　标准图集 □　初设批文 □　方案批文 □　水利巷道批文 □　其他 □</td></tr>
<tr><td rowspan="5">质量特性</td><td>使用功能</td><td colspan="2"></td><td>人防等级</td><td></td><td colspan="2">审美要求</td><td>□ 高
□ 一般</td></tr>
<tr><td>建筑分类</td><td colspan="2"></td><td>抗震等级</td><td></td><td colspan="2">地下室防水等级</td><td></td></tr>
<tr><td rowspan="3">耐火等级</td><td colspan="2" rowspan="3"></td><td>电梯数量</td><td></td><td rowspan="3">建筑造型</td><td>古典</td><td></td></tr>
<tr><td rowspan="2">自动扶梯数量</td><td rowspan="2"></td><td>现代</td><td></td></tr>
<tr><td>简约</td><td></td></tr>
<tr><td rowspan="13">技术要求</td><td rowspan="2">防火规范</td><td>高规</td><td></td><td rowspan="2">内部装修</td><td>高档</td><td></td><td rowspan="2">外部装修</td><td>高档</td></tr>
<tr><td>低规</td><td></td><td>一般</td><td></td><td>一般</td></tr>
<tr><td>新型墙体</td><td colspan="2"></td><td>设备隔声</td><td colspan="2"></td><td>投资控制</td><td></td></tr>
<tr><td>节能要求</td><td colspan="2">□ 有　　□ 无</td><td>设备减震</td><td colspan="2"></td><td>CAD 出图</td><td>□ 有　　□ 无</td></tr>
<tr><td rowspan="2">绿色设计</td><td colspan="2" rowspan="2">□ 有　　□ 无</td><td rowspan="2">玻璃幕墙</td><td colspan="2">□ 防辐射</td><td rowspan="2">结构计算软件</td><td rowspan="2"></td></tr>
<tr><td colspan="2">□ 隔声</td></tr>
<tr><td>结构形式</td><td colspan="7">框架结构 □　框架剪力墙结构 □　框－筒结构（框架）短肢剪力墙结构 □</td></tr>
<tr><td>给水排水</td><td colspan="7">分流制排水 □　合流制排水 □　有污水处理 □　无污水处理 □</td></tr>
<tr><td>电　气</td><td colspan="7">负荷级别：一级 □　二级 □　三级 □　防雷级别：一级 □　二级 □　三级 □
火灾自动报警系统 □　景观照明 □　智能设计 □</td></tr>
<tr><td>空　调</td><td colspan="7">中央空调系统 □　分散空调系统 □　通风、防排烟系统 □　热能动力 □</td></tr>
<tr><td>总　图</td><td colspan="7">竖向设计 □　道路 □　管线综合 □　绿化 □</td></tr>
<tr><td>园　林</td><td colspan="7">地景 □　理水 □　小品 □　配植 □</td></tr>
<tr><td colspan="8"></td></tr>
<tr><td rowspan="2">各专业负责人确认</td><td>建筑</td><td></td><td>给水排水</td><td></td><td>空调</td><td></td><td>预算</td><td></td></tr>
<tr><td>结构</td><td></td><td>电气</td><td></td><td>热能</td><td></td><td>动力</td><td></td></tr>
<tr><td colspan="9">审批人：</td></tr>
<tr><td colspan="9">备注：</td></tr>
<tr><td colspan="9">该项目适用的法律、法规、规范、规程要求（可加附录）</td></tr>
</table>

工程项目互提技术资料书　　　　表B–6

项目名称：　　　　　　　　　　　　　　　　　　编号：

<table>
<tr><td>工程项目：</td><td>设计阶段：</td></tr>
<tr><td rowspan="2">提出专业：

年　　月　　日</td><td>接收专业：</td></tr>
<tr><td>接收人：　　　年　　月　　日</td></tr>
</table>

内容：

附图共　　张（路径）

专业负责人： 年　　月　　日	审核人： 年　　月　　日	审定人： 年　　月　　日

设计技术资料书　　表B-7

项目名称：　　编号：

发文号：	发文日期：　　年　月　日
工程项目名称：	
主送单位： 签收人：　　年　月　日	
专业负责人：	审核人／审定人：
项目总负责人：	
事由：	

工程项目设计评审表　　表B-8

项目名称：　　　　编号：

<table>
<tr><td>工程项目</td><td colspan="2"></td></tr>
<tr><td>设计阶段</td><td colspan="2">□ 方案设计　□ 初步设计　□ 施工图</td></tr>
<tr><td>设计专业</td><td colspan="2">□ 建筑　□ 结构　□ 给排水　□ 电气　□ 空调　□ 动力　□ 总图　□ 市政园林</td></tr>
<tr><td>评审内容</td><td>评审结论意见</td><td>对评审结论采取措施记录</td></tr>
<tr><td></td><td></td><td></td></tr>
<tr><td colspan="2">主持人：　　　年　月　日</td><td>实施人：　　　年　月　日</td></tr>
<tr><td colspan="3">验证人确认：

年　月　日</td></tr>
</table>

校审意见书 表B–9

项目名称： 编号：

建设单位		设计阶段	
工程名称		设计号	

图 号	校 审 意 见	修改人意见	验 证

校对人： 审核（定）人： 修改人： 确认人：

第 页 共 页 年 月 日

设计检验评审表

表B-10

项目名称：　　　　　　　　　　　　　　　　　　编号：

工程项目

检验项目：

验证方法：　☐ 比较法　☐ 试验　☐ 模拟法

检验成果报告名称：

校核意见：

校核意见书（图）共　页（张）　　　　校核人：　　年　月　日

审批结论：

审核意见书（图）共　页（张）　　　　校核人：　　年　月　日

纠正/预防措施与检验记录表 表B-11

项目名称： 编号：

部　　门		部门负责人		项目负责人	
工程项目					

所需采取的纠正 / 预防措施和实施后的结果：

设计人 / 实施人：　　　　年　　月　　日

纠正 / 预防措施实施结果评审意见：

部门负责人（授权人）：　　　　年　　月　　日

工程项目设计通知书

表B-12

项目名称：　　　　　　　　　　　　　　　　　　　编号：

工程项目		设 计 号		文件类型	联系 □　变更 □
主　送		文件名称			
抄　送		附　件			

原由：

内容：

设计人		校对人		项目总负责人	
		审核人		专业负责人	

第　页　共　页　　　　　　　　　　　　　　　　年　月　日

会议记录

表B–13

项目名称：　　　　　　　　　　　　　　编号：

<table>
<tr><td>建设单位</td><td colspan="5"></td></tr>
<tr><td>会议地点</td><td></td><td>项目名称</td><td colspan="3"></td></tr>
<tr><td>会议时间</td><td></td><td>主持人</td><td></td><td>记录</td><td></td></tr>
<tr><td>参加人员</td><td colspan="3"></td><td colspan="2">修改记录 / 修改人</td></tr>
<tr><td colspan="4">内容：</td><td colspan="2"></td></tr>
</table>

第　页　共　页

设计图纸质量检查处理情况表　　　　表B-14

项目名称：　　　　　　　　　　　　编号：

<table>
<tr><td>设计部门</td><td></td><td>项目名称</td><td></td></tr>
<tr><td colspan="3">检查提出的问题</td><td>设计部门处理意见及结果</td></tr>
<tr><td colspan="3" rowspan="2"></td><td>处理人：　　　　年　　月　　日</td></tr>
<tr><td>确认意见：

处理人：　　　　年　　月　　日</td></tr>
</table>

请在20天内将此表交回质量管理部

设计服务登记表

表B–15

项目名称：　　　　　　　　　　　　编号：

<table>
<tr><td>工程
项目</td><td></td><td>设 计 号</td><td></td><td>顺序号</td><td></td></tr>
<tr><td rowspan="2">兴建
单位</td><td rowspan="2"></td><td>施工单位</td><td colspan="3"></td></tr>
<tr><td>监理单位</td><td colspan="3"></td></tr>
</table>

服务内容：

<table>
<tr><td>设计单位服务人：

年　月　日</td><td rowspan="2">部门领导（项目总负责人）确认意见：

确认：　　年　月　日</td></tr>
<tr><td>履行服务证明人：

年　月　日</td></tr>
</table>

建筑工程施工图设计文件审查意见回复记录表　　　　表B-16

项目名称：　　　　　　　　　　　　　　　　编号：

工程名称：

施工图审查机构名称：

	专业名称	审查结果	违反强制性规范范文内容及条数	审查意见反馈	处理人确认	
					设计	审定
建设工程施工图设计文件审查	建筑勘察					
	总　图					
	建　筑					
	结　构					
	给水排水					
	电　气					
	空　调					
	市政园林					
	动　力					
备　注						
项目总负责人					年　月　日	

设计资料归档登记表

表B-17

项目名称：　　　　　　　　　　　　　　　　　　编号：

建设部门		工程项目		设计号	
部　门		项目总负责人		项目总负责人	
归档号		归档日期		档案员	
资　料　名　称				件　数	备　注
1. 建设主管部门的批准文件					
2. 设计任务书、设计委托书					
3. 用地红线图、测绘地形图					
4. 工程地质勘察报告					
5. 上级机关或主管部门批准的初步设计文件					
6. 各专业设计计算书：□ 建筑　□ 结构　□ 空调　□ 电气　□ 给水排水					
□ 预算　□ 热能　□ 总图　□ 市政　□ 园林					
7. □ 点算结果　□ 计算草图					
8. 各专业校审意见书：□ 建筑　□ 结构　□ 空调　□ 电气　□ 给水排水					
□ 预算　□热能　□ 总图　□ 市政　□ 园林					
9. 结构专业施工图质量控制纲要					
10. 各专业质量评分表：□ 建筑　□ 结构　□ 空调　□ 电气　□ 给水排水					
□预算　□ 热能　□ 总图　□市政　□ 园林					
11. 设计大纲					
12. 设计计划进度表					
13. 工程项目组人员表					
14. 工程项目设计更改通知书					
15. 工程项目设计评审表					
16. 会议记录					
17. 电子归档					
18. 施工图设计文件审查意见表					

备注：1. 表中1～18为必须归档内容

2. 在第6、8～11项中将各专业的文件数目一次填在□中

3. 归档时各专项文件数填入“件数”栏内，如无者则填“无”字

4. 备注说明缺项时间、原因、处理意见等

结构设计质量控制大纲

表B-18

项目名称：

编号：

工程项目		设 计 号	
		设计阶段	初步设计 □ 施工图 □

结构专业负责人		管理等级	院审：初步设计□ 施工图□ 所审：初步设计□ 施工图□
建筑规模	建筑面积 m²，投资总额 万元	层数	地上 层 地下 层	建筑总高 m

设计依据	现行有关规范□ 规划局设计要点□ 风洞实验□ 震动台实验□ 抗震评估□ 岩土工程勘察报告□ 超限审查□ 标准图集□ 初设批文 □方案批文	方案评审	□优良 □一般

高宽比：	楼盖整体性：	结构平面规则性：	结构竖向规则性：
高度级别：A □ B □	扭转规则性：	楼层承载力突变性：	凹凸规则性：

技术控制点

结构形式		地基基础	地下室防水等级		抗震等级	构件名称	主楼	裙楼
	□砖混结构 □框架结构 □剪力墙结构 □框架剪力墙结构 □框－筒结构 □钢结构 □钢－混凝土混合结构	□天然地基基础 □桩基础 □基础 □桩筏基础 □复合地基		□一级 □二级 □三级 □四级		框架	___ 级	___ 级
						剪力墙	___ 级	___ 级
						加强层框支柱	___ 级	___ 级
						加强层剪力墙	___ 级	___ 级
						非加强层剪力墙	___ 级	___ 级
						短肢剪力墙	___ 级	___ 级

抗震设防分类	层	其他层	人防等级		耐火等级		特殊结构	
	□甲类 □乙类 □丙类	甲类□ 乙类□ 丙类□		□四级 □五级 □六级		□一级 □二级 □三级 □四级		□巨型钢结构 □预应力 □钢管柱 □大跨度钢结构

采用材料		抗震设防烈度	地震作用	抗震措施	超长处理办法		建筑场地类别	
	□ C15 □ HPB235 级 □ C20–30 □ HPB335 级 □ C35–45 □ HPB400 级 □ C50–55 □ Q235B 钢板 □ C60–70 □ Q345B 钢板 □ C80		□九度 □八度 □七度 □六度	□九度 □八度 □七度 □六度		□预应力 □后浇带 □跌级 □添加剂 □其他		建筑场地类别为 __ 类 地基土的液化等级 __ 场地标准冻深 ______

地下结构抗拔形式		混凝土抗渗等级		基础设计等级		转换层	所在层号：	
	□抗拔预应力管桩 □预应力锚杆 □非预应力锚杆 □抗拔灌注桩 □预应力抗拔灌注桩		地下室： 天面水池： 地下水池： 游泳池：		□甲级 □乙级 □丙级		类型	□转换大梁 □桁架 □斜柱 □部分预应力大梁

结构基本参数		大底盘多塔楼		最大跨度		荷载	
	基准期： 年 风荷载重现期： 年 设计使用年限： 年 结构安全等级： 年		裙房层数： 层 塔楼栋数： 层		悬 臂 ____ 米 非悬臂 ____ 米		□按规范荷载 □特殊荷载

地质勘测资料	□有 □无	采用电算程序	

设计进程文件

文件	审查意见		意见处理		备注
初设条件	审查意见	院总 ____ 条 所总 ____ 条	意见处理	改正 ____ 条 补充 ____ 条	
初设批文	审查意见	________ 条	意见处理	改正 ____ 条	
超限审查	审查意见	院总 ____ 条 所总 ____ 条	意见处理	改正 ____ 条 补充 ____ 条	
校审文件	审查意见	院总 ____ 条 所总 ____ 条	意见处理	改正 ____ 条 补充 ____ 条	

各专业负责人确认	建筑		给水排水		空调		总图	
	结构		电气		动力		预算	
审批人	审定：			审核：			编制日期	

参考文献

[1]齐康主编．城市环境规划设计与方法（第一版）．北京：中国建筑工业出版社，1997：192.

[2]许慎撰．说文解字（附检字）．北京：中华书局出版社，1996：286.

[3]（英）罗伯特·艾伦著．近代英国工业革命揭秘：放眼全球的深度透视．毛立坤译．杭州：浙江大学出版社，2012.

[4]刘加平编著．城市环境物理．西安：西安交通大学出版社，1993：89-93.

[5]宋德萱编著．建筑环境控制学．南京：东南大学出版社，2003：55-62.

[6]徐慰慈编著．城市交通规划论．上海：同济大学出版社，1998：242-249.

[7]城市地下空间开发利用规划与设计技术规程．广东省标准 DBJ/T 15-64-2009．北京：中国建筑工业出版社，2009：41-42.

[8]饶戎主编．绿色建筑．北京：中国计划出版社，2005：24-25.

[9]赵晓光主编．民用建筑场地设计．北京：中国建筑工业出版社，2005：155-166.

[10]城市道路交通规划设计规范 GB 50220-95．北京：中国计划出版社，1995：23-26.

[11]文国玮著．城市交通与道路系统规划．北京：清华大学出版社，2001：167.

[12]城市道路工程设计规范 CJJ 37-2012．北京：中国建筑工业出版社，2012：16-19.

[13]公路工程技术标准 JTG B01-2014．北京：中华人民共和国交通部发布．

[14]谈小华主编．建筑工程施工图设计审查技术问答．北京：中国建筑工业出版社，2010：142-161.

[15]朱德本，朱琦编著．建筑初步新教程．上海：同济大学出版社，2009：104.

[16]（德）海诺·恩格尔著．结构体系与建筑造型．天津：天津大学出版社，2002：9-25.

[17]中国建筑设计研究院主编．建筑给水排水设计手册（第二版）上册．北京：中国建筑工业出版社，2008：1-7.

[18]樊建军等．生活、消防合用贮水池有效容积的商榷．中国给水排水 .2003，03：77-78.

[19]中国建筑设计研究院主编．建筑给水排水设计手册（第二版）下册．北京：中国建筑工业出版社，2008：783-790.

[20]中国建设科技网．人民防空地下室人员掩蔽所集水坑贮备容积计算浅议．www.build.cn.[2012-05-05].

[21]高明远，杜一民主编．建筑设备工程．北京：中国建筑工业出版社，1998：242.

[22]柳孝图主编．建筑物理．北京：中国建筑工业出版社，2013.

[23]深圳市建筑设计研究总院编．建筑设计技术细则与措施．北京：中国建筑工业出版社，2009：128.

[24]贵州省城乡建设环境保护厅编．建筑工程勘察设计质量常见病防治手册．贵阳：贵州科技出版社，1993：255.

[25]单立欣，穆丽丽编著．建筑施工图设计．北京：机械工业出版社，2011：207.

[26]湖南省建筑师学会编．一级注册建筑师考试必读．北京：中国建筑工业出版社，1996.

[27]罗福午主编．土木工程（专业）概论．武汉：武汉理工大学出版社，2005.

[28]建筑给水排水设计规范 GB 50015-2003（2009 年版）．北京：中国计划出版社，2010.

[29]深圳市勘察设计行业协会组织编写．深圳市建筑工程设计、审图及报建常见疑难问题解析汇编．深圳：海天出版社，2009：126.

[30]姜湘山，班福忱主编．暖通空调设计要点．北京：机械工业出版社，2012：128、161.

[31] 李世华，徐有栋主编．市政工程施工图集 5 园林工程．北京：中国建筑工业出版社，2004：14-24.
[32] 洪得娟著．景观建筑．上海：同济大学出版社，1999：215-216.
[33] 住房和城乡建设部工程质量安全监管司，中国建筑标准设计研究院．全国民用建筑工程设计技术措施 2009，规划·建筑·景观．北京：中国计划出版社，2010：280-289.
[34]《绿色建筑》教材编写组编著．绿色建筑，全国一级注册建筑师继续教育指定用书（之六）．北京：中国计划出版社，2008：143.
[35] 黄镇梁．建筑设计的防火性能．北京：中国建筑工业出版社，2006：178.

后　记

在撰写《建筑工程设计·校对》中采用的素材，既有设计和校对工作的汇编资料和自编的校对用表，也有在设计单位内部技术交流和专业培训的讲稿或者是在建筑院校授课的讲义。撰写的内容有机会在设计校对和技术交流时吸收各方面的反馈意见，使讲义资料得以逐步完善。

在专业培训中，介绍设计校对内容时通常会扩展讨论设计问题，诠释设计理念。譬如讨论投标设计文件章节，会扩展对建筑设计造型的认识，诠释选用建筑材料的适用性，讨论道路的规划和设计章节，会对道路线型与车辆运行的重合点、冲突点的关系加以诠释，探讨如何确定非直线系数缩短方格网道路系统的交通距离，也交流建筑设计技术的新结构、新材料、新工艺、新设备等相关内容。受本书选题侧重点和篇幅的限制，这些讨论和诠释的内容都没有编入书中。

书中除了采用参考书目中有关文献资料外，还吸收了历年学术交流中有关工程技术人员和学者的研究成果。在此，我们诚挚地感谢所有署名和未署名的业内人士对成书的帮助。

广东省建筑设计研究院和深圳分院的领导非常关心建筑工程设计校对工作，关怀、支持本书的编写和专业培训。本书得以付梓应感谢陈朝阳、金钊、许成汉、吴俊、刘斯力、胡曼莹、叶楠、黄伟勋、劳嘉澍、刘永波、林景华、黄辉辉、张显裕、徐晓川、江贵茹、何涛、伍瑶熙等各级领导和各专业的总工、高工对工作的支持和指导。在书稿的编写中间受到曾晓莹、吴宜珊、黎亮楣、黎明慧、方思凯、蓝书聪、陈子新、黎子立、罗洁莹、邹天航、马千程、卢俊坤、范济荣、任和等同事的悉心指导和帮助，为此深表谢意。同时还要感谢许伟广总师和在读研究生丁少华修改书中的附图和附录表格。

此外，尤其感谢出版社编辑人员的指导和辛勤劳动，感谢家人的理解和支持。

读者们在阅读和使用本书时，对于书中内容不当的地方，无论是提出指导性建议还是表达批评和质疑，作者都由衷地深表谢意。联系邮箱：huangzhenliang@126.com。

作　者
2018 年 8 月 20 日